机械设计与材料选择及分析

于惠力　魏　波　李佳阳　韩　蓉　编著

机 械 工 业 出 版 社

本书共分15章，把常用的机械设计计算方法与材料的选择分析结合起来，介绍了机械设计常用材料的性能及应用，并提供了常用机械零件的设计实例及其材料选择的详细分析，目的是为了使机械工程技术人员在进行机械设计的同时，了解材料性能，更合理地选择材料，提高机械设计的质量。

本书是机械工程技术人员必备的技术资料，可为从事机械设计、机械制造的工程技术人员、大专院校的相关专业师生提供帮助，尤其对于从事机械设计、机械制造以及材料工程的技术人员具有指导意义。

图书在版编目（CIP）数据

机械设计与材料选择及分析/于惠力等编著. —北京：机械工业出版社，2019.1

ISBN 978-7-111-61507-1

Ⅰ.①机… Ⅱ.①于… Ⅲ.①机械设计②机械制造材料—选择 Ⅳ.①TH122②TH14

中国版本图书馆CIP数据核字（2018）第268088号

机械工业出版社（北京市百万庄大街22号 邮政编码100037）
策划编辑：黄丽梅 责任编辑：黄丽梅
责任校对：刘 岚 封面设计：马精明
责任印制：李 昂
河北宝昌佳彩印刷有限公司印刷
2019年3月第1版第1次印刷
184mm×260mm·21印张·512千字
0001—3000册
标准书号：ISBN 978-7-111-61507-1
定价：69.00元

前　言

为了提高机械产品质量，使工程技术人员在进行机械零部件设计时，进一步了解机械设计常用的材料，更合理地选择材料以提高机械设计的质量和降低成本；同时也使从事工程材料工作的技术人员及时了解机械零部件设计对材料的要求，促进工程材料的进一步改进以更好地满足设计要求，我们编写了本书。

本书把常用的机械零部件的设计计算方法及材料的合理选择结合起来，并提供了常用机械零件的设计实例及其材料选择的详细分析，目的是使机械工程技术人员在进行机械设计的同时了解材料性能，更合理地选择材料，提高机械设计的质量。

机械设计主要指零部件设计，由于零部件种类多、设计方法繁琐，所涉及的材料种类也很繁杂，将众多的机械零件及其材料选择分析概括成浅显易懂的表述，使读者在最短时间既掌握机械零部件设计，又掌握其常用材料及其选择，是我们编写本书的目标。本书的编写有如下特点：

1. 编写内容方面突出了实用性

本书的编写注重实用，选用了机械生产实践中常用的各类典型零件，即连接零件、传动零件（螺旋、带、齿轮、蜗轮、链）、轴零件、轴系零部件（滚动轴承、滑动轴承、联轴器、离合器、制动器）和弹簧零件，将各类零件的设计方法进行了归纳总结，突出了设计实例及材料的选择及分析，尽量做到内容简单明了、表述清晰、实用性强。

2. 采用高度概括、精练的编写方式

各种机械零部件设计涉及的基本理论和公式多而繁，本书采用高度概括、精练内容的编写方式，将各种零件的设计理论和方法进行了简化处理，有的简化成以设计流程框图的形式来表达。在第2章机械设计常用材料简介的编写中也采用了同样的编写方法，缩减了篇幅，且清晰易懂。

3. 采用现行国家标准、规范及法定计量单位

本书共分15章，内容包括绪论、机械设计常用材料简介以及13种机械零部件的设计方法、设计实例及材料选择分析。本书图文并茂，实用性极强。

本书可为工程技术人员、大专院校的相关专业师生提供必要的参考，尤其对于从事机械设计、机械制造和材料工程的技术人员具有指导意义。本书也可作为高等工业学校机械类、近机类和非机类专业学习“机械设计”和“机械设计基础”课程的教学参考。

本书由于惠力、魏波、李佳阳和韩蓉编写，全书由于惠力统稿。

本书在编写过程中得到了各界同仁和朋友的大力支持、鼓励和帮助，也参考了一些同行所编写的教材、文献等，在此一并表示衷心的感谢！

由于编者水平有限，编写时间仓促，不妥之处在所难免，殷切希望广大读者对书中的错误和欠妥之处提出批评指正。

编　者

目　录

第1章 绪 论

1.1 引言

机械零件是组成机器的基本单元，部件是若干零件的组合体，机械零部件的设计是机器设计的核心内容，机械设计在很大程度上是指机械零部件设计。目前存在这样一种错误观点：认为从事机械设计的人员对材料知识的了解不必很深；而“材料学”是专门研究材料的人去研究，与机械设计没有关系或关系不大。因此在机械行业中存在“重设计、轻材料”的倾向，导致因设计选材不当而产品性能达不到要求、价格偏高等后果。

在进行机械零部件设计时，如何正确合理地选择材料，提高机械零部件设计质量，提高工艺性和经济性，是摆在机械设计工程技术人员面前的重要问题。

本书的内容是将常用机械零部件设计方法与材料的选择分析问题结合起来，帮助设计人员在进行机械零部件设计时，正确分析并选择合适的材料，以提高设计质量。本书首先概括介绍了机械设计的常用材料的性能及其应用，然后用较大的篇幅阐述了连接、传动、轴系等常用机械零部件的设计方法及设计实例，在设计实例中重点介绍了零件的结构设计，并针对每一种零部件的设计实例，从设计的角度分析了如何选择材料的问题。

本书编写的初衷是使读者既学会机械常用零部件的设计计算方法，又学会如何进行材料的分析和选择，将机械零部件的设计与材料选择及分析密切结合起来，达到真正提高机械工程设计人员高质量设计机械零部件能力的目的。

1.2 机械设计的一般方法及机械零件的设计准则

本书讨论常用机械零部件的设计与材料选择分析问题，因此首先介绍一下常用机械零部件的一般设计方法及设计准则。

1.2.1 机械设计的一般方法

1. 机械设计的几个阶段

（1）计划阶段 进行市场调研，了解市场需求，论证可行性。如果可行，做出产品开发计划，完成可行性研究报告以及设计任务书。

（2）原理方案设计阶段 进行功能分析，寻求可行原理，确定原理方案，如有多种方案，进行优化选择，从而评价决策，完成最佳原理方案图。

（3）技术设计阶段 首先进行结构方案设计，包括参数设计（初定材料、参数、尺寸、精度等)。然后进行结构设计（粗布局以及构形等)，可能有多种可行结构方案，进行优化及评价决策，得出初步结构设计草图。第三步进行总体设计，确定总体布局、构形设计、决定尺寸，进行人机工程设计和外观造型设计，可能有多种总体设计可行方案，进行优化及评价决策，确定总装配图。

（4）施工设计阶段　包括产品部件设计、产品零件设计及编制各种技术文件。完成部件装配图、拆成零件工作图及完成各种技术文档。

（5）试制试验阶段　先进行样机制造并评价考核工艺性，进行进一步改进，再进行小批量生产，然后试销，如果销路好就进行批量投产。投产后再进行调查，根据使用情况再按第（3）、第（4）、第（5）步进行，但对具体的机器而言，其设计程序可能各不相同。

2. 设计机械零件时应满足的基本要求

设计机械零件时应满足的基本要求主要有三点：

（1）要有一定的工作能力　这是设计机械零件时应满足的首要条件。所谓“工作能力”，是指机械零件要有一定的强度、刚度、耐磨性、可靠性等。

（2）经济性好　即机械零件的成本要低。想要达到成本低的目的，就应当从机械零件的选材、合理地定精度等级、采用标准件等方面综合考虑。

（3）具有良好的结构工艺性　即机械零件在既定的生产条件下，能够方便而经济地加工出来，且便于装配，同时还要考虑加工的可能性及难易程度等。

3. 机械零部件设计的一般步骤

（1）选择零件的材料　在满足工艺要求的条件下，优先考虑国产材料，尽量选用市场广泛供应、货源充足的材料，并考虑价格、质量等因素综合评价选择。

（2）建立零件的受力模型　对零件进行受力分析，确定零件的计算载荷，如求计算功率 $P_c=KP$，式中，P 为名义载荷（公称载荷、额定载荷）；K 为载荷系数。

（3）选择零件的类型与结构　可参考各种图册和手册，或根据实际经验确定。

（4）理论计算　包括两部分内容：

1）设计计算。由作用到零件上的力求零件的几何尺寸，即根据零件的主要失效形式确定零件的设计依据和公式，求零件的主要参数、尺寸。例如根据齿面接触疲劳强度求出齿轮的主要参数——分度圆直径即为设计计算。

2）校核计算。已知零件的几何尺寸求零件的工作能力。例如根据齿面接触疲劳强度求出齿轮的主要参数——分度圆直径后，为了保证齿轮的另一种工作能力，即轮齿不被折断，还要再代入弯曲强度的公式进行核算，此计算称为校核计算。

（5）零件的结构设计　设计出零件的全部结构型式及具体几何尺寸。

（6）绘制零件的工作图并编写计算说明书　即绘制出符合生产要求的零件工作图，包括材料、热处理、形状、尺寸、尺寸公差、几何公差、技术要求等全部内容。

上述设计步骤并非一成不变，有时需要交替进行。

1.2.2　机械零件的设计准则

1. 机械零件的常见失效形式

所谓失效，是指机械零件因为某种原因不能正常工作。

机械零件可能的失效形式及常见的失效形式如下：

$$
\text{可能的失效形式}\begin{cases}\text{强度失效}\begin{cases}\text{整体强度}\\\text{表面强度}\end{cases}\\\text{刚度失效}\\\text{磨损失效}\\\text{振动、噪声失效}\\\text{精度失效}\\\text{可靠性}\end{cases}
$$

$$
\text{常见的主要失效形式为}\begin{cases}\text{断裂}\\\text{塑变}\\\text{磨损}\\\text{表面失效}\begin{cases}\text{疲劳点蚀}\\\text{胶合}\end{cases}\\\text{其他失效（例如打滑）}\end{cases}
$$

2. 机械零件的设计准则

以防止产生各种可能失效为目的而拟定的零件工作能力计算依据的基本原则称为设计准则。常用的设计准则为：

$$
\text{(1) 强度准则}\begin{cases}\sigma \leqslant [\sigma] = \dfrac{\sigma_{\lim}}{S_\sigma}\\[2ex]\tau \leqslant [\tau] = \dfrac{\tau_{\lim}}{S_\tau}\end{cases}
$$

$$
\sigma_{\lim}(\tau_{\lim}) = \begin{cases}R_m(\tau_b)\text{，为脆性材料时}\\R_{eL}(\tau_s)\text{，为塑性材料时时}\\\sigma_r(\tau_r)\text{，疲劳极限}\end{cases} \tag{1-1}
$$

式中 σ——拉（压）应力；

τ——切应力；

$[\sigma]$、$[\tau]$——许用拉（压）应力、许用切应力；

S_σ、S_τ——拉（压）、剪切的计算安全系数；

R_m（τ_b）、R_{eL}（τ_s）——静强度时材料的断裂极限和屈服极限；

$\sigma_{\lim}$、$\tau_{\lim}$——拉（压）、剪切的极限应力；

σ_r（τ_r）——变载荷时材料的拉（压）及剪切疲劳极限。

（2）刚度准则 零件在载荷作用下抵抗变形的能力称零件的刚度。零件的刚度计算可按材料力学所介绍的方法进行，即求变形量小于许用变形量，变形量可以是挠度、偏转角或扭转角，即

$$
\begin{cases}y \leqslant [y]\\\theta \leqslant [\theta]\\\varphi \leqslant [\varphi]\end{cases} \tag{1-2}
$$

式中 y、θ、φ——挠度、偏转角、扭转角；

$[y]$、$[\theta]$、$[\varphi]$——许用挠度、许用偏转角、许用扭转角。

在机械零件计算中，轴零件的刚度计算较为常用，一般常按挠度条件判断刚度条件，而偏转角或扭转角一般不进行计算，因为轴按挠度条件经过结构设计后，一般直径较大，刚度足够，其偏转角或扭转角的安全度更大，无须进行计算。

（3）耐磨性准则　耐磨性是指做相对运动的零件其工作表面抵抗磨损的能力。

磨损导致机械零件表面形状被破坏，强度削弱，精度下降，产生振动、噪声，造成工作失效，工程中有80%的机械零件是由磨损而造成失效的。因影响磨损的因素很多，而且比较复杂，到目前为止，磨损还没有合适的计算方法，通常采用条件性计算。滑动速度较低、载荷大时，可用限制工作表面的压强的方法进行计算，即

$$p \leqslant [p] \tag{1-3}$$

滑动速度较高时，还要限制摩擦功耗，以避免工作温度过高而使润滑失效，导致零件表面胶合失效。因发热量取决于摩擦功耗，而摩擦功耗又与 $\mu \times p \times v$ 的值成正比，其中 μ 为摩擦因数，p 为压强，v 为相对滑动速度。因为 μ 可看作常数，因此摩擦功耗仅与 $p \times v$ 有关，故工程中常用限制 pv 值进行耐磨性计算，即

$$pv \leqslant [pv] \tag{1-4}$$

高速时还要限制零件的滑动速度 v，避免由于速度过高而加速磨损和胶合而降低零件的工作寿命，即

$$v \leqslant [v] \tag{1-5}$$

式中，$[p]$、$[pv]$ 和 $[v]$ 为许用压强、许用 pv 值和许用速度。

（4）振动和噪声准则　高速机械或对噪声有特别要求，而振动是噪声产生的原因，为了环境保护，应尽量降低噪声对环境的污染。因此，为了减小振动，要求机械振动频率 f_p 远离机械的固有频率，特别是一阶固有频率 f，即

$$f_p < 0.85f \tag{1-6}$$

如不满足，可采取的措施有改变机械或零件的刚度，或者采取有效的减振措施。

（5）热平衡准则　机械零件的温升过高会引起润滑油黏度下降，从而使润滑失效，零件之间会加大磨损。如果零件表面的温度升高到金属材料的熔点，则金属表面会产生瞬时焊接现象，即产生胶合，导致机械零件的失效。胶合失效难以准确计算，而且计算复杂，为了防止胶合失效，通常用限制温升的简化方法进行计算，即

$$\Delta t \leqslant [\Delta t] \tag{1-7}$$

式中　Δt——温升；

$[\Delta t]$——许用温升。

当不满足上述条件时，可采取以下措施：进一步改善润滑条件；设置冷却装置。

（6）可靠性准则

按传统强度设计方法设计零件，由于材料的强度、外载荷以及加工尺寸等条件存在着离散性，有可能出现达不到预定工作时间而失效的情况。希望将出现这种失效情况的概率控制在一定范围之内，因此就对零件提出了可靠性的要求。

可靠性的设计指标用可靠度 R 来衡量，所谓“可靠度”，就是指机器或零件在一定工作环境下，在规定的使用期限内连续正常工作的概率。

N 个相同零件在同样条件下同时工作，在规定的时间内有 N_f 个零件发生失效，剩下 N_t 个零件仍能继续工作，则可靠度为

$$R=\frac{N_t}{N}=\frac{N-N_f}{N}=1-\frac{N_f}{N} \tag{1-8}$$

失效概率为

$$Q=\frac{N_f}{N}=1-R \tag{1-9}$$

可靠性与失效概率的关系为

$$R+Q=1 \tag{1-10}$$

如果一台机器是由 n 个机械零件组成的串联系统，每个机械零件的可靠度分别为 R_1、R_2，…，R_n，则整个机器的可靠度为

$$R=R_1 \cdot R_2 \cdot R_3 \cdots R_n \tag{1-11}$$

从以上分析可见，要想提高整个机器（串联方式）的可靠度，首先应该提高组成机器的每个零件的可靠度，即采用高可靠度的零件。其次，尽量使组成机器的零件做成等可靠度，因为整个机器的可靠度要低于组成机器的可靠度最差的零件的可靠度。对可靠性要求较高的系统与机械必须进行可靠性设计，而机械零件可靠性水平的高低，直接影响到机械系统的可靠性，另外高可靠性的系统一般要有一些备用系统，并经常维护、保养。

1.3　常用机械零部件选材的一般原则

在具体设计机械零件时，如果只重视零件的计算过程，忽视在材料选择方面进行认真分析，只是用类比法或简单查表草率地选择了材料，没有认真分析材料对机械零件的性能、使用寿命等因素的影响，会导致一些零部件设计选材不当或选材不尽合理，造成机械零部件达不到规定的性能指标，或达不到预期的寿命，甚至造成废品。因此，材料选择不当不仅严重降低了机械产品的设计质量，还会造成很大的经济损失，所以在进行机械零件设计时，分析材料性能以及正确选择材料必须引起足够的重视。

1.3.1　材料的使用性能

材料的使用性能是设计机械零件选择材料的最主要的依据。材料的使用性能是指零件在使用时所应具备的材料性能，包括力学性能、物理性能和化学性能。对大多数零件而言，力学性能是主要的必备指标，表征力学性能的参数主要有强度极限 R_m、弹性极限 σ_e、屈服强度 R_{eL}、断后伸长率 A、断面收缩率 Z、冲击韧性 a_K 及硬度等。这些参数中强度是力学性能的主要性能指标，只有在强度满足要求的情况下，才能保证零件正常工作，且经久耐用。在设计计算机械零件的危险截面尺寸或校核安全程度时所用的许用应力，都要根据材料强度数据推出。

在设计机械零件和选材时，应根据零件的工作条件以及失效形式，找出对材料力学性能的要求，这是材料选择的基本出发点。

1.3.2　材料的工艺性能

材料的工艺性能主要是指铸造、压力加工、切削加工、热处理和焊接等性能。材料的工艺性能的好坏直接影响到机械零件的质量、生产效率及成本。所以，材料的工艺性能也是选

材的重要依据之一。

1. 铸造性能

铸造是指将固态金属熔化为液态倒入特定形状的铸型，待其凝固成形的加工方式。通常是将金属熔炼成符合一定要求的液体并浇进铸型里，经冷却凝固、清整处理后得到有预定形状、尺寸和性能的铸件的工艺过程。铸造毛坯因近乎成形，而达到免机械加工或少量加工的目的，降低了成本，并在一定程度上减少了制作时间。铸造是现代装备制造业的基础工艺之一。

铸造主要有普通砂型铸造和特种铸造两大类：

（1）普通砂型铸造　利用砂作为铸模材料，又称砂铸、翻砂，包括湿砂型、干砂型和化学硬化砂型三类，但并非所有砂均可用于铸造。铸造的好处是成本较低，因为铸模所使用的砂可重复使用；缺点是铸模制作耗时，铸模本身不能被重复使用，需破坏后才能取得成品。

（2）特种铸造　按造型材料可分为以天然矿产砂石为主要造型材料的特种铸造（如熔模铸造、泥型铸造、壳型铸造、负压铸造、实型铸造、陶瓷型铸造等）和以金属为主要铸型材料的特种铸造（如金属型铸造、压力铸造、连续铸造、低压铸造、离心铸造等）两类。

特种铸造的优点是：

1）可以生产形状复杂的零件，尤其是复杂内腔的毛坯。

2）适应性广，工业常用的金属材料均可铸造，几克到几百吨。

3）原材料来源广，价格低廉，如废钢、废件、切屑等。

4）铸件的形状尺寸与零件非常接近，减少了切削量，属于无切削加工。

5）应用广泛，农业机械中40%~70%、机床中70%~80%的重量都是铸件。

特种铸造的缺点：

1）力学性能不如锻件，如组织粗大、缺陷多等。

2）砂型铸造中，单件、小批量生产，工人劳动强度大。

3）铸件质量不稳定，工序多，影响因素复杂，易产生许多缺陷。

2. 压力加工性能

压力加工是指利用金属在外力作用下所产生的塑性变形，来获得具有一定形状、尺寸和力学性能的原材料、毛坯或零件的生产方法，又称金属塑性加工。

（1）压力加工的分类

1）轧制：金属坯料在两个回转轧辊的缝隙中受压变形以获得各种产品加工方法。靠摩擦力，坯料连续通过轧辊间隙而受压变形。主要产品有型材、圆钢、方钢、角钢、铁轨等。

2）锻造：在锻压设备及工（模）具的作用下，使坯料或铸锭产生塑性变形，以获得一定几何尺寸、形状和质量的锻件的加工方法。

3）挤压：金属坯料在挤压模内受压被挤出模孔而变形的加工方法。

4）拉拔：将金属坯料被拉过拉拔模的模孔而变形的加工方法。

5）冲压：金属板料在冲模之间受压产生分离或成形。

6）旋压：在坯料随模具旋转或旋压工具绕坯料旋转中，旋压工具与坯料相对进给，从而使坯料受压并产生连续、逐点的变形。

（2）压力加工的特点

压力加工的优点是：

1）结构致密，组织改善，性能提高，强度、硬度、韧性都很高。

2）少、无切削加工，材料利用率高。由于提高了金属的力学性能，在受同样力的工作条件下，可以缩小零件的截面尺寸，减轻重量，延长使用寿命。

3）可以获得合理的流线分布（金属塑变是固体体积转移过程）。

4）生产效率高。多数压力加工方法，特别是轧制、挤压，金属连续变形，且变形速度很高，所以生产率高。

压力加工的缺点是：

1）一般工艺表面质量差（氧化）。

2）不能成形形状复杂件（相对）。

3）设备庞大、价格昂贵。

4）劳动条件差（强度大、噪声大）。

3. 切削加工性能

切削加工性能是指切削加工金属材料的难易程度。一般工件切削后的表面粗糙度、刀具的磨损及动力消耗等是评定金属材料切削加工性能好坏的标志，也是合理选择材料的重要依据之一。

（1）衡量切削加工性能的指标

1）刀具寿命或者一定寿命下的切削速度。在相同的条件下，刀具寿命越长则材料切削加工性能越好。或在刀具寿命相同的条件下，切削速度越高，材料的切削加工性能越好；反之越差。

2）切削力或者切削温度。在相同的切削条件下，凡切削力大或切削温度高的金属材料，加工性能差；反之加工性能好。

3）加工零件的表面质量。金属材料的加工表面质量（包括表面粗糙度、冷作硬化程度及残余应力等）好则其加工性能好，反之较差。如：低碳钢加工性能不如中碳钢，纯铝不如铝合金。

4）切屑控制或断屑的难易程度。主要在自动机床或自动生产线上做加工性能指标，凡切屑易控制或断屑容易的材料，则其加工性能好，反之则差。

（2）影响加工性能的因素

1）金属材料物理性能的影响

硬度：材料抵抗局部塑性变形的能力，常用的有洛氏硬度、布氏硬度和维氏硬度三种。

强度：材料抵抗外力破坏的能力。一般材料的硬度和强度越高，加工性能越差。如高强度钢比一般的钢材难加工。

塑性：材料发生变形后不能恢复原状，产生金属流动的能力。一般材料的塑性越大越难加工。

韧性：材料发生变形后恢复原状的能力。材料韧性越高加工性越差。如合金结构钢的强度高，韧性高，故较难加工。

导热性：材料传递热量的能力，用导热系数表示。导热系数越大，加工性能越好。如不锈钢导热系数为普通钢的 1/4~1/3，而铜铝的导热系数为普通钢的 2~8 倍。

2）金属材料化学成分的影响。低碳钢（碳的质量分数少于 0.15%）与高碳钢（碳的质量分数大于0.5%）加工性能都不好。其他如锰、硅、铬、钼、铅、硫、氧、氮等对加工性能影响较大。

3）金属的热处理状态和金相组织的影响见表1-1。

表1-1　金属的热处理状态和金相组织对加工性能的影响

金相组织	布氏硬度(HBW)	塑性变形(%)	特　性
铁素体	60~80	30~50	很软,加工出现冷焊
渗碳体	700~800	极小	硬度高,塑性及强度很低
珠光体	160~260	15~20	硬度和强度适中
索氏体	250~320	10~20	细珠光体组织,塑性低硬度高
托氏体	400~500	5~10	
奥氏体	170~220	40~50	韧性塑性很高
马氏体	520~670	2.8	高强度硬度,韧性塑性极低

4. 可焊性

衡量材料焊接性能的优劣是以焊缝区强度不低于基体金属和不产生裂纹为标志。

5. 热处理工艺性能

热处理工艺性能是指钢材在热处理过程中所表现的行为，如过热倾向、淬透性、回火脆性、氧化脱碳倾向以及变形开裂倾向等，这些可用来衡量热处理工艺性能的优劣。

总之，良好的加工工艺性可以大大减少加工过程的动力、材料消耗，缩短加工周期及降低废品率等。优良的加工工艺性能是降低产品成本的重要途径。

1.3.3　材料的经济性能

每台机器产品成本的高低是劳动生产率的重要标志。产品的成本主要包括原料成本、加工费用、成品率以及生产管理费用等。材料的选择也要着眼于经济效益，根据国家资源，结合国内生产实际加以考虑。此外，还应考虑零件的寿命及维修费，若选用新材料还要考虑研究试验费。

作为一名机械设计人员，在选材时必须了解我国工业发展趋势，按国家标准，结合我国资源和生产条件，从实际出发全面考虑各方面因素。

1.4　改善材料切削加工的途径

1.4.1　通过热处理改变材料的组织和力学性能

热处理是将金属材料通过一定时间的加热保温冷却，以改变其内部组织结构的一种工艺。常用热处理的方法及作用主要有：

1. 退火

在临界温度以上保温一定时间，缓冷到500℃以下得到平衡状态组织。目的是软化材料、改善组织、便于切削加工。

2. 淬火

在临界温度以上保温一定时间，再快冷如油冷、水冷、风冷等得到非平衡状态组织。目的是提高材料的硬度和强度，满足使用要求。

3. 回火

在临界温度以下保温一定时间的工艺。所有零件淬火后都需回火，有淬火后回火和冷加工后去应力回火两种。目的是稳定组织、消除应力。

1.4.2　选用合适的刀具、切削参数和工艺

1. 选用不同的刀具及加工参数

为改善切削加工性能，加工机械零件时，应根据被加工零件材料性质的不同，参考机械制造手册，选用不同的刀具及加工参数。

2. 采取不同的工艺

为改善切削加工性能，加工机械零件时，应根据被加工零件材料性质及零件使用要求，采取不同的加工工艺。如钛合金导热系数小，已加工表面经常出现硬而脆的外皮，化学性质活泼，高温下易与氧氮等元素化合生成脆硬物质。因此，刀具宜采用硬度高、导热性好的合金刀具，加工参数宜采用切削速度不高但切削深度与进给量适当加大的参数。

3. 选取适当的切削液

应根据被加工零件的材料选取不同的切削液，以改善切削加工性能。

总之，影响材料切削加工的因素很多，仅从个别因素分析切削加工性能是不全面的，应综合考虑各种因素。

1.5　材料选择与应用是机械设计行业的基础

材料是机械设计和零件生产的基本元素，保证材料的供应和恰当的选材，是机械设计行业持续发展的基础。因此，面对当前的局面，必须加强机械设计中的材料选择工作力度。一方面保证选择适合的、实用的材料，另一方面，为了节约资源、保护环境，还要在选材的过程中充分考虑材料的经济性和环保性。通过良好地完成机械设计材料的选择工作，从而推动机械设计行业的稳步发展。

现代化的工业进程对机械设计行业提出了新的要求，机械设计中的材料选择和应用是整个机械设计行业的基础。新的形势下在对材料进行选择和应用时，需要考虑得更加全面，不仅要保证选择的材料能够满足设计要求，而且还要注意环保和节能。

第 2 章　机械设计常用材料简介

机械零部件设计常用的材料包括金属材料、非金属材料两大类，金属材料具有良好的力学性能（强度、塑性、韧性），价格相对便宜，使用量占 90%以上。金属材料又分为黑色金属材料和有色金属材料两大类。非金属材料主要包括工程塑料、橡胶、陶瓷和玻璃等。

2.1　黑色金属

黑色金属是铁碳合金，以铁为基础，以碳为主要添加元素的合金，按含碳量不同分为钢和铁。$w_C<0.0218\%$的为纯铁；$2\%<w_C<4.3\%$的为铸铁；$0.0218\%<w_C<2\%$的为钢，钢又分为碳素钢和合金钢。

2.1.1　铸铁

2.1.1.1　铸铁性能特点和用途概述

1. 铸铁的性能特点

（1）力学性能　与钢相比铸铁的力学性能较低，尤其是抗拉强度和塑性远低于钢，这是因为铸铁中的碳主要是以石墨的形态存在，石墨相当于钢基体中的裂纹或空洞，破坏了基体的连续性，且易导致应力集中。由于石墨的强度和塑性与钢相比，几近于零，因此可将铸铁看作是布满裂缝及孔洞的钢。石墨的存在起着割裂基体的作用，减少了基体承受载荷的有效面积，特别是当石墨呈片状时，石墨片的尖端将引起应力集中，因而使得铸铁的强度和塑性大大低于具有同样基体的钢，其降低的程度取决于石墨的数量、形态、大小及分布。显然，石墨的数量越多，尺寸越大，越接近片状，分布越不均匀，则对基体的破坏作用必然越大，因而强度及塑性即越低，这就是铸铁力学性能较差的根本原因。

但铸铁的抗压强度（包括硬度）主要取决于金属基体，与石墨形状的关系不大，所以铸铁的抗压强度与钢基体相近。

（2）耐磨性能　铸铁的耐磨性能很好，因为铸铁中的碳主要是以石墨的形态存在，石墨本身有润滑作用，并能储存润滑油，使铸件有良好的耐磨性能。

（3）消振性　铸铁的消振性能好，因为铸铁中的碳主要是以石墨的形态存在，石墨对振动的传递起削弱作用，可以吸收振动能量，使铸铁有很好的抗振性能。

（4）铸造性　铸铁由于凝固时形成石墨（石墨结晶）产生的膨胀，减小了铸件体积的收缩，降低了铸件中的内应力，所以铸铁的收缩率小，其铸造性能优于钢。

（5）切削加工性能　切削加工金属材料的难易程度称为切削加工性能。一般由工件切削后的表面粗糙度及刀具寿命等参数来衡量。影响切削加工性能的因素主要有工件的化学成分、金相组织、物理性能、力学性能等。

工程实践中也可以根据材料的硬度和韧性大致判断切削加工性：硬度为 170~230HBW，并有足够脆性的金属材料（例如铸铁）其切削加工性良好；硬度和韧性过低或过高，切削加工性均不理想，铸铁比铸钢的切削加工性好。

2. 铸铁的分类及性能应用概述

（1）根据碳存在形式及断口特征分类　铸铁根据碳的存在形式及断口特征分为灰铸铁、白口铸铁和麻口铸铁三大类。

1）灰铸铁。灰铸铁的碳主要以片状石墨形态存在，断口呈灰色，简称灰铁。灰铸铁含碳量较高（质量分数为 2.7%～4.0%），熔点低（1145～1250℃），凝固时收缩量小。灰铸铁的组织可以看作由钢的基体和石墨夹杂物所共同组成，抗压强度和硬度接近碳素钢，减振性好。

2）白口铸铁。白口铸铁的碳、硅含量较低，碳主要以渗碳体形态存在，其断口呈银白色，凝固时收缩大，易产生缩孔、裂纹。硬度高，脆性大，不能承受冲击载荷。由于其具有很高的表面硬度和耐磨性，又称激冷铸铁或冷硬铸铁。白口铸铁不能进行切削加工，很少在工业上直接用来制作机械零件。凝固时收缩大，易产生缩孔、裂纹。硬度高，脆性大，不能承受冲击载荷，多用作可锻铸铁的坯件和制作耐磨损的零部件。

3）麻口铸铁。麻口铸铁是介于白口铸铁和灰铸铁之间的一种铸铁，其断口呈灰白相间的麻点状，性能不好，极少应用。

（2）根据化学成分分类

1）普通铸铁。不含任何合金元素的铸铁，如灰铸铁、可锻铸铁、球墨铸铁等。

2）合金铸铁。在普通铸铁内加入适量合金元素（如硅、锰、磷、镍、铬、钼、铜、铝、硼、钒、锡等），使铸铁的基体组织发生变化，从而具有相应的耐热、耐磨、耐蚀、耐低温或无磁等特性。如各种耐蚀、耐热、耐磨的特殊性能铸铁，多用于制造矿山、化工机械和仪器、仪表等的零部件。

（3）根据生产方法和组织性能分类

1）普通灰铸铁。普通灰铸铁即如前所述的灰铸铁，断口呈灰色。普通灰铸铁中的碳主要以片状石墨形式出现。普通灰铸铁的组织是由铁液缓慢冷却时通过石墨化过程形成的，基体形式为铁素体、珠光体、珠光体加铁素体三种。

灰铸铁的热处理只改变其基体组织，不改变石墨形态。因为灰铸铁强度只有碳素钢的 30%～50%，所以热处理后强化效果不大。灰铸铁常用的热处理有三种：消除内应力退火（又称人工时效）、消除白口组织退火、表面淬火。

由于灰铸铁具有一定的强度和良好的减振性、耐磨性，以及优良的切削加工性和铸造工艺性，并且生产简便、成本低，故可以用于制造承受压力和振动的零件，如机床床身、各种箱体、壳体、泵体、缸体等，因此在工业生产和民用生活中得到最广泛的应用。

2）孕育铸铁。孕育铸铁是指经过孕育处理的灰铸铁，是在灰铸铁基础上采用“变质处理”而成，又称变质铸铁。孕育处理是指浇铸前向铁液中加入少量强烈促进石墨化的物质（孕育剂）进行处理。

孕育铸铁的强度和韧性都优于普通灰铸铁，抗拉强度可提高到 373MPa，抗弯强度可达 588MPa。孕育灰铸铁断面直径增加 5 倍，抗拉强度仅减小 10%，而普通灰铸铁断面直径增加 3.5 倍，抗拉强度却要下降 50%。

孕育铸铁常用来制造力学性能要求较高而截面尺寸变化较大的大型铸件，广泛应用于气缸、活塞、液压泵和滑阀等零件，还可作为低合金铸铁的代用品。

3）可锻铸铁。可锻铸铁是由白口铸铁经可锻化退火改变其金相组织或成分，使渗碳体分解为团絮状石墨，而获得的有较高韧性的铸铁，又称韧性铸铁。可锻铸铁由于处理工艺的不同又可分为黑心可锻铸铁和白心可锻铸铁。

由于可锻铸铁中的石墨呈团絮状，对基体的割裂作用较小，因此它的力学性能比灰铸铁高，塑性和韧性好，但可锻铸铁并不能进行锻压加工。可锻铸铁的基体组织不同，其性能也不一样，其中黑心可锻铸铁具有较高的塑性和韧性，而珠光体可锻铸铁具有较高的强度，硬度和耐磨性。可锻铸铁经热处理后，抗拉强度可达300~700MPa，断后伸长率可达2%~16%，强度为碳素钢的40%~70%，接近于铸钢。名为可锻铸铁，实际是不可锻的。

可锻铸铁强度高于灰铸铁，韧性接近铸钢，铸造性能又优于铸钢，可以用于制造形状复杂且承受振动载荷的薄壁小型件，因此已广泛用于汽车、拖拉机、农业机具及铁道零件，还用于电力线路工具、管路连接件、低压阀门、五金工具及家庭用具等。

4）球墨铸铁。球墨铸铁是将灰铸铁铁液经球化处理而不是经过热处理，即通过在浇铸前往铁液中加入一定量的球化剂和墨化剂，使石墨大部或全部呈球状析出，有时少量为团絮状的铸铁，简称球铁。球化剂为镁、稀土和稀土镁。为避免白口，并使石墨细小均匀，在球化处理同时还进行孕育处理。常用孕育剂为硅铁和硅钙合金。

球墨铸铁比普通灰铸铁有较高强度、较好韧性和塑性。和钢相比，除塑性、韧性稍低外，其他性能均接近，是兼有钢和铸铁优点的优良材料。球墨铸铁抗拉强度可达1200~1450MPa，断后伸长率可达17%，冲击韧度可达60J/cm^2，强度是碳素钢的70%~90%。球墨铸铁的突出特点是屈强比高，约为0.7~0.8，而钢一般只有0.3~0.5。

球墨铸铁可进行各种热处理，如退火、正火、淬火加回火、等温淬火等。球墨铸铁的热处理特点是：奥氏体化温度比碳素钢高，由于硅含量高；淬透性比碳素钢高；奥氏体中碳含量可控。

球墨铸铁在机械工程上应用广泛，已用于生产受力复杂，强度、韧性、耐磨性等要求较高的零件，如汽车、拖拉机、内燃机等的曲轴、凸轮轴，还有通用机械的中压阀门等。

5）蠕墨铸铁

蠕墨铸铁是铁液经蠕化处理和孕育处理得到的。

蠕墨铸铁抗拉强度可达500MPa，其强度、塑性和抗疲劳性能优于灰铸铁，其力学性能介于灰铸铁与球墨铸铁之间，此外还有良好的导热性等。

蠕墨铸铁常用于制造承受热循环载荷的零件和结构复杂、强度要求高的铸件。因此已用于生产柴油机缸盖、电动机外壳、驱动箱箱体、排气阀、制动器鼓轮、液压件阀体、冶金钢锭模、玻璃模具等。

3. 铸铁材料牌号的表示方法

（1）铸铁代号　根据GB/T 5612—2008规定：铸铁的基本代号由表示该铸铁特征的汉语拼音字母的第一个大写正体字母组成，当两种铸铁名称的代号字母相同时，可在该大写正体字母后加小写正体字母来区别。

当要表示铸铁的组织特征或特殊性能时，代表铸铁组织特征或特殊性能的汉语拼音的第一个大写正体字母排列在基本代号的后面。铸铁代号的实例见表2-1。

（2）元素符号、名义含量及力学性能　合金元素符号用国际化学元素符号表示，混合稀土元素用符号“RE”表示。名义含量及力学性能用阿拉伯数字表示。

（3）以化学成分表示的铸铁牌号

1）当以化学成分表示铸铁牌号时，合金元素符号及名义含量（质量分数）排列在铸铁代号之后。

2）在牌号中常规碳、硅、锰、硫、磷元素一般不标注，有特殊作用时，才标注其元素符号及含量。

3）合金元素的质量分数大于或等于 1%时，在牌号中用整数标注，数值的修约按 GB/T 8170 执行。小于 1%时一般不标注，只有对该合金特性有较大影响时，才标注其合金化元素符号。

4）合金化元素按其含量递减次序排列，含量相等时按元素符号的字母顺序排列。

（4）以力学性能表示的铸铁牌号

1）当以力学性能表示铸铁的牌号时，力学性能值排列在铸铁代号之后。当牌号中有合金元素符号时，抗拉强度值排列于元素符号及含量之后，之间用“-”隔开。

2）牌号中代号后面有一组数字时，该组数字表示抗拉强度值，单位为 MPa；当有两组数字时，第一组表示抗拉强度值，单位为 MPa，第二组表示断后伸长率值，以 1%为单位，两组数字间用“-”隔开。

铸铁牌号结构型式示例如图 2-1 所示。

各种铸铁名称、代号及牌号表示方法实例见表 2-1。

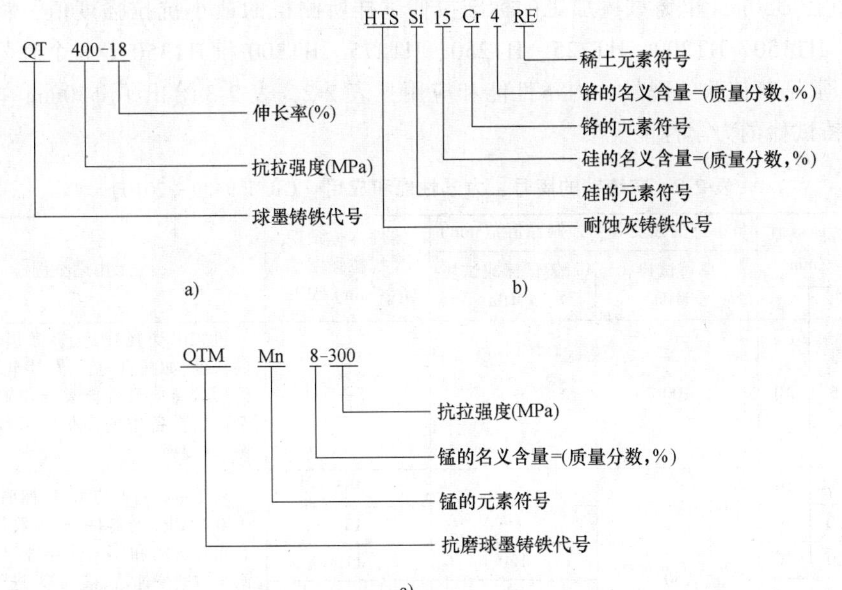

图 2-1　铸铁牌号结构型式示例（GB/T 5612—2008）

a）示例 1　b）示例 2　c）示例 3

表 2-1　各种铸铁名称、代号及牌号表示方法实例（GB/T 5612—2008）

铸铁名称	代　号	牌号表示方法实例
灰铸铁	HT	
灰铸铁	HT	HT250，HT Cr-300
奥氏体灰铸铁	HTA	HTA Ni20Cr2
冷硬灰铸铁	HTL	HTL Cr1Ni1Mo
耐磨灰铸铁	HTM	HTM Cu1CrMo

（续）

铸铁名称	代　　号	牌号表示方法实例
耐热灰铸铁	HTR	HTR Cr
耐蚀灰铸铁	HTS	HTS Ni2Cr
球墨铸铁	QT	
球墨铸铁	QT	QT400-18
奥氏体球墨铸铁	QTA	QTA Ni30Cr3
冷硬球墨铸铁	QTL	QTL Cr Mo
抗磨球墨铸铁	QTM	QTM Mn8-30
耐热球墨铸铁	QTR	QTR Si5
耐蚀球墨铸铁	QTS	QTS Ni20Cr2
蠕墨铸铁	RuT	RuT420
可锻铸铁	KT	
白心可锻铸铁	KTB	KTB350-04
黑心可锻铸铁	KTH	KTH350-10
珠光体可锻铸铁	KTZ	KTZ650-02
白口铸铁	BT	
抗磨白口铸铁	BTM	BTM Cr15Mo
耐热白口铸铁	BTR	BTRCr16
耐蚀白口铸铁	BTS	BTSCr28

2.1.1.2 灰铸铁（GB/T 9439—2010）

依据直径 ϕ30mm 单铸试棒加工的标准拉伸试样所测得的最小抗拉强度值，将灰铸铁分为 HT100、HT150、HT200、HT225、HT250、HT275、HT300 和 HT350 等 8 个牌号，常见为 6 个牌号，常见灰铸铁的牌号、力学性能和应用见表 2-2，表 2-3 给出了 ϕ30mm 单铸试棒和 ϕ30mm 附铸试棒的力学性能。

表 2-2　灰铸铁的牌号、力学性能和应用（GB/T 9439—2010）

牌号	铸件壁厚/mm		最小抗拉强度 R_m(强制性值)(min)		铸件本体预期抗拉强度 R_m(min)/MPa	用途举例
	>	≤	单铸试棒/MPa	附铸试棒或试块/MPa		
HT100	5	40	100	—	—	机床中受轻载荷、轻磨损的无关紧要的铸件，如托盘、盖、罩、手轮、把手、重锤等形状简单且性能要求不高的零件；冶金矿山设备中的高炉平衡锤、炼钢炉重锤、钢锭模
HT150	5	10	150	—	155	承受中等弯曲应力、摩擦面间压强不高于 0.49MPa 的铸件，如多数机床的底座，有相对运动和磨损的零件，如工作台等，汽车中的变速器、排气管、进气管等；拖拉机中的液压泵进出油管、鼓风机底座，内燃机车水泵壳，止回阀体，电动机轴承盖，汽轮机操纵座外壳，缓冲器外壳等
	10	20		—	130	
	20	40		120	110	
	40	80		110	95	
	80	150		100	80	
	150	300		*90*	—	
HT200	5	10	200	—	205	承受较大弯曲应力，要求保持气密性的铸件，如机床立柱、刀架、齿轮箱体、多数机床床身、滑板、箱体、液压缸、泵体、阀体、制动毂、飞轮、气缸盖、分离器本体、鼓风机座、带轮、叶轮、压缩机机身、轴承架、内燃机车风缸体、阀套、活塞、导水套筒、前缸盖等
	10	20		—	180	
	20	40		170	155	
	40	80		150	130	
	80	150		140	115	
	150	300		*130*	—	

（续）

牌号	铸件壁厚/mm		最小抗拉强度 R_m（强制性值）(min)		铸件本体预期抗拉强度 R_m(min)/MPa	用途举例
	>	≤	单铸试棒/MPa	附铸试棒或试块/MPa		
HT225	5	10	225	—	230	炼钢用轨道板、气缸套、齿轮、机床立柱、齿轮箱体、机床床身、磨床转体、液压缸、泵体、阀体
	10	20		—	200	
	20	40		190	170	
	40	80		170	150	
	80	150		155	135	
	150	300		*145*	—	
HT250	5	10	250	—	250	承受高弯曲应力、拉应力、要求保持高度气密性的铸件，如重型机床床身、多轴机床主轴箱、卡盘齿轮、高压液压缸、泵体、阀体、水泵出水段、进水段、吸入盖、双螺旋分级机机座、锥齿轮、大型卷筒、轧钢机座、焦化炉导板、汽轮机隔板、泵壳、收缩管、轴承支架、主配阀壳体、环形缸座等
	10	20		—	225	
	20	40		210	195	
	40	80		190	170	
	80	150		170	155	
	150	300		*160*	—	
HT350	10	20	350	—	315	轧钢滑板，辊子，炼焦柱塞，圆筒混合机齿圈，支承轮座，当轮座等
	20	40		290	280	
	40	80		260	250	
	80	150		230	225	
	150	300		*210*	—	

注：1. 当铸件壁厚超过 300mm 时，其力学性能由供需双方商定。

2. 当某牌号的铁液浇注壁厚均匀、形状简单的铸件时，壁厚变化引起抗拉强度的变化，可从本表查出参考数据，当铸件壁厚不均匀，或有型芯时，此表只能给出不同壁厚处大致的抗拉强度值，铸件的设计应根据关键部位的实测值进行。

3. 表中斜体字数值表示指导值，其余抗拉强度值均为强制性值，铸件本体预期抗拉强度值不作为强制性值。

表 2-3　ϕ30mm 单铸试棒和 ϕ30mm 附铸试棒的力学性能（GB/T 9439—2010）

力学性能	材料牌号①						
	HT150	HT200	HT225	HT250	HT275	HT300	HT350
	基体组织						
	铁素体+珠光体	珠光体					
抗拉强度 R_m/MPa	150~250	200~300	225~325	250~350	275~375	300~400	350~450
屈服强度 $R_{p0.1}$/MPa	98~165	130~195	150~210	165~228	180~245	195~260	228~285
伸长率 A(%)	0.3~0.8	0.3~0.8	0.3~0.8	0.3~0.8	0.3~0.8	0.3~0.8	0.3~0.8
抗压强度 R_{mc}/MPa	600	720	780	840	900	960	1080
抗压屈服强度 $\sigma_{d0.1}$/MPa	195	260	290	325	360	390	455
抗弯强度 σ_{db}/MPa	250	290	315	340	365	390	490
抗剪强度 σ_{aB}/MPa	170	230	260	290	320	345	400
扭转强度② τ_{tB}/MPa	170	230	260	290	320	345	400
弹性模量③ E/GPa	78~103	88~113	95~115	103~118	105~28	108~137	123~143
泊松比 μ	0.26	0.26	0.26	0.26	0.26	0.26	0.26
弯曲疲劳强度④ σ_{bW}/MPa	70	90	105	120	130	140	145
反压应力疲劳极限⑤ σ_{xdW}/MPa	40	50	55	60	68	75	85
断裂韧性 K_{IC}/MPa$^{3/4}$	320	400	440	480	520	560	650

① 当对材料的机加工性能和抗磁性能有特殊要求时，可以选用 HT100。如果试图通过热处理的方式改变材料金相组织而获得所要求的性能时，不宜选用 HT100。

② 扭转疲劳强度 $\tau_{tw}\approx0.42R_m$。

③ 取决于石墨的数量及形态，以及加载量。

④ $\sigma_{bW}\approx(0.35\sim0.50)R_m$。

⑤ $\sigma_{xdW}\approx0.53\sigma_{bW}\approx0.26R_m$。

2.1.1.3 可锻铸铁（GB/T 9440—2010）

1. 可锻铸铁分类

按化学成分、热处理工艺而导致的性能和金相组织的不同，可锻铸铁分为如下两类：

（1）黑心可锻铸铁和珠光体可锻铸铁　黑心可锻铸铁的金相组织主要是铁素体基体+团絮状石墨，珠光体可锻铸铁的金相组织主要是珠光体基体+团絮状石墨。

（2）白心可锻铸铁　白心可锻铸铁的金相组织取决于断面尺寸，如下所示：

薄断面＝铁素体(+珠光体+退火石墨)

厚断面：表面区域——铁素体

　　　　中间区域——珠光体+铁素体+退火石墨

　　　　心部区域——珠光体(+铁素体)+退火石墨

2. 可锻铸铁性能及应用

可锻铸铁的牌号、力学性能及应用见表 2-4。

表 2-4　可锻铸铁的牌号、力学性能及应用（GB/T 9440—2010）

牌号			试样直径 d/mm	力学性能			硬度 HBW	特性和用途
	A	B		R_m	$R_{p0.2}$	A(%) ($L_0=3d$)		
				MPa				
				≥				
黑心	KTH300-06		12 或 15	300	—	6	≤150	有一定的韧性和强度，气密性好，适用于承受低动载荷及静载荷，要求气密性好的工作零件，如管道配件，中低压阀门等
		KTH330-18		330	—	8		有一定的韧性和强度，用于承受中等动负荷和静负荷的工作零件，如车轮壳、机床扳手和钢绳扎头等
	KTH350-10			350	200	10		有较高的韧性和强度，用于承受较高的冲击、振动及扭转负荷的零件，如汽车上得前后轮壳、减速器壳、转向节壳、制动器、运输机零件等
		KTH370-12		370	—	12		
珠光体	KTZ450-06		12 或 15	450	270	6	150~200	韧性较低，但强度大，耐磨性好，且加工性良好，可用来代替低碳、中碳、低合金钢及有色合金制造要求较高强度和耐磨性的重要零件，如曲轴、连杆、齿轮、活塞杆、轴承等
	KTZ550-04			550	340	4	180~230	
	KTZ650-02			650	430	2	210~260	
	KTZ700-02			700	530	2	240~290	
白心	KTB350-04		9	340	—	5	≤230	白心可锻铸铁的特点是：①薄壁铸件仍有较好的韧性；②有非常优良的焊接性，可与钢钎焊；③可切削性好，但工艺复杂，生产周期长，强度及耐磨性较差，在机械工业中很少用，适用于制作厚度在 15mm 以下的薄壁铸件和焊后不需进行热处理的零件
			12	350	—	4		
			15	360	—	3		
	KTB380-12		9	320	170	15	≤200	
			12	380	200	12		
			15	400	210	8		
	KTB400-05		9	360	200	8	≤220	
			12	400	220	5		
			15	420	230	4		
	KTB450-07		9	400	230	10	≤220	
			12	450	260	7		
			15	480	280	4		

2.1.1.4　球墨铸铁（GB/T 1348—2009）

1. 球墨铸铁的牌号和力学性能

铸件材料牌号是通过测定下列试样的力学性能来确定的：

（1）单铸试样　从单铸试块上截取加工而成的试样。

（2）附铸试样　从附铸在铸件或浇注系统上得试块截取加工而成的试样。

（3）本体试样　从铸件本体上截取加工而成的试样。

铸件材料牌号等级是依照从单铸试样、附铸试样或本体试样测出的力学性能而定义的。

球墨铸铁的牌号方法按 GB/T 5612 的规定，并分为单铸和附铸试块两类。

1）按单铸试样的力学性能分为 14 个牌号，见表 2-5。

2）按附铸试样的力学性能分为 14 个牌号，见表 2-6。

表 2-5　单铸试样的力学性能（GB/T 1348—2009）

材料牌号	抗拉强度 R_m/MPa (min)	屈服强度 $R_{p0.2}$/MPa (min)	伸长率 A(%) (min)	布氏硬度 HBW	主要基体组织
QT350-22L	350	220	22	≤160	铁素体
QT350-22R	350	220	22	≤160	铁素体
QT350-22	350	220	22	≤160	铁素体
QT400-18L	400	240	18	120～175	铁素体
QT400-18R	400	250	18	120～175	铁素体
QT400-18	400	250	18	120～175	铁素体
QT400-15	400	250	15	120～180	铁素体
QT450-10	450	310	10	160～210	铁素体
QT500-7	500	320	7	170～230	铁素体+珠光体
QT550-5	550	350	5	180～250	铁素体+珠光体
QT600-3	600	370	3	190～270	珠光体+铁素体
QT700-2	700	420	2	225～305	珠光体
QT800-2	800	480	2	245～335	珠光体或索氏体
QT900-2	900	600	2	280～360	回火马氏体或屈氏体+索氏体

注：1. 如需求球铁 QT500-10，其性能要求见 GB/T 1348—2009 附录 A。

2. 字母“L”表示该牌号有低温（-20℃或-40℃）下的冲击性能要求；字母“R”表示该牌号有室温（23℃）下的冲击性能要求。

3. 伸长率是从原始标距 $L_0=5d$ 上测得的，d 是试样上原始标距处的直径。其他规格的标距见 GB/T 1348—2009 中 9.1 及附录 B。

表 2-6　附铸试样的力学性能（GB/T 1348—2009）

材料牌号	铸件壁厚 /mm	抗拉强度 R_m/MPa (min)	屈服强度 $R_{p0.2}$/MPa (min)	伸长率 A (%) (min)	布氏硬度 HBW	主要基体组织
QT350-22AL	≤30	350	220	22	≤160	铁素体
	>30～60	330	210	18		
	>60～200	320	200	15		
QT350-22AR	≤30	350	220	22	≤160	铁素体
	>30～60	330	220	18		
	>60～200	320	210	15		

（续）

材料牌号	铸件壁厚/mm	抗拉强度 R_m/MPa (min)	屈服强度 $R_{p0.2}$/MPa (min)	伸长率 A (%) (min)	布氏硬度 HBW	主要基体组织
QT350-22A	≤30	350	220	22	≤160	铁素体
	>30～60	330	210	18		
	>60～200	320	200	15		
QT400-18AL	≤30	380	240	18	120～175	铁素体
	>30～60	370	230	15		
	>60～200	360	220	12		
QT400-18AR	≤30	400	250	18	120～175	铁素体
	>30～60	390	250	15		
	>60～200	370	240	12		
QT400-18A	≤30	400	250	18	120～175	铁素体
	>30～60	390	250	15		
	>60～200	370	240	12		
QT400-15A	≤30	400	250	15	120～180	铁素体
	>30～60	390	250	14		
	>60～200	370	240	11		
QT450-10A	≤30	450	310	10	160～210	铁素体
	>30～60	420	280	9		
	>60～200	390	260	8		
QT500-7A	≤30	500	320	7	170～230	铁素体+珠光体
	>30～60	450	300	7		
	>60～200	420	290	5		
QT550-5A	≤30	550	350	5	180～250	铁素体+珠光体
	>30～60	520	330	4		
	>60～200	500	320	3		
QT600-3A	≤30	600	370	3	190～270	珠光体+铁素体
	>30～60	600	360	2		
	>60～200	550	340	1		
QT700-2A	≤30	700	420	2	225～305	珠光体
	>30～60	700	400	2		
	>60～200	650	380	1		
QT800-2A	≤30	800	480	2	245～335	珠光体或索氏体
	>30～60	由供需双方商定				
	>60～200					
QT900-2A	≤30	900	600	2	280～360	回火马氏体或索氏体+屈氏体
	>30～60	由供需双方商定				
	>60～200					

注：1. 从附铸试样测得的力学性能并不能准确地反映铸件本体的力学性能，但与单铸试棒上测得的值相比更接近于铸件的实际性能值。

2. 伸长率在原始标距 $L_0=5d$ 上测得，d 是试样上原始标距处的直径，其他规格的标距，见 GB/T 1348—2009 中 9.1 及附录 B。

3. 如需球铁 QT500-10，其性能要求见 GB/T 1348—2009 附录 A。

2. 球墨铸铁的应用

常见牌号球墨铸铁的特点及应用举例见表 2-7。

表 2-7　常见牌号球墨铸铁的特点及应用举例

牌号	特点及应用举例
QT900-2	具有高强度,高耐磨性,较高的弯曲疲劳强度,用于制作内燃机中的凸轮轴、拖拉机的减速齿轮、汽车中的准双曲面齿轮、农机中的耙片等
QT800-2 QT700-2 QT600-3	具有较高的强度、耐磨性及一定的韧性,用于制作部分机床的主轴、空压机、冷冻机、制氧机、泵的曲轴、缸体、缸套、球磨机齿轴、矿车轮、汽油机的曲轴、部分轻型柴油机、汽油机的凸轮轴、气缸套、进排气门座、连杆、小载荷齿轮等
QT500-7 QT450-10	具有中等的强度和韧性,用于制作内燃机中油泵齿轮、汽轮机的中温气缸隔板、水轮机阀门体、机车车辆轴瓦、输电线路的联板
QT400-15 QT400-18	韧性高,低温性能较好,具有一定的耐蚀性,用于制作汽车和拖拉机中的驱动桥、轮毂、驱动桥壳体、离合器壳体、差速器壳体、减速器壳、离合器拨叉、弹簧吊耳、阀盖、支架、收割机的导架、护刃器等

2.1.1.5　耐热铸铁（见表 2-8～表 2-11）

表 2-8　耐热铸铁的牌号及化学成分（GB/T 9437—2009）

铸铁牌号	化学成分(质量分数,%)						
	C	Si	Mn	P	S	Cr	Al
			不大于				
HTRCr	3.0～3.8	1.5～2.5	1.0	0.10	0.08	0.50～1.00	—
HTRCr2	3.0～3.8	2.0～3.0	1.0	0.10	0.08	1.00～2.00	—
HTRCr16	1.6～2.4	1.5～2.2	1.0	0.10	0.05	15.00～18.00	—
HTRSi5	2.4～3.2	4.5～5.5	0.8	0.10	0.08	0.5～1.00	—
QTRSi4	2.4～3.2	3.5～4.5	0.7	0.07	0.015	—	—
QTRSi4Mo	2.7～3.5	3.5～4.5	0.5	0.07	0.015	Mo0.5～0.9	—
QTRSi4Mo1	2.7～3.5	4.0～4.5	0.3	0.05	0.015	Mo1.0～1.5	Mg0.01～0.05
QTRSi5	2.4～3.2	4.5～5.5	0.7	0.07	0.015	—	—
QTRAl4Si4	2.5～3.0	3.5～4.5	0.5	0.07	0.015	—	4.0～5.0
QTRAl5Si5	2.3～2.8	4.5～5.2	0.5	0.07	0.015	—	5.0～5.8
QTRAl22	1.6～2.2	1.0～2.0	0.7	0.07	0.015	—	20.0～24.0

表 2-9　耐热铸铁的室温力学性能（GB/T 9437—2009）

铸铁牌号	最小抗拉强度 R_m/MPa	硬度(HBW)	铸铁牌号	最小抗拉强度 R_m/MPa	硬度(HBW)
HTRCr	200	189～288	QTRSi4Mo1	550	200～240
HTRCr2	150	207～288	QTRSi5	370	228～302
HTRCr16	340	400～450	QTRAl4Si4	250	285～341
HTRSi5	140	160～270	QTRAl5Si5	200	302～363
QTRSi4	420	143～187	QTRAl22	300	241～364
QTRSi4Mo	520	188～241			

注：允许用热处理方法达到上述性能。

表 2-10　耐热铸铁的高温短时抗拉强度（GB/T 9437—2009）

铸铁牌号	在下列温度时的最小抗拉强度 R_m/MPa				
	500℃	600℃	700℃	800℃	900℃
HTRCr	225	144	—	—	—
HTRCr2	243	156	—	—	—
HTRCr16	—	—	—	144	88

（续）

铸铁牌号	在下列温度时的最小抗拉强度 R_m/MPa				
	500℃	600℃	700℃	800℃	900℃
HTRSi5	—	—	41	27	—
QTRSi4	—	—	75	35	—
QTRSi4Mo	—	—	101	46	—
QTRSi4Mo1	—	—	101	46	—
QTRSi5	—	—	67	30	—
QTRAl4Si4	—	—	—	82	32
QTRAl5Si5	—	—	—	167	75
QTRAl22	—	—	—	130	77

表 2-11　耐热铸铁的使用条件及应用举例（GB/T 9437—2009）

铸铁牌号	使用条件	应用举例
HTRCr	在空气炉气中，耐热温度到 550℃。具有高的抗氧化性和体积稳定性	适用于急冷急热的、薄壁、细长件。用于炉条、高炉支架式水箱、金属型、玻璃模具等
HTRCr2	在空气炉气中，耐热温度到 600℃。具有高的抗氧化性和体积稳定性	适用于急冷急热的、薄壁、细长件。用于煤气炉内灰盆、矿山烧结车挡板等
HTRCr16	在空气炉气中耐热温度到 900℃，具有高的室温及高温强度，高的抗氧化性，但常温脆性较大，耐硝酸的腐蚀	可在室温及高温下作抗磨件使用。用于退火罐、煤粉烧嘴、炉栅、水泥焙烧炉零件、化工机械等零件
HTRSi5	在空气炉气中，耐热温度到 700℃，耐热性较好，承受机械和热冲击能力较差	用于炉条、煤粉烧嘴、锅炉用梳形定位板、换热器针状管、二硫化碳反应瓶等
QTRSi4	在空气炉气中耐热温度到 650℃，力学性能抗裂性较 RQTSi5 好	用于玻璃窑烟道闸门、玻璃引上机墙板、加热炉两端管架等
QTRSi4Mo	在空气炉气中耐热温度到 680℃，高温力学性能较好	用于内燃机排气歧管、罩式退火炉导向器、烧结机中后热筛板、加热炉吊梁等
QTRSi4Mo1	在空气炉气中耐热温度到 800℃，高温力学性能好	用于内燃机排气歧管、罩式退火炉导向器、烧结机中后热筛板、加热炉吊梁等
QTRSi5	在空气炉气中耐热温度到 800℃，常温及高温性能显著优于 HTRSi5	用于煤粉烧嘴、炉条、辐射管、烟道闸门、加热炉中间管架等
QTRAl4Si4	在空气炉气中耐热温度到 900℃，耐热性良好	适用于高温轻载荷下工作的耐热件。用于烧结机箅条、炉用件等
QTRAl5Si5	在空气炉气中耐热温度到 1050℃，耐热性良好	
QTRAl22	在空气炉气中耐热温度到 1100℃，具有优良的抗氧化能力，较高的室温和高温强度，韧性好，抗高温硫蚀性好	适用于高温（1100℃）、载荷较小、温度变化较缓的工件。用于锅炉用侧密封块、链式加热炉炉爪、黄铁矿焙烧炉零件等

2.1.2　碳素钢

碳素钢是近代工业中使用最早、用量最大的基本材料。碳素钢是指碳的质量分数在 0.0218%~2%之间，并有少量硅、锰以及磷、硫等杂质的铁碳合金。工业上应用的碳素钢碳的质量分数一般不超过 1.4%。这是因为含碳量超过此量后，钢表现出很大的硬脆性，并且加工困难，失去生产和使用价值。

2.1.2.1　碳素钢概述

1. 碳对钢力学性能的影响

碳是钢铁材料的主要合金元素，因此钢铁材料也可以称为铁碳合金。碳在钢材中的主要作用是：

1）形成固溶体组织，提高钢的强度，如铁素体、奥氏体组织，都溶解有碳元素。

2）形成碳化物组织，可提高钢的硬度及耐磨性。如渗碳体，即 Fe_3C 就是碳化物组织。

碳对钢力学性能的影响是：含碳量越高，钢的强度、硬度就越高，但塑性、韧性也会随之降低；反之，含碳量越低，钢的塑性、韧性越高，其强度、硬度也会随之降低。因此，含碳量的高低决定了钢材的用途：低碳钢（碳的质量分数<0.25%），一般用作型材及冲压材料；中碳钢（碳的质量分数<0.6%），一般用作机械零件；高碳钢（碳的质量分数>0.6%），一般用作工具、刀具及模具等。

2. 碳素钢的分类

碳素钢的分类方法有很多，根据含碳量、质量、用途进行分类较为常见：

（1）按化学成分（含碳量）划分

1）低碳钢。$w_C \leqslant 0.25\%$，因其强度低、硬度低而软，故又称软钢。

低碳钢退火组织为铁素体和少量珠光体，其强度和硬度较低，塑性和韧性较好。因此，其冷成形性良好，可采用卷边、折弯、冲压等方法进行冷成形。这种钢还具有良好的焊接性。碳的质量分数为 0.10%~0.30% 的低碳钢适于进行各种加工（如锻造、焊接和切削），常用于制造链条、铆钉、螺栓、轴等。

2）中碳钢。$w_C = 0.25\% \sim 0.6\%$，中碳钢热加工及切削性能良好，焊接性能较差。

强度、硬度比低碳钢高，而塑性和韧性低于低碳钢。可不经热处理，直接使用热轧材、冷拉材，亦可经热处理后使用。淬火、回火后的中碳钢具有良好的综合力学性能。能够达到的最高硬度约为 55HRC（538HBW），R_m 为 600~1100MPa。所以在中等强度水平的各种用途中，中碳钢得到最广泛的应用，除作为建筑材料外，还大量用于制造各种机械零件。

3）高碳钢。$w_C > 0.6\%$，具有高的强度和硬度、高的弹性极限和疲劳极限（尤其是缺口疲劳极限），切削性能尚可，但焊接性能和冷塑性变形能力差。

由于含碳量高，水淬时容易产生裂纹，所以多采用双液淬火（水淬+油冷），小截面零件多采用油淬。这类钢一般在淬火后经中温回火或正火或在表面淬火状态下使用。主要用于制造弹簧和耐磨零件。碳素工具钢是基本上不加入合金化元素的高碳钢，也是工具钢中成本较低、冷热加工性良好、使用范围较广的钢种，其碳的质量分数为 0.65%~1.35%。

（2）按冶炼方法划分

1）平炉钢。平炉钢是指用平炉冶炼的钢，主要是碳素钢和普通低合金钢，按炉衬材料性质又分为酸性平炉钢和碱性平炉钢。

2）转炉钢。转炉钢是指在转炉内以液态生铁为原料，将高压空气或氧气从转炉的顶部、底部、侧面吹入炉内熔化的生铁液中，使生铁中的杂质被氧化去除而炼成的钢。

转炉钢按炉衬的耐火材料性质可分为碱性转炉钢和酸性转炉钢。按气体吹入炉内的部位可分为顶吹转炉钢、底吹转炉钢和侧吹转炉钢，还有顶吹、底吹复合转炉钢等。现在氧气转炉钢生产效率高，质量也很好，已被广泛应用，成为世界上的主要钢类。转炉钢的主要品种有碳素钢、低合金钢和少量合金钢。

3）电炉钢。电炉钢是指在电炉中以废钢、合金料为原料，或以初炼钢制成的电极为原料，用电加热方法使炉中原料熔化、精炼制成的钢。

电炉钢用电炉冶炼的主要是合金钢。电炉钢分电弧炉钢、感应电炉钢、真空感应电炉钢和电渣炉钢。工业上大量生产的主要是电弧炉钢。

（3）按金相组织划分　按金相组织划分，主要有退火组织、正火组织两种，本书主要介绍金相组织中的退火组织划分方法。

1）亚共析钢。碳的质量分数在 0.0218%~0.77%之间的结构钢。

亚共析钢常用的结构钢碳的质量分数大都在 0.5%以下，由于碳的质量分数低于 0.77%，所以组织中的渗碳体的质量分数也少于 12%，于是铁素体除去一部分要与渗碳体形成珠光体外，还会有多余的出现，所以这种钢的组织是铁素体+珠光体。含碳量越少，钢组织中珠光体比例也越小，钢的强度也越低，但塑性越好，这类钢统称为亚共析钢。

2）共析钢。具有共析成分含质量分数为 0.77%碳的碳素钢。

共析钢由高温奥氏体区缓冷至 727℃，生成多边形珠光体组织，其中铁素体和渗碳体呈片状平行排列。优质碳素结构钢和碳素工具钢都包含有这种组织。一般冷却速度大，珠光体片层间距减小，有利于强度和硬度提高。

3）过共析钢。碳的质量分数往往超过 0.77%的碳素钢。

过共析钢的显微组织有珠光体和先析渗碳体。该渗碳体沿原奥氏体晶界成网状分布。过共析钢因含有较多的碳，热处理后可得到很高的强度和硬度。通常采用不完全淬火，保留一部分未溶解的渗碳体，淬火后这些渗碳体以粒状分布在马氏体基体内，能提高钢的耐磨性。这种钢多用作工具钢使用。

（4）按质量进行划分　在工程实践中，人们习惯于将碳素钢按其质量不同分为普通碳素结构钢和优质碳素结构钢两种。优质碳素结构钢规定硫、磷的允许含量比普通碳素钢低，所以综合力学性能比普通碳素钢好。以下将按此分类进行阐述。

2.1.2.2　常用碳素结构钢（GB/T 699—2015、GB/T 700—2006）

1. 普通碳素结构钢

钢的牌号由代表屈服强度的字母、屈服强度数值、质量等级符号、脱氧方法符号等 4 个部分按顺序组成。例如：Q235AF。

其中：Q——钢材屈服强度“屈”字汉语拼音首位字母；

A、B、C、D——质量等级；

F——沸腾钢“沸”字汉语拼音首位字母；

Z——镇静钢“镇”字汉语拼音首位字母；

TZ——特殊镇静钢“特镇”两字汉语拼音首位字母。

在牌号组成表示方法中，“Z”与“TZ”符号可以省略。

普通碳素结构钢的焊接性、塑性好，一般不进行专门热处理，热轧空冷态下使用。常以热轧板、带、棒及型钢使用，用量约占钢材总量的 70%。用于建筑结构，适合焊接、铆接、螺纹连接等。普通碳素结构钢的力学性能及应用见表 2-12。

表 2-12 碳素结构钢的力学性能及应用

牌号	等级	屈服强度①R_{eH}/(N/mm^2),不小于						抗拉强度② R_m/(N/mm^2)	断后伸长率 A(%),不小于					冲击试验(V型缺口)	
		厚度(或直径)/mm							厚度(或直径)/mm					温度/℃	冲击吸收能量(纵向)/J 不小于
		≤16	>16~40	>40~60	>60~100	>100~150	>150~200		≤40	>40~60	>60~100	>100~150	>150~200		
Q195	—	195	185	—	—	—	—	315~430	33	—	—	—	—	—	—
Q215	A	215	205	195	185	175	165	335~450	31	30	29	27	26	—	—
	B													+20	27
Q235	A	235	225	215	215	195	185	370~500	26	25	24	22	21	—	—
	B													+20	27③
	C													0	
	D													−20	
Q275④	A	275	265	255	245	225	215	410~540	22	21	20	18	17	—	—
	B													+20	27
	C													0	
	D													−20	

牌号	特 点	用途举例
Q195	较好的塑性、韧性和焊接性,良好的压力加工性,但强度低	载荷较小的零件、垫块、铆钉、地脚螺栓、低碳钢丝、薄板、焊管、拉杆、开口销,以及冲压零件、焊接件等
Q215—A Q215—B	性能与 Q195 相近,但塑性稍差	薄板、镀锌钢丝、钢丝网、焊管、地脚螺栓、铆钉、垫圈、渗碳零件、焊接件等
Q235-A Q235-B Q235-C Q235-D	良好的塑性、韧性、焊接性和冷冲压性,一定的强度,好的冷弯性,适合钢结构及钢筋混凝土结构用钢要求	广泛用于制造薄板、钢筋、钢结构用各种型钢、建筑结构、桥梁、机座、机械零件、渗碳或碳氮共渗零件、焊接件、支架、受力不大的拉杆、连杆、销、轴、螺钉、螺母、套圈等
Q255-A Q255-B	较好的强度和冷、热压力加工性,塑性和焊接性稍差	钢结构用各种型钢、条钢、钢板、桥梁,强度要求不高的机械零件,如螺栓、键、摇杆、轴、拉杆等
Q275	具有较高的强度、硬度,较好的耐磨性,一定的焊接性和切削加工性,小型零件可以淬火强化,塑性和韧性低于 Q255	钢筋混凝土结构配筋、钢构件,要求强度较高的零件,如齿轮、轴、链轮、键、刹车杆、连杆、吊钩螺栓、螺母、农机用型钢、输送链和链节等

① Q195 的屈服强度值仅供参考，不作为交货条件。
② 厚度大于 100mm 的钢材，抗拉强度下限允许降低 20MPa，宽带钢（包括剪切钢板）抗拉强度上限不作为交货条件。
③ 厚度小于 25mm 的 Q235B 级钢材，如供方能保证冲击吸收能量值合格，经需方同意，可不做检验。
④ Q275 牌号由 ISO 630：1995 中 E275 牌号改得。

2. 优质碳素结构钢的性能

钢的牌号用两位数字表示，这两位数字代表钢平均含碳量的万分数。例如：45，表示 $w_C = 0.45\%$ 的优质碳素结构钢。

优质碳素结构钢主要于制作机器零部件，一般都要经过热处理以提高力学性能。

表 2-13 给出了常用优质碳素结构钢的力学性能及应用。

表 2-13　常用优质碳素结构钢的力学性能及应用（GB /T 699—2015、JB/T 6397—2006）

牌号	标准号	推荐热处理			试件毛坯尺寸/mm	力学性能					钢材交货状态硬度(HBW)		特性和用途
		正火	淬火	回火		R_m	R_{eL}	A	Z	KU	不大于		
						MPa		%		J	未热处理	退火钢	
						不小于							
20	JB/T 6397	正火或正火+回火			≤100	340~470	215	24	53	54	105~156		冷变形塑性高，一般供弯曲、压延用，为了获得好的深冲压延性能，板材应正火或高温回火。用于不承受很大应力而要求很大韧性的机械零件，如杠杆、轴套、螺钉、起重钩等。还可用于表面硬度高而心部强度要求不高的渗碳与碳氮共渗零件
					>100~250	320~470	205	23	50	49			
					>250~500	320~470	195	22	45	49			
30	GB/T 699	880	860	600	25	490	295	21	50	63	179		截面尺寸不大时，淬火并回火后呈索氏体组织，从而获得良好的强度和韧性的综合性能。用于制造螺钉、拉杆、轴、套筒、机座等
	JB/T 6397	正火或正火+回火			≤100	410~540	235	20	50	49	120~155		
					>100~250	390~520	225	19	48	39			
					>250~500	390~520	215	18	40	39			
35	GB/T 699	870	850	600	25	530	315	20	45	55	197		有好的塑性和适当的强度，多在正火和调质状态下使用。焊接性尚可，但焊前要预热，焊后要回火处理，一般不进行焊接。用于制造曲轴、转轴、杠杆、连杆、圆盘、套筒、钩环、飞轮、机身、法兰、螺栓、螺母等
	JB/T 6397	正火或正火+回火			≤100	490~630	255	18	43	34	140~172		
					>100~250	150~590	240	17	40	29			
					>250~500	450~590	220	16	27	29			
		调质			≤16	630~780	430	17	35	40	—		
					>16~40	600~750	370	19	40	40	—		
					>40~00	550~750	320	20	45	40	196~241		
					>100~250	490~640	295	22	40	40	189~229		
					>250~500	490~640	275	21	—	38	163~219		
40	GB/T 699	860	840	600	25	570	335	19	45	47	217	187	有较高强度，加工性良好，塑性中等，焊接性差，焊前需预热，焊后应热处理，多在正火和调质状态下使用，用于制造轴、曲柄销、活塞杆等
	JB/T 6397	正火或正火+回火 调质			同本标准 35 钢								
45	GB/T 699	850	840	600	25	600	355	16	40	39	229	197	强度较高，塑性和韧性尚好，用于制作承受载荷较大的小截面调质件和应力较小的大型正火零件，以及对心部强度要求不高的表面淬火件，如曲轴、传动轴、齿轮、蜗杆、建、销等。水淬时有形成裂纹的倾向，形状复杂的零件应在热水或油中淬火。焊接性差
	JB/T 6397	正火或正火+回火			≤100	570~710	295	14	38	29	170~207		
					>100~250	550~690	280	13	35	24			
					>250~500	550~690	260	12	32	24			
		调质			≤16	700~850	500	14	30	31	—		
					>16~40	650~800	430	16	35	31	—		
					>40~100	630~780	370	17	40	31	207~302		
					>100~250	590~740	345	18	35	31	197~286		
					>250~500	590~740	345	17	—	—	187~255		

50	GB /T699	830	830	600	25	630	375	14	40	31	241	207	强度高,塑性、韧性较差,切削性中等,焊接性差。水淬时有形成裂纹的倾向。一般在正火、调质状态下使用,用作强度、耐磨性或弹性、动载荷及冲击负荷不大的零件,如齿轮、轧辊、机床主轴、连杆、次要弹簧等
	JB/T 6397	正火或正火+回火调质			同本标准 45 钢								
55	GB/ T699	820	820	600	25	645	380	13	35		255	217	
60	GB/T 699	810			25	675	400	12	35		255	229	
20Mn	GB/T 699	910			25	450	275	24	50		197		
30Mn	GB/T 699	880	860	600	25	540	315	20	45	63	217	187	
40Mn	GB/T 699	860	840	600	25	590	355	17	45	47	229	207	在正火或淬火与回火状态下应用。切削加工性好。焊接性不良。用于制造承受疲劳负荷的零件,如轴、滚子及高应力下工作的螺钉、螺母等
45Mn	GB/T 699	850	840	600	25	620	375	15	40	39	241	217	用作受磨损的零件,如转轴、心轴、齿轮、螺栓、螺母等。还可作离合器盘、花键轴、万向节、凸轮轴、曲轴、汽车后轴、地脚螺栓等。焊接性较差
50Mn	GB/T 699	830	830	600	25	645	390	13	40	31	255	217	弹性、强度、硬度均高,多在淬火与回火后应用;在某些情况下也可在正火后应用。焊接性差。用于制造耐磨性要求很高、在高负荷作用下的热处理零件,如齿轮、齿轮轴、摩擦盘和截面直径在 80mm 以下的心轴等
60Mn	GB/T 699	810			25	695	410	11	35		269	229	强度高、淬透性较大,脱碳倾向性小,但有过热敏感性,易产生淬火裂纹,并有回火脆性。适宜制造较大尺寸的各种扁、圆弹簧,发条,以及其他经受摩擦的农机零件,如犁,切刀等,也可制作轻载汽车离合器弹簧

注：1. 表中所列正火推荐保温时间不少于 30min，空冷，淬火推荐保温时间不少于 30min，水冷，回火推荐保温时间不少于 1 h。
2. 表中 GB/T 699 所列力学性能仅适用于截面尺寸不大于 80mm 的钢材。
3. 标准 JB/T 6397 所列钢号分 1 级钢和 2 级钢（但调质状态不分），本表仅列出 1 级钢的性能。2 级钢用于出口或要求较高的产品。
4. GB/T 699 一般适用于直径或厚度不大于 250mm 的优质碳素结构钢棒材，尺寸超出 250mm 者需供需协商。

2.1.3 合金钢

在普通碳素钢基础上添加适量的一种或多种合金元素而构成的铁碳合金称合金钢。根据添加元素的不同，并采取适当的加工工艺，可获得高强度、高韧性、耐磨、耐腐蚀、耐低温、耐高温、无磁性等特殊性能的钢。

2.1.3.1 合金钢概述

1. 合金元素在钢中的作用

合金元素在钢中可以与 Fe 和 C 形成固溶体（合金奥氏体、合金铁素体、合金马氏体）和碳化物（合金渗碳体、特殊碳化物），改变钢的组织和性能。合金元素在钢中的作用主要是提高使用性能和改善热处理性能。

合金元素在提高钢的使用性能上，主要起到固溶强化或细晶强化，使钢材强度和硬度大大提高，同时也可以使钢获得特殊性能（防腐蚀、耐高温等），它们主要是通过形成稳定的单相组织和致密的氧化膜和金属间化合物来实现。

在改善钢的热处理工艺性能上，合金元素大部分可以细化奥氏体晶粒（Mn 除外），在热处理上提高钢材淬透性（Co 除外），从而提高回火抗力，产生二次硬化，防止第二类回火脆性，使得钢材具有较好的热处理性能。

2. 合金钢的分类

1）按合金成分分类
- 低合金钢：合金元素质量分数总量<5%
- 中合金钢：合金元素质量分数总量 5%~10%
- 高合金钢：合金元素质量分数总量>10%

2）按用途分类
- 合金结构钢
  - 工程用钢：建筑、桥梁、船舶、车辆
  - 机器用钢：渗碳钢、调质钢、弹簧钢、滚动轴承钢、耐磨钢
- 工具钢：刃具钢、模具钢、量具钢
- 特殊性能钢：不锈钢、耐热钢

3. 合金钢的编号方法

(1）合金结构钢

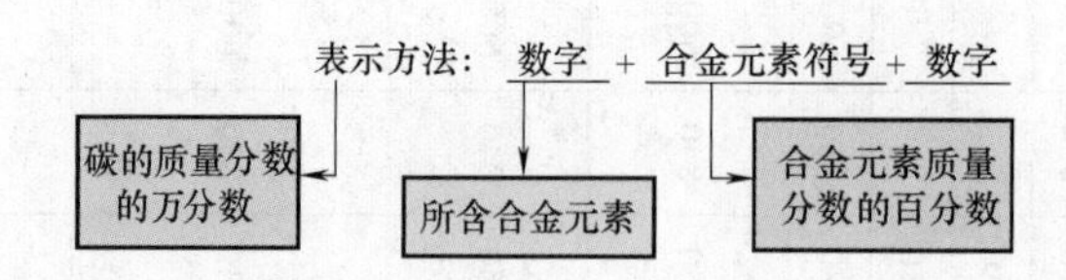

当合金元素的质量分数<1.5%时不标明；当合金元素的质量分数≥1.5%、2.5%、3.5%……时分别标记为 2、3、4……

高级优质钢在牌号后加字母“A”，特级优质钢在牌号后加字母“E”。

例如：40Cr——w_C 为 0.37%~0.44%，w_{Cr}为 0.8%~1.1%。

60Si2Mn——w_C 为 0.57%~0.65%，w_{Si}为 1.5%~2.0%，w_{Mn}为 0.6%~0.9%。

低合金高强钢：Q345C——屈服点为 345MPa 的 C 级合金结构钢。

滚动轴承钢：GCr15——铬的平均质量分数为 1.5%的合金结构钢。

（2）合金工具钢

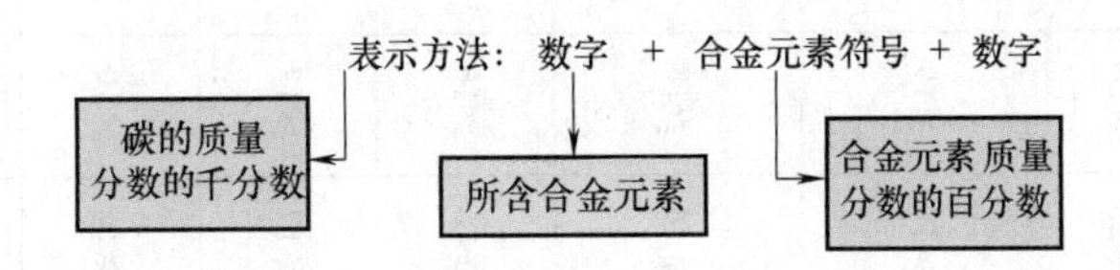

当碳的质量分数小于 1.00%时，含碳量用一位数字标明，这一位数字表示平均含碳量的千分数，如 8MnSi。

当碳的质量分数大于 1.00%时，不标含碳量。

高速钢不标含碳量，如 W6Mo5Cr4V2（含 0.85%C）。

当铬的质量分数小于 1%时，在含铬量（以千分之一为单位）前加数字“0”，如 Cr06。

2.1.3.2　低合金高强度结构钢

低合金高强度结构钢是在 $w_C \leqslant 0.20\%$ 的碳素结构钢基础上，加入少量的合金元素发展起来的，韧性高于碳素结构钢，同时具有良好的焊接性、冷热压力加工性和耐腐蚀性，部分钢种还具有较低的脆性转变温度。

低合金高强度结构钢比普通碳素结构钢有较高的屈服强度和屈强比，较好的冷热加工成形性，良好的焊接性，较低的冷脆倾向，缺口和时效敏感性，以及有较好的抗大气、海水等腐蚀的能力。

表 2-14 给出了低合金高强度结构钢的力学性能。

表 2-15 给出了低合金高强度结构钢的性能及应用举例。

2.1.3.3　合金结构钢

常见合金结构钢的品种牌号、性能及应用见表 2-16。

2.1.4　特殊用途钢

2.1.4.1　弹簧钢

弹簧钢是专用于制造弹簧的工业用钢，其广泛应用于运输工具和机械设备中。弹簧钢制造的各种螺旋簧、扭簧、板簧及其类似作用的其他形状弹簧，是保证各种机器、仪器仪表正常工作不可缺少的重要零件。

1. 弹簧钢的性能

弹簧钢具有优良的综合性能，即优良的冶金质量（高的纯洁度和均匀性）、良好的表面质量（严格控制表面缺陷和脱碳）、精确的外形和尺寸等。表 2-17 为弹簧钢的力学性能。

弹簧的表面质量对其寿命影响很大，提高表面质量的方法：防止表面脱碳；避免表面缺陷；进行喷丸处理，使表面产生压应力。

表 2-14 低合金高强度结构钢的力学性能（摘自 GB/T 1591—2008）

牌号	质量等级	拉伸试验①②③																					
		以下公称厚度(直径,边长)下屈服强度(R_{eL})/MPa									以下公称厚度(直径,边长)抗拉强度(R_m)/MPa							断后伸长率 A(%) 公称厚度(直径,边长)					
		≤16mm	>16~40mm	>40~63mm	>63~80mm	>80~100mm	>100~150mm	>150~200mm	>200~250mm	>250~400mm	≤40mm	>40~63mm	>63~80mm	>80~100mm	>100~150mm	>150~250mm	>250~400mm	≤40mm	>40~63mm	>63~100mm	>100~150mm	>150~250mm	>250~400mm
Q345	A B C	≥345	≥335	≥325	≥315	≥305	≥285	≥275	≥265	—	470~630	470~630	470~630	470~630	450~600	450~600	—	≥20	≥19	≥19	≥18	≥17	—
	D E									≥265							450~600	≥21	≥20	≥20	≥19	≥18	≥17
Q390	A B C D E	≥390	≥370	≥350	≥330	≥330	≥310	—	—	—	490~650	490~650	490~650	490~650	470~620	—	—	≥20	≥19	≥19	≥18	—	—
Q420	A B C D E	≥420	≥400	≥380	≥360	≥360	≥340	—	—	—	520~680	520~680	520~680	520~680	500~650	—	—	≥19	≥18	≥18	≥18	—	—
Q460	C D E	≥460	≥440	≥420	≥400	≥400	≥380	—	—	—	550~720	550~720	550~720	550~720	530~700	—	—	≥17	≥16	≥16	≥16	—	—
Q500	C D E	≥500	≥480	≥470	≥450	≥440	—	—	—	—	610~770	600~760	590~750	540~730	—	—	—	≥17	≥17	≥17	—	—	—
Q550	C D E	≥550	≥530	≥520	≥500	≥490	—	—	—	—	670~830	620~810	600~790	590~780	—	—	—	≥16	≥16	≥16	—	—	—
Q620	C D E	≥620	≥600	≥590	≥570	—	—	—	—	—	710~880	690~880	670~860	—	—	—	—	≥15	≥15	≥15	—	—	—
Q690	C D E	≥690	≥670	≥660	≥640	—	—	—	—	—	770~940	750~920	730~900	—	—	—	—	≥14	≥14	≥14	—	—	—

① 当屈服不明显时，可测量 $R_{p0.2}$ 代替下屈服强度。

② 宽度不小于 600mm 扁平材，拉伸试验取横向试样；宽度小于 600mm 的扁平材、型材及棒材取纵向试样，断后伸长率最小值相应提高 1%（绝对值）。

③ 厚度>250~400mm 的数值适用于扁平材。

表 2-15　低合金高强度结构钢的性能及应用

牌号	性能特点	用途举例
Q295	钢中含有微量合金元素,有良好的塑性、冷弯性、焊接性及耐蚀性,但强度不太高	用于建筑结构、低压锅炉,低中压化工容器、管道、油罐以及对强度要求不高的工程结构,起重机、拖拉机、车辆等用的机械构件
Q345	综合力学性能好,冷热加工性、焊接性和耐蚀性均好,该钢号的 C、D、E 等级钢材具有良好的低温韧性	用于桥梁、船舶、电站设备、锅炉、压力容器、石油储罐,以及对强度要求不高的工程结构,起重机、拖拉机、车辆等用的机械构件
Q390		
Q420	强度高,焊接性好,在正火或正火加回火状态具有较高的综合力学性能	用于大型船舶、桥梁、电站设备、中高压锅炉、高压容器、机车车辆、起重机械、矿山机械及其他大型工程与焊接结构件
Q460	在本钢类中强度最高,经正火、正火加回火或淬火加回火处理后有很高的综合力学性能,该钢号的 C、D、E 等级钢材可保证良好的韧性	属于备用钢种,主要用于各种大型工程结构及要求强度高,载荷大的轻型结构

表 2-16　常见合金结构钢的品种牌号、性能及应用

钢种	牌　号	供应状态	性能特点与用途
渗碳钢及渗氮钢	12CrNi3A	棒材为回火或退火;钢管为热轧或退火;锻件为正火或正火+高温回火	淬火加高温回火后有良好的综合力学性能,钢的低温韧性好,切削加工性良好,冷变形塑性中等,但有回火脆性和形成白点的倾向。该钢主要用于制造要求表面硬度高而心部有良好综合力学性能的渗碳件 用于制造发动机各类齿轮、轴、活塞胀圈、滚子和调节螺钉等
	12Cr2Ni4A	正火或高温回火	优良的渗碳钢,有高的淬透性,经渗碳并淬火加低温回火后,不但表面有很高的硬度,而且心部强度和韧性、塑性配合很好。该钢冷变形塑性中等,切削加工性尚好 主要用于制造各种齿轮、轴、销子和活塞等渗碳件,一般不作焊接件
	14CrMnSiNi2MoA	退火或高温回火	具有较好的淬透性,强度和冲击韧性高,热稳定性好,弯曲疲劳强度高而且缺口敏感性小。经渗碳并淬火加低温回火后表面具有很高的硬度,心部又有好的强度与韧性的配合。切削加工性和冷变形性能中等 适用于制造截面较大的重载高速传动齿轮、轴及其他要求表面渗碳的零件
	18Cr2Ni4WA	钢管可在热轧、冷轧或退火状态下供应;棒材通常为退火或高温回火状态供应,锻件正火并回火状态供应	在淬火低温回火或淬火高温回火后,有很好的强度与韧性配合,具有较高的疲劳强度、低的缺口敏感性和良好的低温冲击韧性。钢的淬透性很好 广泛用于制造截面较大的零件,如齿轮、轴、接头、螺栓、活塞杆及其他受力零件。该钢的冷变形塑性和焊接性较差,一般不作焊接件用
	18CrNi4A	以热轧或退火状态供应	高的淬透性和较好的渗碳、焊接、切削及磨削性能。该钢经淬火及低温回火后具有较高的抗拉强度及良好的综合力学性能,有高的疲劳强度及低的缺口敏感性 该钢适于制造关键的重载齿轮及轴类零件,也可当作渗碳轴承钢使用

（续）

钢种	牌　号	供应状态	性能特点与用途
渗碳钢及渗氮钢	32Cr3MoVA	正火后高温回火	中碳低合金渗氮钢。高的淬透性，良好的渗氮性能和综合力学性能。渗氮后表面可获得高的硬度和耐磨性，心部有良好综合性能的渗氮钢 适用于制造直升机传动系统的锥齿轮、齿轮轴等重要零件
	38CrMoAlA	热轧、退火或高温回火状态供应	很好的渗氮性能和力学性能，渗氮后表面有高的硬度和好的耐磨性能，心部有很好的强度与韧性的配合。该钢的淬透性较高，切削性能尚好，但冷变形塑性低，焊接性能较差，并有脱碳现象 主要用于制造尺寸精确、要求有高的耐磨性和疲劳强度的渗氮零件，如气缸套、底套、齿轮、螺栓、轴和转子等
	5Ni12Mn5Cr3Mo	退火或冷拉	奥氏体耐热钢，不但具有高的强度、韧性、塑性和良好的冷热成形性，还具有较好的抗氧化性和耐蚀性，可进行氮化处理，提高表面耐磨性。该钢不能通过热处理强化，一般在氮化后使用。该钢切削加工性能良好 多用于制造航空发动机燃油调节器中的衬套、活塞等重要零件
	30Cr3MoA	退火状态，硬度不高于248HBW	该钢经调质处理后不仅具有较高的抗拉强度，高的韧性、塑性及良好的淬透性，而且钢的过热敏感性、脱碳倾向及回火脆性倾向均较低。该钢经氮化处理后，表面硬度高，耐磨性好，且氮化层脆性较小 适于制造齿轮、轴类等重要的受力零件
调质高强度钢	15CrMnMoVA/E	退火	低碳低合金贝氏体钢，该钢有二次硬化现象，淬火加高温回火后具有高的强度，好的塑性和韧性，良好的冲压性和焊接性；经调质处理后，可焊接任何复杂的构件，焊后无须进行热处理。该钢淬透性较低，适于制作截面较小的焊接件和钣金件
	18Mn2CrMoBA	热轧、退火或高温回火	该钢有很高的淬透性，可进行空淬处理，不但简化热处理工艺，而且减少零件的变形；该钢具有较高的回火抗力，良好的冲压性和焊接性，焊接裂纹倾向性小，焊后不需热处理，焊缝与空淬后基体等强度，可制造任何复杂的焊接构件 该钢适于制造飞机承力结构件，尤其是钣金冲压焊接件、大型焊接组合件，如飞机承力框架、型面复杂的座舱口框梁、天窗骨架等
	20CrNi3A	正火、退火或高温回火	调质渗碳钢，该钢淬透性良好，能够在大截面上获得均匀的强度。调质或淬火加低温回火后，具有良好的综合力学性能。钢的切削加工性良好，冷变形塑性和焊接性中等。该钢有形成白点的敏感性，高温回火时有回火脆性倾向 通常用于制造高负荷条件下工作的齿轮、轴等
	25CrMoA	退火状态	该钢是一种淬透性较好的低碳合金结构钢，该钢具有较高的强度，又有优良的塑性、韧性及焊接性。该钢淬火可获得低碳板条马氏体，因而具有优良的综合性能。该钢既能在淬火加低温回火状态下使用，又能在调质状态下使用，可制造复杂的焊接件

（续）

钢种	牌　号	供应状态	性能特点与用途
调质高强度钢	25CrMoA	除冷拉钢棒和钢丝可在冷拉状态供应外，其他品种均为退火或高温回火状态供应	调质钢，具有较好的淬透性和综合力学性能，切削加工性和焊接性较好，低温冲击韧性良好。该钢适用于制造截面较大的承力构件 用于制造螺栓、齿轮、450℃以下工作的法兰盘及导管等
	30CrMnSiA	热轧、退火或高温回火	飞机制造业中使用最广泛的一种调质钢。在淬火高温回火状态下具有较高的强度和足够的韧性。该钢淬透性不高，油淬时可淬透 25mm 直径。为了提高综合力学性能，减少零件的翘曲和变形，该钢有回火脆性，脱碳倾向较大，横向性能较差，焊接性中等，冷变形塑性尚好，切削加工性良好 该钢适用于制造航空重要锻件、机械加工零件、钣金件和焊接件。如对接接头、螺栓、轴、齿轮、框架和冷气瓶等
	30Ni4CrMoA	棒材以正火状态、高温回火或淬火加高温回火状态供应；丝材以退火或退火后磨光状态供应	该钢淬透性很好，调质处理后，可在大截面上获得均匀的高强度及高塑性、韧性配合。冷脆转变温度低，缺口敏感性小，抗疲劳性好。该钢无明显的回火脆性，切削性中等，但冷变形塑性和焊接性较差，通常不作焊接件使用 适用于制造截面较大的重要受力零件，如轴类、螺栓、对接接头、齿轮等
	37CrNi3A	通常为正火或高温回火	具有较高的淬透性，在调质状态下能在大截面上获得均匀的强度与韧性的良好配合，切削加工性良好。此钢有形成白点的敏感性及回火脆性倾向，冷变形塑性较差，焊接性也不好 该钢适用于制造重要的截面较大的零件
	38CrA	退火、正火、回火或正火加回火	加工经调质处理后，有良好的综合力学性能，好的低温冲击韧性、低的缺口敏感性和较好的切削加工性，但淬透性较低，冷变形塑性和焊接性较差 该钢一般用于制造承受低负载的零件，如发动机用螺栓、连接件、套筒、轴等
	40CrNiMoA	通常为热轧、退火或高温回火	具有很好的淬透性。调质状态下，能在大截面上获得均匀的、配合良好的强度和韧性，有较高的疲劳强度和低的缺口敏感性。低温冲击韧性也高，无明显的回火脆性，切削加工性中等，冷变形塑性和焊接性较差，一般不作焊接件使用，主要调质状态下使用 宜于制造截面较大的零件及其他受力构件，如直升机的螺旋桨轴、活塞杆、传动齿轮、螺栓等。制造轴类零件时，纵向低倍要求无树枝状组织
	30CrMnSiNi2A	退火或正火加高温回火	广泛应用的低合金超高强度钢，在 30CrMnSiA 基础上提高锰和铬含量，并添加了 1.4%～1.8%的镍，使其淬透性得到明显提高，改善了钢的韧性和回火稳定性；经热处理后可获得高的强度、塑性和韧性，良好的抗疲劳性能和断裂韧度，低的疲劳裂纹扩展速率。该钢淬透性较高，切削加工性和焊接性尚好 该钢适宜制造高强度连接件，如飞机起落架、机翼主梁、对合接头、结合螺栓、涡轮喷气发动机压气机中机匣的后段等重要受力结构部件

（续）

钢种	牌号	供应状态	性能特点与用途
超高强度钢	35Ni4Cr2MoA	正火加高温回火	超高强度钢,淬火加高温回火或低温回火,可获得高强度或超高强度两个级别,可在截面上获得均匀的高强度和高韧性、塑性配合,具有低的冷脆转变温度和高的疲劳强度等。通常不作焊接件使用,如特种部件必须焊接时,应选用真空电子束焊接 该钢适于制造截面较大的、承受疲劳载荷的关键部件,如轴类、接头、专业螺栓、起落架零部件等
	38Cr2Mo2VA	棒材退火;型材使用等温退火	一种二次硬化型低合金中温超高强度钢,经淬火回火后使用,在室温至500℃中温下具有高强度和良好的综合力学性能、疲劳性能和抗应力腐蚀断裂性能 适于制造在500℃以下工作的飞机、发动机的高强度结构零件,如飞机后机身框架、接头等零件
	40CrMnSiMoVA	退火或正火加高温回火	低合金超高强度钢,具有良好的工艺性能和综合力学性能,适宜制造高强度结构件、轴类件和螺栓等重要受力结构件,如飞机起落架、接头、结合螺栓等
	40CrNi2Si2MoVA	棒材退火;锻件使用正火加高温回火	该钢具有高淬透性、抗回火能力、超高强度,兼有优良的横向塑性、断裂韧度、抗疲劳性能、抗应力腐蚀性能。适宜制造飞机起落架、机体零件、接头和轴等结构零件,该钢对缺口和氢脆较敏感,一般不推荐焊接
	16Co14Ni10Cr2MoE	钢棒以正火加高温回火状态供应	低碳高合金二次硬化超高强度钢,具有优良的综合力学性能、低温性能、中温性能和焊接性能,该钢的使用状态为淬火和回火,在室温抗拉强度不小于1620MPa的条件下,其断裂韧度 K_{IC} 不小于143,能够用于损伤容限设计 该钢适宜制造长寿命高强度结构件、轴类零件、紧固件等,如焊接结构的飞机平尾大轴等
防弹钢	32Mn2Si2MoA	高温回火后供应,硬度≤285HBW	均质航空防弹钢,经淬火加低温回火后具有良好的防弹性能,压力加工和切削加工性能良好,可用做歼击机、强击机、轰炸机和武装直升机的装甲防护结构
	32CrNi2MoTiA	高温回火后供应,硬度不高于285HBW	表面硬化航空防弹钢,经渗碳并淬火冷处理加低温回火后,具有良好的抗弹性能,压力加工、切削加工性能良好。该钢用做歼击机、强击机、轰炸机和武装直升机的装甲防护结构,如头盔、背靠、仪表板等

表2-17 弹簧钢的力学性能（GB/T 1222—2016）

序号	牌号	热处理制度[①]			力学性能,不小于				
		淬火温度/℃	淬火介质	回火温度/℃	抗拉强度 R_m/MPa	下屈服强度 R_{eL}[②]/MPa	断后伸长率 A(%)	断后伸长率 $A_{11.3}$(%)	断面收缩率 Z(%)
1	65	840	油	500	980	785	—	9.0	35
2	70	830	油	480	1030	835	—	8.0	30
3	80	820	油	480	1080	930	—	6.0	30
4	85	820	油	480	1130	980	—	6.0	30
5	65Mn	830	油	540	980	785	—	8.0	30

（续）

序号	牌号	热处理制度①			力学性能,不小于				
		淬火温度/℃	淬火介质	回火温度/℃	抗拉强度 R_m/MPa	下屈服强度 R_{eL}②/MPa	断后伸长率		断面收缩率 Z(%)
							A(%)	$A_{11.3}$(%)	
6	70Mn	③	—	—	785	450	8.0	—	30
7	28SiMnB④	900	水或油	320	1275	1180	—	5.0	25
8	40SiMnVBE④	880	油	320	1800	1680	9.0	—	40
9	55SiMnVB	860	油	460	1375	1225	—	5.0	30
10	38Si2	880	水	450	1300	1150	8.0	—	35
11	60Si2Mn	870	油	440	1570	1375	—	5.0	20
12	55CrMn	840	油	485	1225	1080	9.0	—	20
13	60CrMn	840	油	490	1225	1080	9.0	—	20
14	60CrMnB	840	油	490	1225	1080	9.0	—	20
15	60CrMnMo	860	油	450	1450	1300	6.0	—	30
16	55SiCr	860	油	450	1450	1300	6.0	—	25
17	60Si2Cr	870	油	420	1765	1570	6.0	—	20
18	56Si2MnCr	860	油	450	1500	1350	6.0	—	25
19	52SiCrMnNi	860	油	450	1450	1300	6.0	—	35
20	55SiCrV	860	油	400	1650	1600	5.0	—	35
21	60Si2CrV	850	油	410	1860	1665	6.0	—	20
22	60Si2MnCrV	860	油	400	1700	1650	5.0	—	30
23	50CrV	850	油	500	1275	1130	10.0	—	40
24	51CrMnV	850	油	450	1350	1200	6.0	—	30
25	52CrMnMoV	860	油	450	1450	1300	6.0	—	35
26	30W4Cr2V⑤	1075	油	600	1470	1325	7.0	—	40

注：1. 力学性能试验采用直径 10mm 的比例试样，推荐取留有少许加工余量的试样毛坯（一般尺寸为 11~12mm）。
2. 对于直径或边长小于 11mm 的棒材，用原尺寸钢材进行热处理。
3. 对于厚度小于 11mm 的扁钢，允许采用矩形试样。当采用矩形试样时，断面收缩率不作为验收条件。

① 表中热处理制度允许调整范围为：淬火，±20℃；回火，±50℃（28MnSiB 钢±30℃）。根据需方要求，其他钢回火可按±30℃进行。
② 当检测钢材屈服现象不明显时，可用 $R_{p0.2}$ 代替 R_{eL}。
③ 70Mn 的推荐热处理制度为：正火 790℃，允许调整范围为±30℃。
④ 典型力学性能参数参见附录 D。
⑤ 30W4Cr2V 除抗拉强度外，其他力学性能检验结果供参考，不作为交货依据。

2. 弹簧钢的主要用途（见表 2-18）

表 2-18　各牌号弹簧钢的主要用途

牌号	主要用途
65　70　80　85	应用非常广泛,但多用于工作温度不高的小型弹簧或不太重要的较大尺寸弹簧及一般机械用的弹簧
65Mn　70Mn	制造各种小截面扁簧、圆簧、发条等,亦可制弹簧环、气门簧、减振器和离合器簧片、刹车簧等
28SiMnB	用于制造汽车钢板弹簧
40SiMnVBE 55SiMnVB	制作重型、中、小型汽车的板簧,亦可制作其他中型断面的板簧和螺旋弹簧
38Si2	主要用于制造轨道扣件用弹条
60Si2Mn	应用广泛,主要制造各种弹簧,如汽车、机车、拖拉机的板簧、螺旋弹簧,一般要求的汽车稳定杆、低应力的货车转向架弹簧,轨道扣件用弹条
55CrMn 60CrMn	用于制作汽车稳定杆,亦可制作较大规格的板簧、螺旋弹簧
60CrMnB	适用于制造较厚的钢板弹簧、汽车导向臂等产品

（续）

牌号	主要用途
60CrMnMo	大型土木建筑、重型车辆、机械等使用的超大型弹簧
60Si2Cr	多用于制造载荷大的重要弹簧、工程机械弹簧等
55SiCr	用于制作汽车悬挂用螺旋弹簧、气门弹簧
56Si2MnCr	一般用于冷拉钢丝、淬回火钢丝制作悬架弹簧，或板厚大于10~15mm的大型板簧等
52Si2CrMnNi	铬硅锰镍钢，欧洲客户用于制作载重卡车用大规格稳定杆
55SiCrV	用于制作汽车悬挂用螺旋弹簧、气门弹簧
60Si2CrV	用于制造高强度级别的变截面板簧，货车转向架用螺旋弹簧，亦可制造载荷大的重要大型弹簧、工程机械弹簧等
50CrV 51CrMnV	适宜制造工作应力高、疲劳性能要求严格的螺旋弹簧、汽车板簧等；亦可用作较大截面的高负荷重要弹簧及工作温度小于300℃的阀门弹簧、活塞弹簧、安全阀弹簧
52CrMnMoV	用作汽车板簧、高速客车转向架弹簧、汽车导向臂等
60Si2MnCrV	可用于制作大载荷的汽车板簧
30W4Cr2V	主要用于工作温度500℃以下的耐热弹簧，如汽轮机主蒸汽阀弹簧、锅炉安全阀弹簧等

2.1.4.2 滚动轴承钢

轴承钢是针对滚动轴承的工作条件及性能要求而专门冶炼生产的一类工业用钢。它主要用于制造各种滚动轴承的套圈和滚动体（包括滚珠、滚柱、滚针等）。

表2-19给出了常用高碳铬轴承钢牌号、性能特点及应用。

表2-20给出了渗碳轴承钢牌号、性能特点及应用（GB/T 3203—2016）。

表2-21给出了不锈轴承钢的力学性能及应用（YB/T 096—2015）。

表2-19 常用高碳铬轴承钢的牌号、性能特点及应用

牌号	性能特点	用途举例
GCr15	高碳铬轴承钢的代表钢种，综合性能良好，淬火与回火后具有高而均匀的硬度、良好的耐磨性和高的接触疲劳寿命，热加工变形性能和切削加工性能均好，但焊接性差，对白点形成较敏感，有回火脆性倾向	用于制造壁厚≤12mm、外径≤250mm的各种轴承套圈，也用作尺寸范围较宽的滚动体，如钢球、圆锥滚子、球面滚子、滚针等；还用于制造模具、精密量具以及其他要求高耐磨性、高弹性极限和高接触疲劳强度的机械零件
GCr15SiMn	在GCr15的基础上适当增加硅、锰含量，其淬透性、弹性极限、耐磨性均有明显提高，冷加工塑性中等，切削加工性能稍差，焊接性不好，对白点形成较敏感，有回火脆性倾向	用于制造大尺寸的轴承套圈、钢球、圆锥滚子、圆柱滚子、球面滚子等，轴承零件的工作温度小于180℃；还用于制造模具、量具、丝锥及其他要求硬度高且耐磨的零部件
GCr15SiMo	在GCr15的基础上提高硅含量，并添加钼而开发的新型轴承钢。综合性能良好，淬透性高，耐磨性好，接触疲劳寿命高，其他性能与GCr15SiMn相近	用于制造大尺寸的轴承套圈、滚珠、滚柱，还用于制造模具、精密量具以及其他要求硬度高且耐磨的零部件
GCr18Mo	在GCr15的基础上加入钼，并适当提高铬含量，从而提高钢的淬透性。其他性能与GCr15相近	用于制造各种轴承套圈，壁厚从≤16mm增加到≤20mm，扩大了使用范围；其他用途和GCr15基本相同

表2-20 渗碳轴承钢的牌号、性能特点及用途（GB/T 3203—2016）

牌号	性能特点	用途举例
G20CrMo	低合金渗碳钢，渗碳后表面硬度较高，耐磨性较好，而心部硬度低，韧性好，适于制作耐冲击载荷的轴承及零部件	常用作汽车、拖拉机的承受冲击载荷的滚子轴承，也用作汽车齿轮、活塞杆、螺栓等
G20CrNiMo	有良好的塑性、韧性和强度，渗碳或碳氮共渗后表面有相当高的硬度，耐磨性好，接触疲劳寿命明显优于GCr15，而心部碳含量低，有足够的韧性承受冲击载荷	制造冲击载荷轴承的良好材料，用作承受冲击载荷的汽车轴承和中小型轴承，也用作汽车、拖拉机齿轮及牙轮钻头的牙爪和牙轮体

（续）

牌号	性能特点	用途举例
G20CrNi2Mo	渗碳后表面硬度高，耐磨性好，具有中等表面硬化性，心部韧性好，可耐冲击载荷，钢的冷热加工塑性较好，能加工成棒、板、带及无缝钢管	用于承受较高冲击载荷的滚子轴承，可用作汽车齿轮、活塞杆、万向接轴、圆头螺栓等
G10CrNi3Mo	渗碳后表面碳含量高，具有高硬度，耐磨性好，而心部碳含量低，韧性好，可耐冲击载荷	用于承受冲击载荷较高的大型滚子轴承，如轧钢机轴承等
G20Cr2Ni4A	常用的渗碳结构钢用于制作轴承。渗碳表面有相当高的硬度、耐磨性和接触疲劳强度，而心部韧性好，可耐强烈冲击载荷，焊接性中等，有回火脆性倾向，对白点形成较敏感	制作耐冲击载荷的大型轴承，如轧钢机轴承等，也用作其他大型渗碳件，如大型齿轮、轴等，还可用于制造要求强韧性高的调质件
G20Cr2Mn2MoA	渗碳后表面硬度高，而心部韧性好，可耐强烈冲击载荷。与 G20Cr2Ni4A 相比，渗碳速度快，渗碳层较易形成粗大碳化物，不易扩散消除	用于高冲击载荷条件下工作的特大型和大、中型轴承零件，以及轴、齿轮等

表 2-21　不锈轴承钢的力学性能及应用（YB/T 096—2015）

牌号	热处理制度	R_m/MPa	$R_{p0.2}$/MPa	δ_5（%）	A（%）	KV/J·cm^{-2}	硬度（HBW）
95Cr18	850℃退火	745	—	14	27.5	15.7	≤255
102Cr17Mo	1060℃淬火，150℃回火	—	—	—	—	—	61HRC

牌号	性能特点	用途举例
95Cr18 102Cr17Mo	高碳马氏体型不锈钢，用于制造轴承，淬火后有较高的硬度和耐磨性，在大气、水及某些酸类和盐类的水溶液中具有优良的不锈与耐蚀性能	用于制造在海水、河水、蒸馏水以及海洋性腐蚀介质中工作的轴承，工作温度可达 253～350℃；还可用做某些仪器、仪表上的微型轴承
1Cr18Ni9Ti	奥氏体型不锈钢，用于制造轴承，具有优良的抗腐蚀性能，热加工和冷加工性能优良，焊接性很好，过热敏感性也低	用于制造耐腐蚀套圈、钢球及保持器等，还可用作防磁轴承，经渗氮处理后，可用于高温、高真空、低载荷、高转速条件下工作的轴承

2.2　有色金属

狭义的有色金属又称非铁金属，是铁、锰、铬以外的所有金属的统称。广义的有色金属还包括有色合金。有色合金是以一种有色金属为基体（通常大于 50%），加入一种或几种其他元素而构成的合金。

有色金属通常指除去铁（有时也除去锰和铬）和铁基合金以外的所有金属。有色金属可分为重金属（如铜、铅、锌）、轻金属（如铝、镁）、贵金属（如金、银、铂）及稀有金属（如钨、钼、锗、锂、镧、铀）。

有色金属的产量和用量不如黑色金属多，但由于其具有许多优良的特性，如特殊的电、磁、热性能、耐蚀性能及高的比强度（强度与密度之比）等，已成为现代工业中不可缺少的金属材料。

常用的有色合金有铜合金铝合金、镁合金、镍合金、锡合金、钽合金、钛合金、锌合金、钼合金、锆合金等。

2.2.1 铜和铜合金

铜合金是以纯铜为基体加入一种或几种其他元素所构成的合金。纯铜呈紫红色，密度为8.96g/cm^3，熔点为1083℃，具有优良的导电性、导热性、延展性和耐蚀性。主要用于制作发电机、母线、电缆、开关装置、变压器等电工器材和热交换器、管道、太阳能加热装置的平板集热器等导热器材。

2.2.1.1 铜和铜合金简介

纯铜无磁性，具有优良的导电性和导热性，在大气、淡水和冷凝水中有良好的耐蚀性，塑性好。

铜合金常加元素为Zn、Sn、Al、Mn、Ni、Fe、Be、Ti、Zr、Cr等，既提高了强度，又保持了纯铜特性。铜合金分为黄铜、青铜、白铜三大类。

1. 黄铜

铜中以锌为主要合金元素的铜合金称为黄铜。黄铜按化学成分可分为普通黄铜和特殊黄铜。普通黄铜适于制造受力件，如垫圈、衬套、弹簧、导管、散热器等。特殊黄铜强度、耐蚀性比普通黄铜好，铸造性能有改善，主要用于船舶及化工零件，如冷凝管、齿轮、螺旋桨、轴承、衬套及阀体等。

2. 青铜

铜合金中，除黄铜和白铜外的其他铜合金统称为青铜。常用青铜有锡青铜、铝青铜等。

(1) 锡青铜　锡青铜是以锡为主加元素的铜合金。锡青铜铸造流动性差，铸件密度低，易渗漏，但体积收缩率在有色金属中最小。

锡青铜耐蚀性良好，在大气、海水及无机盐溶液中的耐蚀性比纯铜和黄铜好，但在硫酸、盐酸和氨水中的耐蚀性较差。

常用牌号有QSn4-3、QSn6.5-0.4等，主要用于耐蚀承载件，如弹簧、轴承、齿轮轴、蜗轮、垫圈等。

(2) 铝青铜　铝青铜是以铝为主加元素的铜合金，强度、硬度、耐磨性、耐热性及耐蚀性高于黄铜和锡青铜，铸造性能好，但焊接性差。

常用牌号有QAl5、QAl7等，主要用于制造船舶、飞机及仪器中的高强、耐磨、耐蚀件，如齿轮、轴承、蜗轮、轴套、螺旋桨等。

3. 白铜

铜合金中以镍为主要合金元素的铜合金称白铜。分普通白铜和特殊白铜。

普通白铜具有较高的耐蚀性和抗腐蚀疲劳性能及优良的冷热加工性能。普通白铜牌号：B+镍的平均质量分数百分数。常用牌号有B5、B19等，用于在蒸汽和海水环境下工作的精密机械、仪表零件及冷凝器、蒸馏器、热交换器等。

特殊白铜是在普通白铜基础上添加Zn、Mn、Al等元素形成的，分别称锌白铜、锰白铜、铝白铜等。其耐蚀性、强度和塑性高，成本低。常用牌号如BMn40-1.5（康铜）、BMn43-0.5（考铜），用于制造精密机械、仪表零件及医疗器械等。

2.2.1.2 铸造铜合金

合金牌号按GB/T 8063—1994《非铁合金牌号表示方法》的规定执行。

合金名称按GB/T 8063—1994中合金名义成分的质量分数百分数命名。如5-5-5锡青铜、38 黄铜、25-6-3-3 铝黄铜等。

铸造方法代号：S——砂型铸造；J——金属型铸造；La——连续铸造；Li——离心铸造。

常用铸造铜合金的性能和应用见表 2-22，铸造铜合金力学性能见表 2-23。

表 2-22　铸造铜合金的主要特性和应用举例

序号	合金牌号	主要特性	应用举例
1	ZCuSn5Pb5Zn5	耐磨性和耐蚀性好，易加工，铸造性能和气密性较好	在较高负荷、中等滑动速度下工作的耐磨、耐腐蚀零件，如轴瓦、衬套、缸套、活塞离合器、泵件压盖以及蜗轮等
2	ZCuSn10Pb1	硬度高，耐磨性极好，不易产生咬死现象，有较好的铸造性能和切削加工性能，在大气和淡水中有良好的耐蚀性	可用于高负荷（20MPa 以下）和高滑动速度（8m/s）下工作的耐磨零件，如连杆、衬套、轴瓦、齿轮、蜗轮等
3	ZCuSn10Pb5	耐腐蚀，特别对稀硫酸、盐酸和脂肪酸	结构材料，耐蚀、耐酸的配件以及破碎机衬套、轴瓦
4	ZCuSn10Zn2	耐蚀性、耐磨性和切削加工性好，铸造性好，铸件致密性较高，气密性较好	在中等及较高负荷和小滑动速度下工作的重要管配件，以及阀、旋塞、泵体、齿轮、叶轮和蜗轮等
5	ZCuPb10Sn10	润滑性能、耐磨性能和耐蚀性能好，适合用作双金属铸造材料	表面压力高，又存在侧压力的滑动轴承，如轧辊、车辆用轴承、负荷峰值 60MPa 的受冲击的零件，以及最高峰值达 100MPa 的内燃机双金属轴瓦，以及活塞销套、摩擦片等
6	ZCuPb17Sn4Zn4	耐磨性和自润滑性好，易切削，铸造性差	一般耐磨件，高滑动速度的轴承等
7	ZCuPb20Sn5	有较高的滑动性，在缺乏润滑介质和以水为介质时有特别好的自润滑性，适用于双金属铸造材料，耐硫酸腐蚀，易切削，铸造性差	高滑动速度的轴承，及破碎机、水泵、冷轧机轴承，负荷达 40MPa 的零件，抗腐蚀零件，双金属轴承，负荷达 70MPa 的活塞销套
8	ZCuPb30	有良好的自润滑性，易切削，铸造性差，易产生比重偏析	要求高滑动速度的双金属轴瓦、减磨零件等
9	ZCuAl8Mn13Fe3	具有很高的强度和硬度，良好的耐磨性能和铸造性能，合金致密性高，耐蚀性好，作为耐磨件工作温度不大于 400℃，可以焊接，不易钎焊	适用于制造重型机械用轴套，以及要求强度高、耐磨、耐压零件，如衬套、法兰、阀体、泵体等
10	ZCuAl8Mn13Fe3Ni2	有很好的力学性能，在大气、淡水和海水中均有良好的耐蚀性，腐蚀疲劳强度高，铸造性好，合金组织致密，气密性好，可以焊接，不易钎焊	要求强度高耐腐蚀的重要铸件，如船舶螺旋桨、高压阀体、泵体以及耐压、耐磨零件，如蜗轮、齿轮、法兰、衬套等
11	ZcuAl9Mn2	有很好的力学性能，在大气、淡水和海水中耐蚀性好，铸造性好，组织致密，气密性高，耐磨性好，可以焊接，不易钎焊	耐蚀、耐磨零件、形状简单的大型铸件，如衬套、齿轮、蜗轮，以及在 250℃ 以下工作的管配件和要求气密性高的铸件，如增压器内气封
12	ZCuAl9Fe4Ni4Mn2	有很好的力学性能，在大气、淡水和海水均有优良的耐蚀性，腐蚀疲劳强度高，耐磨性良好，在 400℃ 以下具有耐热性，可以热处理，焊接性好，不易钎焊，铸造性尚好	要求强度高、耐蚀性好的重要铸件，是制造船舶螺旋桨的主要材料之一，也可用作耐磨和 400℃ 以下工作的零件，如轴承、齿轮、蜗轮、螺母、法兰、阀体、导向管等

（续）

序号	合金牌号	主要特性	应用举例
13	ZCuAl10Fe3	有好的力学性能,耐磨性和耐蚀性好,可以焊接,不易钎焊,大型铸件自700℃空冷可以防止变脆	要求强度高、耐磨、耐蚀的重型铸件,如轴套、螺母、蜗轮以及250℃以下工作的管配件
14	ZCuZn25Al6Fe3Mn3	有很好的力学性能,铸造性能良好,耐蚀性较好,有应力腐蚀开裂倾向,可以焊接	适用高强、耐磨零件,如桥梁支承板、螺母、螺杆、耐磨板、滑块和蜗轮等

表 2-23　铸造铜合金的力学性能（摘自 GB/T 1176—2013）

序号	合金牌号	铸造方法	力学性能,不低于			
			抗拉强度 R_m/MPa	屈服强度 $R_{P0.2}$/MPa	断后伸长率 A(%)	布氏硬度 (HBW)
1	ZCuSn5Pb5Zn5	S、J、R	200	90	13	60*
		Li、La	250	100	13	65*
2	ZCuSn10Pb1	S、R	220	130	3	80*
		J	310	170	2	90*
		Li	330	170	4	90*
		La	360	170	6	90*
3	ZCuSn10Pb5	S	195		10	70
		J	245		10	70
4	ZCuSn10Zn2	S	240	120	12	70*
		J	245	140	6	80*
		Li、La	270	140	7	80*
5	ZCuPb9Sn5	La	230	110	11	60
6	ZCuPb10Sn10	S	180	80	7	65*
		J	220	140	5	70*
		Li、La	220	110	6	70*
7	ZCuPb15Sn8	S	170	80	5	60*
		J	200	100	6	65*
		Li、La	220	100	8	65*
8	ZCuPb17Sn4Zn4	S	150		5	55
		J	175		7	60
9	ZCuPb20Sn5	S	150	60	5	45*
		J	150	70	6	55*
		La	180	80	7	55*
10	ZCuPb30	J	—	—	—	25
11	ZCuAl8Mn13Fe3	S	660	270	15	160
		J	650	280	10	170
12	ZCuAl8Mn13Fe3Ni2	S	645	280	20	160
		J	670	310	18	170
13	ZCuAl9Mn2	S、R	390	150	20	85
		J	440	160	20	95
14	ZCuAl10Fe3	S	490	180	13	100*
		J	540	200	15	110*
		Li、La	540	200	15	110*
15	ZCuZn38	S	295	95	30	60
		J	295	95	30	70
16	ZCuZn21Al5Fe2Mn2	S	608	275	15	160

注：有“*”符号的数据为参考值。

2.2.1.3　加工铜合金（见表 2-24）

表 2-24　常用加工铜合金的特性和用途

组别	牌号	特性与用途
普通黄铜	H80	性能和 H85 近似，但强度较高，塑性也较好，在大气、淡水及海水中有较高的耐蚀性。用于造纸网、薄壁管、波纹管及房屋建筑用品
	H75	有相当好的力学性能、工艺性能和耐蚀性能。能很好地在热态和冷态下压力加工。在性能和经济性上居于 H80、H70 之间。用于低载荷耐蚀弹簧
	H70 H68	有极为良好的塑性（是黄铜中最佳者）和较高的强度，切削加工性能好，易焊接，对一般腐蚀非常稳定，但易产生腐蚀开裂。H68 是普通黄铜中应用最为广泛的一个品种。用于复杂的冷冲件和深冲件，如散热器外壳、导管、波纹管、弹壳、垫片、雷管等
	H62	有良好的力学性能，热态下塑性好，冷态下塑性尚可，切削性好，易钎焊和焊接，耐蚀，但易产生腐蚀破裂。价格便宜，是应用广泛的一个普通黄铜品种。用于制造如销钉、铆钉、垫圈、螺母、导管、气压表弹簧、筛网、散热器零件等
	H59	价格最便宜，强度、硬度高而塑性差，但在热态下仍能很好地承受压力加工，耐蚀性一般，其他性能和 H62 相近。用于一般机器零件、焊接件、热冲及热轧零件
铅黄铜	HPb64-2 HPb63-3	含铅量高的铅黄铜，不能热态加工，切削性能极为优良，且有高的减摩性能，其他性能和 HPb59-1 相似。主要用于钟表结构零件，也用于汽车、拖拉机零件
	HPb60-1	有好的切削加工性和较高的强度，其他性能同 HPb59-1。用于结构零件
	HPb59-1 HPb59-1A	是应用较广泛的铅黄铜，它的特点是切削性好，有良好的力学性能，能承受冷、热压力加工，易钎焊和焊接，对一般腐蚀有良好的稳定性，但有腐蚀破裂倾向，HPb59-1A 杂质含量较高，用于比较次要的制件。适于以热冲压和切削加工制作的各种结构零件，如螺钉、垫圈、垫片、衬套、螺母、喷嘴等
锡黄铜	HSn70-1	是典型的锡黄铜，在大气、蒸汽、油类和海水中有高的耐蚀性，且有良好的力学性能，切削性尚可，易焊接和钎焊，在冷、热状态下压力加工性好，有腐蚀破裂（季裂）倾向。用于海轮上的耐蚀零件（如冷凝气管），与海水、蒸汽、油类接触的导管，热工设备零件
	HSn62-1	在海水中有高的耐蚀性，有良好的力学性能，冷加工时有冷脆性，只适于热压加工，切削性好，易焊接和钎焊，但有腐蚀破裂（季裂）倾向。用于与海水或汽油接触的船舶零件或其他零件
	HSn60-1	性能与 HSn62-1 相似，主要产品为线材。用于船舶焊接结构用的焊条
铅黄铜	HAl77-2	是典型的铝黄铜，有高的强度和硬度，塑性良好，可在热态及冷态下进行压力加工，对海水及盐水有良好的耐蚀性，并耐冲击腐蚀，但有脱锌及腐蚀破裂倾向。在船舶和海滨热电站中用于冷凝管以及其他耐蚀零件
	HAl70-1.5	性能与 HAl77-2 接近，但加入少量的砷，提高了对海水的耐蚀性，腐蚀破裂倾向减轻，并能防止黄铜在淡水中脱锌。在船舶和海滨热电站中用于冷凝管以及其他耐蚀零件
	HAl67-2.5	在冷、热态下能良好地承受压力加工，耐磨性好，对海水的耐蚀性尚可，对腐蚀破裂敏感，钎焊和镀锡性能不好。用于船舶耐蚀零件
	HAl60-1-1	具有高的强度，在大气、淡水和海水中耐蚀性好，但对腐蚀破裂敏感，在热态下压力加工性好，冷态下可塑性低。用于要求耐蚀的结构零件，如齿轮、蜗轮、衬套、轴等
锰黄铜	HMn58-2	在海水和过热蒸汽、氯化物中有高的耐蚀性，但有腐蚀破裂倾向；力学性能良好，导热、导电性低，易于在热态下进行压力加工，冷态下压力加工性尚可，是应用较广的黄铜品种。用于腐蚀条件下工作的重要零件和弱电流工业用零件
	HMn57-3-1	强度、硬度高，塑性低，只能在热态下进行压力加工；在大气、海水、过热蒸汽中的耐蚀性比一般黄铜好，但有腐蚀破裂倾向。用于耐蚀结构零件
	HMn55-3-1	性能和 HMn57-3-1 接近，为铸造黄铜的移植品种。用于耐蚀结构零件

（续）

组别	牌号	特性与用途
铁黄铜	HFe59-1-1	具有高的强度、韧性，减摩性能良好，在大气、海水中的耐蚀性高，但有腐蚀破裂倾向，热态下塑性良好。用于在摩擦和受海水腐蚀条件下工作的结构零件
	HFe58-1-1	强度、硬度高，切削性好，但塑性下降，只能在热态下压力加工，耐蚀性尚好，有腐蚀破裂倾向。适于用热压和切削加工法制作高强度耐蚀零件
硅黄铜	HSi80-3	有良好的力学性能，耐蚀性高，无腐蚀破裂倾向，耐腐性亦可，在冷、热态下压力加工性好，易焊接和钎焊，切削性好。导热、导电性是黄铜中最低的。用于船舶零件、蒸汽管和水管配件
	HSi65-1，5-3	强度高，耐蚀性好，在冷态和热态下能很好地进行压力加工，易于焊接和钎焊，有很好的耐磨和切削性，但有腐蚀破裂倾向，为耐磨锡青铜的代用品，用于在腐蚀和摩擦条件下工作的高强度零件
锡青铜	QSn4-4-2.5 QSn4-4-4	为添加有锌、铅合金元素的锡青铜。有高的减摩性和良好的切削性，易于焊接和钎焊，在大气、淡水中具有良好的耐蚀性；只能在冷态进行压力加工，因含铅，热加工时易引起热脆。用于在摩擦条件下工作的轴承、卷边轴套、衬套、圆盘以及衬套的内垫等。QSn4-4-4使用温度可达300℃以下，是一种热强性较好的锡青铜
	QSn6.5-0.1	有高的强度、弹性、耐磨性和抗磁性，在热态和冷态下压力加工性良好，对电火花有较高的抗燃性，可焊接和钎焊，切削性好，在大气和淡水中耐蚀。用于弹簧和导电性好的弹簧接触片，精密仪器中的耐磨零件和抗磁零件，如齿轮、电刷盒、振动片、接触器
	QSn6.5-0.4	性能、用途和QSn6.5-0.1相似，因含磷量较高，其疲劳极限较高，弹性和耐磨性较好，但在热加工时有热脆性，只能接受冷压力加工。除用于弹簧和耐磨零件外，主要用于造纸工业制作耐磨的铜网和单位载荷小于1000N/cm²、圆周速度小于3m/s的条件下工作的零件
铝青铜	QAl9-4	为含铁的铝青铜。有高的强度和减摩性，良好的耐蚀性，热态下压力加工性良好，可电焊和气焊，但钎焊性不好，可作为高锡耐磨青铜的代用品。用于在高负荷下工作的抗磨、耐蚀零件，如轴承、轴套、齿轮、蜗轮、阀座等，也可用于双金属耐磨零件
	QAl10-3-1.5	为含有铁、锰元素的铝青铜。有高的强度和耐磨性，经淬火回火后可提高硬度，有较好的高温耐蚀性和抗氧化性，在大气、淡水和海水中耐蚀性很好，切削性尚可，可焊接，不易钎焊，热态下压力加工性良好。用于高温条件下工作的耐磨零件和各种标准件，如齿轮、轴承、衬套、圆盘、导向摇臂、飞轮、固定螺母等。可代替高锡青铜制作重要机件
硅青铜	QSi1-3	为含有锰、镍元素的硅青铜。具有高的强度，相当好的耐磨性，能热处理强化，淬火回火后强度和硬度大大提高，在大气、淡水和海水中有较高的耐蚀性，焊接性和切削性良好。用于在300℃以下，润滑不良、单位压力不大的工作条件下的摩擦零件（如发动机排气和排气门的导向套）以及在腐蚀介质中工作的结构零件
	QSi3-1	为添加有锰的硅青铜。有高的强度、弹性和耐磨性，塑性好，低温下仍不变脆；能良好地与青铜、钢和其他合金焊接，特别是钎焊性好；在大气、淡水和海水中的耐蚀性高，对于苛性钠及氯化物的作用也非常稳定；能很好地承受冷、热压力加工，不能热处理强化，通常在退火和加工硬化状态下使用，此时有高的屈服极限和弹性。用于制作在腐蚀介质中工作的各种零件，弹簧和弹簧零件，以及蜗杆、蜗轮、齿轮、轴套、制动销和杆类等耐磨零件，也用于焊接结构中的零件，可代替重要的锡青铜，甚至铍青铜
锰青铜	QMn5	为含锰量较高的锰青铜。有较高的强度、硬度和良好的塑性，能很好地在热态及冷态下承受压力加工，有好的耐蚀性，并有高的热强性，400℃下还能保持其力学性能。用于蒸汽机零件和锅炉的各种管接头、蒸汽阀门等高温耐蚀零件
	QMn1.5	含锰量较QMn5低，与QMn5比较，强度、硬度较低，但塑性较高，其他性能相似。用途同QMn5

2.2.2　铝和铝合金

原铝在市场供应中统称为电解铝，是生产铝材及铝合金材的原料。铝是强度低、塑性好的金属，除应用部分纯铝外，为了提高强度或综合性能，配成合金，故名铝合金。铝中加入一种合金元素，就能使其组织结构和性能发生改变，适宜做各种加工材料或铸造零件。

2.2.2.1　铝和铝合金简介

1. 铝和铝合金性能特点

（1）工业纯铝性能　工业纯铝实质上可以看作是铁、硅含量很低的铝—铁—硅系合金，具有铝的一般特点：

1）密度小（$2.72\times10^3 g/cm^3$），约为铁的密度的35%。

2）熔点低（660.4℃），导电、导热性能好，铝的导电、导热性能仅次于银、铜和金。

3）抗腐蚀性能好，铝表面易生成一层致密、牢固的 Al_2O_3 保护膜。这层保护膜只有在卤素离子或碱离子的激烈作用下才会遭到破坏。因此，铝有很好的耐大气（包括工业性大气和海洋性大气）腐蚀和水腐蚀的能力，能抵抗多数酸和有机物的腐蚀。

4）塑性加工性能好，可加工成板、带、箔和挤压制品等，可进行气焊、氩弧焊、点焊。

5）无磁性、冲击不生火花这对某些特殊用途十分可贵，比如仪表材料，电气设备的屏蔽材料，易燃、易爆物生产器材等。

（2）铝合金　铝合金常加入的元素主要有 Cu、Mn、Si、Mg、Zn 等，此外还有 Cr、Ni、Ti、Zr 等辅加元素，铝合金既具有高强度又保持纯铝的优良特性。

铝合金是工业中应用最广泛的一类有色金属结构材料，在航空、航天、汽车、机械制造、船舶及化学工业中已大量应用，目前铝合金是应用最多的合金。

2. 铝合金的热处理

一些铝合金可以采用热处理获得良好的力学性能、物理性能和抗腐蚀性能。硬铝合金属于 Al—Cu—Mg 系，一般含有少量的 Mn，可热处理强化，其特点是硬度大，但塑性较差。超硬铝属 Al—Cu—Mg—Zn 系，可热处理强化，是室温下强度最高的铝合金，但耐腐蚀性差，高温软化快。锻铝合金主要是 Al—Zn—Mg—Si 系合金，虽然加入元素种类多，但是含量少，因而具有优良的热塑性，适宜锻造，故又称锻造铝合金。

可热处理强化变形铝合金的热处理方法一般为固溶处理+时效。

2.2.2.2　铸造铝合金

可用金属铸造成形工艺直接获得零件的铝合金称铸造铝合金。该类合金的合金元素含量一般多于相应的变形铝合金的含量。

根据主要合金元素差异有四类铸造铝合金，其四类铸造铝合金牌号写法如下：

Al—Si 系：代号为 ZL1+两位数字顺序号。

Al—Cu 系：代号为 ZL2+两位数字顺序号。

Al—Mg 系：代号为 ZL3+两位数字顺序号。

Al—Zn 系：代号为 ZL4+两位数字顺序号。

1. Al—Si 系铸造铝合金

Al—Si 系铸造铝合金又称硅铝明。其中 ZL102(ZAlSi12) 是含 12%Si 的铝硅二元合金，称为简单硅铝明。

在普通铸造条件下，ZL102组织几乎全部为共晶体，由粗针状的硅晶体和固溶体组成，强度和塑性都较差。生产上通常用钠盐变质剂进行变质处理，得到细小均匀的共晶体加一次固溶体组织，以提高性能。

Al—Si系铸造铝合金的铸造性能好，具有优良的耐蚀性、耐热性和焊接性。用于制造飞机、仪表、电动机壳体、气缸体、风机叶片、发动机活塞等。

2. Al—Cu 系铸造铝合金

Al—Cu系铸造铝合金的耐热性好，强度较高；但密度大，铸造性、耐蚀性差，强度低于Al—Si系合金。

常用代号有ZL201(ZAlCu5Mn)、ZL203(ZAlCu4) 等。主要用于制造在较高温度下工作的高强零件，如内燃机气缸头、汽车活塞等。

3. Al—Mg 系铸造铝合金

Al—Mg系铸造铝合金的耐蚀性好，强度高，密度小；但铸造性差，耐热性低。常用代号为ZL301(ZAlMg10)、ZL303(ZAlMg5Si1) 等。

主要用于制造外形简单、承受冲击载荷、在腐蚀性介质下工作的零件，如舰船配件、氨用泵体、鼓风机密封件等。

4. Al—Zn 系铸造铝合金

Al—Zn系铸造铝合金的铸造性能好，强度较高，可自然时效强化；但密度大，耐蚀性较差。常用代号为ZL401 (ZAlZn11Si7)、ZL402 (ZAlZn6Mg) 等。

Al—Zn系铸造铝合金主要用于制造形状复杂受力较小的汽车、飞机、仪器零件以及大型空压机活塞等。

5. 合金铸造方法、变质处理代号

S——砂型铸造

J——金属型铸造

R——熔模铸造

K——壳型铸造

B——变质处理

6. 合金状态代号

F——铸态

T1——人工时效

T2——退火

T4——固溶处理加自然时效

T5——固溶处理加不完全人工时效

T6——固溶处理加完全人工时效

T7——固溶处理加稳定化处理

T8——固溶处理加软化处理

铸造铝合金力学性能见表2-25，铸造铝合金主要特征和应用举例见表2-26。

2.2.2.3 压铸铝合金

压铸铝合金在汽车、拖拉机、航空、仪表、纺织、国防等工业得到了广泛的应用。

表 2-25　铸造铝合金力学性能（摘自 GB/T 1173—2013）

序号	合金牌号	合金代号	铸造方法	合金状态	力学性能,不低于		
					R_m/MPa	A(%)	HBW
1	ZAlSi7Mg	ZL101	S、R、J、K	F	155	2	50
			S、R、J、K	T2	135	2	45
			JB	T4	185	4	50
			S、R、K	T4	175	4	50
			J、JB	T5	205	2	60
			S、R、K	T5	195	2	60
			SB、RB、KB	T5	195	2	60
			SB、RB、KB	T6	225	1	70
			SB、RB、KB	T7	195	2	60
			SB、RB、KB	T7	155	3	55
2	ZAlSi7MgA	ZL101A	S、R、K	T4	195	5	60
			J、JB	T4	225	5	60
			S、R、K	T5	235	4	70
			SB、RB、KB	T5	235	4	70
			JB、J	T5	265	4	70
			SB、RB、KB	T6	275	2	80
			JB、J	T6	295	3	80
3	ZAlSi12	ZL102	SB、JB、RB、KB	F	145	4	50
			J	F	155	2	50
			SB、JB、RB、KB	T2	135	4	50
			J	T2	145	3	50
4	ZAlSi9Mg	ZL104	S、J、R、K	F	145	2	50
			J	T1	195	1.5	70
			SB、RB、KB	T6	225	2	70
			J、JB	T6	235	2	70
5	ZAlSi5Cu1Mg	ZL105	S、J、R、K	T1	155	0.5	65
			S、R、K	T5	195	1	70
			J	T5	235	0.5	70
			S、R、K	T6	225	0.5	70
			S、J、R、K	T7	175	1	65
6	ZAlSi5Cu1MgA	ZL105A	SB、R、K	T5	275	1	80
			J、JB	T5	295	2	80
7	ZAlSi8Cu1Mg	ZL106	SB	F	175	1	70
			JB	T1	195	1.5	70
			SB	T5	235	2	60
			JB	T5	255	2	70
			SB	T6	245	1	80
			JB	T6	265	2	70
			SB	T7	225	2	60
			J	T7	245	2	60
8	ZAlSi7Cu4	ZL107	SB	F	165	2	65
			SB	T6	245	2.5	90
			J	F	195	2.5	70
			J	T6	275	3	100
9	ZAlSi2Cu2Mg1	ZL108	J	T1	195	—	85
			J	T6	225	—	90
10	ZAlSi2Cu1Mg1Ni1	ZL109	J	T1	195	—	85
			J	T6	225	—	90

（续）

序号	合金牌号	合金代号	铸造方法	合金状态	力学性能,不低于		
					R_m/MPa	A(%)	HBW
11	ZAlSi5Cu6Mg	ZL110	S	F	125	—	80
			J	F	155	—	80
			S	T1	145	—	80
			J	T1	165	—	80
12	ZAlSi9Cu2Mg	ZL111	J	F	205	1.5	80
			SB	T6	255	1.5	90
			J、JB	T6	315	2	100
13	ZAlSi7Mg1A	ZL114A	SB	T5	290	2	85
			J、JB	T5	310	3	100
14	ZAlSi5Zn1Mg	ZL115	S	T4	225	4	70
			J	T4	275	6	80
			S	T5	275	3.5	90
			J	T5	315	5	100
15	ZAlSi8MgBe	ZL116	S	T4	255	4	70
			J	T4	275	6	80
			S	T5	295	2	85
			J	T5	335	4	90
16	ZAlCu5Mn	ZL201	S、J、R、K	T4	295	8	70
			S、J、R、K	T5	335	4	90
			S	T7	315	2	80
17	ZAlCu5MnA	ZL201A	S、J、R、K	T5	390	8	100
18	ZAlCu4	ZL203	S、R、K	T4	195	6	60
			J	T4	205	6	60
			S、R、K	T5	215	3	70
			J	T5	225	3	70
19	ZAlCu5MnCdA	ZL204A	S	T5	440	4	100
20	ZAlCu5MnCdVA	ZL205A	S	T5	440	7	100
			S	T6	470	3	120
			S	T7	460	2	110
21	ZAlRE5Cu3Si2	ZL207	S	T1	165	—	75
			J	T1	175	—	75
22	ZAlMg10	ZL301	S、J、R	T4	280	10	60
23	ZAlMg5Si1	ZL303	S、J、R、K	F	145	1	55
24	ZAlMg8Zn1	ZL305	S	T4	290	8	90
25	ZAlZn11Si7	ZL401	S、R、K	T1	195	2	80
			J	T1	245	1.5	90
26	ZAlZn6Mg	ZL402	J	T1	235	4	70
			S	T1	215	4	65

表 2-26　铸造铝合金主要特征和应用举例

合金代号	主要特征	应用举例
ZL101	铸造性、焊接性、耐蚀性好,强度中等	中等载荷的复杂零件,如气缸体、泵体
ZL101A	在严格限制 ZL101 合金中杂质后强度高	广泛用于大载荷零件,如飞机泵体、汽车变速箱、各种壳体
ZL102	有最好的铸造性,强度低	用于小载荷而形状复杂的薄壁大零件,更适合压铸
ZL104	铸造性极好,强度高,耐蚀性差	高载荷的大型零件,如气缸体、带轮
ZL105	强度、耐热性比 ZL104 好,塑性低	大载荷零件,如传动机匣、油泵壳体、轴承支座

（续）

合金代号	主要特征	应用举例
ZL105A	限制 ZL105 合金中 Fe 含量，强度、伸长率更好	大载荷优质铸件，如曲轴箱、阀门壳体
ZL106	强度中等，气密性高，耐热性较好	形状复杂的静载荷零件，如泵体、水冷气缸头
ZL108	强度高，耐热、耐磨性好，热膨胀系数小	内燃发动机活塞、起重滑轮
ZL109	高温强度大，热膨胀系数小	汽车、柴油机活塞
ZL111	强度、疲劳强度高，耐蚀性好	形状复杂的高载荷零件，如飞机、导弹的铸件
ZL114A	力学性能很好，铸造性也很好	铸造形状复杂的高强度优质铸件
ZL115	铸造性很好，力学性能较好	受力的仪表零件，高压阀门、叶轮、结构复杂的高载荷零件
ZL116	力学性能好，气密性很好	高压阀门，高速转子叶片，波导管、飞机挂件
ZL201	室温、高温力学性能较好，但铸造性较差，耐蚀性不好	175～300℃下工作的高强、耐热零件和附件
ZL201A	控制合金中的 Fe、Si 杂质后，有很高的室温、高温强度	室温下的高载荷零件，高温下的耐热零件
ZL203	高温强度较高，铸造性和耐蚀性不好	曲轴箱，后轴壳体，飞机、汽车零件
ZL207	高温力学性能、综合工艺性能极好，室温强度较低	300～400℃下长期工作的耐热零件，如飞机的空气分配器壳体、弯管、油门
ZL301	强度高，伸长率好，耐腐蚀，有显微疏松倾向	高载荷、耐腐蚀零件，框架、支座
ZL303	综合工艺性能和耐蚀性好，易抛光，强度较低，有缩孔倾向	在腐蚀介质中工作的中等载荷零件，如海轮零件
ZL401	综合工艺性能好，强度较高，塑性低，密度大，耐蚀性差	压铸零件，飞机、汽车的形状复杂零件
ZL402	综合工艺性能好，强度较高，密度大	船舶、机床铸件，空气压缩机活塞

1. 压铸铝合金牌号和代号的表示方法

压铸铝合金牌号由铝及主要合金元素的化学符号组成。主要合金元素后面跟有表示其名义质量分数的数字（名义质量分数为该元素平均质量分数的修约化整值）。在合金牌号前面冠以字母“YZ”（“Y”及“Z”分别为“压”和“铸”两字汉语拼音的第一个字母）表示为压铸合金。

合金代号中，“YL”（“Y”及“L”分别为“压”和“铝”两字汉语拼音的第一个字母）表示压铸铝合金，YL 后的第一个数字 1、2、3、4 分别表示 AL-Si、Al-Cu、Al-Mg、Al-Sn 系列合金，代表合金的代号。YL 后第二、三两个数字为顺序号。

2. 压铸铝合金的特点及应用举例（见表 2-27）

表 2-27　压铸铝合金特点及应用举例（GB/T 15115—2009）

合金系	牌号	代号	合金特点	应用举例
Al-Si 系	YZAlSi12	YL102	共晶铝硅合金。具有较好的抗热裂性和很好的气密性，以及很好的流动性，不能热处理强化，抗拉强度低	用于承受低负载、形状复杂的薄壁铸件，如各种仪器壳体、汽车机匣、牙科设备、活塞等
Al-Si-Mg 系	YZAlSi10Mg	YL101	亚共晶铝硅合金。较好的抗腐蚀性，较高的冲击韧性和屈服强度，但铸造性稍差	汽车车轮罩、摩托车曲轴箱、自行车车轮、船外机螺旋桨等
	YZAlSi10	YL104		

（续）

合金系	牌号	代号	合金特点	应用举例
Al-Si-Cu 系	YZAlSi9Cu4	YL112	铸造性好，力学性能好，流动性、气密性和抗热裂性很好，切削加工性、抛光性和铸造性较好	常用作齿轮箱、空冷气缸头、发报机机座、割草机罩子、气动刹车、汽车发动机零件，摩托车缓冲器、发动机零件及箱体，农机具用箱体、缸盖和缸体，3C 产品壳体，电动工具、缝纫机零件、渔具、煤气用具、电梯零件等。YL112 的典型用途为带轮、活塞和气缸头等
	YZAlSi11Cu3	YL113	过共晶铝硅合金。具有特别好的流动性、中等的气密性和好的抗热裂性，特别是具有高的耐磨性和低的热膨胀系数	主要用于发动机机体、刹车块、带轮、泵和其他要求耐磨的零件
	YZAlSi7Cu5Mg	YL117		
Al-Mg 系	YZAl Mg5Si1	YL302	耐蚀性好，冲击韧性高，伸长率差，铸造性差	汽车变速器的油泵壳体，摩托车的衬垫和车架的连接器，农机具的连杆、船外机螺旋桨、钓鱼竿及其卷线筒等零件

2.2.2.4 变形铝合金

1. 铝和铝合金加工产品的力学性能

国家标准规定了一般工业用铝及铝合金轧制板、带材的力学性质，由于篇幅关系，表 2-28 只摘录了很少一部分，其余详见 GB/T 3880.2—2012。

国家标准规定了工业用铝及铝合金热挤压型材的温室纵向力学性能（GB/T 6892—2015），部分摘录见表 2-29。

表 2-28　铝和铝合金加工产品的力学性能（摘自 GB/T 3880.2—2012）

牌号	包铝分类	供应状态	试样状态	厚度/mm	室温拉伸试验结果				弯曲半径[②]	
					抗拉强度 R_m/MPa	规定非比例延伸强度 $R_{p0.2}$/MPa	断后伸长率[①]（%）			
							A_{50mm}	A	90°	180°
					不小于					
1A97、1A93	—	H112	H112	>4.50~80.00	附实测值				—	—
		F	—	>4.50~150.00	—				—	—
1A90、1A85	—	H112	H112	>4.50~12.50	60	—	21	—	—	—
				>12.50~20.00			—	19	—	—
				>20.00~80.00	附实测值				—	—
		F	—	>4.50~150.00	—				—	—
1080A	—	O H111	O H111	>0.20~0.50	60~90	15	26	—	0t	0t
				>0.50~1.50			28	—	0t	0t
				>1.50~3.00			31	—	0t	0t
				>3.00~6.00			35	—	0.5t	0.5t
				>6.00~12.50			35	—	0.5t	0.5t
		H12	H12	>0.20~0.50	8~120	55	5	—	0t	0.5t
				>0.50~1.50			6	—	0t	0.5t
				>1.50~3.00			7	—	0.5t	0.5t
				>3.00~6.00			9	—	1.0t	—

（续）

牌号	包铝分类	供应状态	试样状态	厚度/mm	室温拉伸试验结果				弯曲半径②	
					抗拉强度 R_m/MPa	规定非比例延伸强度 $R_{p0.2}$/MPa	断后伸长率①（%）			
							A_{50mm}	A	90°	180°
					不小于					
1080A	—	H22	H22	>0.20~0.50	80~120	50	8	—	0t	0.5t
				>0.50~1.50			9	—	0t	0.5t
				>1.50~3.00			11	—	0.5t	0.5t
				>3.00~6.00			13	—	1.0t	—
		H14	H14	>0.20~0.50	100~140	70	4	—	0t	0.5t
				>0.50~1.50			4	—	0.5t	0.5t
				>1.50~3.00			5	—	1.0t	1.0t
				>3.00~6.00			6	—	1.5t	—
		H24	H24	>0.20~0.50	100~140	60	5	—	0t	0.5t
				>0.50~1.50			6	—	0.5t	0.5t
				>1.50~3.00			7	—	1.0t	1.0t
				>3.00~6.00			9	—	1.5t	—
		H16	H16	>0.20~0.50	110~150	90	2	—	0.5t	1.0t
				>0.50~1.50			2	—	1.0t	1.0t
				>1.50~4.00			3	—	1.0t	1.0t
		H26	H26	>0.20~0.50	110~150	80	3	—	0.5t	—
				>0.50~1.50			3	—	1.0t	—
				>1.50~4.00			4	—	1.0t	—
		H18	H18	>0.20~0.50	125	105	2	—	1.0t	—
				>0.50~1.50			2	—	2.0t	—
				>1.50~3.00			2	—	2.5t	—
		H112	H112	>6.00~12.50	70	—	20	—	—	—
				>12.50~25.00	70	—	—	20	—	—
		F	—	2.50~25.00	—	—	—	—	—	—
1070	—	O	O	>0.20~0.30	55~95	—	15	—	0t	—
				>0.30~0.50			20	—	0t	—
				>0.50~0.80			25	—	0t	—
				>0.80~1.50		15	30	—	0t	—
				>1.50~6.00			35	—	0t	—
				>6.00~12.50			35	—	—	—
				>12.50~50.00			—	30	—	—
		H22	H22	>0.20~0.30	70	—	2	—	0t	—
				>0.30~0.50			3	—	0t	—
				>0.50~0.80			4	—	0t	—
				>0.80~1.50		55	6	—	0t	—
				>1.50~3.00			8	—	0t	—
				>3.00~6.00			9	—	0t	—
		H14	H14	>0.20~0.30	85~120	—	1	—	0.5t	—
				>0.30~0.50			2	—	0.5t	—
				>0.50~0.80			3	—	0.5t	—
				>0.80~1.50		65	4	—	1.0t	—
				>1.50~3.00			5	—	1.0t	—
				>3.00~6.00			6	—	1.0t	—

（续）

牌号	包铝分类	供应状态	试样状态	厚度/mm	室温拉伸试验结果				弯曲半径②	
					抗拉强度 R_m/MPa	规定非比例延伸强度 $R_{p0.2}$/MPa	断后伸长率①（%）			
							A_{50mm}	A	90°	180°
					不小于					
1070	—	H24	H24	>0.20~0.30	85	—	1	—	0.5t	—
				>0.30~0.50			2	—	0.5t	—
				>0.50~0.80			3	—	0.5t	—
				>0.80~1.50		65	4	—	1.0t	—
				>1.50~3.00			5	—	1.0t	—
				>3.00~6.00			6	—	1.0t	—
		H16	H16	>0.20~0.50	100~135	—	1	—	1.0t	—
				>0.50~0.80			2	—	1.0t	—
				>0.80~1.50		75	3	—	1.5t	—
				>1.50~4.00			4	—	1.5t	—
		H26	H26	>0.20~0.50	100	—	1	—	1.0t	—
				>0.50~0.80			2	—	1.0t	—
				>0.80~1.50		75	3	—	1.5t	—
				>1.50~4.00			4	—	1.5t	—
		H18	H18	>0.20~0.50	120	—	1	—	—	—
				>0.50~0.80			2	—	—	—
				>0.80~1.50			3	—	—	—
				>1.50~3.00			4	—	—	—
		H112	H112	>4.50~6.00	75	35	13	—	—	—
				>6.00~12.50	70	35	15	—	—	—
				>12.50~25.00	60	25	—	20	—	—
				>25.00~75.00	55	15	—	25	—	—
		F	—	>2.50~150.00		—			—	—
1070A	—	O H111	O H111	>0.20~0.50	60~90	15	23	—	0t	0t
				>0.50~1.50			25	—	0t	0t
				>1.50~3.00			29	—	0t	0t
				>3.00~6.00			32	—	0.5t	0.5t
				>6.00~12.50			35	—	0.5t	0.5t
				>12.50~25.00			—	32	—	—
		H12	H12	>0.20~0.50	80~120	55	5	—	0t	0.5t
				>0.50~1.50			6	—	0t	0.5t
				>1.50~3.00			7	—	0.5t	0.5t
				>3.00~6.00			9	—	1.0t	—
		H22	H22	>0.20~0.50	80~120	50	7	—	0t	0.5t
				>0.50~1.50			8	—	0t	0.5t
				>1.50~3.00			10	—	0.5t	0.5t
				>3.00~6.00			12	—	1.0t	—

（续）

牌号	包铝分类	供应状态	试样状态	厚度/mm	室温拉伸试验结果				弯曲半径②	
					抗拉强度 R_m/MPa	规定非比例延伸强度 $R_{p0.2}$/MPa	断后伸长率①(%)			
							A_{50mm}	A	90°	180°
					不小于					
1070A	—	H14	H14	>0.20~0.50	100~140	70	4	—	0t	0.5t
				>0.50~1.50			4	—	0.5t	0.5t
				>1.50~3.00			5	—	1.0t	1.0t
				>3.00~6.00			6	—	1.5t	—
		H24	H24	>0.20~0.50	100~140	60	5	—	0t	0.5t
				>0.50~1.50			6	—	0.5t	0.5t
				>1.50~3.00			7	—	1.0t	1.0t
				>3.00~6.00			9	—	1.5t	—
		H16	H16	>0.20~0.50	110~150	90	2	—	0.5t	1.0t
				>0.50~1.50			2	—	1.0t	1.0t
				>1.50~4.00			3	—	1.0t	1.0t
		H26	H26	>0.20~0.50	110~150	80	3	—	0.5t	—
				>0.50~1.50			3	—	1.0t	—
				>1.50~4.00			4	—	1.0t	—
		H18	H18	>0.20~0.50	125	105	2	—	1.0t	—
				>0.50~1.50			2	—	2.0t	—
				>1.50~3.00			2	—	2.5t	—
		H112	H112	>6.00~12.50	70	20	20	—	—	—
				>12.50~25.00		—	—	20	—	—
		F	—	2.50~150.00		—			—	—

① 当 A_{50mm} 和 A 两栏均有数值时，A_{50mm} 适用于厚度不大于 12.5mm 的板材，A 适用于厚度大于 12.5mm 的板材。

② 弯曲半径中的 t 表示板材的厚度，对表中既有 90°弯曲也有 180°弯曲的产品，当需方未指定采用 90°弯曲或 180°弯曲时，弯曲半径由供方任选一种。

表 2-29　工业用铝及铝合金热挤压型材的温室纵向力学性能（摘自 GB/T 6892—2015）

牌号	状态	壁厚/mm	室温拉伸试验结果				布氏硬度参考值 HBW
			抗拉强度 R_m/MPa	规定非比例延伸强度 $R_{p0.2}$/MPa	断后伸长率①,②(%)		
					A	A_{50mm}	
			不小于				
1060	O	—	60~95	15	22	20	—
	H112	—	60	15	22	20	—
1350	H112	—	60	—	25	23	20
1050A	H112	—	60	20	25	23	20
1100	O	—	75~105	20	22	20	—
	H112	—	75	20	22	20	—
1200	H112	—	75	25	20	18	23
2A11	O	—	≤245	—	12	10	—
	T4	≤10.00	335	190	—	10	—
		>10.00~20.00	335	200	10	8	—
		>20.00~50.00	365	210	10	—	—
2A12	O	—	≤245	—	12	10	—
	T4	≤5.00	390	295	—	8	—
		>5.00~10.00	410	295	—	8	—
		>10.00~20.00	420	305	10	8	—
		>20.00~50.00	440	315	10	—	—

（续）

牌号	状态	壁厚/mm	室温拉伸试验结果				布氏硬度参考值 HBW
			抗拉强度 R_m/MPa	规定非比例延伸强度 $R_{p0.2}$/MPa	断后伸长率[①,②]（%）		
					A	A_{50mm}	
			不小于				
2014 2014A	O、H111	—	≤250	≤135	12	10	45
	T4 T4510 T4511	≤25.00	370	230	11	10	110
		>25.00~75.00	410	270	10	—	110
	T6 T6510 T6511	≤25.00	415	370	7	5	140
		>25.00~75.00	460	415	7	—	140
2024	O、H111	—	≤250	≤150	12	10	47
	T3 T3510 T3511	≤15.00	395	290	8	6	120
		>15.00~50.00	420	290	8	—	120
	T8 T8510 T8511	≤50.00	455	380	5	4	130
2017	O	—	≤245	≤125	16	16	—
	T4	≤12.50	345	215	—	12	—
		>12.50~100.00	345	195	12	—	—
2017A	T4 T4510 T4511	≤30.00	380	260	10	8	105
3A21	O、H112	—	≤185	—	16	14	—
3003	H112	—	95	35	25	20	30
3103	H112	—	95	35	25	20	28
5A02	O、H112	—	≤245	—	12	10	—
5A03	O、H112	—	180	80	12	10	—
5A05	O、H112	—	255	130	15	13	—
5A06	O、H112	—	315	160	15	13	—
5005 5005A	O、H111	≤20.00	100~150	40	20	18	30
	H112	—	100	40	18	16	30
5019	H112	≤30.00	250	110	14	12	65
5051A	H112	—	150	60	16	14	40
5251	H112	—	160	60	16	14	45
5052	H112	—	170	70	15	13	47
5154A	H112	≤25.00	200	85	16	14	55
5454	H112	≤25.00	200	85	16	14	60
5754	H112	≤25.00	180	80	14	12	47

① 如无特殊要求或说明，A 适用于壁厚大于 12.5mm 的型材，A_{50mm} 适用于壁厚不大于 12.5mm 的型材。

② 壁厚不大于 1.6mm 的型材不要求伸长率，如有要求，可供需双方协商并在订货单（或合同）中注明。

2. 加工铝材牌号的特性及用途（见表 2-30）

表 2-30　常用加工铝材牌号的特性及用途

组别	牌号	旧牌号	特性与用途
高纯铝	1A99、1A97、1A93、1A90、1A85	LG5、LG4、LG3、LG2、LG1	工业用高纯铝，含铝量可高达 99.99%。主要用于科学研究、化学工业以及一些其他特殊用途，如生产各种电解电容器用箔材、抗酸容器等。产品有板、带、管、箔等
工业纯铝	1060、1050A、1035、1200、8A06、1A30、1100	L2、L3、L4、L5、L6、L4-1、L5-1	有高的可塑性、耐蚀性、导电性和导热性，但强度低，热处理不能强化，切削加工性不好；可气焊、氢原子焊和接触焊，不易钎焊，易承受各种压力加工和引伸、弯曲。用于不承受载荷但要求具有某种特性，如高塑性、高的耐蚀性或导电性、导热性的结构元件，如垫片、电容器、电子管隔离罩、电缆电线、线芯等。1A30 主要用于航天工业和兵器工业纯铝膜片等处的板材，1100 板材、带材适于制作各种深冲压制品
防锈铝	5A06	LF6	有较高的强度和耐蚀性，退火和挤压状态下塑性尚好，氩弧焊焊缝气密性和焊缝塑性尚可，气焊和点焊的焊接接头强度为基体强度的 90%~95%，切削加工性良好。用于焊接容器、受力零件、飞机蒙皮及骨架零件
	5A05、5B05	LF5、LF10	为铝镁系防锈铝（5B05 的含镁量稍高于 5A05），强度与 5A03 相当，热处理不能强化；退火状态塑性高，半冷作硬化塑性中等，用氢原子焊、点焊、气焊、氩弧焊时焊接性尚好。5A05 用于制作在液体中工作的焊接零件、管道和容器以及其他零件，5B05 主要用来制作铆钉，铆钉在退火并进行阳极化处理状态下铆入结构
	5A13	LF13	耐蚀性高，焊接性好，导热性、导电性比纯铝低得多。可用冷变形加工进行强化而不能热处理强化。用于焊接结构件、焊条合金
	3A21	LF21	应用最广的一种防锈铝。它的强度不高，不能热处理强化，在退火状态下有高的塑性，耐蚀性好，焊接性良好，切削加工性不良。用于要求高的可塑性和良好的焊接性、在液体或气体介质中工作的低载荷零件，如油箱、油管、液体容器；线材可制作铆钉
硬铝	2A01	LY1	为铆接铝合金结构用的主要铆钉材料。在淬火和自然时效后的强度较低，但有很高的塑性和良好的工艺性能，焊接性与 2A11 相同，切削性能尚可，耐蚀性不高。广泛用于中等强度和工作温度不高于 100℃ 的结构用铆钉材料。铆钉在淬火和时效后进行铆接，在铆接中不受热处理后时间限制
	2A02	LY2	为耐热硬铝，且有较高的强度，热变形时塑性高，可热处理强化，在淬火及人工时效状态下使用。切削加工性良好，耐蚀性比 2A70、2A80 耐热锻铝好，在挤压半成品中，有形成粗晶环的倾向。用于工作温度为 200~300℃ 的涡轮喷气发动机轴向压缩机叶片及其他在较高温度下工作的承力结构件
	2A04、2B11、2B12	LY4、LY8、LY9	为铆钉用合金，其中 2A04 有较好的耐热性，可在 125~250℃ 范围内使用，2B12 的强度较高，其共同缺点是铆钉必须在淬火后一定时间内铆接，故工艺困难，应用范围受到限制（一般在刚淬后 2~6h 内铆接）。2B11 用于制作中等强度的铆钉，2B12 用于高强度铆钉时，必须在淬火后 20min 内使用
	2A10	LY10	铆钉用合金，有较高的剪切强度，铆接过程不受热处理时间的限制，这是它优于其他螺钉合金之处，但耐蚀性不高 代替 2A01、2B11、2B12 等用于制作要求较高强度的铆钉，工作温度不宜超过 100℃

（续）

组别	牌号	旧牌号	特性与用途
硬铝	2A11	LY11	是应用最早的一种标准硬铝，有中等强度，可热处理强化，在淬火和自然时效状态下使用，点焊性能良好，气焊及氩弧焊时有裂纹倾向，热态下可塑性尚好，切削加工性在淬火时效状态下尚好，耐蚀性不高。用于各种要求中等强度的零件和构件、冲压的连接部件、空气螺旋桨叶片、局部镦粗的零件（如螺栓、铆钉），用于铆钉应在淬火后 2h 内使用
锻铝	6A02	LD2	中等强度，在热态和退火状态下可塑性高，易于锻造、冲压，在淬火和自然时效状态下具有与 3A21 一样好的耐蚀性，易于点焊和氢原子焊，气焊尚可，切削加工性在淬火时效后尚可。用于要求高塑性和高耐蚀性、中等载荷的零件以及形状复杂的锻件，如气冷式发动机曲轴箱、直升机桨叶
	6B02、6070	LD2-1、LD2-2	耐蚀性好，焊接性良好。用于大型焊接结构、锻件及挤压件
	2A70、2A80、2A90	LD7、LD8、LD9	耐热锻铝、可热处理强化，点焊、液焊和接触焊性能良好，电焊、气焊性能差，耐蚀性和切削加工性尚好；2A70 的热强性和可塑性均较 2A80 稍高。用于内燃机活塞、压气机叶片、叶轮、圆盘以及其他在高温下工作的复杂锻件。2A90 是较早应用的耐热锻铝，2A90 正逐渐被 2A70、2A80 所代替
	2A14	LD10	高强度锻铝，热塑性也较好，但在热态下的可塑性稍差；其他性能和 2A50 相同。用于高负荷和形状简单的锻件和模锻件
	6061、6063	LD30、LD31	6061 用于中等强度（$\sigma_b \geqslant 270$MPa）、在 $-70 \sim +50$℃ 范围内工作并要求在潮湿和海水介质中具有合格耐蚀性的零件（如直升机螺旋桨叶、水上飞机轮箱） 6063 用于对强度要求不高（$\sigma_b \geqslant 200$MPa）、耐蚀性好、有美观装饰表面、在 $-70 \sim +50$℃ 工作的零件。可用来装饰飞机座舱，民用建筑中广泛用于窗框、门框、升降梯、家具等。合金经特殊机械热处理后，具有较高强度和高的导电性，在电气工业方面得到广泛应用 6061、6063 的共同特点是中等强度，焊接性优良，耐蚀性及冷加工性好，是使用范围广、很有前途的合金
超硬铝	7A04、7A09	LC4、LC9	高强度铝合金，在退火和刚淬火状态下的可塑性中等，可热处理强化，通常在淬火、人工时效状态下使用。此时得到的强度比一般硬铝高得多，但塑性较低；有应力集中倾向，点焊性能良好，气焊不良；热处理后的切削加工性良好，退火状态稍差。7A09 板材的静疲劳、缺口敏感、抗应力腐蚀性能稍优于 7A04。用于承力构件和高载荷零件，如飞机上的大梁、桁条、加强框、蒙皮、翼肋、起落架零件等，通常多用以取代 2A12
特殊铝	4A01	LT1	含硅量为 5% 的低合金化二元铝硅合金，其力学性能不高，但耐蚀性很高，压力加工性能良好。适用于制作焊条和焊棒，用于焊接铝合金制品

2.2.3 镁和镁合金

2.2.3.1 镁和镁合金简介

1. 纯镁

镁是银白色金属，具有比较强的还原性，与氟化物、氢氟酸和铬酸不发生作用，也不受苛性碱侵蚀，但极易溶解于有机和无机酸中，能直接与氮、硫和卤素等化合。

镁在潮湿大气、海水、无机酸及其盐类、有机酸、甲醇等介质中均会引起剧烈的腐蚀。镁在干燥大气、碳酸盐、氟化物、铬酸盐、氢氧化钠溶液、苯、四氯化碳、汽油、煤油及不含水和酸的润滑油中很稳定。室温下，镁表面与大气中氧作用，形成氧化镁薄膜，但薄膜较脆，也不致密，故其耐蚀性很差。

表 2-31 为纯镁不同加工状态下具有的力学性能。

表 2-31　纯镁不同加工状态下的力学性能

加工状态	抗拉强度 R_m/MPa	屈服强度 R_{eL}/MPa	弹性模量 E/GPa	伸长率 A(%)	断面收缩率 Z(%)	布氏硬度 HBW
铸态	11.5	2.5	45	8	9	30
变形状态	20.0	9.0	45	11.5	12.5	36

纯镁是生产铝合金的原料之一，也是用于压铸镁合金铸件的元素。还可作金属还原剂，如稀土合金、钛等。

2. 镁合金

(1) 组成和性能

镁合金是以镁为基体，加入其他元素组成的合金，主要合金元素有 Al、Zn、Mn、Zr 及稀土等，目前使用最广的是镁铝合金，其次是镁锰合金和镁锌锆合金。镁合金密度小，比强度高，弹性模量大，消振性好，承受冲击载荷能力比铝合金大，耐有机物和碱的腐蚀性能好。

镁制品和构件重量最轻，主要用于航空、航天、运输、化工、火箭等工业部门。在实用金属中是最轻的金属，镁的密度大约是铝的 2/3，是铁的 1/4。镁合金的切削性能好，被加工表面光洁美观。

镁合金具有良好的压铸成形性能，压铸件壁厚最小可达 0.5mm，适应制造汽车各类压铸件。

(2) 分类　镁合金按成型工艺的不同，可划分为铸造镁合金和变形镁合金两类。

1) 铸造镁合金。工业镁合金产品多通过铸造的方式获得，铸造镁合金中合金元素含量高于变形镁合金，以保证液态合金具有较低的熔点、较高的流动性和较少的缩松缺陷等。

2) 变形镁合金。变形镁合金通过材料结构的控制、热处理工艺的应用，获得更高的强度、更好的延展性和更多样化的力学性能，从而满足多样化工程结构件的应用需求。

2.2.3.2　铸造镁合金

铸造镁合金的力学性能见表 2-32。

表 2-32　铸造镁合金力学性能（GB/T 1177—2018）

合金牌号	合金代号	热处理状态	抗拉强度 R_m/MPa	规定塑性延伸强度 $R_{p0.2}$/MPa	伸长率 A(%)
			不小于		
ZMgZn5Zr	ZM1	T1	235	140	5
ZMgZn4RE1Zr	ZM2	T1	200	135	2
ZMgRE3ZnZr	ZM3	F	120	85	1.5
		T2	120	85	1.5
ZMgRE3Zn2Zr	ZM4	T1	140	95	2
ZMgAl8Zn	ZM5	F	145	75	2
		T1	155	80	2
		T4	230	75	6
		T6	230	100	2

（续）

合金牌号	合金代号	热处理状态	抗拉强度 R_m/MPa	规定塑性延伸强度 $R_{p0.2}$/MPa	伸长率 A(%)
			不小于		
ZMgRE2ZnZr	ZM6	T6	230	135	3
ZMgZn8AgZr	ZM7	T4	265	110	6
		T6	275	150	4
ZMgAl10Zn	ZM10	F	145	85	1
		T4	230	85	4
		T6	230	130	1
ZMgNd2Zr	ZM11	T6	225	135	3.0

常用铸造镁合金的基本特征和应用举例见表 2-33。

表 2-33 常用铸造镁合金的基本特征和应用举例

合金代号	基本特征	应用举例
ZM1	强度高，热裂倾向大，显微疏松较大，难于补焊，不能做耐高压零件	受冲击载荷大、要求强度高但形状不复杂的零件
ZM2	室温和高温强度高，铸造和焊接性好，气密性好	170～200℃长期工作零件，要求高屈服强度的零件
ZM3	高温性能好，铸造和焊接性好，气密性高	室温下要求气密性高的铸件，150～250℃长期工作，承载能力不大的零件
ZM4	室温强度较低，但高温性能较好，有高的阻尼容量	200～250℃长期工作，承载力不大的零件，室温下要求气密性高的铸件
ZM5	强度较高，工艺性能良好	受力构件和整体铸件
ZM6	高强度耐热镁合金，室温和高温性能兼顾	室温下强度高、气密性好、250℃以下长期工作的承载零件
ZM7	室温力学性能高，但气密性不高	承载大载荷的零件

2.2.3.3 压铸镁合金

压铸镁合金适宜于在熔融状态被高速高压注入金属型腔内快速成形的镁基合金。主要有 Mg-Al-Zn-Mn、Mg-Al-Mn、Mg-Al-Si-Mn 系合金。

压铸镁合金试样的力学性能见表 2-34。

表 2-34 压铸镁合金试样的力学性能（GB/T 25747—2010）

序号	合金牌号	合金代号	拉伸性能			布氏硬度 HBW
			抗拉强度 R_m /MPa	屈服强度 $R_{p0.2}$ /MPa	伸长率 A(%) (L_0=50)	
1	YZMgAl2Si	YM102	230	120	12	55
2	YZMgAl2Si(B)	YM103	231	122	13	55
3	YZMgAl4Si(A)	YM104	210	140	6	55
4	YZMgAl4Si(B)	YM105	210	140	6	55
5	YZMgAl4Si(S)	YM106	210	140	6	55
6	YZMgAl2Mn	YM202	200	110	10	58
7	YZMgAl5Mn	YM203	220	130	8	62
8	YZMgAl6Mn(A)	YM204	220	130	8	62
9	YZMgAl6Mn	YM205	220	130	8	62
10	YZMgAl8Zn1	YM302	230	160	3	63
11	YZMgAl9Zn1(A)	YM303	230	160	3	63
12	YZMgAl9Zn1(B)	YM304	230	160	3	63
13	YZMgAl9Zn1(D)	YM305	230	160	3	63

注：表中未特殊说明的数值均为最小值。

2.2.3.4　变形镁合金

变形镁合金的力学性能、主要特性和应用见表 2-35。

表 2-35　变形镁合金的性能特点和用途

合金牌号		产品种类	性能特点	应用举例
新	旧			
M2M	MB1	板材、棒材、型材、管材、带材、锻件及模锻件	这类合金属 Mg-Mn 系镁合金，其主要性能是： 1）强度较低，但有良好的耐蚀性；在镁合金中，它的耐蚀性能最好，在中性介质中，无应力腐蚀破裂倾向 2）室温塑性较低，高温塑性高，可进行轧制、挤压和锻造。 3）不能热处理强化 4）焊接性好，易于用气焊、氩弧焊、点焊等方法焊接 5）同纯镁一样，有良好的可加工性，和 MB1 合金比较，MB8 合金的强度较高，且有较好的高温性能	用于制造承受外力不大，但要求焊接性和耐蚀性好的零件，如汽油和滑油系统的附件等
ME20M	MB8	板材、棒材、带材、型材、管材、锻件及模锻件		强度较 MB1 高，常用来代替 MB1 合金使用，其板材可制飞机蒙皮、壁板及内部零件，型材和管材可制造汽油和滑油系统的耐蚀零件，模锻件可制外形复杂的零件
AZ40M	MB2	板材、棒材、型材、锻件及模锻件	这类合金属 Mg-Al-Zn 系镁合金，其主要特性是： 1）强度高，可热处理强化 2）铸造性良好 3）耐蚀性较差，MB2 和 MB3 合金的应力腐蚀破裂倾向较小，MB5、MB6、MB7 合金的应力腐蚀破裂倾向较大 4）可加工性良好 5）热塑性以 MB2、MB3 合金为佳，MB6、MB7 合金热塑性较差 6）MB2、MB3 合金焊接性较好，可气焊和氩弧焊；MB5 合金的焊接性差；MB7 合金的焊接性尚好，但需进行消除应力退火	用于制造形状复杂的锻件、模锻件及中等载荷的机械零件
AZ41M	MB3	板材		用作飞机内部组件、壁板
AZ61M	MB5	板材、带材、锻件及模锻件		主要用于制造承受较大载荷的零件
AZ62M	MB6	棒材、型材、锻件		主要用于制造承受较大载荷的零件
AZ80M	MB7	棒材、锻件及模锻件		可代替 MB6 使用，用做承受高载荷的各种结构零件
ZK61M	MB15	棒材、型材、带材、锻件及模锻件	属 Mg-Zn-Zr 系镁合金，具有较高的强度和良好的塑性及耐蚀性，是目前应用最多的变形镁合金之一。无应力腐蚀破裂倾向，热处理工艺简单，可加工性良好，能制造形状复杂的大型锻件，但焊接性不好	用做室温下承受高载荷和高屈服强度的零件，如机翼长桁、翼肋等，零件的使用温度不能超过 150℃

部分变形镁合金的力学性能见表 2-36。

表 2-36　部分变形镁合金的力学性能

合金代号	产品种类	R_m	$R_{p0.2}$	A	Z	HBW	τ	σ_{bc}	τ_b	$N=5\times10^7$		E	G	a_k	μ
										σ_{-1}	σ_{-1H}				
		MPa		%			MPa					GPa			
M2M	板	205	118	8	—	45	—	—	—	—	75	—	—	50	—
AZ40	板	275	177	10	30	55	—	—	—	—	—	42	15.7	—	0.34
	模锻	265	167	12	—	50	—	—	—	—	—	—	—	120	—
MAZ41M	板	320	230	11	—	—	—	—	—	—	—	42	—	—	0.31

（续）

合金代号	产品种类	R_m	$R_{p0.2}$	A	Z	HBW	τ	σ_{bc}	τ_b	$N=5\times10^7$		E	G	a_k	μ
										σ_{-1}	σ_{-1H}				
		MPa		%			MPa					GPa			
AZ61M	棒	290	200	16	23	64	140	420	190	115	95	43.4	16	70	0.34
	锻	280	180	10	13	55	140	—	—	105	—	43	—	70	—
AZ80M	棒	340	240	15	20	64	180	470	210	140	110	43	16	—	0.34
	锻	310	220	12	—	—	—	—	212	—	—	—	—	—	—
ME20M	板	245	157	18	28	50	—	—	—	—	—	40	—	—	0.34
ZK61M	棒	330	275	9	24	—	160	470	235	150	—	43	16	90	0.34
	型	340	285	10	—	—	—	—	—	—	—	—	—	—	—
	带	320	265	10	25	—	140	460	—	130	—	—	—	70	—
	锻	305	245	12	—	—	—	—	—	—	—	—	—	—	—
	模锻	320	260	14	—	—	—	—	—	—	—	—	—	—	—

注：R_m——抗拉强度；$R_{p0.2}$——屈服强度；A——伸长率；Z——断面收缩率；HBW——硬度；τ——抗剪强度；σ_{bc}——抗压强度；τ_b——抗扭强度；σ_{-1}、σ_{-1H}——循环次数 N 为 5×10^7 时的疲劳强度；E——正弹性模量；G——抗剪切弹性模量；a_k——冲击韧度；μ——泊松比。

2.2.4 钛和钛合金

2.2.4.1 钛和钛合金简介

1. 钛

钛是一种稀有金属，其特点是重量轻、强度高，有良好的抗腐蚀能力，良好的耐高温、耐低温、抗强酸、抗强碱能力。

2. 钛合金

纯钛加入合金元素形成钛合金，钛合金具有强度高、耐蚀性好、耐热性高等特点。

按退火组织，钛合金可分为 α 型钛合金、β 型钛合金和 α+β 型钛合金三类，它们的牌号分别用 TA、TB、TC 加顺序号表示 。如 TA5、TB2、TC4 等。其中 TA0～TA3 为工业纯钛。

（1）α 型钛合金　α 型钛合金主加元素为铝，还有锡、硼等。不能热处理强化，通常在退火状态下使用，组织为单相 α 固溶体。强度低于另两类钛合金，但高温强度、低温韧性及耐蚀性优越。

常用牌号有 TA5、TA7 等，主要用于制造 500℃以下工作的零件，如飞机压气机叶片、导弹的燃料罐、超音速飞机的蜗轮机匣及飞船上的高压低温容器等。

（2）β 型钛合金　β 型钛合金加入的合金元素有钼、铬、钒、铝等。经淬火加时效处理后，组织为 β 相基体上分布着细小的 α 相粒子。这类合金强度高，但冶炼工艺复杂，难于焊接，应用受到限制。

β 型钛合金有 TB2、TB3、TB4 三个牌号。主要用于 350℃以下工作的结构件和紧固件，如飞机压气机叶片、轴、弹簧、轮盘等。

（3）α+β 型钛合金　α+β 型钛合金加入的合金元素铝、钒、钼、铬等。可进行热处理强化，强度高、塑性好，具有良好的耐热性、耐蚀性和低温韧性。α+β 型钛合金共有九个牌号，其中以 TC4 应用最广、用量最大，其经过淬火加时效处理后，组织为 α+β 时效析出的针状 α。

α+β 型钛合金主要用于制造 400℃以下工作的飞机压气机叶片、火箭发动机外壳、火箭和导弹的液氢燃料箱部件及舰船耐压壳体等。

2.2.4.2 常用钛及钛合金型材的牌号、特性和用途（见表 2-37）

表 2-37 常用钛及钛合金型材的牌号、特性和用途

牌号	化学成分	特性和用途
TA1 TA2 TA3 TA4	工业纯钛	具有良好的耐蚀性，有较高的比强度和疲劳极限，通常在退货状态下使用，其锻造性能类似低碳钢或 18-8 型不锈钢 适用于石油化工、医疗、航空等工业的耐热、耐蚀零件材料，爆炸复合钛板优先采用 TA1
TA5	Ti-4Al-0.0005B	属于 α 型钛合金，可焊接，在 316～593℃ 下有良好的抗氧化性、强度及高温热稳定性，用作锻件、板材零件，如航空发动机的涡轮机叶片、壳体和支架等
TA6	Ti-5Al	
TA7	Ti-5Al-2.5Sn	
TA9	Ti-0.2Pd	目前最好的耐蚀合金，不仅在高温、高浓度的氧化物中具有极为优良的抗缝隙腐蚀性能，并且在还原性介质中的耐蚀性优于纯钛，适用于化工等耐氯及氯化物等介质的设备和零件
TA10	Ti-0.3Mo-0.8Ni	在硝酸、铬酸等氧化性介质中有与纯钛同等优良的耐蚀性能，改善了在还原介质中的耐蚀性，在高温、高浓度的氯化物中有较好的抗缝隙腐蚀性能。其加工性和焊接性与工业纯钛相当，适用作湿氯气、盐水、海水及各种高温、高浓度的氯化物的换热器电解槽等
TB2	Ti-5Mo-5V-8Cr-3Al	属于 β 型钛合金，在淬火状态下有良好的塑性，可以冷成形；淬火时效后有很高的强度，焊接性好，在高屈服强度下有高的断裂韧性；热稳定性差 用于螺栓、铆钉等紧固件及航空工业用构件
TB3	Ti-3.5Al-10Mo-8V-1Fe	
TB4	Ti-4Al-7Mo-10V-2Fe-1Zr	
TC1	Ti-2Al-1.5Mn	这些合金属于(α+β)型钛合金，有较高的力学性能和优良的高温变形能力，能进行各种热加工，淬火时效后能大幅度提高强度，但其热稳定性较差 TC1、TC2 在退火状态下使用，可用作低温材料，TC3、TC4 有好的综合力学性能，组织稳定性高，在退火状态下使用，用作航空涡轮发动机机盘、叶片、结构锻件、紧固件等，TC9、TC10 有较高的室温、高温力学性能和良好的热稳定性、塑性
TC2	Ti-4Al-1.5Mn	
TC3	Ti-5Al-4V	
TC4	Ti-6Al-4V	
TC6	Ti-6Al-1.5Cr-2.5Mo-0.5Fe-0.3Si	
TC9	Ti-6.5Al-3.5Mo-2.5Sn-0.3Si	
TC10	Ti-6Al-6V-2Sn-0.5Cu-0.5Fe	

2.2.4.3 钛合金板（见表 2-38、表 2-39）

表 2-38 钛及钛合金板的牌号、供应状态、规格（摘自 GB/T 3621—2007）

牌号	制造方法	供应状态	规格		
			厚度/mm	宽度/mm	长度/mm
TA1、TA2、TA3 TA5、TA6、TA7、TA8、 TA8-1、TA9-1、TA10、 TA11、TA15、TA17、TA18、 TC1、TC2、TC3、TC4、TC4ELI	热轧	热加工状态(R) 退火状态(M)	>4.75～60.0	400～3000	1000～4000
	冷轧	冷加工状态(Y) 退火状态(M) 固溶状态(ST)	0.3～6	400～1000	1000～3000
TB2	热轧	固溶状态(ST)	> 4.1～10.0	400～300	1000～4000
	冷轧	固溶状态(ST)	1.0～4.0	400～1000	1000～3000
TB5、TB6、TB8	冷轧	固溶状态(ST)	0.30～4.75	400～1000	1000～3000

表 2-39　钛及钛合金型材力学性能（摘自 GB/T 3621—2007）

牌号	状态	板材厚度 /mm	抗拉强度 R_m/MPa	规定非比例延伸强度 $R_{p0.2}$/MPa	断后伸长率[1] A(%)不小于
TA1	M	0.3~25.0	≥240	140~310	30
TA2	M	0.3~25.0	≥400	275~450	25
TA3	M	0.3~25.0	≥500	380~550	20
TA4	M	0.3~25.0	≥580	485~655	20
TA5	M	0.5~1.0 >1.0~2.0 >2.0~5.0 >5.0~10.0	≥685	≥585	20 15 12 12
TA6	M	0.8~1.5 >1.5~2.0 >2.0~5.0 >5.0~10.0	≥685	—	20 15 12 12
TA7	M	0.8~1.5 >1.6~2.0 >2.0~5.0 >5.0~10.0	735~930	≥685	20 15 12 12
TA8	M	0.8~10	≥400	275~450	20
TA8-1	M	0.8~10	≥240	140~310	24
TA9-1	M	0.8~10	≥240	140~310	24
TA10[2] A类	M	0.8~10.0	≥485	≥345	18
TA10[2] B类	M	0.8~10.0	≥345	≥275	25
TA11	M	5.0~12.0	≥895	≥825	10
TA13	M	0.5~2.0	540~770	460~570	18
TA15	M	0.8~1.8 >1.8~4.0 >4.0~10.0	930~1130	≥855	12 10 8
TA17	M	0.5~1.0 >1.1~2.0 >2.1~4.0 >4.1~10.0	685~835	—	25 15 12 10
TA18	M	0.5~2.0 >2.0~4.0 >4.0~10.0	590~735	—	25 20 15
TB2	ST STA	1.0~3.5	≤980 1320	—	20 8
TB5	ST	0.8~1.75 >1.75~3.18	705~945	690~835	12 10
TB6	ST	1.0~5.0	≥1000	—	6
TB8	ST	0.3~0.6 >0.6~2.5	825~1000	795~965	6 8
TC1	M	0.5~1.0 >1.0~2.0 >2.0~5.0 >5.0~10.0	590~735	—	25 25 20 20
TC2	M	0.5~1.0 >1.0~2.0 >2.0~5.0 >5.0~10.0	≥685	—	25 15 12 12

（续）

牌号	状态	板材厚度 /mm	抗拉强度 R_m/MPa	规定非比例延伸强度 $R_{p0.2}$/MPa	断后伸长率[1] A(%)不小于
TC3	M	0.8~2.0 >2.0~5.0 >5.0~10.0	≥880	—	12 10 10
TC4	M	0.8~2.0 >2.0~5.0 >5.0~10.0 10.0~25.0	≥895	≥830	12 10 10 8
TC4EL1	M	0.8~25.0	≥860	≥795	10

① 厚度不大于 0.64mm 的板材，延伸率报实测值。

② 正常供货按 A 类，B 类适应于复合板复材，当需方要求并在合同中注明时，按 B 类供货。

2.3　非金属材料

非金属材料包括除金属材料以外几乎所有的材料，主要有各类高分子材料（塑料、橡胶、合成纤维、部分胶粘剂等）、陶瓷材料（各种陶器、瓷器、耐火材料、玻璃、水泥及近代无机非金属材料等）和各种复合材料等。

2.3.1　塑料

塑料是以合成的或天然的高分子化合物为基本成分，在其制造或加工过程的某一阶段可流动成形的材料，其成品状态为柔韧性或刚性固体但又非弹性体的材料。多数塑料以合成树脂为基本成分，一般含有填料、增塑剂、稳定剂及其他添加剂。

2.3.1.1　塑料的分类及特点

1. 塑料的分类

（1）按使用范围分类　按使用范围可分为通用塑料、工程塑料和特种塑料。

通用塑料是指产量大、应用范围广泛、价格低、综合性能较好但是力学性能一般的一类塑料。主要用于非结构材料，如聚氯乙烯（PVC）、聚乙烯（PE）、聚丙烯（PP）、聚苯乙烯（PS）等，产量占塑料总量的75%以上。

工程塑料是指物理力学性能及热性能好，能在较宽的温度范围和苛刻的物理、化学环境下使用制造结构材料的塑料。主要有聚甲醛、丙烯腈-苯乙烯-丁二烯共聚物（ABS）、聚碳酸酯、聚酰胺等。

工程塑料一般分为通用工程塑料和特种工程塑料两种：

1）通用工程塑料。通用工程塑料一般有五大种：聚酰胺（PA/尼龙）、聚对苯二甲酸丁二醇酯（PBT）、聚苯醚（PPO）、聚碳酸酯（PC）和聚甲醛（POM）。

2）特种工程塑料。特种工程塑料有四类：聚苯硫醚（PPS）、聚芳砜（PASF）、聚对苯酰胺（PBA）和聚醚酰亚胺（PEI）。

通用工程塑料与特种工程塑料的不同点有：①特种工程塑料比通用工程塑料强度还要高。②特种工程塑料比通用工程塑料耐热性好，如 PPS 热变形温度达到 160℃，而通用工程塑料热变形温度一般在 90~100℃左右。③通用工程塑料加工工艺成熟，技术要求较低，在绝大部分领域都能得到广泛使用，而特种工程塑料加工条件比较苛刻，应用领域暂时比较狭窄。

特种塑料指具有某些特殊性能的塑料，用量较少，价格贵，适用于宇宙航天、火箭导弹等一些特殊场合，如氟塑料、硅树脂和耐高温的芳杂环树脂。

（2）按热性能分类　按塑料受热后的性能变化可分为热塑性塑料和热固性塑料。

热塑性塑料加热时变软以至熔融流动，冷却时凝固变硬，这种过程是可逆的，可以反复进行，工艺上具有多次重复加工性。如聚乙烯基类、聚苯乙烯类、聚酰胺类、聚丙烯酸酯类、聚甲醛、聚碳酸酯、聚甲醛、聚砜、聚苯醚等。

热固性塑料在第一次加热时可以软化流动，加热到一定的温度时产生化学反应，交联固化而变硬，其过程是不可逆的，再次加热已不能变软，工艺上不具有重复加工性。如酚醛、脲醛、三聚氰胺、环氧、不饱和聚酯、有机硅等。

2. 塑料的特点和应用

（1）塑料的优点

1）密度小，最小为聚-4-甲基-1-戊烯（TPX 塑料或称 PMP），只有 0.83；最大的为聚氟乙烯（PVF），为 2.2。

2）比强度高，有很多种塑料的比强度超过钢材。

3）不溶于水，耐化学腐蚀，耐酸，耐碱。

4）不导电，是优良的绝缘材料；不导热，是优良的隔热材料，也能隔声。

5）比较耐磨，有独特的自润滑性能，有些材料的耐疲劳性能好过钢材。

有人这样形容塑料的性能：像棉花一样洁白；像玻璃一样透明；像海绵一样轻软；像陶瓷一样绝缘；像钢材一样强韧；像石棉一样隔热；像金子一样防锈；做成齿轮，不用润滑。

（2）塑料的缺点

1）表面硬度低，容易刮伤。

2）蠕变性大，不能承受重载荷。

3）弹性模量小。

4）不耐高温。

（3）塑料的用途　塑料用于各类工业产品包装，农业中地表薄膜、输水管道、家用电器外壳、医疗器械、电线、电缆、通信、航空等所有的现代人所从事领域。

2.3.1.2　常用塑料性能及应用简介（见表 2-40～表 2-43）

2.3.2　橡胶

橡胶是一种有机高分子弹性化合物，工业用橡胶由生胶和橡胶配合剂组成。

橡胶最大的特点是在很宽的温度范围内（-70～+250℃）具有较为优越的弹性，还有储能、耐磨、隔声、绝缘等性能。

橡胶的高弹性和一般材料（如金属、玻璃等）的普通弹性的主要区别是：①弹性模量小，形变大；②弹性模量随温度升高而上升；③高弹形变时的热效应与普弹形变相反，橡胶拉伸时放热；④高弹形变最大的特点是形变需要时间，即具有所谓的应变应力的“滞后”现象。

表2-40 常用塑料的物理力学性能及热性能

材料	主要特点	物理力学性能								热性能				
		相对密度	吸水率（%）	拉伸强度/MPa	弹性模量/GPa	伸长率（%）	弯曲强度/MPa	冲击强度	硬度HBW	比热容kJ/kg·℃	线膨胀系数10^{-5}/℃	热导率W/m·℃	热变形温度/℃	连续耐温
聚丙烯（PP）	密度小，耐腐蚀性优良，高频绝缘性良好，低温发脆，较易老化，可在100℃左右使用	0.90~0.91	0.03~0.04	35~40	1.1~1.6	200%	42~56	不断	50~102	1.93	10.8~11.2	0.12	55~65	
聚氯乙烯（PVC）	耐腐蚀和绝缘性优良，硬质PVC强度较高，软质PVC耐腐蚀性和绝缘性较低，易老化	1.16~1.35	0.5~1.0	10~18	2.8~4.2	180~320	/	/	50~75	/	7~25	0.13~0.17	/	/
丙烯腈-丁二烯-苯乙烯共聚体（ABS）	综合性能好，耐冲击，尺寸稳定性好	1.03~1.06	0.2~0.25	34	2.3~2.9	60	64~68	130~180	8~10	1.26~1.67	5.8~8.5	0.19~0.33	90~105	60~121
聚酰胺（尼龙）PA、PA-6 PA-66 PA-610 PA-1010	坚韧、耐磨、耐疲劳，吸水性大，PA-6冲击强度高，吸水性较大，PA-66强度高，耐磨性好，PA-610吸水性和刚较小，PA-190吸水性较小，耐寒	1.04~1.15	0.4~1.9	45~85	1.2~3.1	60~150	79~130	250~560	8~10	1.67	8~12	0.24	65~105	80~121
聚甲醛（POM）	综合性能良好，强度、刚性、冲击等性能都较高，减摩耐磨，尺寸稳定性好	1.41~1.43	0.22~0.25	50~60	2.5	30~50	100~130	530~580	10~11	1.47	10.7~10.9	0.23	110~125	81

表 2-41 常用塑料的性能特点和典型应用

常用塑料		性能特点	典型应用
热塑性塑料	聚乙烯(PE)	耐蚀、绝缘性、加工性好;力学性能不高。高压PE:柔软;低压PE:较硬	高压PE:薄膜、电缆包覆;低压PE:化工管道
	聚丙烯(PP)	密度小,耐蚀、高频绝缘性好;不耐磨	一般结构件:壳体、盖板;耐蚀容器、高频绝缘件
	聚苯乙烯(PVC)	耐蚀、绝缘性好;耐热性差	耐蚀件;硬PVC:泵阀、瓦楞板;软PVC:薄膜、人造革
	聚苯乙烯(PS)	透明;高频绝缘性优;质脆;不耐热;不耐有机溶剂	高频绝缘件;透明件,如仪表外壳
	ABS塑料(ABS)	刚韧;绝缘性好;耐寒性好,不耐热;易于电镀和涂漆	一件构件及耐磨件;汽车车身、冰箱内衬、凸轮
	聚酰胺(PA)	坚韧;耐磨、耐疲劳性优;成型收缩率大;不耐热	耐磨传动件,如齿轮、涡轮、密封圈;尼龙纤维布
	聚甲醛(POM)	耐疲劳、耐磨性优;耐蚀性好;易燃	耐磨传动件,如无润滑轴承、凸轮、运输带
	聚碳酸酯(PC)	冲击韧度好;透明;绝缘性好;热稳定性好;不耐磨;俗称"透明玻璃"	受冲击零件,如座舱罩、面盔、防弹玻璃;高压绝缘件
	聚砜(PSU)	耐热性、耐蠕变性突出;绝缘性、韧性好;成形加工性能不好;不耐磨	印制集成线路板、精密齿轮
	聚四氟乙烯(F-4)	耐高低温、耐蚀性、电绝缘性优异;摩擦因数极小;力学性能和加工工艺较差。俗称"塑料王"	热变换器、化工零件、绝缘材料、导轨镶面
	聚甲基丙烯酸甲酯(PMMA)	透明;抗老化;表面硬度低,易擦伤;耐热性差	显示器屏幕、弦窗、光学镜片
热固性塑料	酚醛塑料(PF)	绝缘、耐热性好;耐度高;性脆	电器开关;复合材料
	环氧塑料(EP)	强度高;性能稳定;有毒性;耐热、耐蚀、绝缘性好	塑料模具、量具、灌封电子元件等

表 2-42 常用塑料的耐腐蚀性能、燃烧特点和使用温度

常用塑料	耐磨蚀性能	燃烧特点	使用温度/℃
聚乙烯	弱酸、碱,80℃以下有机溶剂	易燃	-70~100
聚氯乙烯	弱酸、碱;溶于酮、酯	难燃,离火即灭	-15~55
聚苯乙烯	弱酸、碱;溶于芳香烃及氯化烃	易燃	-30~75
ABS	弱酸、碱;溶于酮、酯及氯化烃	易燃	-40~90
聚酸胺	弱酸、碱;溶于酚及甲酸	慢燃、自熄	<100
聚甲醛	弱酸、碱;溶于各种溶剂	易燃	-40~100
聚碳酸	酯酸、弱酸;溶于芳香烃及氯化烃	难燃、自熄	-100~130
聚砜	酸、碱;部分溶于芳香烃	难燃、自熄	-100~150
聚四氟乙烯	酸、碱;各种溶剂	不燃	-180~260
有机玻璃	弱酸、弱碱;溶于酮、酯、芳香烃及氯化烃	易燃	-60~100
酚醛塑料	酸、弱碱;溶于各种溶剂	慢燃或自熄	<200
环氧塑料	酸、弱碱;溶于各种溶剂		-80~155

表 2-43 常用工程塑料选用参考实例

用途	要求	应用举例	材料
一般结构零件	强度和耐热性无特殊要求,一般用来代替钢材或其他材料,但由于批量大,要求有较高的生产率,成本低,有时对外观有一定要求	汽车调节器盖及喇叭后罩壳、电动机罩壳、各种仪表罩壳、盖板、手轮、手柄、油管、管接头、紧固件等	高密度聚乙烯、聚氯乙烯、聚丙烯等,这些材料只承受较低的载荷,可在60~80℃范围内使用
	与上述相同,并要求有一定的强度	罩壳、支架、盖板、紧固件等	聚甲醛、尼龙1010

（续）

用　途	要　求	应用举例	材料
透明结构零件	除上述要求外，必须具有良好的透明度	透明罩壳、汽车用各类灯罩、油标、油杯、光学镜片、信号灯、防护玻璃以及透明管道等	改性有机玻璃、改性聚苯乙烯、聚碳酸酯
耐磨受力传动零件	要求较高的强度、刚性、韧性、耐磨性、耐疲劳性，并有较高的热变形温度、尺寸稳定	轴承、齿轮、齿条、蜗轮、凸轮、辊子、联轴器等	尼龙、聚甲醛、聚碳酸酯、聚酚氧等。这类塑料的拉伸强度都在 58.8kPa 以上，使用温度可达 80~120℃
减摩自润滑零件	对机械强度要求往往不高，但运动速度较高，故要求具有低的摩擦因数、优异的耐磨性和自润滑性	活塞环、机械动密封圈、填料、轴承等	聚四氟乙烯、聚四氟烯填充的聚甲醛等，在小载荷、低速时可采用低压聚乙烯
耐高温结构零件	除耐磨受力传动零件和减摩自润滑零件要求外，还必须具有较高的热变形温度及高温抗蠕变性	高温工作的结构传动零件，如汽车分速器盖、轴承、齿轮、活塞环、密封圈、阀门、螺母等	聚砜、聚苯醚、氟塑料、聚苯亚胺，以及各种玻璃纤维增强塑料等，这些材料都可在 150℃以上使用
耐腐蚀设备零件	对酸、碱和有机溶剂等化学药品具有良好的抗腐蚀能力，还具有一定的机械强度	化工容器、管道、阀门、泵、风机、叶轮、搅拌器以及它们的涂层或衬里等	聚四氟乙烯、氯化聚醚、聚氯乙烯、低压聚乙烯、聚丙烯、酚醛塑料等

合成橡胶按用途和用量分为通用橡胶和特种橡胶，前者主要用于制作轮胎、运输带、胶管、胶板、垫片、密封装置等；后者主要用于高低温、强腐蚀、强辐射等特殊环境下工作的橡胶制品。

2.3.2.1　常用橡胶的性能和用途（见表 2-44、表 2-45）

表 2-44　主要橡胶产品的性能特点

名　称	代号	抗拉强度/MPa	伸长率(%)	使用温度/℃	特性	用途(例)
天然橡胶	NR	25~30	650~900	-50~+120	高强、绝缘、防振	轮胎通用制品
丁苯橡胶	SBR	15~20	500~800	-50~+140	耐磨	胶板、胶布、轮胎通用制品
顺丁橡胶	BR	18~25	450~800	120	耐磨耐寒	运输带轮胎
氯丁橡胶	CR	25~27	800~1000	-35~+130	耐酸碱阻燃	电缆外皮，黏结剂，轮胎管理、胶带、防毒面具
丁腈橡胶	NBR	15~30	300~800	-35~+175	耐油、水，气密	油管、耐油垫圈
乙丙橡胶	EPDM	10~25	400~800	150	耐水绝缘	绝缘体汽车零件
聚氨脂胶	VR	20~35	300~800	80	高温耐磨	耐磨件胶辊
硅橡胶		4~0	50~500	-70~+275	耐热绝缘	耐高低温零件
氟橡胶	FPM	20~22	100~500	-50~+300	耐油、碱、真空	高真空件，尖端技术用化工设备衬里，高级密封件
聚硫橡胶		9~15	100~700	80~130	耐油耐碱	水龙头，衬垫丁腈改性用，管子

表 2-45　常用橡胶的品种、化学组成和用途

品种(代号)	化学组成	性能特点和用途
天然橡胶(NR)	橡胶烃(聚异戊二烯)为主,含少量树脂酸、无机盐等	弹性大,抗撕裂和电绝缘性优良,耐磨性和耐寒性好,易与其他材料黏合,综合性能优于多种合成橡胶,缺点是耐氧性和耐臭氧性差,容易老化变质,耐油性和耐溶蚀性不好,抗酸碱能力低,耐热性差,工作温度不超过 100℃,用于制作轮胎、胶管、胶带、电缆绝缘层
丁苯橡胶(SBR)	丁二烯和苯乙烯的共聚体	产量最大的合成橡胶,耐磨性、耐老化和耐热性超过天然橡胶。缺点是弹性较低,抗屈挠性能差,加工性能差,用于代替天然橡胶制作轮胎、胶管等
顺丁橡胶(BR)	以丁二烯聚合而成	结构与天然橡胶基本一致,弹性和耐磨性优良,耐老化性好,耐低温性优越,发热小,易与金属黏合,缺点是强度较低,加工性能差。产量仅次于丁苯橡胶,一般与天然橡胶或丁苯橡胶混用。主要用于制造轮胎、运输带和特殊耐寒制品
异戊橡胶(IR)	以异戊二烯为单体聚合而成	化学组成、结构与天然橡胶相似,性能也相近。有天然橡胶的大部分优点,耐老化性能优于天然橡胶,但弹力和强度较差
氯丁橡胶(CR)	由氯丁二烯作单体,聚合而成	有优良的抗氧性,不易燃,着火后能自熄,耐油,耐溶剂,耐酸碱,耐老化,气密性好。力学性能不低于天然橡胶。主要缺点是耐寒性差,密度较大,相对成本高,电绝缘性不好,用于重型电缆护套,要求耐油、耐腐蚀的胶管、胶带、化工设备衬套里,要求耐燃的地下矿山运输带、密封圈、黏结剂等
丁基橡胶(HR)	异丁烯和少量异戊二烯或丁二烯的共聚体	耐臭氧、耐老化、耐热性好,可长期工作在 130℃以下,能耐一般强酸和有机溶剂,吸振、阻尼性好,电绝缘性非常好。缺点是弹性不好,加工性能差。用作内胎、电线电缆绝缘层、防振制品及耐热运输带等
乙丙橡胶(EPM)	乙烯和丙烯的共聚体	相对密度最小(0.865),成本较低,化学稳定性很好,耐臭氧、耐老化性能很好,电绝缘性突出,耐热可达 150℃左右,但不耐脂肪烃及芳香烃。缺点是黏着性能差、硫化缓慢,用于化工设备衬里、电线、电缆包皮、蒸汽胶管及汽车配件等
硅橡胶(Si)	主链含有硅、氟原子的特种橡胶	耐高温可达 300℃,低温可达-100℃,是目前最好的耐寒、耐高温橡胶,绝缘性优良,缺点是强度低,耐油、溶剂、酸碱性差。价格较贵。主要用于耐高、低温制品,如胶管、密封件、电缆绝缘层,由于无毒、无味,可用于食品、医疗
氟橡胶(FPM)	由含氟共聚体得到的	耐高温可达 300℃,耐油性是最好的。不怕酸碱,抗辐射及高真空性能优良,力学性能、电绝缘、耐化学药品腐蚀、耐大气老化等能力都很好,性能全面。缺点是加工性差,价格昂贵,耐寒性差,弹性较低。主要用于飞机、火箭的密封材料、胶管等
聚氨酯橡胶(UR)	有聚酯(或聚醚)与二异氰酸脂类化合物聚合而成	耐磨性好,强度、弹性高。耐油性、耐臭氧、耐老化、气密性也都很好。缺点是耐湿性较差,耐水和耐碱性不好,耐溶剂性较差,用于制作轮胎及耐油、耐苯零件和垫圈防震制品等,以及要求高耐寒、高强度、耐油的场合
氯化聚乙烯橡胶	乙烯、氯乙烯与二氯乙烯的三元聚合物	性能与氯磺化聚乙烯橡胶相近,其特点是流动性好,容易加工,有优良的耐大气老化性、耐臭氧性和耐电晕性。缺点是弹性差,电绝缘性较差。用于胶管、胶带、胶辊、化工容器衬里等

2.3.2.2　工业用橡胶板（见表 2-46）

表 2-46　工业用橡胶板规格

厚度/mm												
厚度/mm	公称尺寸	0.5	1.0	1.5	2.0	2.5	3.0	4.0	5.0	6.0	8.0	10
	偏差	±0.1	±0.2	±0.3			±0.4	±0.5		±0.6	±0.8	±1.0
理论质量/($kg \cdot m^{-2}$)		0.75	1.5	2.25	3.0	3.75	4.5	6.0	7.5	9.0	12	15

（续）

厚度/mm	公称尺寸	12	14	16	18	20	22	25	300	40	50
	偏差	±1.2	±1.4	±1.5							
理论质量/(kg·m^{-2})		18	21	24	27	30	33	37.5	45	60	75

注：1. 工业橡胶宽度为 0.5~2.0m。

2. 表 2-46 适用于天然橡胶或合成橡胶为主体材料制成的工业橡胶板。

2.3.2.3　石棉橡胶板（见表 2-47）

表 2-47　石棉橡胶板的牌号、性能规格（摘自 GB/T 3985—2008）

	等级牌号	对应 GB/T 20671.1 的编码	表面颜色	推荐使用范围	应用
等级牌号及应用	XB510	F119000—B7M7TZ	墨绿色	温度 510℃以下、压力 7MPa 以下的非油、非酸介质	板材以温石棉为增强纤维，以橡胶为黏合剂，经辊压形成，用于制造耐热耐压密封垫片及其他要求的密封垫片
	XB450	F119000—B7M6TZ	紫色	温度 450℃以下、压力 6MPa 以下的非油、非酸介质	
	XB400	F119000—B7M6TZ	紫色	温度 400℃以下、压力 5MPa 以下的非油、非酸介质	
	XB350	F119000—B7M5TZ	红色	温度 350℃以下、压力 4MPa 以下的非油、非酸介质	
	XB300	F119000—B7M4TZ	红色	温度 300℃以下、压力 3MPa 以下的非油、非酸介质	
	XB200	F119000—B7M3TZ	灰色	温度 200℃以下、压力 1.5MPa 以下的非油、非酸介质	
	XB150	F119000—B7M3TZ	灰色	温度 150℃以下、压力 0.8MPa 以下的非油、非酸介质	

	项目			XB510	XB450	XB400	XB350	XB300	XB200	XB150
物理力学性能	横向拉伸强度/MPa		≥	21.0	18.0	15.0	12.0	9.0	6.0	5.0
	老化系数		≥	0.9						
	烧失量(%)		≤	28.0			30.0			
	压缩率(%)			7~17						
	回弹率(%)		≥	45			40		35	
	蠕变松弛率(%)		≤	50						
	密度/g·cm^{-3}			1.6~2.0						
	常温柔软性			在直径为试样公称厚度 12 倍的圆棒上弯曲 180°，试样不得出现裂纹等破坏迹象						
	氮气泄漏率/mL·(h·mm)$^{-1}$		≤	500						
	耐热耐压性	温度/℃		500~510	440~450	390~400	340~350	290~300	190~200	140~150
		蒸气压力/MPa		13~14	11~12	8~9	7~8	4~5	2~3	1.5~2
		要求		保持 30min，不被击穿						

注：1. GB/T 3985—2008 没有规定板材厚度、长度和宽度的具体尺寸，可按用户要求提供，长、宽、厚尺寸的允许偏差应按标准规定的要求执行。GB/T 3985—1995 旧标准规定的厚度为 0.5、0.6、0.8、1.0~3.0 以上（0.5 进级）；宽度为 500、620、1200、1260、1500；长度为 500、620、1000、1260、1350、1500、4000（以上单位均为 mm）；供参考。

2. GB/T 20671.1 非金属垫片材料分类体系及试验方法　第 1 部分：非金属垫片材料分类体系。

第3章　常用连接零件设计及材料选择分析

3.1　螺纹连接的基本类型

由螺纹零件构成的可拆连接称螺纹连接。常见的螺纹连接有四种基本类型，即螺栓连接、双头螺柱连接、螺钉连接、紧定螺钉连接；两个特殊连接类型，即地脚螺栓连接与吊环螺钉连接。

1. 螺栓连接

螺栓连接的结构如图3-1a、b所示，螺栓连接用于被连接件不太厚并且两连接件之间有通孔的情况，即对于一定的直径的螺栓由标准查出其长度应在一定范围，不允许超过最大值。图3-1a所示的结构称受拉螺栓连接，也称普通螺栓连接，螺栓的螺杆带钉头，通孔的加工精度要求低，钻孔即可。螺杆穿过通孔与螺母配合使用。装配后孔与杆间有间隙，并在工作中保持不变。该种螺栓连接的形式结构简单，装拆方便，使用时不受被连接件的材料限制，可多次装拆，应用较广。

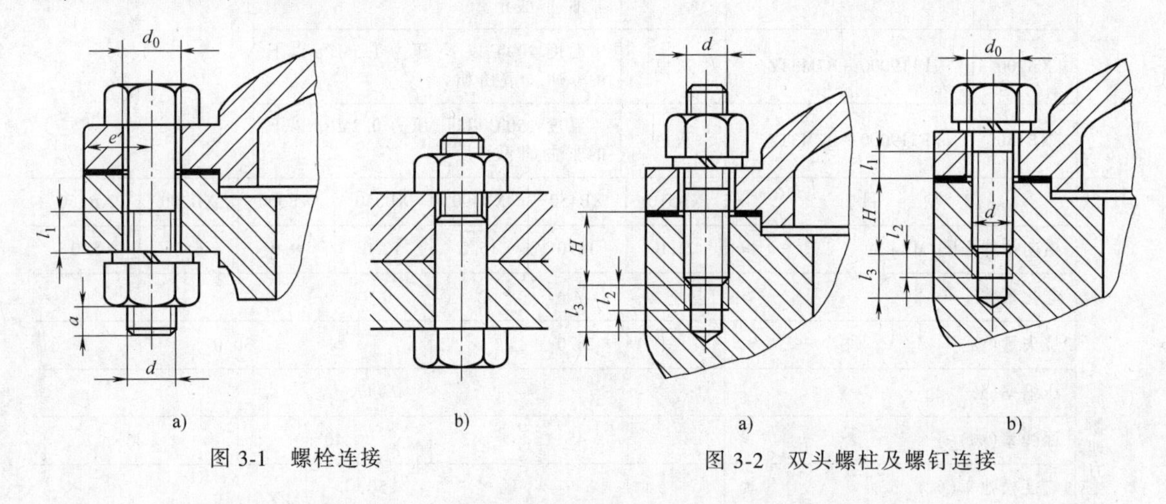

图3-1　螺栓连接　　　　图3-2　双头螺柱及螺钉连接

图3-1b所示为六角头加强杆螺栓连接，螺杆和螺孔采用基孔制过渡配合（H7/m6，H7/n6），能精确固定被连接件的相对位置，并能承受横向载荷，但是孔的加工精度要求高，需钻孔后铰孔。用于精密连接，也可做定位用。

螺栓连接的尺寸关系大致如下：

1）螺纹的余留段长度 l_1：对于受拉螺栓，静载荷时 $l_1 \geqslant (0.3-0.5)d$；变载荷时 $l_1 \geqslant 0.75d$；冲击或弯曲载荷 $l_1 \geqslant d$；对于六角头加强杆螺栓连接，$l_1 \approx d$。

2）螺纹伸出长度 $a \approx (0.2-0.3)d$。

3）螺栓的轴线到被连接件边缘的距离 $e = d + (3-6)\mathrm{mm}$；通孔直径 $d_0 \approx 1.1d$。

2. 双头螺柱连接

双头螺柱连接适用于被连接件之一较厚（此件上带螺孔）的场合，如图3-2a所示。双头螺柱连接的螺杆两端无头，但均有螺纹，装配时一端旋入被连接件，另一端配以螺母。拆装时只需拆螺母，而不需将双头螺栓从被连接件中拧出，因此可以保护被连接件的内螺纹。为了使连接可靠，螺孔处的材料为钢或青铜时，取 $H \approx d$；为铸铁时，取 $H \approx (1.25 \sim 1.5)d$；为铝合金时，取 $H \approx (1.5 \sim 2.5)d$。

3. 螺钉连接

螺钉连接如图 3-2b 所示，螺钉连接不用螺母，直接将螺钉拧入被连接件的螺纹孔内，但是由于经常拆卸容易使螺孔损坏，所以用于不需经常装拆的地方或受载较小情况。

4. 紧定螺钉连接

紧定螺钉连接如图 3-3 所示，紧定螺钉拧入后，利用杆末端顶住另一零件表面（见图 3-3a）或旋入零件相应的缺口中（见图 3-3b）以固定零件的相对位置。可传递不大的轴向力或扭矩，多用于轴上零件的固定。

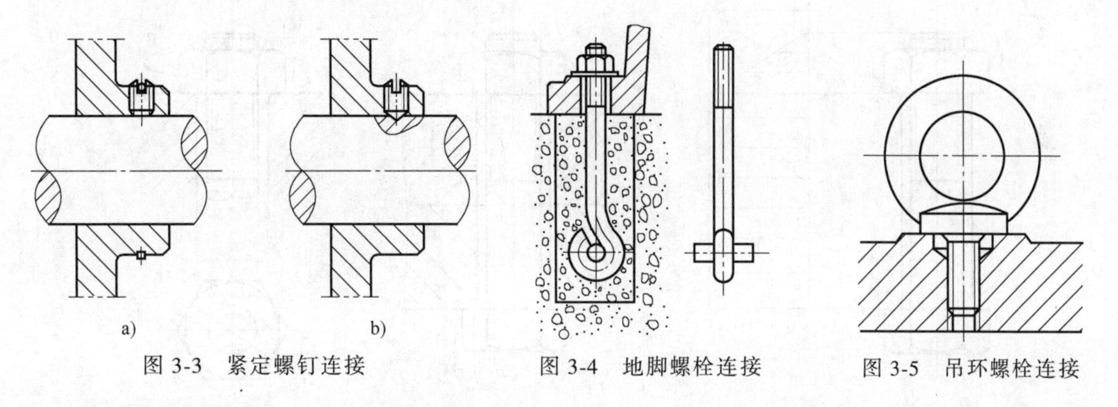

图 3-3　紧定螺钉连接　　图 3-4　地脚螺栓连接　　图 3-5　吊环螺栓连接

5. 特殊连接

（1）地脚螺栓连接　地脚螺栓连接如图 3-4 所示，机座或机架固定在地基上，需要特殊螺钉，即地脚螺钉，其头部为钩形结构，预埋在水泥地基中，连接时将机座或机架的地脚螺栓孔置于地脚螺栓露出的栓杆中，然后再用螺母固定。

（2）吊环螺栓连接　吊环螺栓连接如图 3-5 所示，通常用于机器的大型顶盖或外壳的吊装用，例如减速器的上箱体，为了吊装方便，可用吊环螺钉接。

地脚螺栓和吊环螺栓都是标准件，设计时具体尺寸可查机械设计手册。

3.2　螺纹连接的拧紧与防松

3.2.1　拧紧目的及预紧力 F'

1. 拧紧的目的

螺纹连接一般情况下需要拧紧，拧紧的目的是：防止螺纹副之间的松动，提高连接的刚性及紧密性。对于受拉螺栓连接，可以提高疲劳强度；对于受剪螺栓连接，可以提高接触面之间的摩擦力，从而提高承载力。

2. 拧紧的实质及预紧力 F'

工人施加到螺母上的力矩拧紧螺母时，实质是螺栓受到一个轴向拉力，被连接件受到一个夹紧力。

螺栓在承受工作载荷之前，即在安装时就受到一个由于拧紧螺母而产生的拉力，此力称“预紧力 F'”。

3.2.2 拧紧力矩 T_t的计算

计算拧紧力矩的目的就是要求出拧紧力矩与预紧力 F'之间的量化关系，即求 $T_t \sim F'$之间的关系。如何进行计算呢？首先必须分析工人施加到扳手上的力矩克服了哪些阻力矩？

如图 3-6 所示，工人施加到扳手上的力为 F，扳手长为 L，则工人施加的力矩为 $F \cdot L$，此力矩需克服螺纹副之间的摩擦阻力矩，或称螺纹力矩 T_1，同时还要克服螺母支承面的摩擦力矩 T_2，即

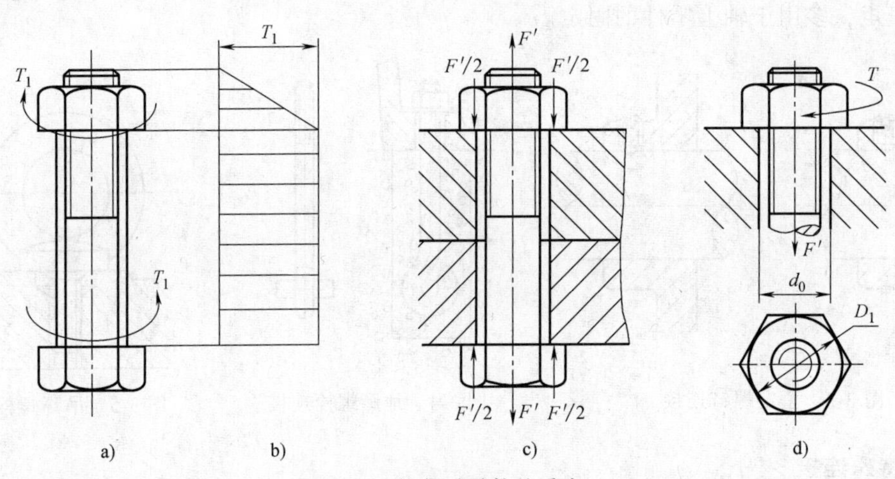

图 3-6 拧紧时零件的受力

a）螺栓受转矩 b）螺栓转矩图 c）螺栓与被连接件所受预紧力 d）计算螺母支承面力矩用的符号

$$T_t = F \times L$$

$$T_t = T_1 + T_2$$

螺纹力矩：
$$T_1 = F_t \times \frac{d_2}{2} = F' \cdot \tan(\varphi + \rho_v)\frac{d_2}{2}$$

螺母支撑面摩擦力矩：
$$T_2 = 力 \times 力臂 = \int \mu \cdot p \cdot dA \cdot \rho$$

式中
$$p = \frac{F'}{\frac{\pi}{4}(D_1^2 - d_0^2)}$$

$$dA = 2\pi\rho d\rho$$

代入上式，积分得

$$T_2 = F' \times \mu \times \frac{1}{3}\frac{D_1^3 - d_0^3}{D_1^2 - d_0^2}$$

式中 μ——螺母与被连接件支撑面间的摩擦因数；

D_1——螺母内接圆直径；

d_0——螺栓孔直径，如图 3-6d 所示。

将 T_1、T_2代入即得出拧紧力矩 T_t的计算式为

$$T_t = T_1 + T_2 = F' \cdot \tan(\psi + \rho_v)\frac{d_2}{2} + F'\mu \frac{1}{3}\frac{D_1^3 - d_0^3}{D_1^2 - d_0^2}$$

$$= F'd\frac{1}{2}\left[\frac{d_2}{d}\tan(\psi + \rho_v) + \frac{2}{3} \times \frac{1}{d}\mu\frac{D_1^3 - d_0^3}{D_1^2 - d_0^2}\right] = F'dK_t$$

式中　K_t——拧紧力矩系数，约为 0.1~0.3，通常取平均值为 0.2，代入上式得出近似公式为 $T_t \approx 0.2F'd$；

ψ——螺旋升角（°）；

ρ_v——当量摩擦角（°）；

d_2——螺纹中径（mm）；

μ——螺母与被连接件承压面摩擦因数。

示例：工程中使用的扳手力臂 $L = 15d$，d 为螺纹外径，工人施加到扳手上的扳动力为 $F = 200$N，问工人拧紧螺母时，螺栓将受多大的预紧力 F'？

解：工人施加到扳手上的力矩为

$$T_t = F \times L = 15Fd$$

根据拧紧力矩的计算式 $T_t \approx 0.2F'd$，联立以上二式得

$$15Fd \approx 0.2F'd$$

从而求出预紧力为 $F' \approx \dfrac{15F}{0.2} \approx 75F \approx 75 \times 200 \approx 15\text{kN}$

从以上示例可以看出：工人拧紧螺母时，螺栓受到的预紧力 F'大约是工人扳动力的 75 倍，因此拧紧力矩越大，螺栓所受的预紧力越大。如果预紧力过大，螺栓就容易过载拉断，直径小的螺栓更容易产生这种情况。因此得出结论：由于摩擦因数不稳定，并且加在扳手上的力有时难以控制，为了使螺栓不至于被拧断，对于不控制预紧力的受拉螺栓连接，不宜使用小于 M12~M16 的螺栓，个别情况下不太重要的螺栓连接也可以采用 M10 的螺栓。对于重要的连接，在使用时必须应严格控制拧紧力矩，例如汽车自动生产线上气缸体的装配螺栓就是一个典型的例子。控制拧紧力矩的方法可用测力矩扳手或定力矩扳手，其原理是：装配时测量螺栓的伸长，规定开始拧紧后的扳动角度或圈数。对于大型连接，还可利用液力来拉伸螺栓，或加热使螺栓伸长到需要的变形量再把螺母拧到与被连接件相贴合。近年来发展了利用微机通过轴向传感器拾取数据并画出预紧力与所加拧紧力矩对应曲线的方法。还有的利用当达到要求的拧紧力矩值时，弹簧受压将自动打滑的原理控制预紧力等。

另外，工程上也利用很小的扳动力会使螺栓产生 75 倍的轴向力的原理，设计螺旋起重器（即千斤顶）以顶起重物。

3.2.3　螺纹连接的防松

工程上常用的普通螺纹直径一般在 M16~M68 之间，经过计算，其螺旋线导程角 $\psi =$

1°42′~3°2′；取摩擦因数为 $\mu=0.1\sim0.2$，为安全起见，按小值 $\mu=0.1$ 代入公式求出当量摩擦因数为

$$\mu_v=\frac{\mu}{\cos\frac{\alpha}{2}}=\frac{0.1}{\cos\frac{60°}{2}}\approx0.115$$

因此普通螺纹的当量摩擦角为

$$\rho_v=\arctan\mu_v=\arctan0.115\approx6°33'$$

从理论上进行分析可知，普通螺纹恒能满足自锁条件，即螺旋线导程角小于当量摩擦角；而且拧紧螺母后，螺母和钉头与被连接件的支承面间的摩擦力也有助于防止螺母松动，那么为什么还要防松？

若连接受静载荷，并且温度变化不大，连接一般不会松动。但是在实际工作中，如承受振动或冲击载荷，或者温度变化较大使材料高温蠕变等原因，都会造成摩擦力减少，使螺纹副中正压力在某一瞬间消失、摩擦力为零，从而使螺纹连接松动，使螺母松脱而失效。因此，在设计时必须进行防松设计，否则会影响正常工作，造成事故。

防松原理用一句话概括就是：消除（或限制）螺纹副之间的相对运动，或增大螺纹副相对运动的难度。

按防松原理分，可分为摩擦防松、机械防松（也称直接锁住）及破坏螺纹副之间关系三种方法。摩擦防松工程上常用的有弹簧垫圈、对顶螺母、自锁螺母等，简单方便，但不可靠。机械防松工程上常用的有开口销、止动垫及串联钢丝绳等，比摩擦防松可靠。以上两种方法用于可拆连接的防松，在工程上广泛应用。用于不可拆连接的防松，工程上可用焊、粘、铆的方法，破坏了螺纹副之间的运动关系。常用的防松方法结构及应用见表3-1。

表 3-1　常用防松方法举例

防松方法	防松原理、特点	防松实例		
摩擦防松	使螺纹副中产生不随外载荷变化的纵向或横向的压紧力，因此始终有摩擦力矩防止螺纹副相对转动。压力可由螺纹副纵向或横向压紧而产生 结构简单，使用方便，但由于摩擦力受到限制，因此在冲击、振动时防松效果受到影响，常用于一般不重要的连接	弹簧垫圈 利用拧紧螺母时，垫圈被压平后的弹性力使螺纹副纵向压紧	螺栓　上螺母　下螺母 对顶螺母 上螺母拧紧后两螺母对顶面上产生对顶力，使旋合部分的螺杆受拉而螺母受压从而使螺纹副纵向压紧	锁紧螺母 镶嵌弹性环或尼龙圈挤入螺纹中椭圆口螺母

（续）

防松方法	防松原理、特点	防松实例
机械防松	利用便于更换的金属元件，靠元件的形状和结构约束螺旋副间的相对转动 使用方便，防松安全可靠	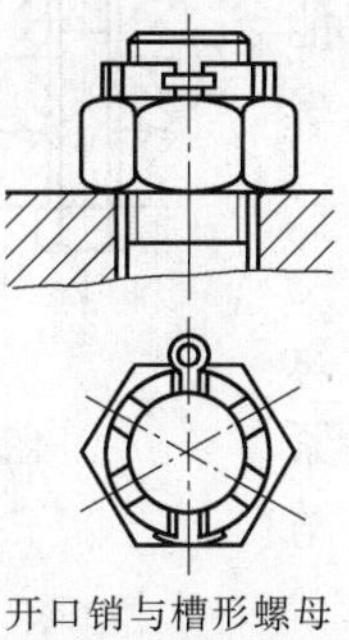 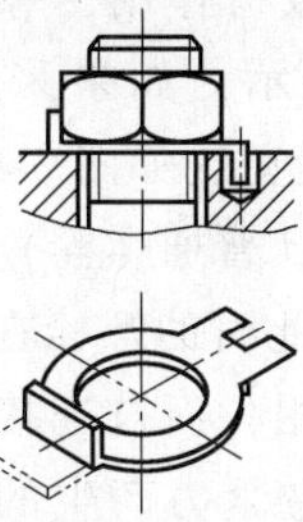 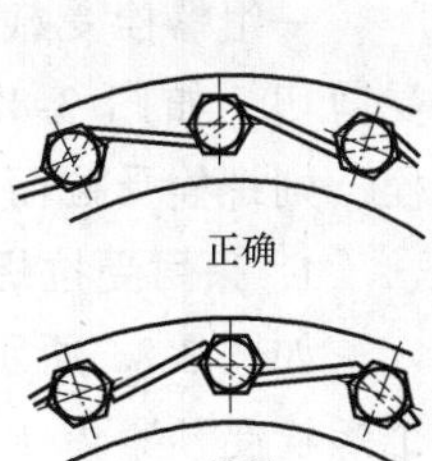 开口销与槽形螺母 槽形螺母拧紧后用开口销插入螺母槽与螺栓尾部的小孔中，并将销尾剖开，阻止螺母与螺杆的相对运动 止动垫 将垫片折边约束螺母，而自身又折边被约束在被连接件上，使螺母不能转动 串联钢丝绳 利用钢丝使一组螺栓头部互相制约，当有松动趋势时，金属丝连接更紧
破坏螺纹副之间关系	将螺纹副转换为非运动副，从而排除螺纹副之间相对运动的可能性，但是属于不可拆连接	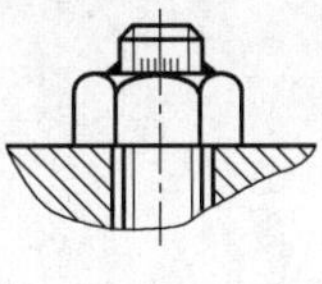 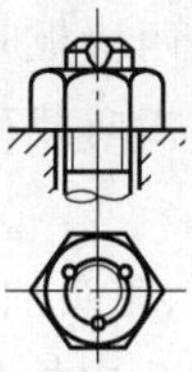 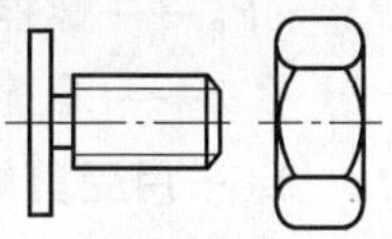 焊住 冲点 粘接 螺纹副间涂粘接剂，拧紧螺母后粘接剂能自动固化，防松效果好

3.3　螺栓组连接的受力分析

螺栓组连接的受力分析目的是求出一组螺栓中受力最大的螺栓受的力，为强度计算提供条件。假设：

1）被连接件为刚性体。

2）各个螺栓的材料、直径、长度与 F' 相同。

3）螺栓的应变在弹性范围内。

根据以上假设，进一步讨论当作用于一组螺栓的外载荷是轴向力、横向力、扭矩和翻倒力矩时，一组螺栓中受力最大的螺栓所受的力。

3.3.1　螺栓组连接受轴向载荷 F_Q

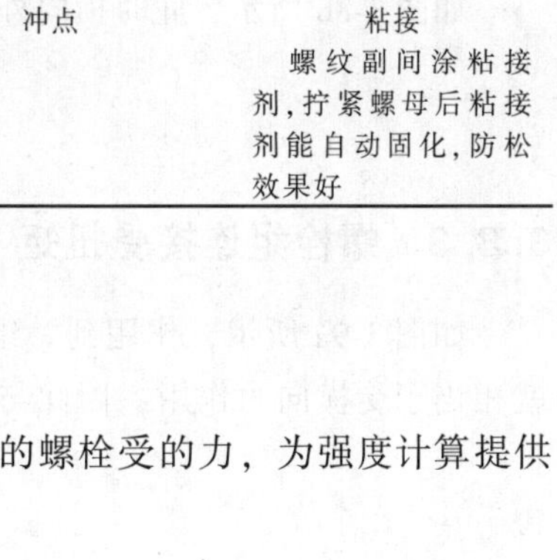

如图 3-7 所示，作用于压力容器螺栓组几何形心的载荷为 F_Q，螺栓个数为 Z，则每个螺栓所受的工作拉力为

$$F=\frac{F_Q}{Z} \tag{3-1}$$

图 3-7　螺栓组连接受轴向载荷

3.3.2 螺栓组连接受横向载荷 F_R

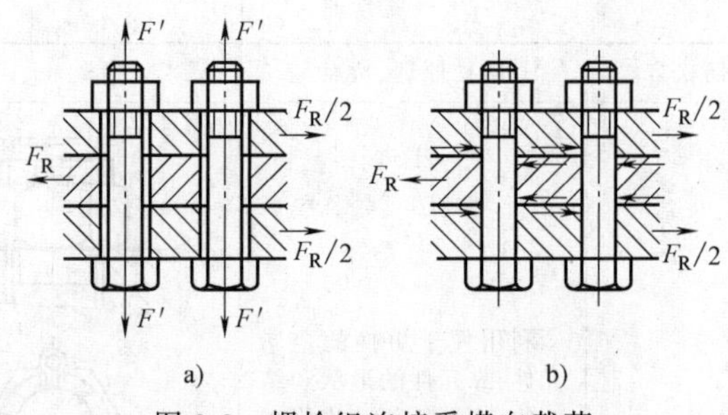

图 3-8 螺栓组连接受横向载荷

一组螺栓受横向载荷作用，螺栓有可能受剪切，如图 3-8b 所示；如果采用受拉螺栓，则螺栓受拉而不受剪，如图 3-8a 所示。

1. 采用受拉螺栓（普通螺栓）

如图 3-8a 所示，此时的螺栓在安装时每个螺栓受预紧力 F'作用，而被连接件受夹紧力（正压力）作用，夹紧力产生的摩擦力与外载荷平衡，可得出螺栓受的预紧力为

$$F' \geqslant \frac{K_f F_R}{Z\mu_S m} \tag{3-2}$$

式中 K_f——可靠系数，取 1.1~1.3；

μ_S——结合面间的摩擦因数；

m——结合面数，两块板时 $m=1$；

F_R——螺栓组受的横向载荷；

Z——螺栓的个数。

2. 采用受剪螺栓（六角头加强杆螺栓）

如图 3-8b 所示，此时横向外载荷 F_R直接作用在每个螺栓上，则每个螺栓所受的剪切力为

$$F_S = \frac{F_R}{Z} \tag{3-3}$$

3.3.3 螺栓组连接受扭矩 T 作用

如图 3-9a 所示，作用到一组螺栓几何形心的载荷是扭矩 T，但是，对于每个螺栓而言，就相当于受横向力作用，因此与前面分析的情况相同，也分两种情况考虑：

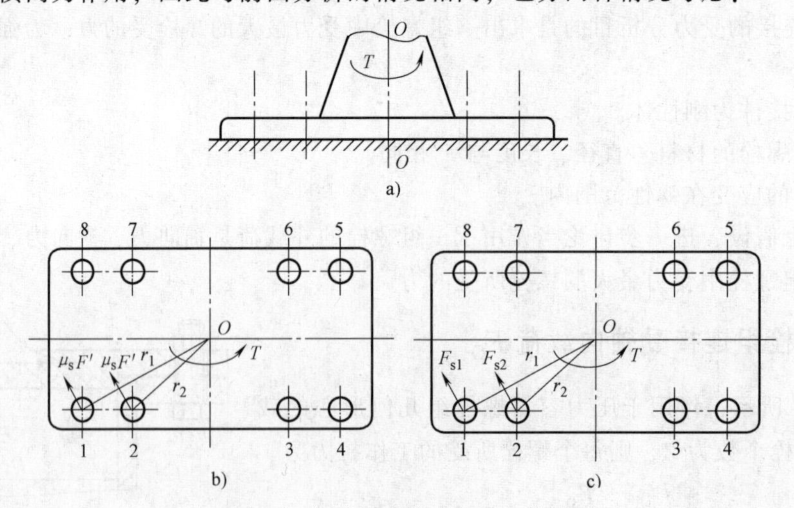

图 3-9 螺栓组连接受扭矩 T 作用

a）连接受扭转力矩 T b）用受拉螺栓连接 c）用受剪螺栓连接

1. 设计成受拉螺栓（普通螺栓）

如图 3-9b 所示，此时靠摩擦传力，即扭矩被底板的摩擦力矩平衡，从而得出单个螺栓所受的预紧力为

$$F' \geqslant \frac{K_f T}{\mu_S \sum_{i=1}^{Z} r_i} \tag{3-4}$$

式中　r_i——第 i 个螺栓中心到回转中心的距离（mm）。

2. 设计成受剪螺栓（六角头加强杆螺栓）

此时靠剪切传力，如图 3-9c 所示，底板受力为扭矩 T 和螺栓给螺栓孔的反力矩，列出底板的受力平衡式以及变形协调条件，可求出一组螺栓中受力最大螺栓所受的横向力为

$$F_{Smax} = \frac{T r_{max}}{\sum_{i=1}^{Z} r_i^2} \tag{3-5}$$

式中　r_{max}——受力最大的螺栓中心到回转中心的距离（mm）。

3.3.4　螺栓组连接受翻倒力矩 *M* 作用

如图 3-10 所示，此时，因为翻倒力矩 M 的方向与螺栓的轴线平行，因此螺栓只能受拉而不能受剪。同时，为了接近实际并简化计算，又进行了重新假设：被连接件为弹性体，因此翻倒轴线为 $O—O$ 而不是底板的右侧边。列出平衡式，可以得出一组螺栓中受力最大螺栓所受的工作拉力为

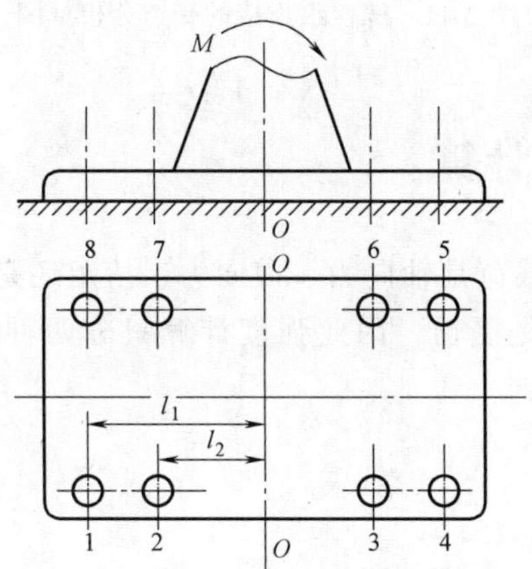

图 3-10　螺栓组连接受翻倒力矩 M 作用

$$F_{max} = \frac{M l_{max}}{\sum_{i=1}^{Z} l_i^2} \tag{3-6}$$

式中　l_{max}——一组螺栓中受力最大的螺栓中心到翻倒轴线的垂直距离（mm）；

l_i——第 i 个螺栓中心到翻倒轴线的垂直距离（mm）。

受力分析时，一定注意要将外载荷移到螺栓组接缝面的几何形心后再进行计算。

3.3.5　螺栓组连接的受力分析

总结螺栓组连接的受力分析可参考图 3-11 所示框图。

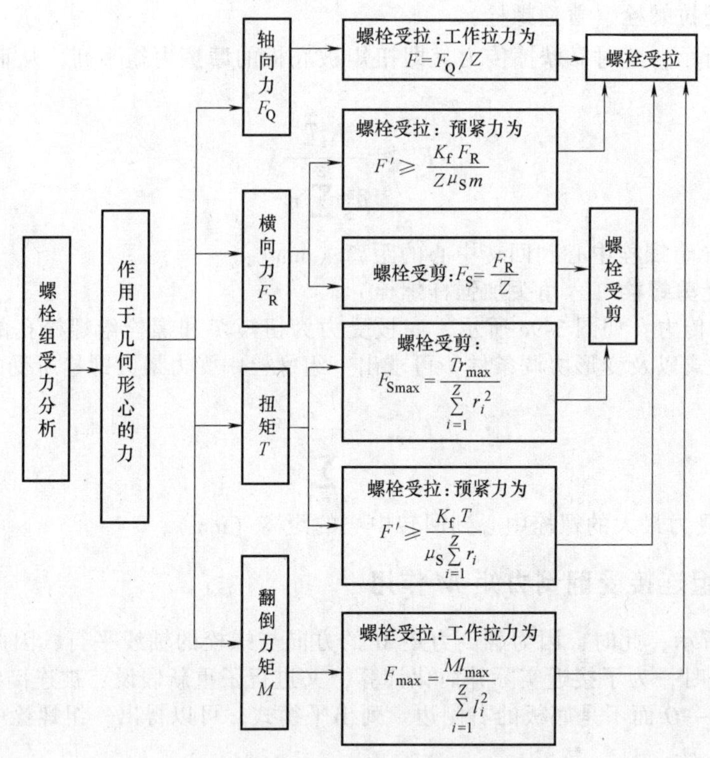

图 3-11　螺栓组连接的受力分析框图

3.4　螺栓连接的强度计算

从图 3-11 可见，无论外载荷是轴向力、横向力、扭矩还是翻倒力矩，对于螺栓的受力只有两种情况，不是受拉就是受剪，因此强度计算只分两种情况讨论：受拉螺栓和受剪螺栓。

3.4.1　受拉螺栓

1. 受拉松连接螺栓

受拉松连接是指螺栓不拧紧，因此螺栓不受预紧力。如图 3-12 所示的起重滑轮，当吊起重物时，螺栓相当于一个杆件受纯拉伸，因此强度条件为

$$\frac{F}{\frac{\pi}{4}d_1^2} \leqslant [\sigma] \tag{3-7}$$

设计式为

$$d_1 \geqslant \sqrt{\frac{4F}{\pi[\sigma]}} \tag{3-8}$$

式中　d_1——螺栓的根径（小直径，mm）；

$[\sigma]$ 为许用拉应力（MPa），见表 3-2。

设计出的根径应按螺纹标准取值，并标出螺纹的公称直径 d（外径）。

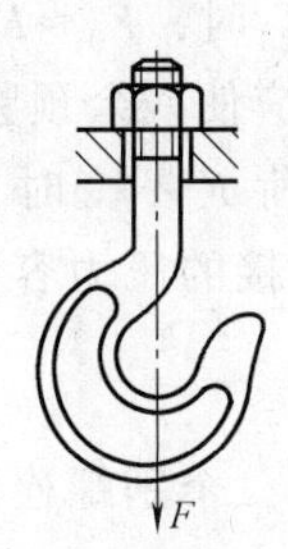

图 3-12　松连接的起重滑轮

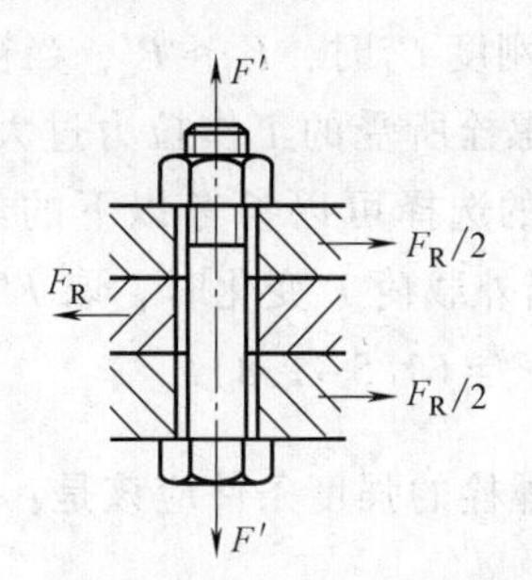

图 3-13　只受预紧力的紧螺栓连接

2. 受拉紧连接螺栓

（1）只受预紧力 F'的紧连接螺栓　只受预紧力 F'的紧连接螺栓是指一组螺栓当外载荷为横向力 F_R或扭矩 T 时，设计成受拉螺栓，靠摩擦传力的情况，如图 3-13 所示。

对螺栓螺纹部分进行受力分析，因为螺栓受预紧力 F'作用，所以螺栓受拉；同时拧紧螺母时，螺纹副之间有摩擦阻力矩，因此螺栓还受扭，可根据第四强度理论求出合成应力为

$$\sigma_{合成}=\sqrt{\sigma^2+3\tau^2}=\sqrt{\sigma^2+3(0.5\sigma)^2}\approx 1.3\sigma\leqslant[\sigma]$$

校核式为

$$\frac{1.3F'}{\frac{\pi}{4}d_1^2}\leqslant[\sigma] \tag{3-9}$$

设计式

$$d_1\geqslant\sqrt{\frac{1.3F'}{\frac{\pi}{4}[\sigma]}} \tag{3-10}$$

（2）既受预紧力 F'又受工作拉力 F 作用的紧连接螺栓　既受预紧力 F'又受工作拉力 F 作用的紧连接螺栓，是指受拉螺栓在受预紧力后，又进一步受轴向拉（压）力，或翻倒力矩作用。首先应该求出总拉力 F_0，再作强度计算。能否认为预紧力 F'和工作拉力 F 方向相同，而总拉力 F_0等于二者直接相加呢？不能，因为螺栓与被连接件的弹性变形，总拉力不等于预紧力 F'加工作拉力 F，即 $F_0\neq F'+F$。由理论分析得：总拉力 F_0与预紧力 F'、工作拉力 F、螺栓刚度 C_1、被连接件刚度 C_2有关，属于静不定问题，可利用静力平衡条件及变形协调条件求得（推导过程略），即

$$F_0=F'+\frac{C_1}{C_1+C_2}F \tag{3-11}$$

$$F_0=F''+F \tag{3-12}$$

$$F'=F''+\frac{C_2}{C_1+C_2}F \tag{3-13}$$

式中　F''——残余预紧力（N）；

F——工作拉力（N）；

$\frac{C_1}{C_1+C_2}$——相对刚度，一般可根据垫片材料确定，金属垫或不用垫为 0.2~0.3；皮革垫为 0.7；铜皮石棉板为 0.8；橡胶垫为 0.9。

式（3-11）表明：螺栓的总拉力等于预紧力加上工作载荷的一部分。当被连接件刚度 C_2>>螺栓刚度 C_1时，$F_0 \approx F'$，当被连接件刚度 C_2<<螺栓刚度 C_1时，$F_0 \approx F'+F$。

如果螺栓所受的工作拉力过大出现缝隙是不允许的，因此应使残余预紧力 $F''>0$。残余预紧力 F''的选择可以参考以下的经验数据进行选择：当外载荷 F 不变时，取 $F''=(0.2\sim0.6)F$；当外载荷 F 变化时，取 $F''=(0.6\sim1.0)F$；对于紧密连接的压力容器，因气密性要求，可取 $F''=(1.5\sim1.8)F$。

此时螺栓的强度条件应该是：$\sigma=\dfrac{F_0}{\dfrac{\pi}{4}d_1^2}$，考虑到螺栓工作时，个别螺栓可能松动，因此需要补充拧紧，螺栓任意截面受拉同时受扭，按第四强度理论，得出此时的强度条件为

$$\frac{1.3F_0}{\dfrac{\pi}{4}d_1^{\ 2}} \leqslant [\sigma] \tag{3-14}$$

上式适用于螺栓承受静载的情况，许用应力见表 3-2。该式也适用于变载，但是，变载情况下需要验算应力幅，即

$$\sigma_a=\frac{C_1}{C_1+C_2}\frac{2F}{\pi d_1^2} \leqslant [\sigma_a] \tag{3-15}$$

式中　$[\sigma_a]$——许用应力幅，见表 3-2。

表 3-2　受拉螺栓连接的许用应力　　（单位：MPa）

连接	载荷	许用应力
松连接		$[\sigma]=\dfrac{\sigma_S}{1.2\sim1.6}$
紧连接	静载荷	$[\sigma]=\dfrac{\sigma_S}{S}$ 安全系数 S 取值如下：（见下表）
紧连接	变载荷	按最大应力 $[\sigma]=\dfrac{\sigma_S}{S}$（见下表） 按循环应力幅 $[\sigma_a]=\dfrac{\sigma_{alim}}{[S_a]}=\dfrac{\varepsilon k_m k_u}{k_\sigma}\sigma_{-1}$

静载荷安全系数 S：

材料	不控制预紧力			控制预紧力
	M6~M16	M16~M30	M30~M60	
碳素钢	5~4	4~2.5	2.5~2	1.2~1.5
合金钢	5.7~5	5~3.4	3.4~3	

变载荷按最大应力：

按最大应力 $[\sigma]=\dfrac{\sigma_S}{S}$		不控制预紧力时的 S		控制预紧力时的 S
		M6~M16	M16~M30	
	碳素钢	12.5~8.5	8.5	1.2~ 1.5
	合金钢	10~6.8	6.8	

ε——尺寸系数，由螺栓直径按下表取值：

d/mm	12	16	20	24	28	32	36	42	48	56	64
ε	1	0.87	0.81	0.76	0.71	0.68	0.65	0.62	0.60	0.57	0.54

k_m——螺纹制造工艺系数：车制 $k_m=1$；碾制 $k_m=1.25$；

k_u——各圈螺纹牙受力分配不均系数：受压螺母 $k_u=1$；部分受拉或全部受拉的螺母 $k_u=1.5\sim1.6$；

$[S_a]$——安全系数，取 2.5~4；

k_σ——螺纹应力集中系数，由材料抗拉强度按下表取值：

抗拉强度 R_m/MPa	400	600	800	1000
k_σ	3.0	3.9	4.8	5.2

3.4.2　受剪螺栓

受剪螺栓连接采用的螺栓是六角头加强杆螺栓，如图 3-14 所示。工作载荷为横向载荷，螺栓可能的失效形式为：螺杆或螺孔壁被压溃以及螺栓被剪断。拧紧时的预紧力和摩擦力等忽略，因此强度条件为

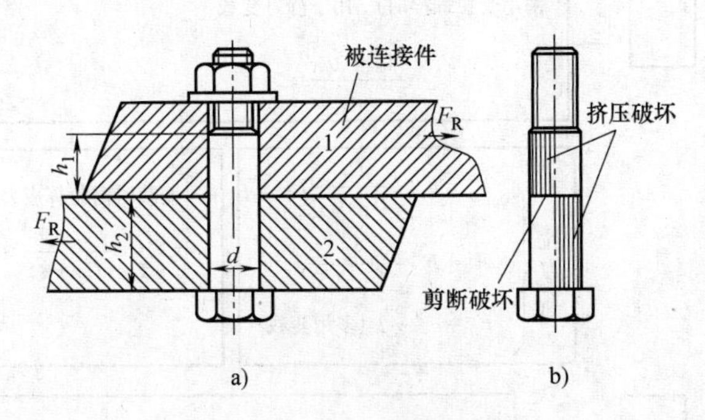

图 3-14　受剪螺栓连接

a）受剪螺栓连接　b）螺栓被挤压

抗压强度：

$$\frac{F_S}{dh} \leqslant [\sigma]_P \tag{3-16}$$

抗剪强度：

$$\frac{F_S}{\frac{\pi}{4}d^2 m} \leqslant [\tau] \tag{3-17}$$

式中　F_S——每个螺栓受的剪切力（N）；

d——螺栓抗剪面的直径（mm）；

h——计算对象的受压高度（mm）；

$[\sigma]_P$——计算对象的许用挤压应力（MPa），见表 3-3；

m——剪切面数；

$[\tau]$——螺栓的许用切应力（MPa）；见表 3-3。

表 3-3　受剪螺栓连接的许用应力　（单位：MPa）

载荷	许用应力
静载荷	许用切应力　$[\tau]=\frac{\sigma_S}{2.5}$ 许用挤压应力　钢：$[\sigma]_P=\frac{\sigma_S}{[S_P]}=\frac{\sigma_S}{1\sim1.25}$　铸铁：$[\sigma]_P=\frac{R_m}{[S_P]}=\frac{R_m}{2\sim2.5}$
变载荷	许用切应力　$[\tau]=\frac{\sigma_S}{3\sim3.5}$ 许用挤压应力　钢：$[\sigma]_P=\frac{\sigma_S}{[S_P]}=\frac{\sigma_S}{1.6\sim2}$　铸铁：$[\sigma]_P=\frac{R_m}{[S_P]}=\frac{R_m}{2.5\sim3.5}$

螺栓的强度计算总结如图 3-15 所示。

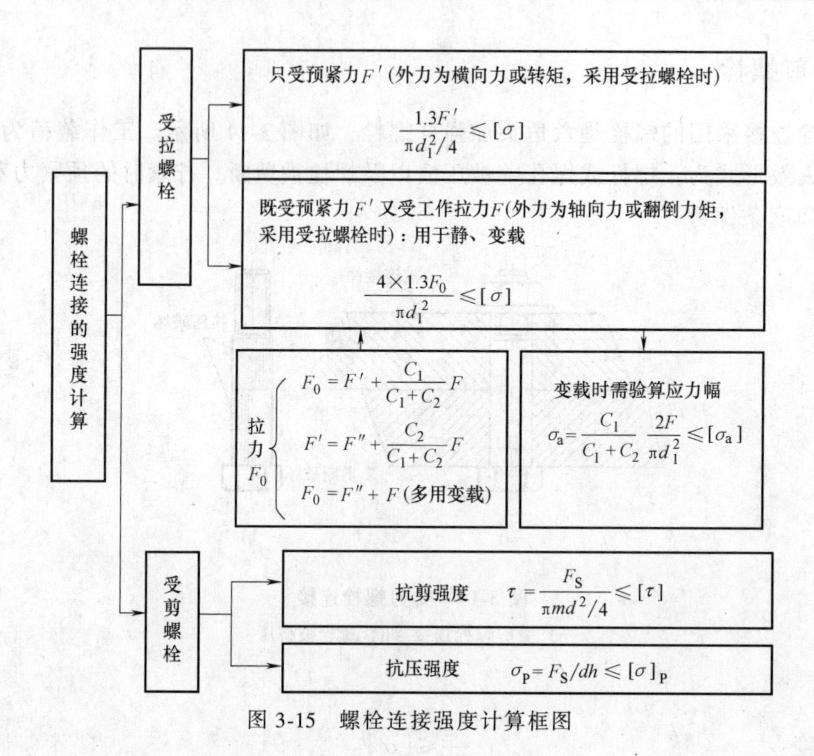

图 3-15　螺栓连接强度计算框图

3.5　提高螺栓连接强度的措施

影响螺栓连接强度的因素很多，如材料、结构、尺寸、工艺、螺纹牙受力、载荷分布、应力幅度、力学性能，而螺栓连接的强度又主要取决于螺栓的强度，因此，研究影响螺栓强度的因素和提高螺栓强度的措施，对提高连接的可靠性具有重要的意义。

螺纹牙的载荷分配、应力变化幅度、附加应力、应力集中和制造工艺等几个方面是影响螺栓强度的主要因素，下面就这几个主要问题进行论述。

3.5.1　改善螺纹牙间载荷分布不均状况

制造时，螺栓与螺母的螺距是相等的，但受工作载荷时，螺栓受拉，螺距增大；螺母受压，螺距减小。而螺栓与螺母的螺纹牙又是咬合在一起的，伸与缩的螺距变化差主要靠旋合各圈的螺纹牙的变形来补偿。如图 3-16 所示，以紧靠支承面处第一圈螺纹变形为最大，因而受力也最大，其余各圈（螺距 P）依次递减，旋合螺纹间的载荷分布如图 3-16a 所示。旋合圈数越多，受力不均匀程度越显著，如图 3-16b 所示，到第 8~10 圈以后，螺纹牙几乎不受力。因此采用圈数过多的加厚螺母，并不能提高连接强度。

解决办法：降低螺母的刚性，使之容易变形；增加螺母与螺杆的变形协调性，以缓和矛盾，具体方法举例说明。

1. 采用悬置螺母

如图 3-17a 所示，此结构减小了螺母的刚度，使螺母的螺纹牙随螺杆的螺纹牙也受拉，与螺栓变形协调，使载荷分布均匀，可提高螺栓疲劳强度 40%左右。

2. 采用内斜螺母

如图 3-17b 所示，此结构减小了螺母受力大的螺纹牙的刚度，把力分移到受力小的螺纹牙上，载荷上移、接触圈减少，可提高螺栓疲劳强度 20%左右。

3. 采用环槽螺母

如图 3-17c 所示，采用了环槽螺母，此结构减小了螺母下部的刚度，使螺母接近支承面处受拉且富于弹性，可提高螺栓疲劳强度 30%左右。

4. 采用内斜螺母与环槽螺母结合而制造的新型螺母

此结构综合了以上第 2、3 条的优点，可提高螺栓疲劳强度 40%左右。

5. 采用螺栓与螺母选择不同材料相匹配的方法

通常螺母用弹性模量低且较软的材料，例如钢螺栓配有色金属螺母，能改善螺纹牙受力分配，可提高螺栓疲劳强度 40%左右。

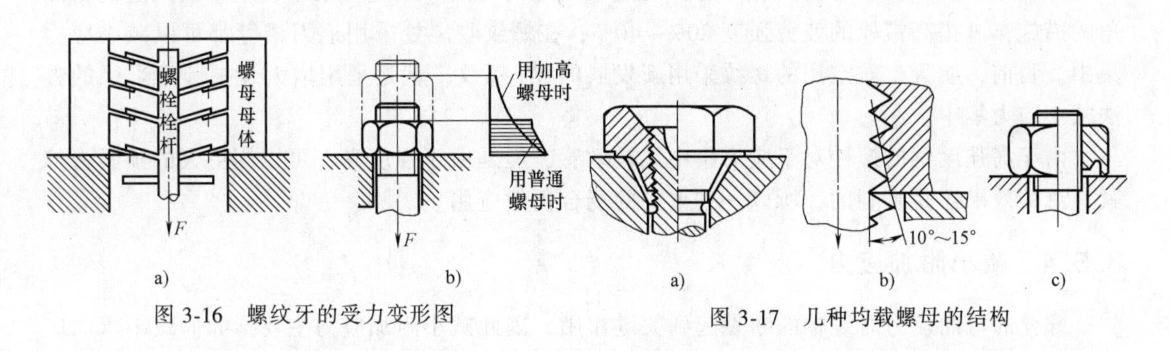

图 3-16　螺纹牙的受力变形图　　图 3-17　几种均载螺母的结构

3.5.2　减小应力幅

当螺栓所受的最大应力一定时，应力幅越小，疲劳强度越高。如图 3-18 所示，在总拉力 F_0 一定时，减小螺栓刚度 C_1 或增大被连接件刚度 C_2，都能达到降低应力幅的作用。但是，预紧力也应相应地增大。

工程上减小螺栓刚度 C_1 可采用的措施有：采用细长杆的螺栓、柔性螺栓（即部分减小螺杆直径或中空螺栓）、在螺母下边放弹性元件等。如图 3-19 所示，在螺母下边放弹性元件就相当于起到柔性螺栓的效果，可达到减小螺栓刚度 C_1 的目的。

工程上增大被连接件刚度 C_2 可采用高硬度垫片，如图 3-20 所示。

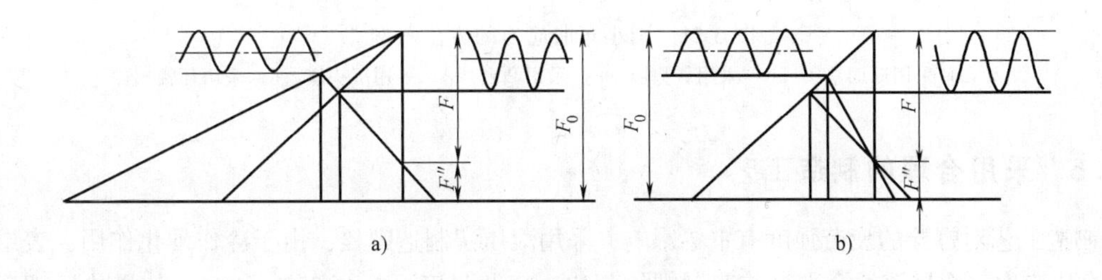

图 3-18　减小应力幅的措施

a）减小螺栓的刚度　b）增大被连接件刚度

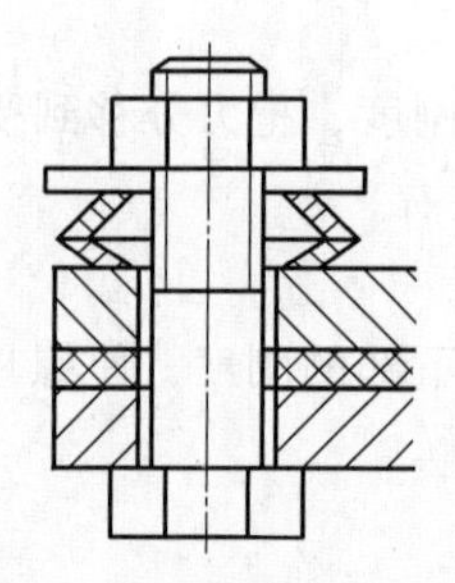

图 3-19 弹性元件置于螺母下

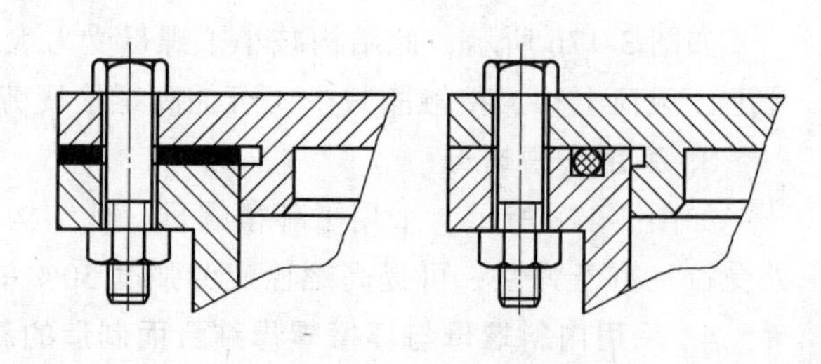

图 3-20 采用高硬度垫片

3.5.3 减小应力集中

螺纹牙底、收尾、螺栓头部与螺杆的过渡处等均可能产生应力集中，采取加大过渡处圆角的措施，可提高螺栓的疲劳强度 20%~40%；在螺纹收尾处采用退刀槽等都可以减小应力集中。目前，航天、航空用的螺纹采用新发展的 MJ 螺纹，就是采用增大牙根圆角半径的方法减小应力集中。

由于高强度钢的螺栓对于应力集中比较敏感，但是由于强度高，可以用更大的预紧力拧紧，总的效果还是有利的，所以一些重要的场合仍然应用。

3.5.4 减小附加应力

螺栓的弯曲应力对螺栓的断裂起到关键作用，因此减小附加应力主要指如何减小弯曲应力。产生弯曲应力的原因是：螺栓的轴线与被连接件表面不垂直，因此设计时必须保证螺栓的轴线与被连接件表面垂直，例如铸造表面不可以直接安装螺栓，必须加工平整。常用的方法是在铸造表面有螺栓连接的地方采用凸台或沉孔，如图 3-21c、d 所示。同时，还可以采用图 3-21a、b、e 等其他的一些方法使螺杆减小附加弯曲应力。

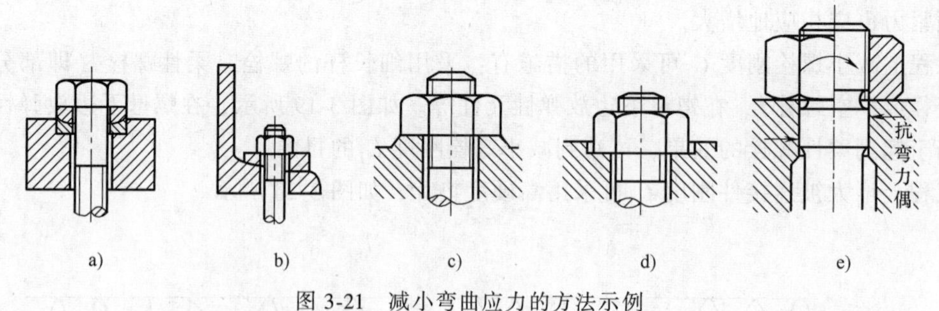

图 3-21 减小弯曲应力的方法示例

a）采用球面垫圈 b）采用斜垫圈 c）采用凸台 d）采用沉头座 e）采用环腰

3.5.5 采用合理的制造工艺

制造工艺对螺栓的疲劳强度有重要影响，采用滚压法制造螺栓，由于冷作硬化作用，表层存在残余压应力，金属流线合理，与车制螺纹相比，疲劳强度可提高 30%~40%。如果热处理后再进行滚压螺纹，效果更佳，螺栓的疲劳强度可提高 70%~100%，此法优质、高产、低消耗。

喷丸、氰化、氮化等工艺能使螺栓表面冷作硬化，表层有残余压应力，可明显提高螺栓的疲劳强度。

控制单个螺距误差和螺距累积误差也可提高螺栓的疲劳强度。还有一些方法，例如增大预紧力 F'等。

3.6　螺纹连接件及材料选择分析

3.6.1　常用标准螺纹连接件简介

螺纹连接件的类型很多，在机械制造中常见的螺纹连接件有螺栓、双头螺柱、螺钉、螺母、垫圈等，这类零件的结构形式和尺寸都已经标准化了，设计时应尽量选用标准连接件，具体尺寸设计时可查有关标准，现将大致分类及选用时应考虑的主要问题介绍如下：

1. 螺栓

螺栓按结构和受力情况可分为普通螺栓和六角头加强杆螺栓。按螺栓制造精度分为粗制和精制两种，精制螺栓在机械制造中用得最多。普通螺栓的头部形状分为六角头及内六角两种，内六角多用于被连接件尺寸受限、扳手空间不足的情况。机械中常用的六角头螺栓又分为标准六角头、小六角头及大六角头等。

2. 螺钉

螺钉品种繁多，工程上常用的螺钉可大致分为以下几类：

1）按头部形状可分为六角头、圆头、平圆头、圆柱头、沉头、半圆头等。为拧紧螺钉，头部上开有一字槽、十字槽、内六角形等。其中六角头螺栓应用普遍，在受力较大的情况下应用，因为它能够承受大的拧紧力矩。但在标准中查不到六角头螺钉，在标准中只要查出六角头螺栓，用作螺钉连接时即称之为螺钉。十字槽螺钉头部强度高，便于自动装配。内六角螺钉可施加较大的拧紧力矩，头部能埋入零件内，用于要求外形平滑或结构紧凑处。用一字槽或十字槽拧紧的螺钉都不便于施加较大的拧紧力矩，它的直径不宜超过 10mm。

2）紧定螺钉主要用于零件的定位，一般按所需拧紧力矩大小和结构要求而定，例如是否要求头部不外露等条件进行选择，尾部应有一定的硬度。结构特点是头部和尾部的形式较多，按末端形状，锥端适于零件表面硬度较低不常拆卸的场合；平端接触面积大、不伤零件表面，用于顶紧硬度较大的平面，适于经常拆卸的情况；圆柱端可以压入轴上凹坑中，适于紧定空心轴上零件的位置，适于较轻材料和金属薄板的情况。

3）自攻螺钉由螺钉攻出螺纹，在工程中应用较少，一般用于受力不大且被连接件比较软的情况。

3. 双头螺柱

即两端带螺纹的螺柱，可分为有退刀槽（A 型）和无退刀槽（B 型）两种形式。使用双头螺柱和螺钉连接时应注意拧入深度，以保证连接强度。

4. 螺母

按形状可分为六角形、方形和圆形等，其中六角螺母应用最广泛。六角螺母按制造精度分为 A、B、C 三级，A 级精度最高。一般按扭紧力矩大小和使用的扭紧方法来选用。六角螺母可分为标准型、扁型及厚型等。圆螺母在使用时一定要与带有缺口的止动垫圈联合使用，常作为滚动轴承的轴向固定用。

5. 垫圈

垫圈是螺纹连接中常用的附件，放在螺母与被连接件支承面之间，可以保护支承面不因转动螺母而被刮伤，有的可起防松作用。机械中常用的垫圈可分为普通垫圈、防松垫圈(弹簧垫圈)、带翅垫圈等。

螺纹连接零件是标准件，因此设计时可查机械设计手册，确定具体尺寸。

3.6.2 螺纹紧固件的常用材料分析

1. 螺纹紧固件力学性能等级

国家标准规定螺纹紧固件按材料的力学性能分出等级，表 3-4 是国标的部分摘录。国家标准规定：螺栓、螺柱、螺钉的性能等级分为十级，自 4.6 至 12.9。小数点左边的一或二位数字表示公称抗拉强度的 1/100（即为 $R_m/100$），小数点右边的数字表示公称屈服强度(下屈服强度，R_{eL}）或规定非比例延伸 0.2% 的公称应力（$R_{p0.2}$）或规定非比例延伸 0.0048d 的公称应力（R_{pf}）与公称抗拉强度（R_m）比值的 10 倍。

表 3-4 螺栓、螺钉和螺柱与螺母的性能等级（部分摘自 GB/T 3098.1—2010 和 GB/T 3098.2—2015）

名称	性能等级	4.6	4.8	5.6	5.8	6.8	8.8 d≤16mm	8.8 d>16mm	9.8 d≤16mm	10.9	12.9/ 12.9
螺栓、螺钉和螺柱	公称抗拉强度 R_m	400	400	500	500	600	800	800	900	1000	1200
	公称屈服强度 R_{eL}	240	—	300	—	—	—	—	—	—	—
	材料及热处理	Q235 10 15	Q235 16	Q235 35	Q235 15	45 35	低碳合金钢(如硼、锰、铬等),中碳优质钢,淬火并回火			低、中碳合金钢淬火回火	合金钢淬火回火
	最低布氏硬度 HBW	109	113	134	140	181	232	248	269	312	365
相配螺母	性能等级	—			5	6	8		—	10	12
	推荐材料	低碳钢				低碳合金钢或中碳钢				40Cr 15MnVB	30CrMnSi 15MnVB

设计时，可先选好材料的性能等级，再由表 3-4 查出材料的 R_m 及 R_{eL} 值。规定性能等级的螺栓、螺母等在图样上只标注性能等级，不能标出材料牌号，因为同一材料经过不同的热处理后得到不同的强度。

国家标准还将螺纹紧固件产品按公差等级分成 A、B、C 三级，A 级的公差等级最高，用于要求配合精确等重要场合，C 级公差等级较低，多用于一般螺栓连接。

2. 螺纹紧固件材料选用及分析

常用紧固件材料主要有碳素钢、不锈钢、黄铜、铝合金四种材料，最常用的是碳素钢，碳素钢又分为普通碳素钢和合金钢。

(1) 普通碳素钢　普通碳素钢按碳素钢中碳的含量区分为低碳钢、中碳钢和高碳钢。

低碳钢因含碳量低（w_C≤0.25%），强度较低，主要用于 4.8 级螺栓及 4 级螺母、小螺母等无硬度要求的产品，常用牌号为 Q215、Q235、10 钢等。

中碳钢含碳量比低碳钢高（$0.25\% < w_C \leqslant 0.60\%$），因此力学性能要好得多，且加工性也好，主要用于 8 级螺母、8.8 级螺栓及 8.8 级内六角产品，常用牌号为 35、45 钢。

螺纹紧固件的常用材料一般为低碳钢或中碳钢，高碳钢含碳量高（$w_C > 0.60\%$），强度高，但塑性和韧性下降，并会影响到钢件的冷镦性能，目前很少使用。

（2）合金钢

在承受冲击、振动和变载荷的情况下，为了提高钢材力学性能，可在普通碳素钢中加入合金元素，即采用合金钢制作紧固件，例如 15MnVB、30CrMnSi 等。合金钢紧固件主要用于高强度的连接件，例如 10.9 级和 12.9 级螺栓。

目前，高强度螺栓的应用越来越广泛，它是继铆接、焊接之后应用的一种新型钢结构连接形式，具有施工安装迅速、连接安全可靠等优点，特别适用于承受动力载荷的重型结构的机械上。目前国外已广泛用于桥梁、起重机、飞机等的主要受力构件的连接。

当有防腐蚀或导电等要求时，可采用铜或其他有色金属做螺纹紧固件，近年来还发展了高强度塑料螺栓和螺母。

选用紧固件时应注意：螺母材料一般比相配的螺栓材料的硬度低 20~40HBW，目的是减少螺栓的磨损。

3.6.3　常用螺纹紧固件的材料及热处理要求

螺栓、螺钉和螺柱的材料及热处理要求见表 3-5。

表 3-5　螺栓、螺钉和螺柱的材料及热处理要求（摘自 GB/T 3098.1—2010）

性能等级	材料和热处理	化学成分极限（熔炼分析，%）①					回火温度/℃
		C		P	S	B②	
		min	max	max	max	max	min
4.6③④ 4.8④	碳素钢或添加元素的碳素钢	—	0.55	0.050	0.060	未规定	—
5.6③		0.13	0.55	0.050	0.060		
5.8④		—	0.55	0.050	0.060		
6.8④		0.15	0.55	0.050	0.060		
8.8⑥	添加元素的碳素钢（如硼或锰或铬）淬火并回火或	0.15⑤	0.40	0.025	0.025	0.003	425
	碳素钢淬火并回火或	0.25	0.55	0.025	0.025		
	合金钢淬火并回火⑦	0.20	0.55	0.025	0.025		
9.8⑥	添加元素的碳素钢（如硼或锰或铬）淬火并回火或	0.15⑤	0.40	0.025	0.025	0.003	425
	碳素钢淬火并回火或	0.25	0.55	0.025	0.025		
	合金钢淬火并回火⑦	0.20	0.55	0.025	0.025		
10.9⑥	添加元素的碳素钢（如硼或锰或铬）淬火并回火或	0.20⑤	0.55	0.025	0.025	0.003	425
	碳素钢淬火并回火或	0.25	0.55	0.025	0.025		
	合金钢淬火并回火⑦	0.20	0.55	0.025	0.025		
12.9⑥⑧⑨	合金钢淬火并回火⑦	0.30	0.50	0.025	0.025	0.003	425

（续）

性能等级	材料和热处理	化学成分极限(熔炼分析,%)①					回火温度/℃
		C		P	S	B②	
		min	max	max	max	max	min
12.9⑥⑧⑨	添加元素的碳素钢(如硼或锰或铬或钼)淬火并回火	0.28	0.50	0.025	0.025	0.003	380

① 有争议时，实施成品分析。
② 硼的质量分数可达0.005%，非有效硼由添加钛和/或铝控制。
③ 对4.5和5.6级冷镦紧固件，为保证达到要求的塑性和韧性，可能需要对其冷镦用线材或冷镦紧固件产品进行热处理。
④ 这些性能等级允许采用易切钢制造，其硫、磷和铅的最大质量分数为：硫0.34%；磷0.11%；铅0.35%。
⑤ 对碳的质量分数低于0.25%的添加硼的碳素钢，其锰的最低质量分数分别为：8.8级为0.6%；9.8级和10.9级为0.7%。
⑥ 对这些性能等级用的材料，应有足够的淬透性，以确保紧固件螺纹截面的芯部在“淬硬”状态、回火前获得约90%的马氏体组织。
⑦ 这些合金钢至少应含有下列的一种元素，其最小质量分数分别为：铬0.30%；镍0.30%；钼0.20%、钒0.10%。当含有二、三或四种复合的合金成分时，合金元素的质量分数不能少于单个合金元素质量分数总和的70%。
⑧ 对12.9/<u>12.9</u>级表面不允许有金相能测出的白色磷化物聚集层。去除磷化物聚集层应在热处理前进行。
⑨ 当考虑使用12.9/<u>12.9</u>级，应谨慎从事。紧固件制造者的能力、服役条件和扳拧方法都应仔细考虑。除表面处理外，使用环境也可能造成紧固件的应力腐蚀开裂。

螺母的材料及热处理要求见表3-6、表3-7。

表3-6 螺母的材料及热处理要求（GB/T 3098.2—2015）

性能等级			材料与螺母热处理	化学成分极限(熔炼分析,%)①			
				C	Mn	P	S
				max	min	max	max
粗牙螺纹	04③		碳钢④	0.58	0.25	0.60	0.150
	05③		碳钢淬火并回火⑤	0.58	0.30	0.048	0.058
	5②		碳钢④	0.58	—	0.60	0.150
	6②		碳钢④	0.58	—	0.60	0.150
	8	高螺母(2型)	碳钢④	0.58	0.25	0.60	0.150
	8	标准螺母(1型)$D \leqslant$M16	碳钢④	0.58	0.25	0.60	0.150
	8③	标准螺母(1型)$D>$M16	碳钢淬火并回火⑤	0.58	0.30	0.048	0.058
	10③		碳钢淬火并回火⑤	0.58	0.30	0.048	0.058
	12③		碳钢淬火并回火⑤	0.58	0.45	0.048	0.058
细牙螺纹	04②		碳钢④	0.58	0.25	0.060	0.150
	05③		碳钢淬火并回火⑤	0.58	0.30	0.048	0.058
	5②		碳钢④	0.58	—	0.060	0.150
	6②	$D \leqslant$M16	碳钢④	0.58	—	0.060	0.150
	6②	$D>$M16	碳钢淬火并回火⑤	0.58	0.30	0.048	0.058
	8	高螺母(2型)	碳钢④	0.58	0.25	0.060	0.150
	8③	标准螺母(1型)	碳钢淬火并回火⑤	0.58	0.30	0.048	0.058
	10③		碳钢淬火并回火⑤	0.58	0.30	0.048	0.058
	12③		碳钢淬火并回火⑤	0.58	0.45	0.048	0.058

“—”未规定极限。
① 有争议时，实施成品分析。
② 根据供需协议，这些性能等级的螺母可以用易切钢制造。其硫、磷和铅的最大质量分数为：硫0.34%；磷0.11%；铅0.35%。
③ 为满足GB/T 3098.2—2015第7章对力学性能的要求，可能需要添加合金元素。
④ 由制造者选择，可以淬火并回火。
⑤ 对这些性能等级用的材料，应有足够的淬透性，以确保紧固件基体金属在“淬硬”状态，回火前，在螺母螺纹截面中，获得约90%的马氏体组织。

表3-7 铆螺母的材料（GB/T 17880.6—1999）

产品	材料	标准号
钢平头、沉头、小沉头、120°小沉头及平头六角铆螺母	08F	GB/T 699
	ML10	GB/T 6478
铝合金平头及沉头铆螺母	5056	GB/T 3190

第4章　螺旋传动设计及材料选择分析

4.1　螺旋传动的用途和分类

1. 螺旋传动的用途

螺旋传动主要用来变回转运动为直线运动，同时传递运动和动力。

螺旋传动由螺杆与螺母组成，根据螺杆和螺母的相对运动关系，螺旋传动的常用运动方式主要有以下两种：螺杆转动、螺母移动，如图4-1a所示，用于机床的进给机构。另一种是螺母固定、螺杆转动并移动，如图4-1b所示，多用于螺旋千斤顶或螺旋压力机。

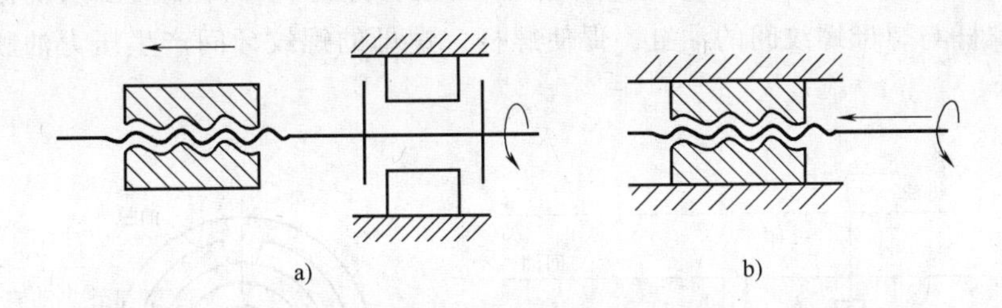

图4-1　螺旋传动的常用运动方式

2. 螺旋传动的分类

按用途螺旋传动可分为三类：

1）传力螺旋　以传递动力为主，以较小的转矩产生大的轴向力，例如千斤顶、加压螺旋等。特点是低速、间歇工作，通常能自锁。

2）传导螺旋　以传递运动为主，有时也承受大的轴向力。例如机床进给机构，特点是速度高、连续工作、精度高。

3）调整螺旋　调整固定零件的相对位置，例如机床、仪器及测试装置中的微调螺旋。其特点是受力较小且不经常转动。

按摩擦副的性质螺旋传动分为三类：

1）滑动螺旋传动　构造简单、承载能力高、加工方便、工作可靠、易于自锁。缺点是螺纹副之间的摩擦性质为滑动摩擦，因此传动效率低（30%～40%）、磨损快、寿命短，低速时有爬行现象（滑移），摩擦损耗大，传动精度低。

2）滚动螺旋传动　螺纹副之间的摩擦性质由滑动摩擦变为滚动摩擦，如图4-2所示，滚动螺旋传动是在具有圆弧形螺旋槽的螺杆和螺母之间连续装填若干滚动体（多用钢球），当传动工作时滚动体沿螺纹滚道滚动并形成循环。按循环方式又可分为内循环、外循环两种。

滚动螺旋传动的特点是传动效率高（可达90%），起动力矩小，传动灵活平稳，低速不爬行，同步性好，定位精度高，正向与逆向运动效率相同，可实现逆传动。预紧后刚度好，定位精度高（重复定位精度高），广泛用于数控机床等先进设备。

缺点是不自锁，需附加自锁装置，抗振性差，结构复杂，制造工艺要求高，成本较高。

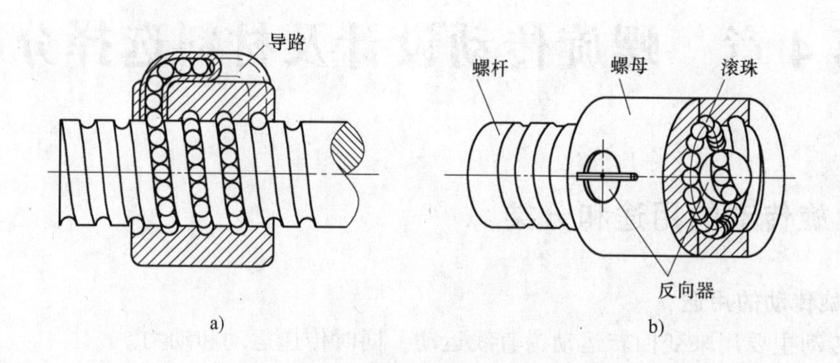

图 4-2 滚动螺旋传动
a）外循环式 b）内循环式

3）静压螺旋传动 螺纹副之间的摩擦性质为液体摩擦，靠外部液压系统提供压力油，压力油进入螺杆与螺母螺纹间的油缸，促使螺杆、螺母的螺纹牙间产生压力油膜而分隔开，如图 4-3 所示。

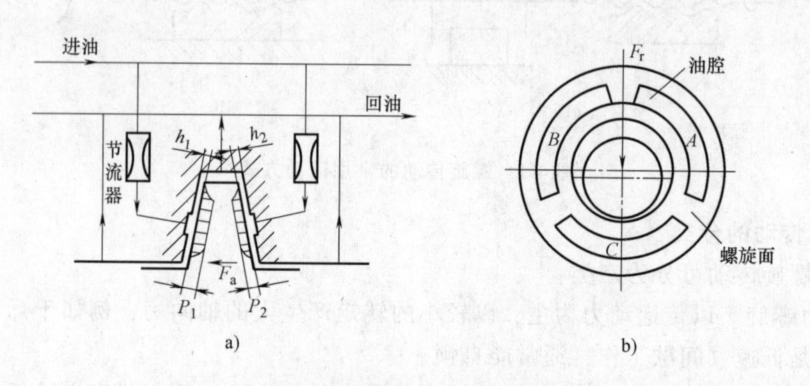

图 4-3 静压螺旋传动的工作原理
a）受轴向力时 b）受径向力时

静压螺旋传动的特点是效率高，可达 99%，工作稳定，无爬行现象，定位精度高，磨损小，寿命长。缺点是螺母结构复杂（需密封），需稳压供油系统，成本较高。用于数控及精密机床中进给和分度机构。

由于滑动螺旋传动结构简单，因此应用比较广泛，本章以滑动螺旋传动为例，介绍设计计算方法。

4.2 滑动螺旋传动的设计计算

4.2.1 滑动螺旋的结构

滑动螺旋的结构主要指螺杆、螺母的固定和支承的结构型式。螺旋传动的工作刚度与精度等和支承结构有直接关系。图 4-4 所示为千斤顶结构简图，以传递动力为主，用较小的转矩产生很大的轴向力，来顶起重物。一般为间歇工作，每次工作时间较短，工作速度为低速，通常要求自锁。

1. 支承结构

螺杆长径比小时，直接用螺母支承千斤顶；螺杆长径比大时，宜水平布置，在两端与中间附加支承，以提高螺杆刚度，如机床丝杠。

2. 螺母结构

分为整体式和剖分式，整体式结构简单，但磨损后精度较差。

剖分式：磨损后可补偿间隙、精度较高。

组合式：适于双向传动，可提高传动精度消除空回误差。

滑动螺旋的齿形可采用梯形、矩形和锯齿形，常用梯形和锯齿形。

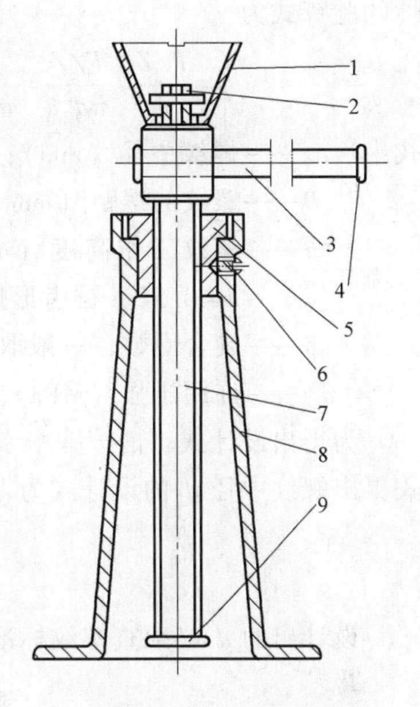

图 4-4 千斤结构简图

1—托杯 2—螺钉 3—手柄 4—挡环 5—螺母 6—紧定螺钉 7—螺杆 8—底座 9—挡板

4.2.2 滑动螺旋的材料

滑动螺旋的材料选择除考虑有一定的强度外，还要求螺杆螺母配对后摩擦因数小、耐磨性好。常用的材料见表 4-1。

表 4-1 螺旋传动的常用材料

螺旋副	材料牌号	应用范围
螺杆	Q235、Q255、45、50	材料不经热处理，用于经常运动、受力不大、转速较低的传动
	40Cr、65Mn、T12、40WMn、18CrMnTi	材料需经热处理以提高耐磨性，用于重载、转速较高的重要传动
	9Mn2V、38CrMoAl	材料需经热处理以提高尺寸的稳定性，用于精密传导螺旋传动
螺母	ZCuSn10P1、ZCuSn5Pb5Zn5(铸锡青铜)	材料耐磨性好，用于一般传动
	ZCuAl10Fe3(铸铝青铜) ZCuZn25Al6Fe3Mn3(铸铝黄铜)	材料耐磨性好，强度高，用于重载、低速传动。对于尺寸较大或高速传动，螺母可采用钢或铸铁制造，内孔浇注青铜或巴氏合金

4.2.3 滑动螺旋的设计方法

因为滑动螺旋螺纹副之间的摩擦性质为滑动摩擦，因此滑动螺旋传动磨损是最主要的一种失效形式，它会引起传动精度下降，并使强度下降。影响磨损的因素是工作面的比压、螺纹表面质量、滑动速度和润滑状态等，其中工作面的比压是主要影响因素。

1. 耐磨性设计计算

耐磨性计算主要是限制螺纹工作面上压强 p 要小于材料的许用压强。因为螺母的材料较弱，磨损多发生在螺母上，因此，只需要计算螺母。将螺母的一圈螺纹牙展开，如图 4-5 所示：设轴向力为 F，相旋合圈数为 Z。$Z=H/P$，此处 H 为螺母厚度，P 为螺距，则得出耐磨

性的验算式为

$$p=\frac{F/Z}{A}=\frac{F/Z}{\pi d_2 h}=\frac{FP}{\pi d_2 hH}\leqslant[p]$$

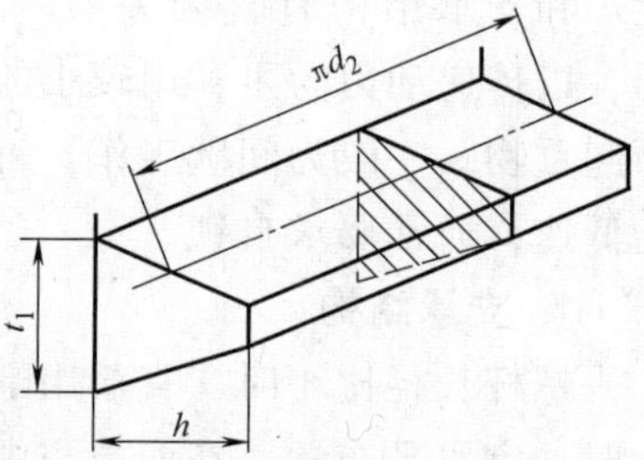

式中　d_2——螺纹中径（mm）；

P——螺纹的螺距（mm）；

h——螺纹工作高度（mm），梯形和矩形螺纹为 $h=0.5P$，锯齿形螺纹为 $h=0.75P$；

Z——旋合圈数，一般取 $Z\leqslant 10$ 以免载荷不均匀；

$[p]$——许用压强（MPa），见表 4-2。

图 4-5　螺母螺纹牙展开图

为得出设计式，消掉一个未知数，因此引入一个螺母厚度系数 ϕ，令 $\phi=H/d_2$，代入上式得出螺纹中径 d_2 的设计式为

$$d_2\geqslant\sqrt{\frac{Fp}{\pi\phi h[p]}}$$

设计出的 d_2 必须查螺纹标准，取标准值。

表 4-2　滑动螺旋副的许用压强 [p]

螺杆—螺母材料	滑动速度/(m/min)	许用压强/MPa
钢—青铜	低速	18~25
	≤3.0	11~18
	6~12	7~10
	>15	1~2
淬火钢—青铜	6~12	10~13
钢—铸铁	<2.4	13~18
	6~12	4~7

注：表中数值适用于 $\phi=2.5\sim4$ 的情况，当 $\phi<2.5$ 时，可提高 20%；当为剖分螺母时，应降低 15%~20%。

2. 自锁性验算

对有自锁性要求的螺旋副（如起重螺旋），要进行自锁性验算。自锁条件为

$$\psi\leqslant\arctan\frac{L}{\pi d_2}=\arctan\frac{np}{\pi d_2}\leqslant\rho_v$$

$$\rho_v=\tan^{-1}\mu_v$$

式中　ψ——螺旋升角（°）；

n——螺纹的头数；

p——螺纹的螺距（mm）；

L——螺纹的导程（mm）；

d_2——螺纹的中径（mm）；

μ_v——当量摩擦因数，见表 4-3；

ρ_v——当量摩擦角（°）。

表 4-3　螺纹副的当量摩擦因数 μ_v（定期润滑）

螺纹副材料	钢对青铜	钢对耐磨铸铁	钢对灰铸铁	钢对钢	淬火钢对青铜
当量摩擦因数 μ_v	0.08~0.10	0.10~0.12	0.12~0.15	0.11~0.17	0.06~0.08

注：大值用于起动时。

3. 螺杆的强度计算

螺杆工作时同时受轴向压力（或拉力）F 与扭矩 T 的作用，螺杆螺纹的截面受拉（压）应力与扭剪应力的复合作用，根据第四强度理论得

$$\sigma=\sqrt{\sigma^2+3\tau^2}=\sqrt{\left(\frac{4F}{\pi d_1^{\ 2}}\right)^2+3\left(\frac{T}{W_T}\right)^2}\leqslant[\sigma]$$

式中　d_1——螺纹根径（mm）；

W_T——抗扭截面模量（mm^3）；

T——螺纹力矩（N·mm），$T=F\times\tan(\varphi+\rho_v)\times d_2/2$；

$[\sigma]$——螺杆材料许用应力（MPa），见表 4-4。

表 4-4　螺母和螺杆材料的许用应力

螺旋副	材料	许用应力/MPa		
		$[\sigma]$	$[\sigma_b]$	$[\tau]$
螺杆	钢	$\sigma_s/(3\sim5)$		
螺母	青铜		40~60	30~40
	耐磨铸铁		50~60	40
	铸铁		45~55	40
	钢		$(1.0\sim1.2)[\sigma]$	$0.6[\sigma]$

注：σ_b—抗拉强度，σ_s—下屈服强度。

4. 螺母螺纹牙强度计算

一般情况下，螺母材料的强度低于螺杆，因此，螺纹牙的剪断和弯断均发生在螺母上，所以只需要计算螺母的螺纹牙强度即可。参看图 4-5，将螺母一圈螺纹沿螺纹大径处展开，则螺母螺纹牙的受力相当于悬臂梁的受力，因此得出螺母螺纹牙根部危险剖面的弯曲强度条件为

$$\sigma_b=\frac{M}{W}=\frac{3Fh}{\pi dt_1^{\ 2}Z}\leqslant[\sigma_b]$$

剪切强度条件为

$$\tau=\frac{3Fh}{\pi dt_1^{\ 2}Z}\leqslant[\tau]$$

式中　d——螺母的外径（mm）；

t_1——螺纹牙底宽（mm）；梯形螺纹：$t_1=0.65p$；矩形螺纹：$t_1=0.5p$；锯齿形螺纹 $t_1=0.75p$；

Z——螺母的圈数；

h——螺纹工作高度（mm），梯形和矩形螺纹为 $h=0.5p$，锯齿形螺纹为 $h=0.75p$；

$[\sigma_b]$、$[\tau]$——许用弯曲应力和许用剪应力（MPa），见表 4-4。

如果螺母与螺杆材料相同，则其许用弯曲应力和许用剪应力应当相差不多，因为螺杆根径 d_1小于螺母的外径 d，故应验算螺杆，但是，此时公式中的 d 应改为 d_1，其余相同。

5. 稳定性计算

当螺杆较细长且受较大轴向压力时，可能会侧向弯曲而丧失稳定性，因此螺杆所承受的轴向压力应小于其临界载荷。螺杆受压时的稳定性验算式为

$$S_{SC}=\frac{F_{cr}}{F}\geqslant S_S$$

式中 S_{SC}——螺杆稳定性的计算安全系数；

S_S——螺杆稳定性计算的许用安全系数，对于传导螺旋：$S_S=2.5\sim4.0$；对于传力螺旋：$S_S=3.5\sim5.0$；对于精密螺旋或水平螺杆：$S_S>4$；

F——螺杆所受的压力（N）；

F_{cr}——螺杆的临界载荷。

螺杆的临界载荷

$$F_{cr}=\frac{\pi^2 EI}{(\beta l)^2}$$

式中 E——螺杆材料的拉压弹性模量（MPa），对于钢 $E=2.06\times10^5$MPa；

I——螺杆危险截面惯性矩（mm^4），$I=\pi d_1^4/64$；

β——螺杆的长度系数，与螺杆端部支承方式有关。一般螺旋起重器当螺杆的长度与直径之比大于10时可按一端固定、一端自由考虑，取 $\beta=2$；当螺杆的长度与直径之比小于10时可按一端固定、一端铰支考虑，取 $\beta=0.7$。

l——螺杆的工作长度（mm）。

螺杆的柔度

$$\lambda=\frac{\mu l}{i}$$

式中 μ——螺杆的长度系数；

i——螺杆的危险截面惯性半径（mm），$i=d_1/4$。

当柔度 $\lambda\leqslant40$ 时，可不必进行稳定性验算。

因滑动螺旋传动的效率低，因此，粗略计算时也可不必计算传动效率。

4.3 滑动螺旋传动设计实例及材料选择分析

4.3.1 设计实例

设计螺旋起重器，运动简图如图4-6所示，起重量 $F=40$kN，最大升程 $h'=180$mm，间歇工作。要求：

1）分析并选择螺母和螺杆材料，设计螺旋副尺寸，需满足强度和稳定性要求，并校核螺旋自锁条件。

2）设计计算螺母各部分尺寸。

3）分析并选择手柄材料，计算手柄的截面尺寸和长度。

4）计算螺旋起重器的效率 η。

5）分析并选择托杯、底座材料，确定托杯、底座等结构及尺寸。

6）绘制螺旋起重器的装配图。

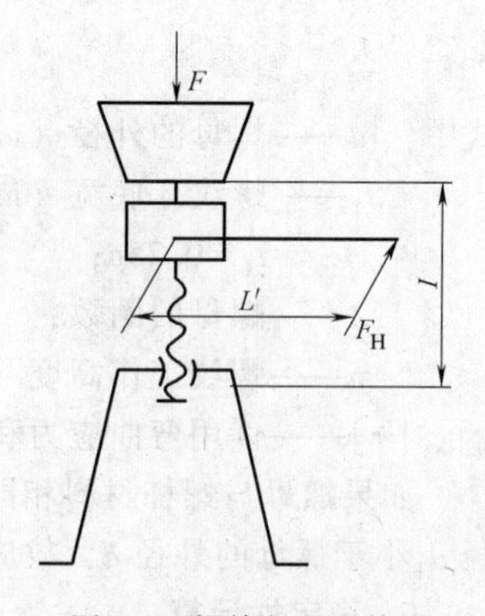

图4-6 螺旋起重器简图

4.3.2 设计实例详解及选材分析

为表述清楚，本例按表格的方式详解，见表4-5。

表 4-5　设计实例详解

设计计算项目	选材分析、计算及说明	计算结果
1. 选材、设计螺旋副尺寸 (1)螺杆选材分析	螺杆材料选择主要考虑以下几方面： 1)满足强度要求。螺杆细长，且工作时受压，因此应选择强度高的材料；根据表 4-1，螺旋传动的常用材料有多种，即碳素钢、合金钢均满足强度要求 2)满足使用和经济性要求。考虑本实例要求转速较低、受力不大、间歇工作，没有特殊要求，同时考虑经济性，因此可选择价格较低的材料以降低造价，因此首选表 4-1 中第一行的材料：Q235、Q255、45、50 。又考虑单件生产，因此选用以上材料中性能较好的优质碳素钢，即 45、50 钢，而没选用普通碳素钢 Q235、Q255。又考虑 45 钢在工程中应用更普遍，因此选用了 45 钢，不必进行热处理 这里的材料选择答案不是唯一的，也可以做其他选择，此处略 查得 45 钢，$\sigma_s=350\text{MPa}$ 由表 4-4，取 $s=4$ $[\sigma]=\frac{\sigma_s}{s}=\frac{350\text{MPa}}{4}\approx 88\text{MPa}$	螺杆：45 钢 $[\sigma]=88\text{MPa}$
(2)螺母选材分析	1)满足耐磨性要求。螺母与螺杆在工作时螺纹牙之间互相摩擦，因此选择螺母材料首先应该考虑满足耐磨性要求 巴氏合金是耐磨性非常好的材料，主要成分是铜、锡、铅、锑。以锡、铅为软基体，并分布锑、铜硬颗粒以提高合金强度和硬度。软基体使合金具有非常好的嵌藏性、顺应性和抗咬合性，并在磨合后，软基体内凹，硬质点外凸，使滑动面之间形成微小间隙，成为贮油空间和润滑油通道，利于减摩；上凸的硬质点起支承作用，有利于承载 巴氏合金分为锡基合金和铅基合金两种。铅基合金的强度和硬度比锡基合金低，耐蚀性也差。所以在使用巴氏合金的时候，通常选用锡基合金，其常用的牌号有 ZChSnSb11—6、ZChSnSb8—4、ZChSnSb8—8 等。尽管铅基合金的性能没有锡基合金好，但是仍然被广泛选用，因为它使用起来比较经济，其常用的牌号有 ZChPbSb16—16—2、ZChPbSb1—16—1 等 铜及铜基合金耐磨性也很好，常用的材料有铸锡青铜 ZCuSn10P1、ZCuSn5Pb5Zn5 等 2)考虑经济性和使用要求。巴氏合金价格昂贵，一般用于高速传动，为了节省贵重的巴氏合金，通常螺母可采用钢或铸铁制造，内孔浇注巴氏合金，即作轴承衬用 铜及铜基合金耐磨性也很好，例如铸锡青铜，价格比巴氏合金低很多，用于一般传动 为了节省贵重的锡，在低速传动时，可用铝和铁代替锡，虽然耐磨性比锡青铜稍差，但强度比锡青铜高，用于低速、重载场合，常用牌号有铸铝青铜 Z CuAl10Fe3、铸铝黄铜 ZCuZn25Al6Fe3Mn3 等 综合考虑以上因素，本例螺母采用铸锡青铜 ZCuSn10P1	螺母：铸锡青铜 ZCuSn10P1
(3)由耐磨性计算螺纹中径 d_2、旋合圈数 Z 及螺母高度 H'	由表 4-2，$[p]=18\text{MPa}$ $d_2\geqslant\sqrt{\frac{FP}{\pi\varphi h[p]}}$ 选 T 型螺纹 $h=0.5P$，取 $\varphi=1.2$ $d_2\geqslant\sqrt{\frac{40000P}{\pi\times1.2\times0.5P\times18}}=34.34\text{mm}$ 由 GB/T 5796.3—2005 梯形螺纹基本尺寸查出 $d_2=36.5\text{mm}$、外径 $d=40\text{mm}$、根径 $d_1=32\text{mm}$ 选 Tr40×7LH—7H/7e(GB/T 5796.4—2005)	$[p]=18\text{MPa}$ 选 T 型螺纹 Tr40×7LH—7H/7e $d=40\text{mm}$ $P=7\text{mm}$ $d_1=32\text{mm}$ $d_2=36.5\text{mm}$ $d'=41\text{mm}$ (d'—螺母螺纹大径)

（续）

设计计算项目	选材分析、计算及说明	计算结果
(4)自锁性验算	旋合圈数 $Z=\frac{\varphi d_2}{P}=\frac{1.2\times36.5}{7}=6.26$ 取 $Z=7$ 圈<10，合适 螺母高度：$H=Z\times P=7\times7\text{mm}=49\text{mm}$ $\rho_v=\arctan\mu_v$，由表 4-3：$\mu_v=0.09$ $\rho_v=\arctan0.09=5°8'34''$ $\psi=\arctan\frac{P}{\pi d_2}=\arctan\frac{7}{\pi\times36.5}=3°29'36''$ $\psi<\rho_v-1°=4°8'34''$，满足自锁条件	$Z=7$ $H=49\text{mm}$ $\psi=3°29'36''$ 满足自锁条件
(5)螺杆强度验算	$\sigma=\sqrt{\left(\frac{4F}{\pi d_1^2}\right)^2+3\left(\frac{T_1}{0.2d_1^3}\right)^2}$ $=\sqrt{\left(\frac{4\times40000}{\pi\times32^2}\right)^2+3\times\left(\frac{110873}{0.2\times32^3}\right)^2}\text{MPa}=58\text{MPa}<[\sigma]=88\text{MPa}$ $T_1=F\tan(\psi+\rho_v)\times\frac{d_2}{2}$ $=\frac{1}{2}\times40000\text{N}\times36.5\text{mm}\tan(3°29'36''+5°8'34'')=110873\text{N}\cdot\text{mm}$ 所以蜗杆强度满足	蜗杆强度满足
(6)稳定性验算	柔度 $\lambda=\frac{4\beta l}{d_1}$，按下端固定，上端自由，取 $\beta=2$，l 可按下式估算： $l=h'+\frac{H}{2}+d=180\text{mm}+\frac{49\text{mm}}{2}+40\text{mm}\approx245\text{mm}$ $\lambda=\frac{4\times2\times245}{32}\approx61$ 对淬火钢螺杆： 当 $\lambda>85$ 时，$F_{cr}=\frac{\pi^2EI}{(\beta l)^2}$ 当 $\lambda<85$ 时，$F_{cr}=\frac{490}{1+0.0002\lambda^2}\frac{\pi d_1^2}{4}$ 对不淬火钢螺杆 当 $\lambda>90$ 时，$F_{cr}=\frac{\pi^2EI}{(\beta l)^2}$ 当 $\lambda<90$ 时，$F_{cr}=\frac{340}{1+0.00013\lambda^2}\frac{\pi d_1^2}{4}$ 本题螺杆不淬火，$\lambda<90$ $F_{cr}=\frac{340}{1+0.00013\times61^2}\frac{\pi\times32^2}{4}\text{N}=184295\text{N}$ $S=\frac{F_{cr}}{F}=\frac{184295}{40000}=4.6>2.5\sim4$ 所以稳定性满足	稳定性满足
2. 螺母设计计算 (1)螺纹牙强度 ① 螺纹牙剪切强度 ② 螺纹牙弯曲强度	由表 4-4，$[\tau]=30\text{MPa}$ $t_1=0.634P=0.634\times7\text{mm}=4.438\text{mm}$ $\tau=\frac{F}{\pi d't_1z}=\frac{40000}{\pi\times41\times4.438\times7}\text{MPa}=10\text{MPa}<[\tau]=30\text{MPa}$，所以安全 由表 4-4，$[\sigma_b]=40\text{MPa}$ 由 GB/T 5796.1—2005 梯形螺纹最大实体牙型尺寸得：$h=4\text{mm}$ $\sigma_b=\frac{3Fh}{\pi d't_1^2Z}=\frac{3\times400\times4}{\pi\times41\times(0.634\times7)^2\times7}\text{MPa}$ $=27\text{MPa}<[\sigma_b]=40\text{MPa}$ 弯曲强度满足	$[\tau]=30\text{MPa}$ $\tau=10\text{MPa}$ 剪切强度满足 $\sigma_b=27\text{MPa}$ $[\sigma_b]=40\text{MPa}$ 弯曲强度满足

（续）

设计计算项目	选材分析、计算及说明	计算结果
(2)计算螺母外径 D	如图 4-7 所示,螺母悬垂部分受拉、扭,强度公式为 $\sigma=\dfrac{1.3F}{\dfrac{\pi}{4}(D^2-d'^2)}\leqslant[\sigma_e]$ 从而可得 $D\geqslant\sqrt{\dfrac{5.2F}{\pi[\sigma_e]}+d'^2}$ 式中螺母许用拉应力可按下式计算(经验公式): $[\sigma_e]=0.83\sigma_b$,由表 4-4,$[\sigma_b]=40\sim60\text{MPa}$, 取$[\sigma_b]=48.2\text{MPa}$,则$[\sigma_e]=40\text{MPa}$, $D\geqslant\sqrt{\dfrac{5.2\times40000}{\pi\times40}+41^2}\text{ mm}=57.8\text{mm}$ 圆整取 $D=58\text{mm}$	$D=58\text{mm}$
(3)凸缘尺寸计算 ①计算凸缘直径 D_1 及厚度 a ②凸缘支承面挤压强度验算	由经验公式 $D_1\approx(1.2\sim1.3)D$ $D_1=1.3\times58\text{mm}=75.4\text{mm}$,取 $D_1=75\text{mm}$ 由经验公式 $a=\dfrac{H}{3}=\dfrac{49\text{mm}}{3}=16\text{mm}$ 由经验公式$[\sigma_p]=(1.5\sim1.7)[\sigma_b]$ $=(1.5\sim1.7)\times40=(60\sim68)\text{MPa}$ 取$[\sigma_p]=60\text{MPa}$ $\sigma_p=\dfrac{F}{\dfrac{\pi(D_1^2-D^2)}{4}}=\dfrac{40000}{\dfrac{\pi(75^2-58^2)}{4}}\text{MPa}=23\text{MPa}<[\sigma_p]$ 螺母挤压强度满足	$D_1=75\text{mm}$ $a=16\text{mm}$ $[\sigma_p]=60\text{MPa}$ $\sigma_p=23\text{MPa}$ 挤压强度满足
③凸缘根部弯曲强度验算	$\sigma_b=\dfrac{M}{W}=\dfrac{F\dfrac{1}{4}(D_1-D)}{\dfrac{\pi Da^2}{6}}=\dfrac{1.5F(D_1-D)}{\pi Da^2}$ $=\dfrac{1.5\times40000\times(75-58)}{\pi\times58\times16^2}\text{MPa}$ $=22\text{MPa}<[\sigma_b]=48.2\text{MPa}$ 凸缘根部弯曲强度满足	$[\sigma_b]=48.2\text{MPa}$ $\sigma_b=22\text{MPa}$ 弯曲强度满足
④凸缘根部剪切强度验算	$\tau=\dfrac{F}{\pi Da}=\dfrac{40000}{\pi\times58\times16}\text{MPa}=14\text{MPa}<[\tau]=30\text{MPa}$ 螺母凸缘根部剪切强度满足	$\tau=14\text{MPa}$ $[\tau]=30\text{MPa}$ 剪切强度满足
3. 手柄选材分析及设计计算 ①手柄选材分析 ②手柄长度计算	手柄选材首先应满足强度条件,因此考虑选择碳素钢或合金钢。选材同时还要考虑价格及使用要求,考虑价格则碳素结构钢比合金结构钢价格低,因本例没有要求尺寸最小,所以选择价格低的碳素结构钢。碳素结构钢又分为普通碳素结构钢和优质碳素结构钢,普通碳素钢价格更低,且不影响使用,因此本例的手柄材料选择了普通碳素结构钢 常用的普通碳素钢牌号有 Q235、Q245、Q255、Q275 等,屈服极限值越高强度越高,但价格较贵,综合考虑,本例手柄选取材料为 Q255 对于材料的选择应该有多种选择方法,不是唯一的,本例的只是其中的一种,仅供参考 假设手柄的作用力为 F_H(通常取 200N 左右),手柄长为 L',扳手力矩为 T,则 $L'=\dfrac{T}{F_H}$ $T=F\times\tan(\psi+\rho_v)\times\dfrac{d_2}{2}+\dfrac{1}{3}\mu_v F\dfrac{D_7^3-D_0^3}{D_7^2-D_0^2}$ 式中,μ_v 由表 4-3 查得,$\mu_v=0.12$(托杯材料为 HT200),D_0、D_7 及其他结构尺寸见图 4-8,具体数值可按下列经验公式计算:	

（续）

设计计算项目	选材分析、计算及说明	计算结果
	$D_3=(0.6\sim0.7)d$，$D_6=(1.7\sim1.9)d$， $D_5=(2.4\sim2.5)d$，$D_7=D_6-(2\sim4)\text{mm}$，$D_0=D_3+(0.5\sim2)\text{mm}$，$B=(1.4\sim1.6)d$ $\delta\geqslant10\text{mm}$，$d$ 为螺纹公称直径 $D_7=D_6-(2\sim4)\text{mm}=(1.7\sim1.9)\times40\text{mm}-(2\sim4)\text{mm}$ $=(68\sim76)\text{mm}-(2\sim4)\text{mm}$ 取 $D_7=75\text{mm}$ $D_0=(6\sim7)\times40\text{mm}+(0.5\sim2)\text{mm}=25\text{mm}$ （上述计算所得结构尺寸均应圆整） $T=\frac{36.5}{2}40000\tan(3°29'36''+5°8'34'')\text{N}\cdot\text{mm}+\frac{1}{3}\times0.12\times40000\times\frac{75^3-25^3}{75^2-25^2}\text{N}\cdot\text{mm}$ $=240873\text{N}\cdot\text{mm}$ $L'=\frac{T}{F_H}\text{mm}=\frac{240873}{200}\text{mm}=1204\text{mm}$ 为减小起重器的存放空间，一般取手柄不得大于起重器的高度，可取 $L=600\text{mm}$，使用时加套管	$D_7=75\text{mm}$ $D_0=25\text{mm}$ $L'=1204\text{mm}$ $L=600\text{mm}$ 使用时加套管
③手柄直径计算	手柄材料 Q255，取 $\sigma_s=270\text{MPa}$（各厂家屈服极限值有差异） 按经验公式：$[\sigma_b]=\frac{\sigma_s}{1.5\sim2}=\frac{270\text{MPa}}{2}=135\text{MPa}$ 工作时手柄受弯曲，其直径可按弯曲强度设计，即 $\sigma_b=\frac{M}{W}=\frac{F_H L'}{\frac{\pi}{32}d_k^3}\leqslant[\sigma_b]$ $d_k\geqslant\sqrt[3]{\frac{F_H L'}{0.1[\sigma_b]}}=\sqrt[3]{\frac{200\times1204}{0.1\times135}}\text{mm}=26.13\text{mm}$ 取手柄直径 $d_k=28\text{mm}$	手柄直径 $d_k=28\text{mm}$
4. 效率计算	$\eta=\frac{FP}{2\pi T}=\frac{40000\times7}{2\pi\times200\times1204}=18.5\%$	$\eta=18.5\%$
5. 托杯、底座材料分析及尺寸设计 (1)托杯设计 ①托杯材料选择分析	托杯在工作时受压，因此选用抗压性好的铸铁材料。铸铁材料又分为两种：球墨铸铁和灰铸铁。球墨铸铁碳以球状出现，在铁水（球墨生铁）浇注前加一定量的球化剂（常用的有硅铁、镁等）使铸铁中石墨球化。由于碳（石墨）以球状存在于铸铁基体中，改善其对基体的割裂作用，球墨铸铁的抗拉强度、屈服强度、塑性、冲击韧性大大提高，并具有耐磨、减震、工艺性能好等优点，工程中广泛应用。常用牌号有 QT400—18、QT400—15、QT450—10、QT500—7、QT600—3、QT700—2QT 灰铸铁中的碳大部或全部以自由状态片状石墨存在，片状石墨对基体的分割作用，可引起应力集中效应，故其抗拉强度远低于钢，其强度、塑性低，断口呈灰色。常用牌号有 HT100、HT150、HT200、HT250、HT300、HT350 灰铸铁具有良好铸造性能（灰铸铁含碳量高，熔点比钢低），切削加工性好，减磨性、耐磨性好，加上它熔化配料简单，成本最低（比球墨铸铁低很多），广泛用于制造结构复杂铸件和耐磨件 本例托杯只受压，且为一般机械，对尺寸没有过高的要求，综合考虑在满足使用性能的基础上，选择了价格低廉的灰铸铁 HT200	托杯材料：HT200
②托杯尺寸设计	由经验公式 $[p]=(0.4\sim0.5)\sigma_b=(0.4\sim0.5)\times200\text{MPa}=(80\sim100)\text{MPa}$ 取 $[p]=80\text{MPa}$ 托杯结构尺寸可参看图 4-8 及其他有关设计资料确定 由图 4-8 可求得托杯下端面挤压强度： $p_{压}=\frac{F}{\frac{\pi(D_7^2-D_0^2)}{4}}=\frac{40000}{\frac{\pi(75^2-25^2)}{4}}\text{MPa}=10.18\text{MPa}<[p]=80\text{MPa}$ 托杯压应力满足强度要求	$[p]=80\text{MPa}$ $p_{压}=10.18\text{MPa}$ 压应力满足

（续）

设计计算项目	选材分析、计算及说明	计算结果
（2）底座设计 ①底座材料选择分析	底座在工作时受压，因此选用抗压性好的铸铁材料。与托杯材料选择时的分析相同，虽然球墨铸铁的抗拉强度、屈服强度、塑性、冲击韧性高，并具有耐磨、减震、工艺性能好等优点，但成本高。灰铸铁成本比球墨铸铁低，抗压性好，成本低，综合考虑在满足使用性能的基础上，底座选择了价格低廉的灰铸铁 HT200	底座材料：HT200
②底座尺寸设计	如图 4-9 所示，为了稳定。取底座斜度 1∶10，则有 $\dfrac{\frac{1}{2}(D_2-D)}{H_1}=\dfrac{1}{10}$ 因此 $D_2=\dfrac{2H_1}{10}\text{mm}+D=\dfrac{2\times100}{10}\text{mm}+58\text{mm}=98\text{mm}$ 取 $D_2=100\text{mm}$ 直径 D_8 由底座挤压强度确定，即 $\sigma_p=\dfrac{F}{\dfrac{\pi}{4}(D_8^2-D_2^2)}\leqslant[\sigma_p]$ 一般底面为混凝土或木材，本例为了安全起见，按底面为木材考虑，取 $[\sigma_p]=2\text{MPa}$，则 $D_8\geqslant\sqrt{\dfrac{4F}{\pi[\sigma_p]}+D_2^2}=\sqrt{\dfrac{4\times40000}{\pi\times2}+100^2}\text{ mm}=188.3\text{mm}$ 圆整，取 $D_8=190\text{mm}$ 其他尺寸可用下列经验公式确定： $H_1=h+(15\sim20)$，$D_4=D+(5\sim10)\text{mm}$，$D_6=1.4D$ $H_2=H'-a$，　$\delta=(8\sim10)\text{mm}$ （上述计算所得结构尺寸均应圆整）	$D_2=100\text{mm}$ $D_8=190\text{mm}$
6. 螺旋起重器装配图	螺旋起重器装配图绘制过程略，本例给出两种不同结构的螺旋起重器，装配图可参看图 4-10、图 4-11，但没标出件号，也没给出标题栏及明细，仅供参考	装配图参看图 4-10、图 4-11

注：结构设计方面的补充说明：

1）螺母与底座的配合常用$\dfrac{H8}{h7}$或$\dfrac{H11}{h11}$、$\dfrac{H7}{k6}$等。

2）为防止螺母转动，应设紧定螺钉，直径常取 M6～M12，根据举重量大小决定。

3）为防止托杯脱落和螺杆旋出螺母，在螺杆上、下两端安装安全挡圈。

4）连接螺钉、挡圈、手球等的规格尺寸按结构需要选取或设计。

5）为了减少摩擦、磨损及托杯工作时不转动，螺旋副及托杯与螺杆的接触面均需润滑。

6）装配图尺寸标注应包括特性尺寸（如最大起重高度）、安装尺寸、外形尺寸（总长、总宽、总高）和配合尺寸等。

7）图面应注明技术特性及技术要求。

8）图纸规格应符合制图规定，绘图要按国家标准。

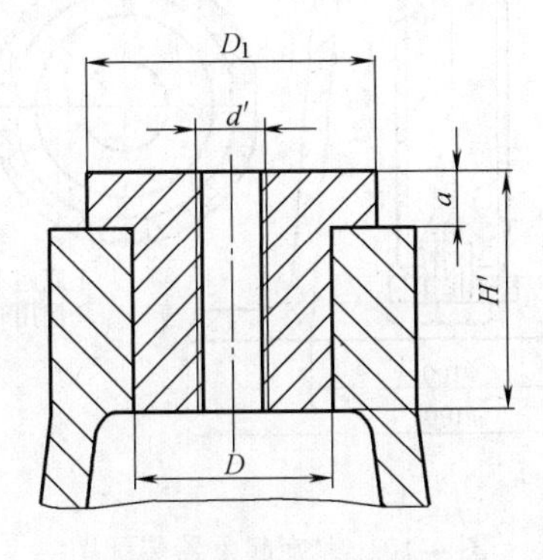

图 4-7　螺母尺寸计算简图

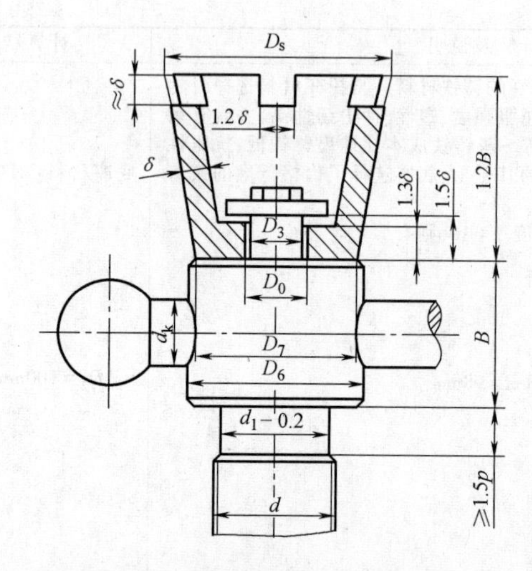

图 4-8 手柄及托杯结构简图

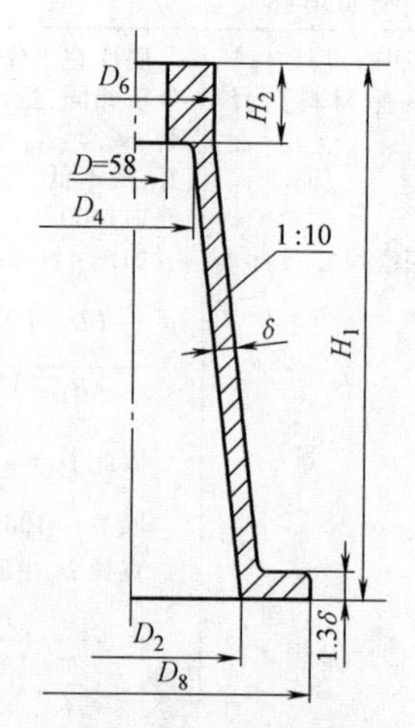

图 4-9 底座结构简图

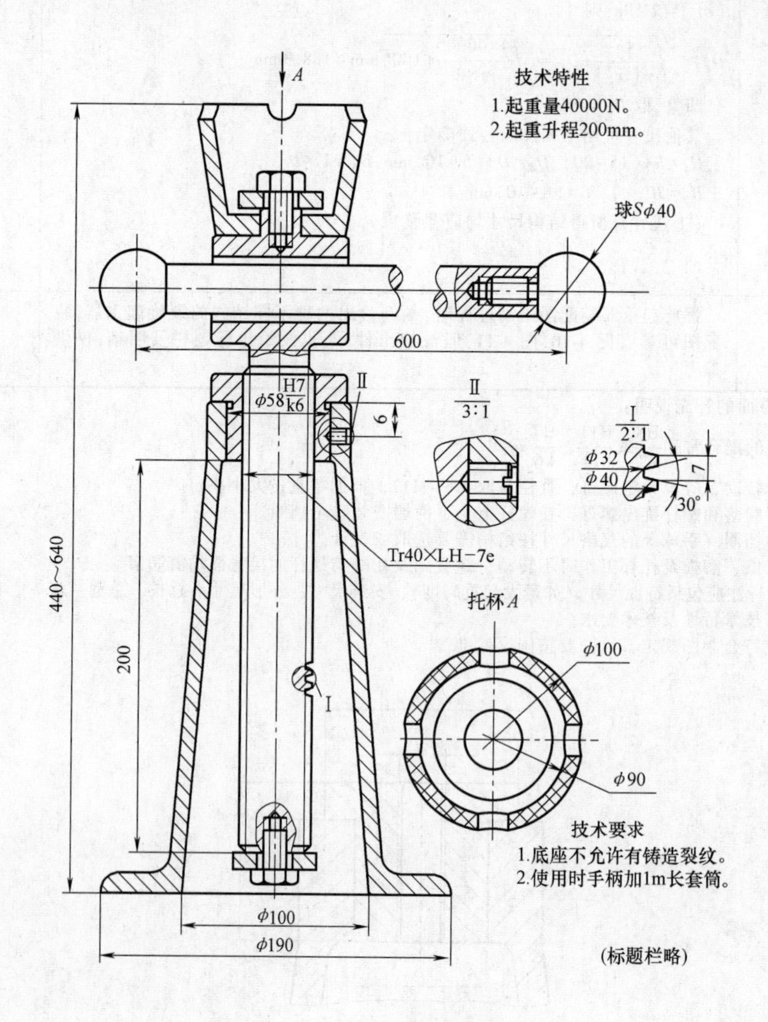

图 4-10 螺旋起重器装配图

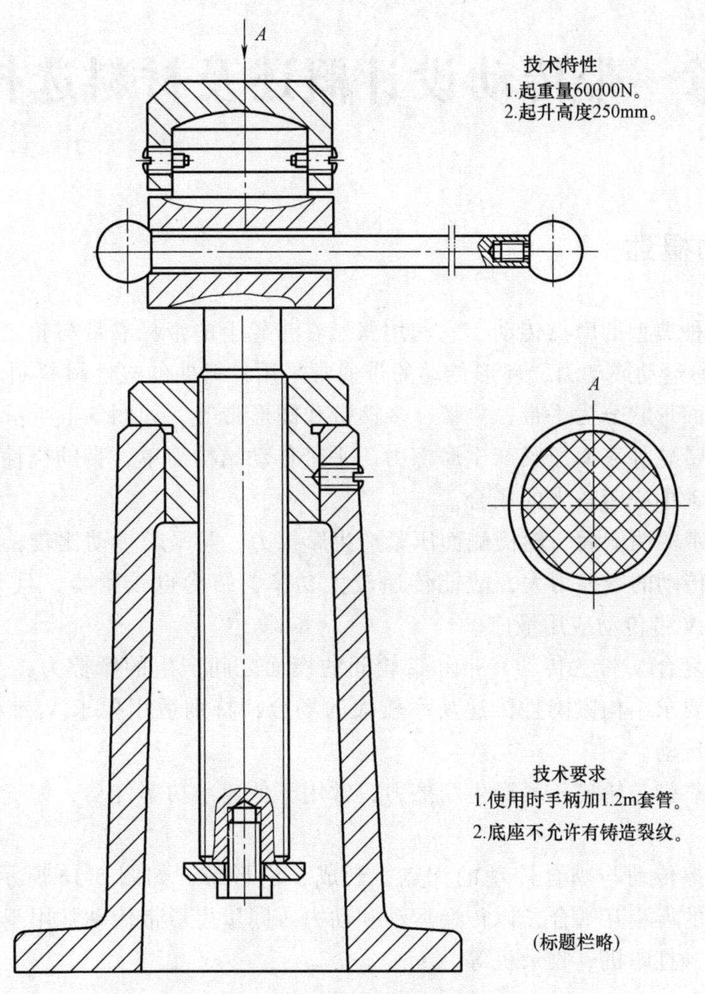

图 4-11　螺旋起重器装配图

第 5 章　带传动设计概述及材料选择分析

5.1　带传动概述

带传动是一种典型的摩擦传动，它利用张紧在带轮上的带，靠带与轮之间的摩擦在两轴（或多轴）间传递运动或动力，环形传动的带通常采用易弯曲的挠性材料制成。

根据带的截面形状分为平带、V 带、多楔带和圆形带等，如图 5-1 所示。平带传动靠带的环形内表面与带轮外表面压紧产生摩擦力。平带传动结构简单，带的挠性好，带轮容易制造，大多用于传动中心距较大的场合。

V 带传动靠带的两侧面与轮槽侧面压紧产生摩擦力。与平带传动比较，当带对带轮的压力相同时，V 带传动的摩擦力大，故能传递较大功率，结构也较紧凑，且 V 带无接头，传动较平稳，因此 V 带传动应用最广。

多楔带又称复合 V 带，传动靠带和带轮间的楔面之间产生的摩擦力，兼有平带和 V 带的优点，适宜于要求结构紧凑且传递功率较大的场合，特别适用要求 V 带根数较多或轮轴线垂直于地面的传动。

圆形带传动靠带与轮槽压紧产生摩擦力，常用于低速小功率传动，如缝纫机、磁带盘的传动等。

为了综合摩擦传动与啮合传动的优点，制成了齿形带，如图 5-1e 所示，也称啮合带。带上的齿与轮上的齿相互啮合，以传递运动和动力。同步齿形带传动常用于数控机床、纺织机械、烟草机械、打印机、收录机等。

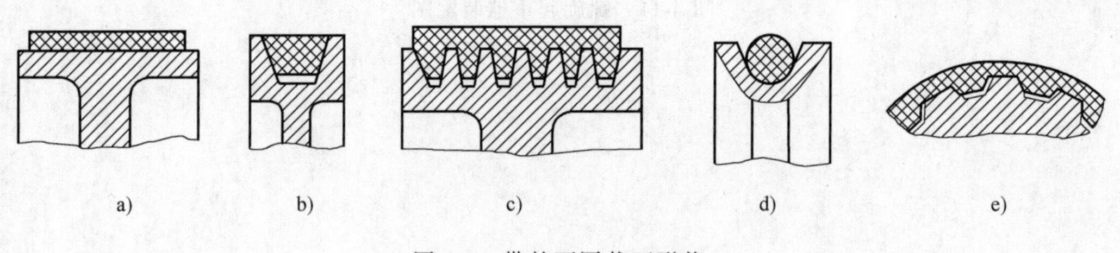

图 5-1　带的不同截面形状

a）平带　b）V 带　c）多楔带　d）圆形带　e）齿形带

5.2　带传动的工作原理

带的工作原理是靠摩擦传动，如图 5-2 所示，小带轮在电动机的驱动下顺时针旋转，带要阻碍带轮的运动，作用于带轮的摩擦力逆时针方向如图中轮 $\sum F_f$；而带轮给带的摩擦力与带给轮的摩擦力互为作用力与反作用力，大小相等方向相反，为顺时针方向，即图中带 $\sum F_f$，因此带在摩擦力的作用下以速度 v 顺时针旋转。带运动至进入大带轮时，大带轮要阻碍带的运动，作用于带的摩擦力方向与带的运动方向相反，即为逆时针，即图中带 $\sum F_f$。同理，带给带轮的摩擦力为顺时针，如图中的轮 $\sum F_f$。因此大带轮在摩擦力的驱动下顺时针旋转。

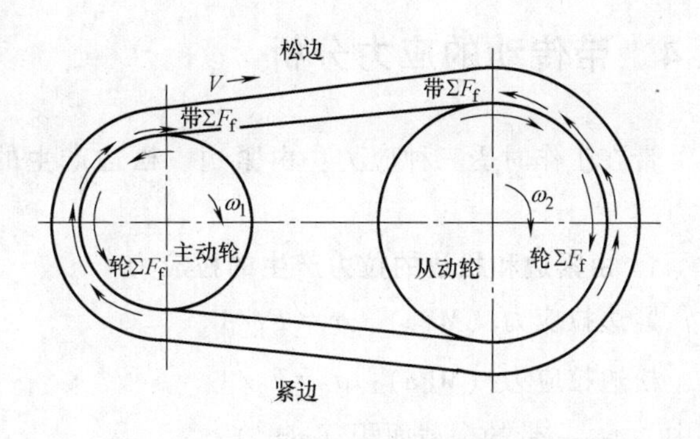

图 5-2　带传动工作原理图

5.3　带传动的受力分析

带工作前两边拉力相等（即初拉力 F_0）；工作时，由于带所受摩擦力的方向在主动轮和从动轮的带与轮接触部分皆向上（见图 5-2），因此使下边带的拉力由初拉力 F_0 增大至 F_1，为紧边拉力；带的上边（另一边）的拉力由 F_0 减小至 F_2，为松边拉力。带的两边拉力差为 F_1-F_2，为有效拉力 F，其数值等于沿带轮接触弧上摩擦力之总和，即 $F=F_1-F_2=\sum F_\mu$。

若带的总长不变，紧边拉力的增量应等于松边拉力的减量，即

$$F_1-F_0=F_0-F_2$$

所以

$$F_1+F_2=2F_0$$

如忽略离心力，带在即将打滑但还没打滑时紧边拉力与松边拉力之比的关系应符合弹性体的欧拉公式（推导略），即

$$\frac{F_1}{F_2}=\mathrm{e}^{\mu\alpha}$$

与式 $F=F_1-F_2$ 联立，可得紧边拉力 F_1、松边拉力 F_2 和有效拉力 F 之间的关系式为

$$F_1=F\frac{e^{\mu\alpha}}{e^{\mu\alpha}-1}$$

$$F_2=F\frac{1}{e^{\mu\alpha}-1}$$

$$F=F_1\left(1-\frac{1}{e^{\mu\alpha}}\right)$$

最后一个式子是另一种形式的欧拉公式，在推导设计式时会用到。

式中　e——自然对数的底（$e=2.7182\cdots$）；

μ——带和带轮之间的摩擦因数（对 V 带用当量摩擦因数 μ_v）；

α——带在小带轮上的包角（rad）；

F——带的有效拉力（N）；

F_1——带的紧边拉力（N）；

F_2——带的松边拉力（N）。

5.4 带传动的应力分析

带在工作时受三种应力：由紧边、松边产生的拉应力，由离心力产生的拉应力及弯曲应力。

1. 由紧边和松边的拉力产生的拉应力

紧边拉应力（MPa）：$\sigma_1 = F_1/A$

松边拉应力（MPa）：$\sigma_2 = F_2/A$

式中 A——带的横截面积（mm^2）。

2. 由离心拉力产生的拉应力

$$\sigma_c = F_c/A = qv^2/A$$

式中 q——每米带的质量（kg/m）；

v——带的速度（m/s）。

3. 弯曲应力

带绕过带轮时将产生弯曲应力，弯曲应力只产生在带绕过带轮的部分，假设带是弹性体，由材料力学可知弯曲应力。

绕过小轮处的弯曲应力：$\sigma_{b1} = \dfrac{2Ey}{d_1}$

绕过大轮处的弯曲应力：$\sigma_{b2} = \dfrac{2Ey}{d_2}$

式中 E——带材料的弹性模量（MPa）；

y——带的最外层到节面（中性层）的距离（mm）；

d_1、d_2——小、大带轮基准直径（mm）。

带的应力分布图如图 5-3 所示。

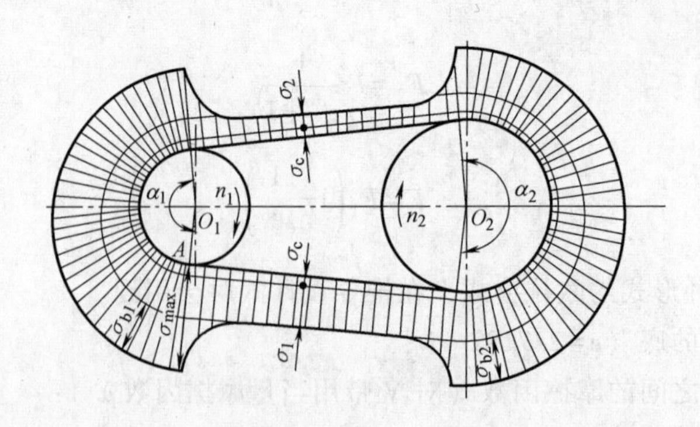

图 5-3 带的应力分布

4. 带传动的疲劳强度条件

把上述应力叠加，即得到带在传动过程中，处于各个位置时所受的应力情况，如图 5-3

所示。从图中可知：带受变应力作用，因此带将产生疲劳破坏，表现为脱层、撕裂、拉断，限制了带的使用寿命。带的最大应力发生在紧边开始绕上小带轮处的横截面上，该截面的应力值为紧边拉应力 σ_1、离心力产生的拉应力 σ_c 及小带轮的弯曲应力 σ_{b1} 之和，即 $\sigma_{max}=\sigma_1+\sigma_c+\sigma_{b1}$。

如果带的许用应力是［σ］，则带不发生疲劳破坏的强度条件为

$$\sigma_{max}=\sigma_1+\sigma_c+\sigma_{b1}\leqslant[\sigma]$$

5.5　带传动的弹性滑动及打滑

由于带是弹性体，受力不同时，带的变形量也不相同，如图 5-4 所示：在主动轮上，当带从紧边 a 点转到松边 b 点时，带受的拉力由紧边拉力 F_1 逐渐降至松边拉力 F_2，因此带的拉伸变形量也随之减小，带回缩，带与轮之间产生相对运动（如图 cb 弧），因此带的运动滞后于带轮。也就是说，带与带轮之间产生了相对滑动。同样的现象发生在从动轮上，但带的受力由松边拉力 F_2 逐渐升至紧边拉力 F_1，因此带的运动超前于带轮。这种由于带轮两边的拉力差以及带的弹性变形而引起的带与带轮之间的相对滑动现象称为弹性滑动。弹性滑动是带传动的固有特性，不可避免。

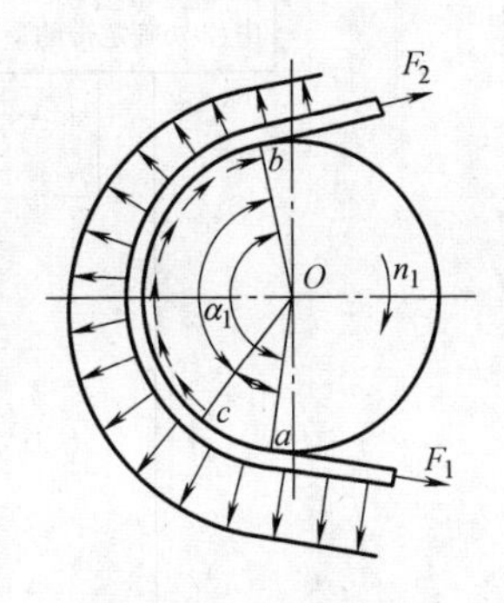

图 5-4　带的弹性滑动

弹性滑动将引起下列后果：①从动轮的圆周速度低于主动轮的圆周速度；②降低了传动效率；③引起带的磨损；④使带的温度升高。

当带传递载荷超过极限摩擦力时，带的弹性滑动普及全部接触弧，称“打滑”，这是由于超载引起的，是应该避免的。

5.6　带传动的失效形式及设计准则

1. 带的失效形式

带传动的主要失效形式有：

（1）打滑　过载造成带与轮的全面滑动，一旦打滑，带传动失效，带剧烈磨损。

（2）带的疲劳破坏　由于交变应力的作用，当最大应力 $\sigma_{max}=\sigma_1+\sigma_c+\sigma_{b1}$ 超过了带的许用应力［σ］时，将引起带的疲劳破坏而失效，表现为脱层、撕裂、拉断，限制了带的使用寿命。

2. 设计准则

带传动的设计准则是：在保证带传动不打滑的前提下，带具有一定的疲劳强度和寿命。

（1）带的疲劳强度条件　满足带不被疲劳拉断的强度条件是：$\sigma_{max}=\sigma_1+\sigma_c+\sigma_{b1}\leqslant[\sigma]$，或带的紧边拉应力 $\sigma_1\leqslant[\sigma]-\sigma_c-\sigma_{b1}$。

（2）带不打滑条件　带的最大有效圆周力 $F_{max}=F_1-F_2$，与欧拉公式 $\frac{F_1}{F_2}=e^{\mu\alpha}$ 联立得出带

在不打滑时的最大有效圆周力为

$$F_{\max}=F_1-F_2=F_1\left(1-\frac{1}{e^{\mu\alpha}}\right)$$

3. V带传动设计流程框图

工程上最常用的是V带传动，V带传动设计流程框图如图5-5所示。

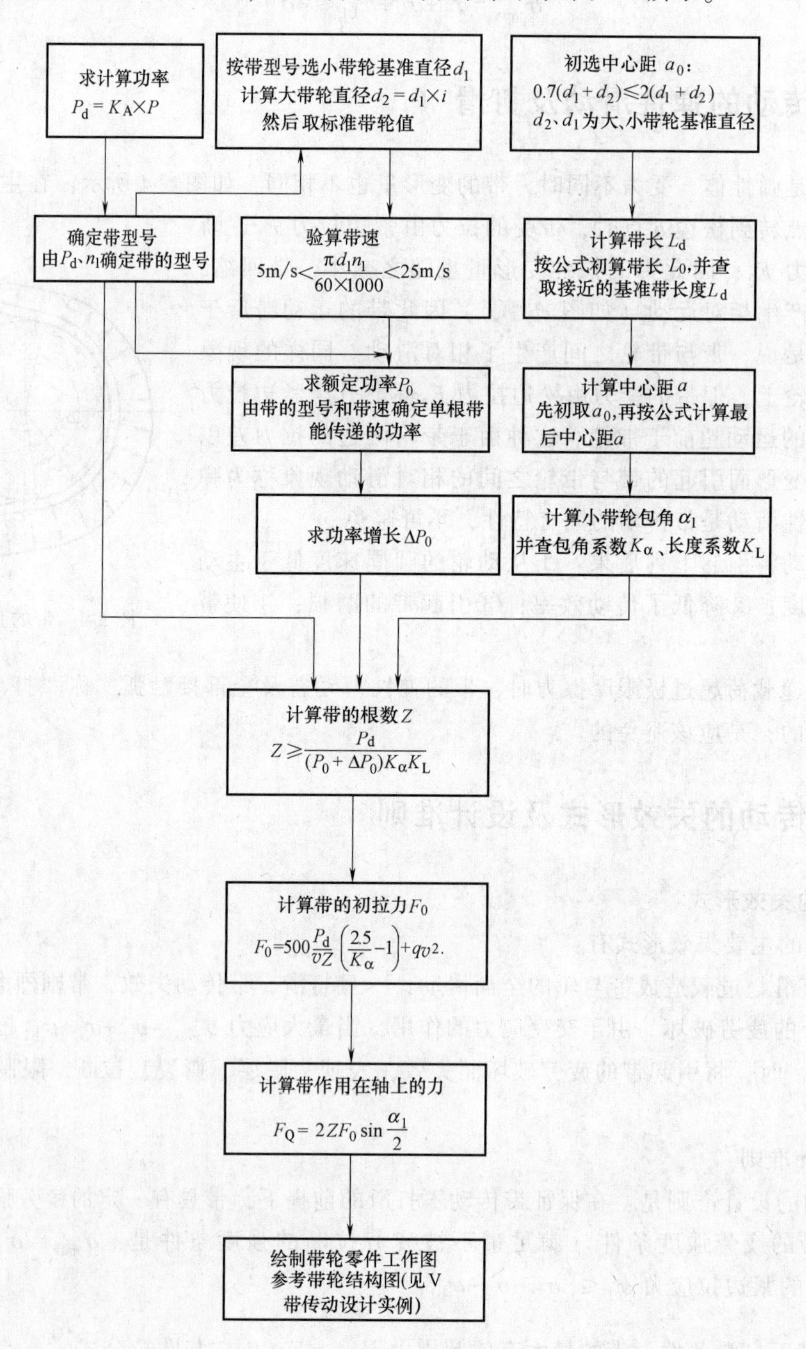

图5-5 V带传动设计流程框图

5.7　V 带传动设计实例

设计一带式输送机中的高速级普通 V 带传动。已知该传动系统由 Y 系列三相异步电动机驱动，输出功率 $P=5.5\text{kW}$，满载转速 $n_1=1440\text{r/min}$，从动轮转速 $n_2=550\text{r/min}$，单班制工作，传动水平布置。

解：

设计项目及依据	设计结果
1. 求计算功率 P_d 带式输送机载荷变动小，故由表 5-1 查得工况系数 $K_A=1.1$ $P_d=K_AP=1.1\times5.5\text{kW}=6.05\text{kW}$	$K_A=1.1$ $P_d=6.05\text{kW}$
2. 选取 V 带型号 根据 P_d、n_1 由图 5-6 初选 A 型 V 带	A 型
3. 确定带轮直径 d_{d1}、d_{d2} (1)选小带轮直径 d_{d1}　查表 5-2，A 型带最小带轮直径为 75mm，可见 A 型带有多种带轮直径可选，带轮直径越小，结构越紧凑，但弯曲应力过大，本题取 $d_{d1}=112\text{mm}$(也可取其他值) (2)验算带速 v $v=\dfrac{\pi d_{d1}n_1}{60\times1000}=\dfrac{\pi\times112\times1440}{60\times1000}\text{m/s}\approx8.45\text{m/s}$，在 5~25m/s 之间 (3)确定从动轮基准直径 d_{d2} $d_{d2}=\dfrac{n_1}{n_2}d_{d1}=\dfrac{1440}{550}\times112\text{mm}\approx293.24\text{mm}$ 按表 5-2 取接近的标准值，即取 $d_{d2}=280\text{mm}$ (4)计算实际传动比 i 当忽略滑动率时：$i=d_{d2}/d_{d1}=280/112=2.5$ (5)验算传动比相对误差 题目的理论传动比：$i_0=n_1/n_2=1440/550=2.62$ 传动比相对误差：$\left\|\dfrac{i_0-i}{i_0}\right\|=\dfrac{2.62-2.5}{2.62}=4.58\%<5\%$	$d_{d1}=112\text{mm}$ $V\approx8.45\text{m/s}$， 在 5~25m/s 之间，满足要求 取 $d_{d2}=280\text{mm}$ $i=2.5$ 传动比相对误差 4.58%<5%，合格
4. 确定中心距 a 和基准带长 L_d (1)初定中心距 a_0 由经验公式：$0.7(d_{d1}+d_{d2})\leqslant a_0\leqslant2(d_{d1}+d_{d2})$ 代入数据： $0.7\times(112+280)\leqslant a_0\leqslant2\times(112+280)$ 即 $274.4\text{mm}\leqslant a_0\leqslant784\text{mm}$，本题取 $a_0=500\text{mm}$ (2)初算带的基准长度 L_{d0} $L_{d0}\approx2a_0+\dfrac{\pi}{2}(d_{d1}+d_{d2})+\dfrac{(d_{d2}-d_{d1})^2}{4a_0}$ $\approx2\times500\text{mm}+\dfrac{\pi}{2}(112+280)\text{mm}+\dfrac{(280-112)^2}{4\times500}\text{mm}\approx1630\text{mm}$ (3)计算带的最终基准长度 L_d 带长必须是标准长度(否则买不到)，查表 5-3 取与 1630mm 接近的标准值为 1600mm，即选 $L_d=1600\text{mm}$ (4)计算实际中心距 a 因为带长取了标准值，因此必须重新计算中心距 a。由近似公式进行计算： $a\approx a_0+\dfrac{L_d-L_{d0}}{2}\approx500\text{mm}+\dfrac{1600-1630}{2}\text{mm}=485\text{mm}$	取 $a_0=500\text{mm}$ $L_{d0}=1630\text{mm}$ $L_d=1600\text{mm}$ $a=485\text{mm}$

（续）

设计项目及依据	设计结果
(5)确定中心距调整范围 由下列经验公式计算： $a_{max}=a+0.03L_d=485mm+0.03\times1600mm=533mm$ $a_{min}=a-0.015L_d=485mm-0.015\times1600mm=461mm$	$a_{max}=533mm$ $a_{min}=461mm$
5. 验算包角 α_1 由公式计算包角 α_1 为 $\alpha_1=180°-\frac{d_{d2}-d_{d1}}{a}\times57.3°=180°-\frac{280-112}{485}\times57.3°\approx160°>120°$	$\alpha_1\approx160°>120°$合格
6. 确定V带根数 Z (1)确定额定功率 P_0 由 d_{d1} 及 n_1 查表5-4,并用线性插值法求得 P_0 (2)确定各修正系数 功率增量 ΔP_0:查表5-5,并用线性插值法求得 $\Delta P_0=0.17kW$ 包角系数 K_α:查表5-6,并用线性插值法求得 $K_\alpha=0.95$ 长度系数 K_L:查表5-7,得 $K_L=0.99$ (3)确定V带根数 Z 由计算带的根数公式代入上述数据： $Z\geqslant\frac{P_d}{(P_0+\Delta P_0)K_\alpha K_L}\geqslant\frac{6.05}{(1.60+0.17)\times0.95\times0.99}\geqslant3.63$,取 $Z=4$ 根	$P_0=1.6kW$ $\Delta P_0=0.17kW$ $K_\alpha=0.95$ $K_L=0.99$ $Z\geqslant3.63$ 根 取 $Z=4$ 根
7. 确定单根V带初拉力 F_0 查表5-8得单位长度质量 $q=0.10$ kg/m 由公式计算初拉力 F_0 $F_0=500\frac{P_d}{vZ}\left(\frac{2.5}{K_\alpha}-1\right)+qv^2$ $=500\times\frac{6.05}{8.45\times4}\left(\frac{2.5}{0.95}-1\right)N+0.1\times8.45^2N\approx153N$	$q=0.10kg/m$ $F_0=153N$
8. 计算压轴力 F_Q 由公式计算压轴力 F_Q $F_Q=2ZF_0\sin\frac{\alpha_1}{2}=2\times4\times153N\times\sin\frac{160°}{2}\approx1205N$	$F_Q=1205N$
9. 带轮设计 (1)带轮材料 因带速 $v\leqslant30m/s$,则大、小带轮皆选灰铸铁HT150 (2)结构设计 小带轮：已知Y系列三相异步电动机功率 $P=5.5kW$,满载转速 $n_1=1440r/min$,由表5-9查出电动机的型号为：Y132S-4。该电动机伸出轴的直径 $D=38mm$、伸出轴的轴长 $L=80mm$ 参考图5-7：$d_{d1}=112mm$,采用实心式结构,结构尺寸参考图5-7的经验公式,但应圆整为整数 大带轮：$d_{d2}=280mm$,参考图5-7：采用孔板式结构(也可腹板式)。假设与之配合的轴头直径为40mm(实际设计是由轴的结构而定),结构尺寸参考图5-7的经验公式,但应圆整为整数 (3)带轮工作图设计 带轮工作图是加工带轮和检测带轮的基本技术文件,要求设计成用于生产加工的图样。在结构设计的基础上,应该标出加工带轮所必需的尺寸,还应标出公差及检测所必需的内容等 小V带轮及大V带轮的零件工作图分别见图5-8和图5-9 带轮零件工作图可有多种形式,本例给出的带轮零件工作图只是其中一种,仅供参考	铸铁HT150 小V带轮零件工作图见图5-8 大V带轮零件工作图见图5-9

表 5-1　工况系数 K_A

工作载荷性质	动力机					
	Ⅰ类			Ⅱ类		
每天工作小时	≤10	10~16	>16	≤10	10~16	>16
工作平稳	1	1.1	1.2	1.1	1.2	1.3
载荷变动小	1.1	1.2	1.3	1.2	1.3	1.4
载荷变动较大	1.2	1.3	1.4	1.4	1.5	1.6
冲击载荷	1.3	1.4	1.5	1.5	1.6	1.8

注：Ⅰ类—直流电动机、Y 系列三相异步电动机、汽轮机、水轮机。

Ⅱ类—交流同步电动机、交流异步滑环电动机、内燃机、蒸汽机。

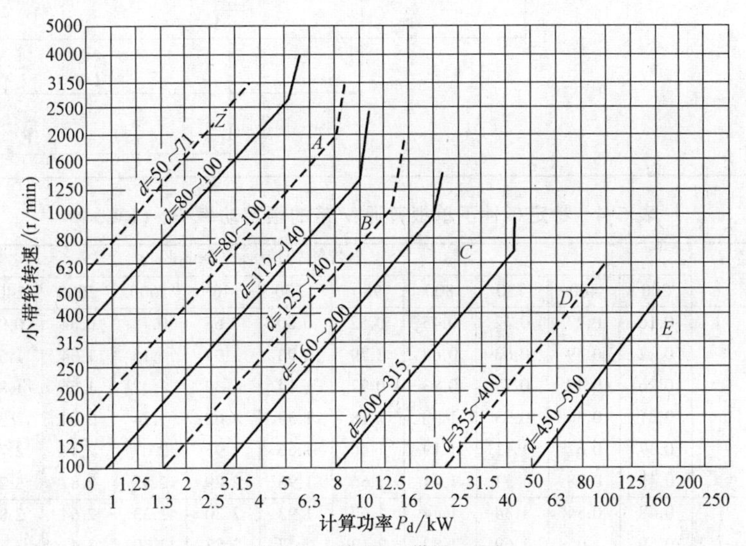

图 5-6　普通 V 带选型图

表 5-2　普通 V 带带轮基准直径系列

d/mm	Z	A	B	d/mm	Z	A	B	C	D	E
				200	*	*	*	* *		
				212				*		
				224	*	*	*	*		
				236				*		
				250	*	*	*	*		
50	* *			265				*		
56	*			280	*	*	*	*		
63	*			300				*		
71	*			315	*	*	*	*		
75	*	* *		335				*		
80	*	*		355	*	*	*	*	* *	
85		*		375					*	
90	*	*		400	*	*	*	*	*	
95		*		425					*	
100	*	*		450		*	*	*	*	
106		*		475						
112	*	*		500	*	*	*	*	*	* *
118		*		530					*	*
125	*	*	* *	560		*	*	*	*	*
132	*	*	*	600			*	*	*	*
140	*	*	*	630	*	*	*	*	*	*
150	*	*	*	670						*
160	*	*	*	710		*	*	*	*	*
170			*	750			*	*	*	
180	*	*	*	800			*	*	*	*

注：* 为采用值；空格为不采用值；* * 为最小基准直径 d_{min}。

表 5-3　V 带的基准长度

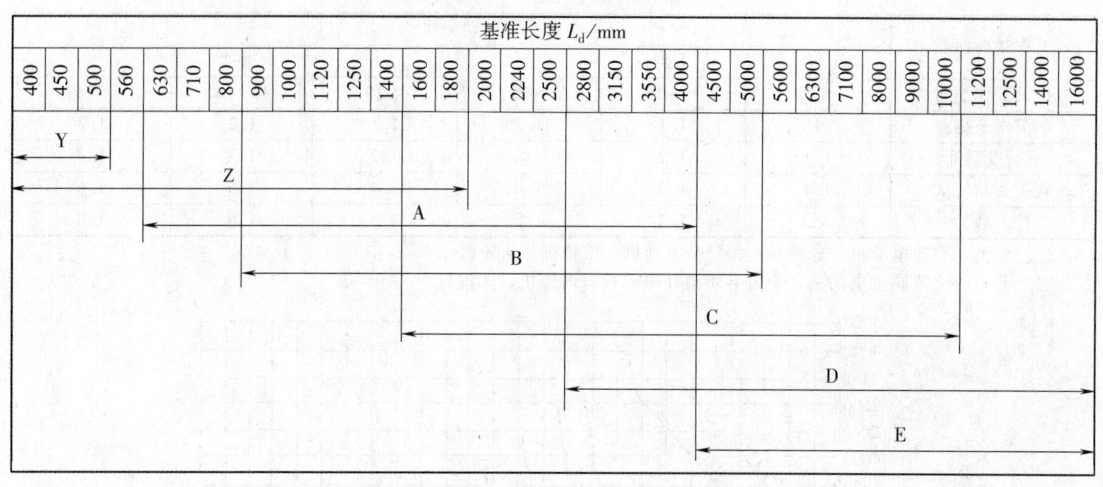

表 5-4　特定条件下单根普通 V 带的额定功率 P_0 (kW)

截型	小带轮直径 d_1 /mm	小带轮转速 n_1/(r/min)											
		200	400	730	800	980	1200	1460	1600	2000	2400	2800	3200
A	75	0.16	0.27	0.42	0.45	0.52	0.60	0.68	0.73	0.84	0.92	1.00	1.04
	90	0.22	0.39	0.63	0.68	0.79	0.93	1.07	1.15	1.34	1.50	1.64	7.75
	100	0.26	0.47	0.77	0.83	0.97	1.14	1.32	1.42	1.66	1.87	2.05	2.19
	112	0.31	0.56	0.93	1.00	1.18	1.39	1.62	1.74	2.04	2.30	2.51	2.68
	125	0.37	0.67	1.11	1.19	1.40	1.66	1.93	2.07	2.44	2.74	2.98	3.16
	140	0.43	0.78	1.31	1.41	1.66	1.96	2.29	2.45	2.87	3.22	3.48	3.65
B	125	0.48	0.84	1.34	1.44	1.67	1.93	2.20	2.33	2.64	2.85	2.96	2.94
	140	0.59	1.05	1.69	1.82	2.13	2.47	2.83	3.00	3.43	3.70	3.85	3.83
	160	0.74	1.32	2.16	2.32	2.72	3.17	3.64	3.86	4.40	4.75	4.89	4.80
	180	0.88	1.59	2.61	2.81	3.30	3.85	4.41	4.68	5.30	5.67	5.76	5.52
	200	1.02	1.85	3.06	3.30	3.86	4.50	5.15	5.46	6.13	6.47	6.43	5.95
	224	1.19	2.17	3.59	3.86	4.50	5.26	5.99	6.33	7.02	7.25	6.95	6.05
C	200	1.92	3.30	3.80	4.07	4.66	5.29	5.86	6.07	6.34	6.02	5.01	—
	224	2.37	4.12	4.78	5.12	5.89	6.71	7.47	7.75	8.05	7.57	3.57	—
	250	2.85	5.00	5.82	6.23	7.18	8.21	9.06	9.38	9.62	8.75	2.93	—
	280	3.40	6.00	6.99	7.52	8.65	9.81	10.74	11.06	11.04	9.50	—	—
	315	4.04	7.14	8.34	8.92	10.23	11.53	12.48	12.72	12.14	9.43	—	—

表 5-5　单根普通 V 带的额定功率增量 ΔP_0　　　　(单位：kW)

截型	传动比 i	小带轮转速 n_1/(r/min)											
		200	400	730	800	980	1200	1460	1600	2000	2400	2800	3200
A	1.00~1.01	0.00	0.00	0.00	0.00	0.00	0.00	0.00	0.00	0.00	0.00	0.00	0.00
	1.02~1.04	0.00	0.01	0.01	0.01	0.01	0.02	0.02	0.02	0.03	0.03	0.04	0.04
	1.05~1.08	0.01	0.01	0.02	0.02	0.03	0.03	0.04	0.04	0.06	0.07	0.08	0.09
	1.09~1.12	0.01	0.02	0.03	0.03	0.04	0.05	0.06	0.06	0.08	0.10	0.11	0.13
	1.13~1.18	0.01	0.02	0.04	0.04	0.05	0.07	0.08	0.09	0.11	0.13	0.15	0.17
	1.19~1.24	0.01	0.03	0.05	0.05	0.06	0.08	0.09	0.11	0.13	0.16	0.19	0.22
	1.25~1.34	0.02	0.03	0.06	0.06	0.07	0.10	0.11	0.13	0.16	0.19	0.23	0.26
	1.35~1.51	0.02	0.04	0.07	0.08	0.08	0.11	0.13	0.15	0.19	0.23	0.26	0.30
	1.52~1.99	0.02	0.04	0.08	0.09	0.10	0.13	0.15	0.17	0.22	0.26	0.30	0.34
	≥2.0	0.03	0.05	0.09	0.10	0.11	0.15	0.17	0.19	0.24	0.29	0.34	0.39

（续）

截型	传动比 i	小带轮转速 n_1/(r/min)											
		200	400	730	800	980	1200	1460	1600	2000	2400	2800	3200
B	1.00~1.01	0.00	0.00	0.00	0.00	0.00	0.00	0.00	0.00	0.00	0.00	0.00	0.00
	1.02~1.04	0.01	0.01	0.02	0.03	0.03	0.04	0.05	0.06	0.07	0.08	0.10	0.11
	1.05~1.08	0.01	0.03	0.05	0.06	0.07	0.08	0.10	0.11	0.14	0.17	0.20	0.23
	1.09~1.12	0.02	0.04	0.07	0.08	0.10	0.13	0.15	0.17	0.21	0.25	0.29	0.34
	1.13~1.18	0.03	0.06	0.10	0.11	0.13	0.17	0.20	0.23	0.28	0.34	0.39	0.45
	1.19~1.24	0.04	0.07	0.12	0.14	0.17	0.21	0.25	0.28	0.35	0.42	0.49	0.56
	1.25~1.34	0.04	0.08	0.15	0.17	0.20	0.25	0.31	0.34	0.42	0.51	0.59	0.68
	1.35~1.51	0.05	0.10	0.17	0.20	0.23	0.30	0.36	0.39	0.49	0.59	0.69	0.79
	1.52~1.99	0.06	0.11	0.20	0.23	0.26	0.34	0.40	0.45	0.56	0.68	0.79	0.90
	≥2.0	0.06	0.13	0.22	0.25	0.30	0.38	0.46	0.51	0.63	0.76	0.89	1.01
C	1.00~1.01	0.00	0.00	0.00	0.00	0.00	0.00	0.00	0.00	0.00	0.00	0.00	0.00
	1.02~1.04	0.02	0.04	0.07	0.08	0.09	0.12	0.14	0.16	0.20	0.23	0.27	0.31
	1.05~1.08	0.04	0.08	0.14	0.16	0.19	0.24	0.28	0.31	0.39	0.47	0.55	0.63
	1.09~1.12	0.06	0.12	0.21	0.23	0.27	0.35	0.42	0.47	0.59	0.70	0.82	0.94
	1.13~1.18	0.08	0.16	0.27	0.31	0.37	0.47	0.58	0.63	0.78	0.94	1.10	1.26
	1.19~1.24	0.10	0.20	0.34	0.39	0.47	0.59	0.71	0.78	0.98	1.18	1.37	1.57
	1.25~1.34	0.12	0.23	0.41	0.47	0.56	0.70	0.85	0.94	1.17	1.41	1.64	1.88
	1.35~1.51	0.14	0.27	0.48	0.55	0.65	0.82	0.99	1.10	1.37	1.65	1.92	2.20
	1.52~1.99	0.16	0.31	0.55	0.63	0.74	0.94	1.14	1.25	1.57	1.88	2.19	2.51
	≥2.0	0.18	0.35	0.62	0.71	0.83	1.06	1.27	1.41	1.76	2.12	2.47	2.83

表 5-6　包角系数 K_α

包角 α_1/(°)	180	175	170	165	160	155	150	145	140	135	130	125	120	110	100	90
K_α	1	0.99	0.98	0.96	0.95	0.93	0.92	0.91	0.89	0.88	0.86	0.84	0.82	0.78	0.74	0.69

表 5-7　长度系数 K_L

基准长度 L_d/mm	K_L				基准长度 L_d/mm	K_L					
	Z	A	B	C		Z	A	B	C	D	E
400	0.87				2000		1.03	0.98	0.88		
450	0.89				2240		1.06	1.00	0.91		
500	0.91				2500		1.09	1.03	0.93		
560	0.94				2800		1.11	1.05	0.95	0.83	
630	0.93	0.81			3150		1.13	1.07	0.97	0.86	
710	0.99	0.83			3550		1.17	1.09	0.99	0.89	
800	1.00	0.85			4000		1.19	1.13	1.02	0.91	
900	1.03	0.87	0.82		4500			1.15	1.04	0.93	0.90
1000	1.06	0.89	0.84		5000			1.18	1.07	0.96	0.92
1120	1.08	0.91	0.86		5600				1.09	0.98	0.95
1250	1.11	0.93	0.88		6300				1.12	1.00	0.97
1400	1.14	0.96	0.90		7100				1.15	1.03	1.00
1600	1.16	0.99	0.92	0.83	8000				1.18	1.06	1.02
1800	1.18	1.01	0.95	0.86	9000				1.21	1.08	1.05

注：各型号中长度系数 K_L 为空格的，无对应的基准长度 L_d。

表 5-8　普通 V 带截面尺寸

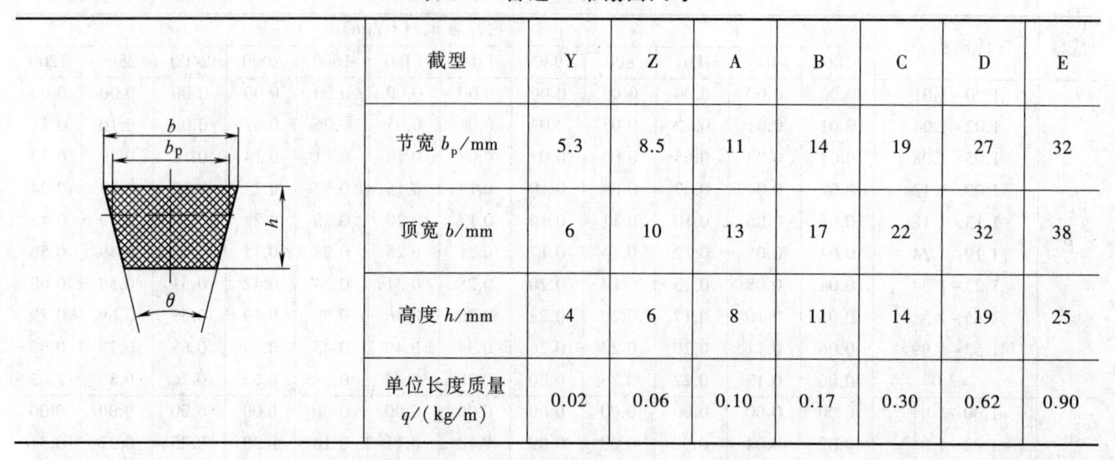

截型	Y	Z	A	B	C	D	E
节宽 b_p/mm	5.3	8.5	11	14	19	27	32
顶宽 b/mm	6	10	13	17	22	32	38
高度 h/mm	4	6	8	11	14	19	25
单位长度质量 q/(kg/m)	0.02	0.06	0.10	0.17	0.30	0.62	0.90

表 5-9　Y 系列三相异步电动机技术数据

电动机型号	额定功率/kW	满载转速/(r/min)	堵转转矩/额定转矩	最大转矩/额定转矩	电动机型号	额定功率/kW	满载转速/(r/min)	堵转转矩/额定转矩	最大转矩/额定转矩
同步转速 3000r/min,2 极					同步转速 1500r/min,4 极				
Y801—2	0.75	2825	2.2	2.2	Y90S—6	0.75	910	2.0	2.0
Y802—2	1.1	2825	2.2	2.2	Y90L—6	1.1	910	2.0	2.0
Y90S—2	1.5	2840	2.2	2.2	Y100L—6	1.5	940	2.0	2.0
Y90L—2	2.2	2840	2.2	2.2	Y112M—6	2.2	940	2.0	2.0
Y100L—2	3	2880	2.2	2.2	Y132S—6	3	960	2.0	2.0
Y112M—2	4	2890	2.2	2.2	Y132M1—6	4	960	2.0	2.0
Y132S1—2	5.5	2900	2.0	2.2	Y132M2—6	5.5	960	2.0	2.0
Y132S2—2	7.5	2900	2.0	2.2	Y160M—6	7.5	970	2.0	2.0
Y160M1—2	11	2930	2.0	2.2	Y160L—6	11	970	2.0	2.0
Y160M2—2	15	2930	2.0	2.2	Y180L—6	15	970	1.8	2.0
Y160L—2	18.5	2930	2.0	2.2	Y200L1—6	18.5	970	1.8	2.0
Y180M—2	22	2940	2.0	2.2	Y200L2—6	22	970	1.8	2.0
Y200L1—2	30	2950	2.0	2.2	Y225M—6	30	980	1.7	2.0
同步转速 1500r/min,4 极					同步转速 750r/min,8 极				
Y801—4	0.55	1390	2.2	2.2	Y132S—8	2.2	710	2.0	2.0
Y802—4	0.75	1390	2.2	2.2					
Y90S—4	1.1	1400	2.2	2.2	Y132M—8	3	710	2.0	2.0
Y90L—4	1.5	1400	2.2	2.2	Y160M1—8	4	720	2.0	2.0
Y100L1—4	2.2	1420	2.2	2.2	Y160M2—8	5.5	720	2.0	2.0
Y100L2—4	3	1420	2.2	2.2					
Y112M—4	4	1440	2.2	2.2	Y160L—8	7.5	720	2.0	2.0
Y132S—4	5.5	1440	2.2	2.2	Y180L—8	11	730	1.7	2.0
Y132M—4	7.5	1440	2.2	2.2	Y200L—8	15	730	1.8	2.0
Y160M—4	11	1460	2.2	2.2					
Y160L—4	15	1460	2.2	2.2	Y225S—8	18.5	730	1.7	2.0
Y180M—4	18.5	1470	2.0	2.2	Y225M—8	22	730	1.8	2.0
Y180L—4	22	1470	2.0	2.2					
Y200L—4	30	1470	2.0	2.2	Y250M—8	30	730	1.8	2.0

注：电动机型号的意义，以 Y132S2—2—B3 为例来说明。型号中，Y 表示系列代号，132 表示机座中心高，S2 表示短机座和第二种铁心长度（M 表示中机座，L 表示长机座），2 表示电动机的极数，B3 表示安装形式。

5.8　V 带带轮结构设计及工作图

5.8.1　V 带轮的结构设计

1. V 带轮轮槽

各种型号的普通 V 带轮轮槽的尺寸见表 5-10。V 带绕在带轮上会发生弯曲变形，使 V 带工作面的夹角发生变化。为了使 V 带的工作面与带轮的轮槽工作面紧密贴合，将 V 带轮轮槽的工作面的夹角加工成小于 V 带夹角（40°），即 32°、34°、36°、38°。

表 5-10　普通 V 带轮轮槽尺寸

槽型截面尺寸	Y	Z	A	B	C	D	E
槽根高 h_{fmin}	4.7	7.0	8.7	10.8	14.3	19.9	23.4
槽顶高 h_{amin}	1.6	2.0	2.75	3.5	4.8	8.1	9.6
槽间距 e	8±0.3	12±0.3	15±0.3	19±0.4	25.5±0.5	37±0.6	44.5±0.7
槽边宽 f_{min}	7±1	8±1	10^{+2}_{-1}	12.5^{+2}_{-1}	17^{+2}_{-1}	23^{+3}_{-1}	29^{+4}_{-1}
基准宽度 b_d	5.3	8.5	11	14	19	27	32
轮缘厚度 δ_{min}	5	5.5	6	7.5	10	12	15
轮宽 B	$B=(z-1)e+2f$，z 为轮槽数						
外径 d_a	$d_a=d+2h_a$						
槽角 φ 32° 基准直径 d	≤60						
槽角 φ 34° 基准直径 d		≤80	≤118	≤190	≤315		
槽角 φ 36° 基准直径 d	>60					≤475	≤600
槽角 φ 38° 基准直径 d		>80	>118	>190	>315	>475	>600

2. 带轮的结构形状

带轮的结构形状设计是根据带轮的尺寸大小以及考虑减轻重量、工艺运输等因素决定的，分为实心式（S 型）、辐板式（P 型）、孔板式（H 型）和轮辐式（E 型），如图 5-7 所示。

带轮基准直径较小时[$d\leqslant(2.5\sim3)d_s$，d_s 为轴径]，常用实心式结构（见图 5-7a）。

当 $d\leqslant300$mm 时，可采用辐板式结构（见图 5-7b）。

当 $d_r-d_h\geqslant100$mm 时，为方便吊装和减轻重量可在辐板上开孔，称为孔板式（见图 5-7c）。

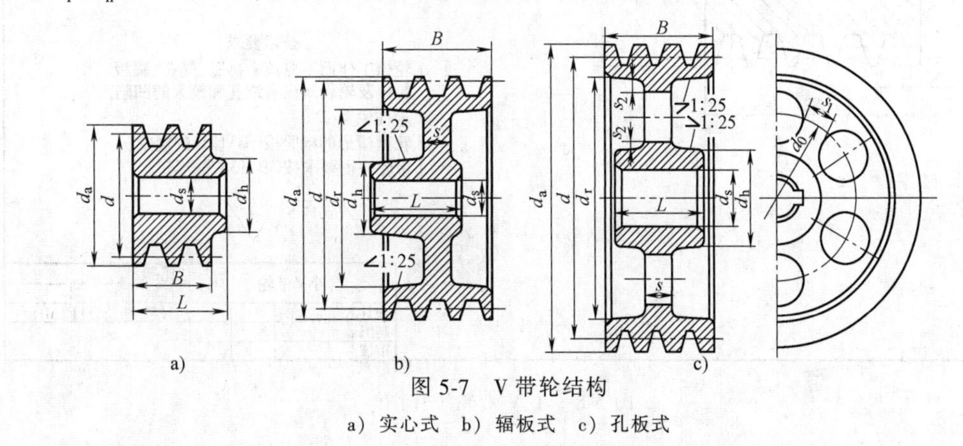

图 5-7　V 带轮结构

a）实心式　b）辐板式　c）孔板式

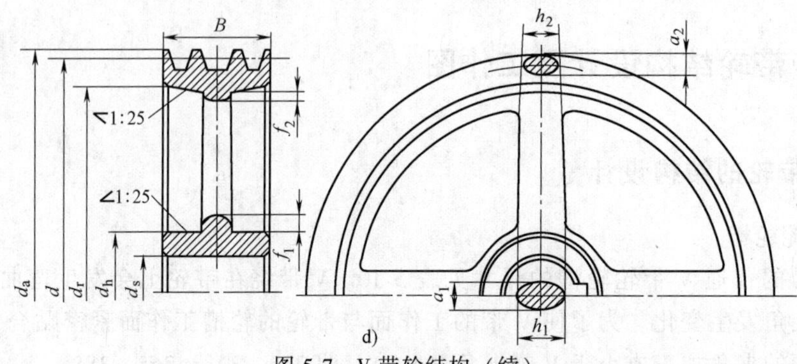

图 5-7 V 带轮结构（续）

d）辐条式

$$d_h = (1.8 \sim 2) d_s \quad d_r = d_a - 2(h_a + h_f + \delta)$$

$$h_1 = 290(P/(nz_a))^{1/3} \quad h_2 = 0.8h_1 \quad d_0 = (d_h + d_f)/2$$

$$s = (0.2 \sim 0.3)B \quad L = (1.5 \sim 2) d_s$$

$$s_1 = 1.5s \quad s_2 \geqslant 0.5s \quad a_1 = 0.4h_1 \quad a_2 = 0.8a_1 \quad f_1 = f_2 = 0.2h_1$$

h_a、h_f、δ 见表 5-10；P 为传递的功率，单位 kW，n 为转速，单位为 r/min；z_a 为辐条数。

当 d>300mm 时，一般采用辐条式结构（见图 5-7d）。

5.8.2　V 带轮零件工作图

以 5.6 节的设计实例为例，设计出的小 V 带轮及大 V 带轮零件工作图如图 5-8 和图 5-9 所示。

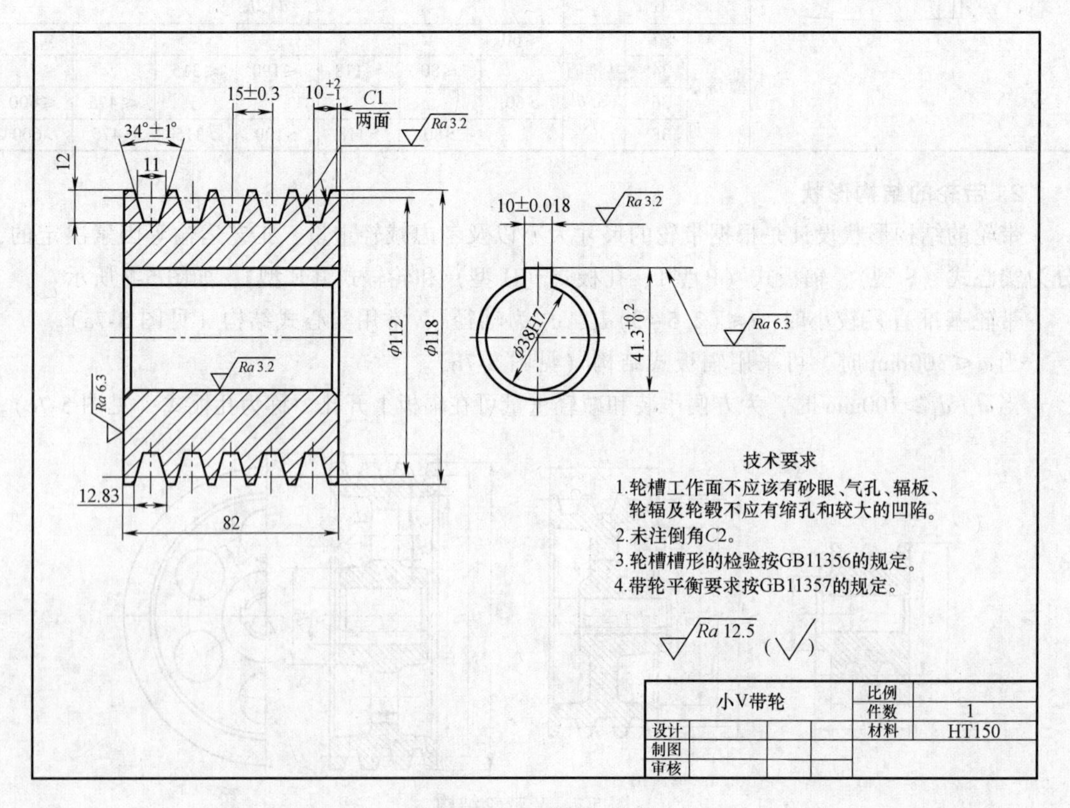

图 5-8　小 V 带轮工作图

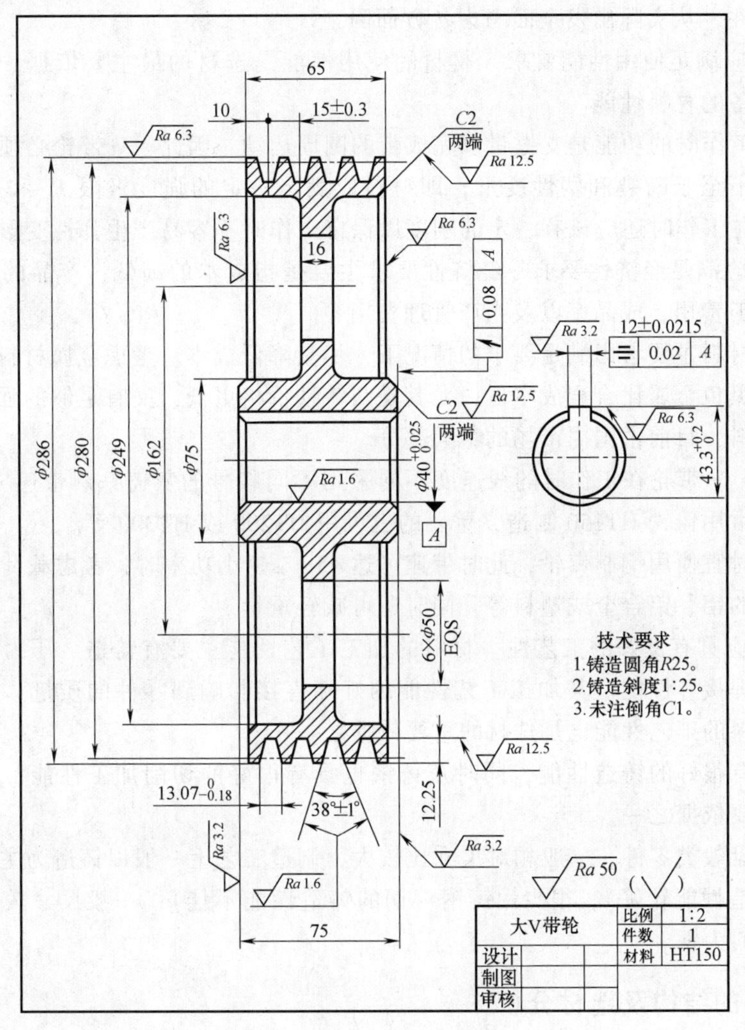

图 5-9　大 V 带轮工作图

5.9　带传动材料选择与分析

5.9.1　V 带轮材料选择与分析

1. V 带轮的组成

V 带轮由下列三部分组成：

轮缘——用以安装传动带的部分；

轮毂——与轴接触配合的部分；

轮辐或辐板——用以连接轮缘和轮毂的部分。

普通 V 带轮轮槽结构及尺寸见表 5-10。

2. V 带轮的材料选择依据

作为一个机械设计人员，在选材时必须了解我国工业发展趋势，按国家标准，结合我国资源和生产条件，从实际出发全面考虑各方面因素。

（1）材料应满足使用性能要求　材料的使用性能是选材的最主要依据，它是指零件在使用时所应具备的材料性能。

V 带轮在工作时的功能是支撑带以完成带的圆周运动，因此，V 带轮必须有一定的强度以保证工作时不至于断裂和塑性变形，即材料应满足一定的强度极限 R_m 和屈服极限 R_{eL}。同时，V 带轮在工作时还应该有一定的刚度以保持工作时不容易产生弹性变形。

（2）材料应满足经济性要求　经济性要求主要是指成本的高低，产品的成本主要包括原料成本、加工费用、成品率以及生产管理费用等。

选择带轮材料主要考虑满足要求的情况下，尽量降低成本。考虑金属材料应能满足强度和刚度要求，黑色金属比合金成本低，尤其是灰铸铁价格更低，又有足够的强度，因此是 V 带轮的优选材料，目前占国内市场的绝大部分。

根据经验，V 带轮在工作时的线速度不同采用不同牌号的灰铸铁。带速 $v \leqslant 30$m/s 的传动带，其带轮常用铸铁 HT150 制造，重要的也可用 HT200 或 HT300 等。

速度较高时宜使用钢制带轮，此时带速可达 45m/s。小功率时，考虑载荷较小，可采用强度极限较低的铝、铝合金或塑料等，同时还可减轻重量。

（3）材料应具有良好的工艺性　材料的加工工艺性能主要有铸造、压力加工、切削加工、热处理和焊接等性能。其加工工艺性能的好坏直接影响到零件的质量、生产效率及成本。所以，材料的工艺性能也是选材的重要依据之一。

灰铸铁具有很好的铸造性能，同时灰铸铁也具有很好的切削加工性能，是合理选择 V 带轮材料的重要依据之一。

带轮属于盘毂类零件，一般相对尺寸比较大，制造工艺上一般以铸造为主。通常使用灰铸铁材料（铸造性能较好），很少用铸钢（钢的铸造性能不佳）；一般尺寸较小的，可以设计为锻造，材料为钢。

5.9.2　V 带的结构及选材分析

1. 普通 V 带结构及选材分析

目前广泛使用的普通 V 带按强力层材料不同可分为两种结构：帘布结构和线绳结构，分别如图 5-10a、b 所示。

如图 5-10 所示，普通 V 带的结构由四部分组成：

（1）抗拉体 1　承受载荷的主体，材料为化学纤维织物。

（2）顶胶 2　当 V 带弯曲时，将伸长，由胶料制成。

（3）底胶 3　当 V 带弯曲时，将缩短，由胶料制成。

（4）包布层 4　由胶帆布制成。

帘布结构与线绳结构区别在于抗拉体，帘布结构由胶帘布制造，便于制造；线绳结构由胶线绳制造，柔韧性好，抗弯强度高，寿命长。

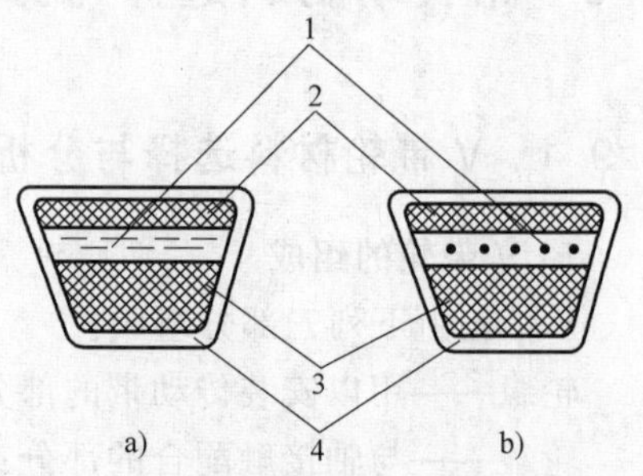

图 5-10　普通 V 带构造
a）帘布结构　b）线绳结构
1—抗拉体　2—顶胶
3—底胶　4—包布层

普通 V 带楔角为 40°，带绕过带轮时由于产生横向变形，使得楔角变小。为使带轮的轮槽工作面和 V 带两侧面接触良好，带轮槽角 φ 取 32°、34°、36°、38°，带轮直径越小，槽角 φ 取值越小。

因为带与轮之间有弹性滑动，在正常工作时，不可避免地有磨损产生，因此带轮工作表面要仔细加工，一般带轮表面粗糙度要求 $Ra=3.2\mu m$。为增加带与轮间的摩擦故意把带轮表面加工得很粗糙是错误的。另外，对于高速带轮还要进行动平衡。

2. 窄 V 带的结构及选材分析

窄 V 带楔角（V 带两个侧面之夹角）为 40°，由包布层、伸张胶层、强力层和压缩胶层等部分组成。窄 V 带也是工程中常用的一种带，具有如下特点：

1）窄 V 带的高度与其节宽之比为 0：9。顶面宽与带厚之比为 1：1~1：2，相当于普通 V 带。带的宽度比普通 V 带缩小约 1/3，所以窄 V 带比普通 V 带的横向刚度大。窄 V 带工作时，受拉伸的凹陷变形小，而且带轮宽度小，带传动结构紧凑。

2）窄 V 带顶面呈弓形，可使 V 带在工作时强力层受拉力后产生凹陷变形，而顶面的弓形结构和两侧的凹陷结构补偿了弯曲变形，使绳芯受力时仍保持排列整齐，因而受力均匀，充分发挥每根线绳的作用，使其受力后仍然保持平齐。

3）强力层线绳排放位置稍高，带两侧呈内凹形，其强力层和压缩胶层之间设置一层定向纤维胶片，窄 V 带侧面是内凹曲线形，使 V 带在承受拉力变形及在带轮上弯曲时侧面变直，完全填满带轮槽并均匀地楔紧在带轮槽上。即内凹的曲线形给变形提供了空间，避免了普通 V 带工作时变形而使带径向深陷轮槽中，向两侧挤压，造成带两侧的中间部位压强大，磨损加快。

4）窄 V 带胶带底面与侧面之间有较大的圆角过渡，这样可避免胶带的先期磨损。

5）包布层为一种特制的包布，称为广角包布或柔性包布，其经线与纬线与带纵向的夹角为 60°，经线与纬线间夹角为 12°，普通 V 带经、纬线之间夹角为 90°。窄 V 带的这种结构，使其具有很大的柔性。即使包在很小直径的带轮上，也很容易弯曲，并且能可靠地保护 V 带的芯部，可提高 V 带寿命。

由于结构上的特点，在相同的速度下，传动能力比普通 V 带可提高 0.5~1.5 倍。而在传动功率相同时，窄 V 带的结构尺寸较普通 V 带减少 50%，使用寿命明显延长，极限速度可达 40~50m/s，传动效率可达 90%~97%。此外使用窄 V 带可使传动中心距缩短，带轮宽度减小，广泛用于石油、冶金、化工、纺织、起重等工业设备。

5.9.3 平带材料的选择及分析

平型传动带简称平带，平带包括普通平带、编织带、尼龙片复合平带、高速带等。

1. 普通平带

普通平带如图 5-11 所示，由数层挂胶帆布黏合而成，有包边式和开边式两种。其特点是：抗拉强度较大，预紧力保持性能较好，耐湿性较好，但过载能力较小，耐热、耐油性较差等。

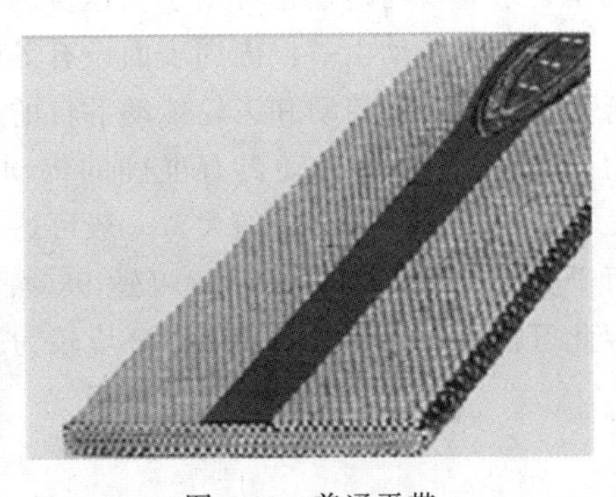

图 5-11　普通平带

普通平带贴合在一起经硫化而成的柔软胶带，

有良好的耐曲挠性，平带按技术形式分为有端平带和环形平带。

普通平带的长度可根据需要截取，然后将其端部连接起来。平带的接头应保证平带两侧边的周长相等，以免受力不均，加速损坏。

2. 编织带

编织带包括棉织、毛织和缝合棉布带，以及用于高速的丝、麻、尼龙编织带。带面有覆胶和不覆胶两种。

编织带的曲挠性好，可在较小的带轮上工作，对变载荷的适应能力好，但传送功率小，易松弛。

3. 尼龙片复合平带

尼龙片复合平带（即高强度平带）以改性聚酰胺片为承载层，工作表面覆以铬鞣革或弹性胶体的摩擦层，非工作面则粘以橡胶布或特殊织物层。尼龙片的抗拉强度达 400MPa，并有较高的弹性模量，经定伸处理后，使复合平带有很高的综合力学性能。工作表面的覆盖层不但能增强带体的横向抗撕裂能力，而且可增大与带轮表面的黏附力。根据覆盖材料的不同，与带轮表面的摩擦因数可达 0.4~0.7，故尼龙片复合平带有很高的承载能力。近年来，尼龙片基的性能不断改进，产品性能进一步得到提高，且可不受温度影响。此外，还出现了用聚酯织物等作承载层的平带，由于改进了制作工艺，使平带的传动性能如强度、带体的柔软性和吸振性、传动的平稳性以及寿命等都有了较大的提高，显示了良好的使用前景。

4. 高速带

带速大于 30m/s、高速轴转速为 10000r/min~50000r/min 的都属于高速带，带速大于 100m/s 称为超高速带。高速带传动通常都是开口的增速传动。

由于要求可靠、运转平稳，并有一定寿命，所以都采用质地轻、厚度薄而均匀、曲挠性好、强度较高的特制环形平带，如薄型尼龙片复合平带、高速环形胶带、特制编织带（麻、丝、尼龙）等，以减小其工作时的离心力。若采用硫化接头，必须使接头与带的曲挠性尽量接近。

5.9.4 同步带材料的选择及分析

同步带是以钢丝绳或玻璃纤维为强力层，外覆以聚氨酯或氯丁橡胶的环形带，带的内周制成齿状，使其与齿形带轮啮合。同步带传动时，传动比准确，对轴作用力小，结构紧凑，耐油，耐磨性好，抗老化性能好，一般使用温度为-20~80℃，$v<50$m/s，$P<300$kW，$i<10$，用于要求同步的传动也可用于低速传动。

同步带传动由一根内周表面设有等间距齿形的环行带及具有相应吻合的轮所组成。它综合了带传动、链传动和齿轮传动各自的优点。转动时，通过带齿与轮的齿槽相啮合来传递动力。传输用同步带传动具有准确的传动比，无滑差，可获得恒定的速比，传动平稳，能吸振，噪声小，传动比范围大，一般可达 1 : 10。允许线速度可达 50m/s，传递功率从几瓦到百千瓦。传动效率高，一般可达 98%，结构紧凑，适宜于多轴传动，不需润滑，无污染，因此可在不允许有污染和工作环境较为恶劣的场所下正常工作。

第 6 章　齿轮传动设计概述及材料选择分析

6.1　齿轮传动类型和特点

6.1.1　齿轮传动的分类

按照两传动轴相对位置和齿向的不同，齿轮传动的分类如图 6-1 所示。

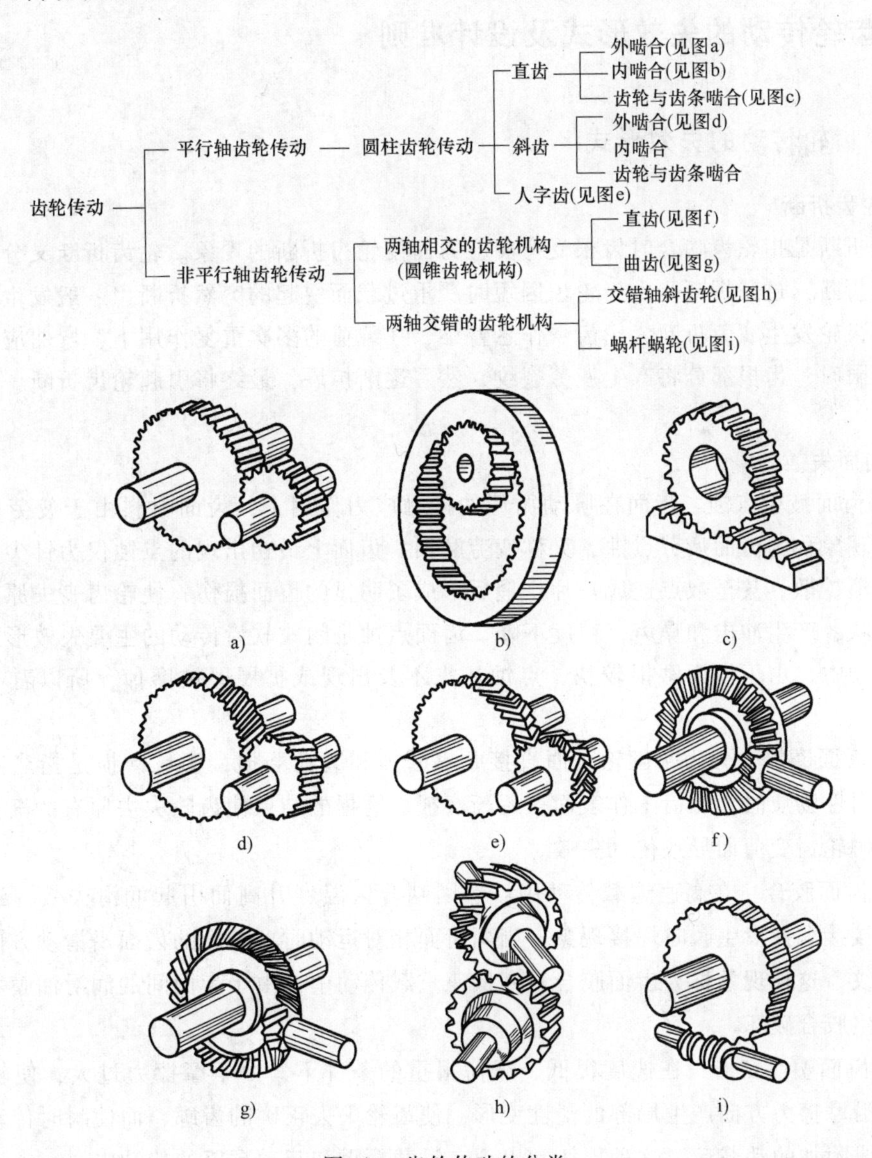

图 6-1　齿轮传动的分类

6.1.2 齿轮传动的主要特点

1）效率高，在常用的机械传动中，齿轮的传动效率最高，可达99%以上。

2）工作可靠，由于是啮合传动，因此工作可靠，可用于航天及井下工作的机器。

3）寿命长，一般可达8~10年。

4）传动比稳定，传动平稳。

5）适用的圆周速度和功率范围广，例如超精度齿轮速度可达200m/s；功率可达5×10^4kW以上。

6）可以实现平行轴、同一平面的相交轴和空间交错轴之间的传动。

但是齿轮传动要求较高的制造和安装精度，成本较高；不适于远距离两轴间的传动。

6.2 齿轮传动的失效形式及设计准则

6.2.1 齿轮传动的失效形式

1. 轮齿折断

轮齿折断是指轮齿啮合时齿根受弯曲应力而使轮齿折断的现象。轮齿折断又分为过载折断和疲劳折断，过载折断是由于轮齿因短时严重过载而引起的突然折断，一般发生于脆性材料。多数齿轮发生疲劳折断，轮齿看作悬臂梁，在载荷的多次重复作用下，弯曲应力超过弯曲疲劳极限时，齿根部分将产生疲劳裂纹，然后逐渐扩展，最终将引起轮齿折断，称为疲劳折断。

2. 齿面失效

（1）齿面疲劳点蚀　齿面在脉动循环的接触应力作用下，齿面材料由于疲劳而产生的剥蚀损伤现象称为齿面疲劳点蚀，又称疲劳磨损。齿面上最初出现的点蚀仅为针尖大小的麻点，后逐渐扩散，甚至数点连成一片，最后形成了明显的齿面损伤，使轮齿丧失原有的渐开线曲面形状，产生冲击和噪声，精度下降。齿面点蚀是闭式软齿传动的主要失效形式，在开式齿轮传动中，由于齿面磨损较快，点蚀还来不及出现或扩展即被磨掉，所以看不到点蚀出现。

（2）齿面磨损　分为两齿轮表面直接摩擦磨损和磨粒磨损，磨粒磨损是指当啮合齿面间落入磨料性物质时，轮齿工作表面被逐渐磨损。磨损的结果使齿轮失去原有的渐开线曲面形状，同时轮齿变薄而导致传动失效。

（3）齿面胶合　在高速重载传动中，常因啮合区温度升高而引起润滑失效，致使两齿面金属直接接触并发生瞬时焊接现象，当两齿面相对运动时，较软的齿面沿滑动方向被撕下而形成沟纹，这种现象称为齿面胶合。在低速重载传动中，由于齿面间的润滑油膜不易形成也可能产生胶合破坏。

（4）齿面塑性变形　在速度很低、载荷很重的条件下，由于摩擦力过大，使较软的齿面上可能沿摩擦力方向产生局部的塑性变形，使齿轮失去正确的齿廓，而使瞬时传动比发生变化，造成附加的动载荷。这种损坏常出现在过载严重和起动频繁的传动中。

6.2.2　齿轮传动的设计准则

设计一般工作条件使用的齿轮传动时，通常只按保证齿根弯曲疲劳强度及保证齿面接触疲劳强度两个准则进行计算。对于高速、大功率的齿轮传动，还要按保证齿面抗胶合能力的准则进行计算。至于抵抗其他失效的能力一般不进行计算，但应采取相应的措施，以增强齿轮抵抗这些失效的能力。主要设计准则如下所述。

1. 闭式齿轮传动的设计准则

1）闭式软齿面（硬度≤350HBW）的齿轮传动，因其主要失效形式为齿面疲劳点蚀，故按齿面接触疲劳强度设计，还有断齿的可能性，因此校核齿根弯曲疲劳强度。

2）闭式硬齿面（硬度>350HBW）的齿轮传动，齿面硬度很大，不易发生齿面疲劳点蚀，其主要失效形式为轮齿疲劳折断，故按弯曲疲劳强度设计以防止断齿，但还有齿面疲劳点蚀的可能性，因此校核齿面疲劳接触强度。

3）大功率闭式齿轮传动，当输入功率超过 75kW 时，由于发热量大，易导致润滑不良及轮齿胶合损伤等，还需进行热平衡计算。

2. 开式或半开式齿轮传动

对于开式（半开式）齿轮传动，由于润滑不良，齿面磨损较快，齿面疲劳点蚀还来不及出现或扩展即被磨掉，所以看不到点蚀出现。因此主要失效形式是磨损和轮齿折断，应根据保证齿面抗磨损及齿根抗折断能力分别进行计算，但鉴于目前对齿面抗磨损的能力尚无完善的计算方法，因此，仅以保证齿根弯曲疲劳强度作为设计准则。为了延长开式（半开式）齿轮传动的寿命，应适当降低开式传动的许用弯曲应力（如将闭式传动的许用弯曲应力乘以 0.7~0.8），以使计算的模数值适当增大；或将计算出的模数增大 10%~15%，以考虑磨损对齿厚的影响。

6.3　齿轮传动的受力分析

6.3.1　直齿圆柱齿轮传动的受力分析

当齿轮的齿廓在节点 P 接触时，受力如图 6-2 所示，可将沿啮合线作用在齿面上的法向力 F_n 分解为两个相互垂直的分力：切于分度圆的切向力 F_t 与指向轮心的径向力 F_r。

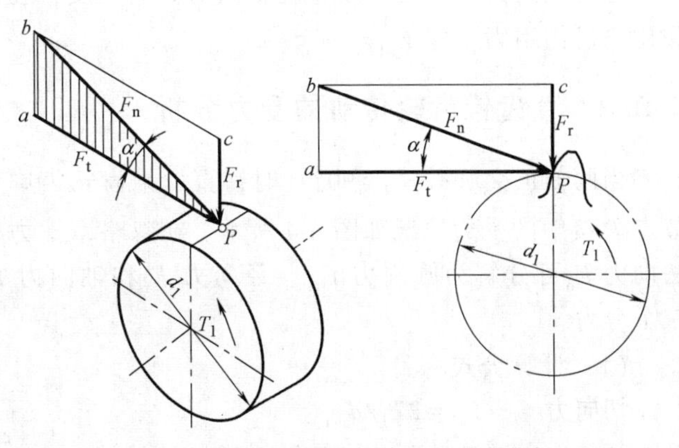

图 6-2　直齿圆柱齿轮传动的受力分析

（1）计算公式

切向力　$F_t = 2T_1/d_1$

径向力　$F_r = F_t \tan\alpha$

法向力　$F_n = F_t / \cos\alpha$

式中　T_1——小齿轮所受的转矩（N·mm），T_1 = 9.55

$\times 10^6 \frac{P}{n_1}$，其中 P 为传递的功率（kW），n_1 为小齿轮的转速（r/min）；

d_1——小齿轮的分度圆直径（mm）；

α——压力角，对标准齿轮 $\alpha = 20°$。

（2）力的方向　切向力 F_t 的方向在主动轮上过啮合点与运动方向相反，在从动轮上与运动方向相同，且互为作用力与反作用力，即 $F_{t1} = -F_{t2}$。

径向力 F_r 的方向过啮合点分别指向各自的轮心，且互为作用力与反作用力，即 $F_{r1} = -F_{r2}$。

6.3.2　斜齿圆柱齿轮传动的受力分析

图 6-3 为斜齿轮齿廓在节点 P 接触的受力情况，在忽略摩擦力时法向力 F_n 可分解为切向力 F_t、径向力 F_r 和轴向力 F_a 三个分力。

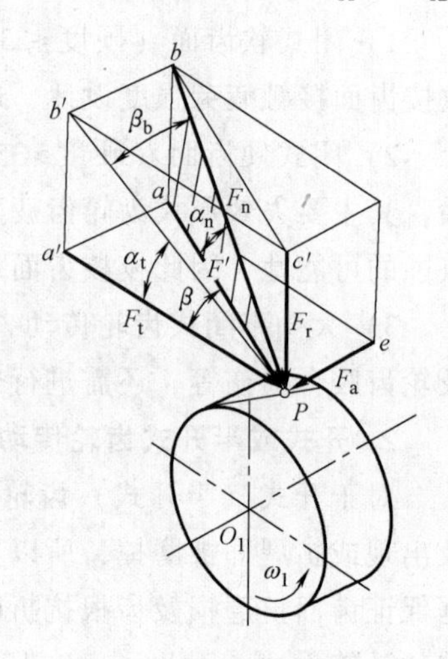

图 6-3　斜齿圆柱齿轮传动的受力分析

（1）计算公式

切向力　$F_t = 2T_1/d_1$

径向力　$F_r = F_t \tan\alpha_n / \cos\beta$

轴向力　$F_a = F_t \tan\beta$

法向力　$F_n = F_t / (\cos\alpha_n \cos\beta)$

式中　β——分度圆上的螺旋角；

α_n——法面压力角，对标准齿轮 $\alpha_n = 20°$。

（2）力的方向　圆周力 F_t 的方向在主动轮上过啮合点与运动方向相反，在从动轮上与运动方向相同，且互为作用与反作用力，即 $F_{t1} = -F_{t2}$。

径向力 F_r 的方向对两轮都是过啮合点指向各自的轮心，且互为作用与反作用力，即 $F_{r1} = -F_{r2}$。

轴向力 F_a 的方向需根据螺旋线方向和轮齿工作面而定，也可用主动轮右（左）手螺旋法则判断，当主动轮的螺旋线方向为右（左）旋时可用右（左）手螺旋定则判断，即伸出右（左）手，四个指头代表主动轮的转动方向，则拇指的指向代表该轮的轴向力的方向，从动轮的轴向力方向与主动轮的轴向力方向相反，互为作用与反作用力，即 $F_{a1} = -F_{a2}$。

6.3.3　直齿锥齿轮传动的受力分析

当两轴正交（$\delta_1 + \delta_2 = 90°$）时，直齿锥齿轮齿廓在节点 P 接触的受力情况如图 6-4 所示。在忽略摩擦力时法向力 F_n 可分解为圆周力 F_{t1}、径向力 F_r 和轴向力 F_a 三个分力。

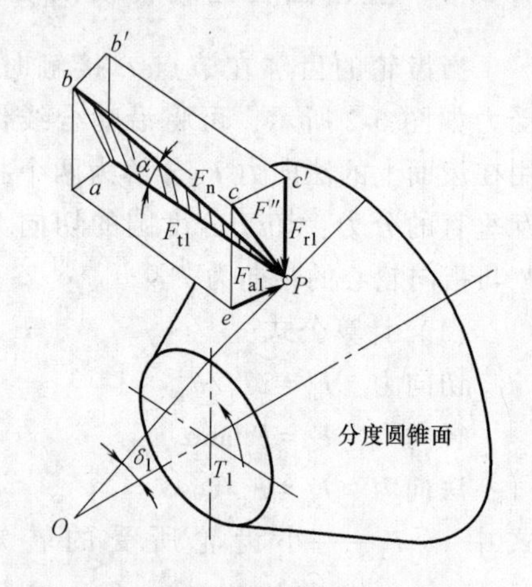

图 6-4　直齿锥齿轮传动的受力分析

（1）计算公式

切向力　$F_{t1} = 2T_1/d_{m1}$

径向力　$F_{r1} = F_t \tan\alpha \cos\delta_1$

轴向力　$F_{a1} = F_t \tan\alpha \sin\delta_1$

法向力　$F_n = F_t / \cos\alpha$

式中，$d_{m1} = d_1 - b\sin\delta_1$（$b$ 为轮齿宽度，d_1 为大端面分度圆直径），d_{m1} 为小齿轮齿宽中点的分度圆直径。

（2）力的方向

1）切向力 F_t 的方向在主动轮上与运动方向相反，在从动轮上与运动方向相同，且互为作用力与反作用力，即 $F_{t1} = -F_{t2}$。

2）径向力 F_r 的方向对两齿轮都是过啮合点垂直指向各自齿轮的轴线。

3）轴向力 F_a 的方向对两齿轮均指向各自齿轮的大端。

由于两锥齿轮的轴相互垂直，即 $\delta_1 + \delta_2 = 90°$，因此，小齿轮上的径向力和轴向力分别与大齿轮上的轴向力和径向力为作用与反作用力，即 $F_{r1} = -F_{a2}$，$F_{a1} = -F_{r2}$。

圆柱齿轮和锥齿轮传动的受力分析总结见表 6-1。

表 6-1　圆柱齿轮和锥齿轮传动的受力分析

	直齿圆柱齿轮	斜齿圆柱齿轮	直齿锥齿轮
受力分析图	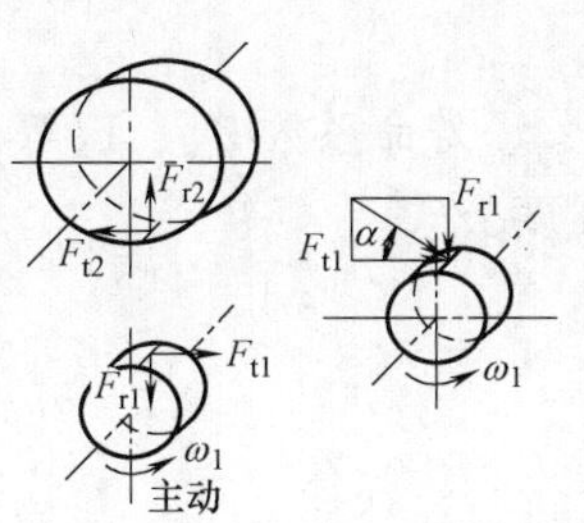 F_{r2}, F_{t2}, F_{r1}, F_{t1}, α, ω_1, 主动	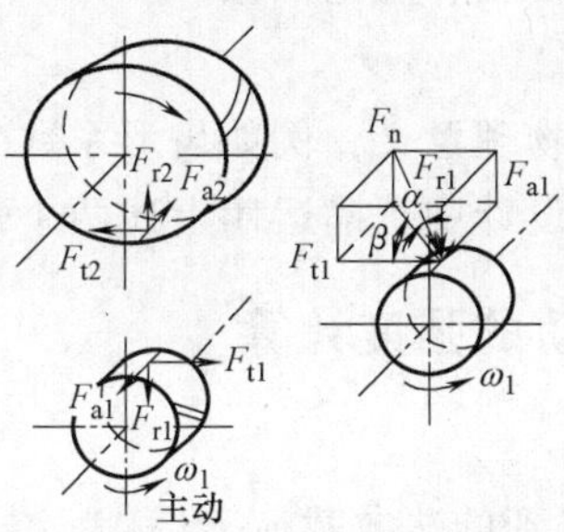 F_{r2}, F_{a2}, F_{t2}, F_n, F_{r1}, F_{a1}, F_{t1}, α, β, ω_1, 主动	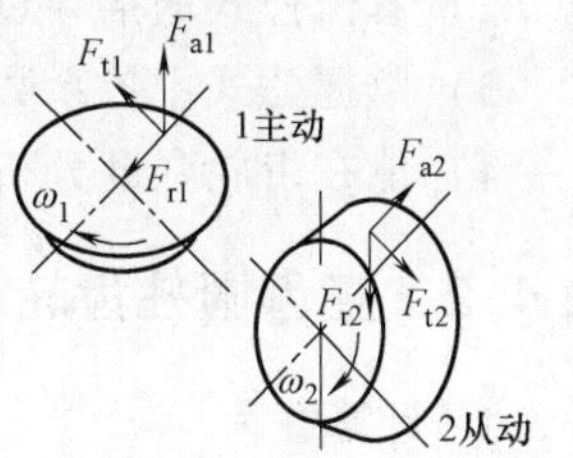 F_{t1}, F_{a1}, 1主动, F_{r1}, ω_1, F_{a2}, F_{r2}, F_{t2}, ω_2, 2从动
力的大小	$F_t = \dfrac{2T_1}{d_1}$　$(d_1 = mz_1)$ $F_r = F_t \tan\alpha$	$F_t = \dfrac{2T_1}{d_1}$　$\left(d_1 = \dfrac{m_n z_1}{\cos\beta}\right)$ $F_r = \dfrac{F_t \tan\alpha_n}{\cos\beta}$ $F_a = F_t \tan\beta$	$F_{t1} = \dfrac{2T_1}{(1-0.5\psi_R)d_1} = -F_{t2}$ $F_{r1} = F_{t1}\tan\alpha\cos\delta_1 = -F_{a2}$ $F_{a1} = F_{t1}\tan\alpha\sin\delta_1 = -F_{r2}$ ψ_R—齿宽系数 d_1—小齿轮大端分度圆直径
力的方向	切向力 F_t： 主动轮切向力 F_{t1} 与转向相反 从动轮切向力 F_{t2} 与转向相同 径向力 F_r： 无论主动轮还是从动轮都是过啮合点分别指向各自的轮心	切向力 F_t： 主动轮切向力 F_{t1} 与转向相反 从动轮切向力 F_{t2} 与转向相同 径向力 F_r： 无论主动轮还是从动轮都是过啮合点分别指向各自的轮心 轴向力 F_a： 主动轮用左、右手法则判断 从动轮与主动轮轴向力方向相反	切向力 F_t： 主动轮切向力 F_{t1} 与转向相反 从动轮切向力 F_{t2} 与转向相同 径向力 F_r： 无论主动轮还是从动轮都是过啮合点分别指向各自的轮心 轴向力 F_a： 无论主动轮还是从动轮都是过啮合点指向各自大端

6.4　圆柱齿轮传动的强度计算

6.4.1　圆柱齿轮传动强度概述

圆柱齿轮的强度计算通常指两个强度：一个是齿面接触疲劳强度，一个是齿根弯曲疲劳强度。齿面接触疲劳强度的理论基础是利用弹性力学中两个圆柱体的赫兹公式，将赫兹公式中的参数转化为齿轮的参数，并进行简化处理，引进若干系数，即得出一对齿轮相啮合节点处的接触应力的计算式，代入强度公式进而推出齿面接触疲劳强度的校核式（已知几何尺寸校核强度）及设计式（已知力求几何尺寸）。齿面接触疲劳强度是针对齿面疲劳点蚀失效形式的强度公式。齿根弯曲疲劳强度的理论基础是将一个齿视为悬臂梁，利用材料力学公式推导出齿根弯曲应力的计算式，代入强度公式进而推出齿根弯曲疲劳强度的校核公式及设计式。齿根弯曲疲劳强度是针对轮齿折断失效形式的强度公式。

如何应用两个强度公式是难点，要分析齿轮的工作条件、主要失效形式，从而确定用哪个强度公式设计，如还有另外的失效形式那就用相应的强度校核。具体设计准则见6.2.2节。

圆柱齿轮的两个强度计算公式非常复杂，公式不要求记住，但应会用，应掌握以下几点：

1）弄清建立公式的力学模型、理论依据。

2）看懂公式的推导过程。

3）掌握公式中各系数的物理意义，例如齿形系数 Y_{Fa}、寿命系数 Z_N、Y_N 等。

4）能在齿轮强度分析或设计中正确运用上述两个强度公式。

6.4.2 直齿圆柱齿轮传动的强度计算

1. 计算载荷

按名义功率或转矩计算得到的法向载荷 F_n 称为名义载荷，由于原动机性能及齿轮制造与安装误差、齿轮及支承件变形等因素的影响，实际传动中作用于齿轮上的载荷要比名义载荷大，因此，计算齿轮强度时，通常用计算载荷 P_c 代替名义载荷 P，以考虑影响载荷的各种因素。计算齿轮强度用的载荷系数 K 包括使用系数 K_A、动载系数 K_v、齿间载荷分配系数 K_α 和齿向载荷分布系数 K_β，即 $K=K_AK_vK_\alpha K_\beta$，$P_c=KP$。

（1）使用系数 K_A　考虑原动机和工作机的运转特性、联轴器的缓冲性能等外部因素引起的动载荷而引入的修正系数，可按表6-2选取。

表6-2　使用系数 K_A

原动机	工作机的载荷特性			
	均匀平稳	轻微冲击	中等冲击	严重冲击
电动机	1.00	1.25	1.50	1.75
多缸内燃机	1.10	1.35	1.60	1.85
单缸内燃机	1.25	1.50	1.75	2.0

注：对于增速传动可取表中值的1.1倍；当外部机械与齿轮装置之间挠性连接时，其值可适当降低。

（2）动载系数 K_v　考虑齿轮副在啮合过程中因啮合误差，包括基节误差、齿形误差及轮齿变形等，以及运转速度引起的内部附加动载荷的影响系数。另外，齿轮在啮合过程中单对啮合、双对齿啮合的交替进行，造成轮齿啮合刚度的变化，也要引起动载荷。动载系数 K_v 值可根据圆周速度及齿轮的制造精度，按图6-5查取。

（3）齿间载荷分配系数 K_α　齿轮的重合度总是大于1，即在一对轮齿的一次啮合过程中，部分时间内为两对轮齿啮合，所以理想状态下应该由各啮合齿对均等承载。但齿轮传动实际情况并非如此，受制造精度、轮齿刚度、齿轮啮合刚度等多方面因素的影响。齿间载荷分配系数 K_α 是用于考虑制造误差和轮齿弹性变形等原因使两对同时啮合的轮齿上载荷分配不均的影响系数。对一般不需作精确计算的直齿轮传动，可假设为单齿对啮合，故取 $K_\alpha=1$；对斜齿圆柱齿轮传动，可取 $K_\alpha=1\sim1.4$，精度低、齿面硬度高时取大值，反之取小值。

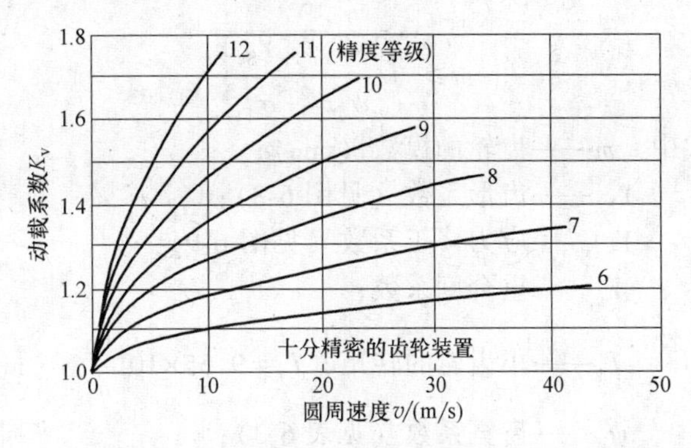

图 6-5　动载系数 K_v

（4）齿向载荷分布系数 K_β　由制造误差引起的齿向误差、齿轮及轴的弯曲和扭转变形、轴承和支座的变形及装配误差等，而导致轮齿接触线上各接触点间载荷分布不均匀，为此引入齿向载荷分布系数 K_β，用于考虑实际载荷沿轮齿接触线分布不均的影响。其值的大小主要受齿轮相对轴承配置形式、齿宽系数（b/d_1）及齿面硬度的影响，可按图 6-6 查取。

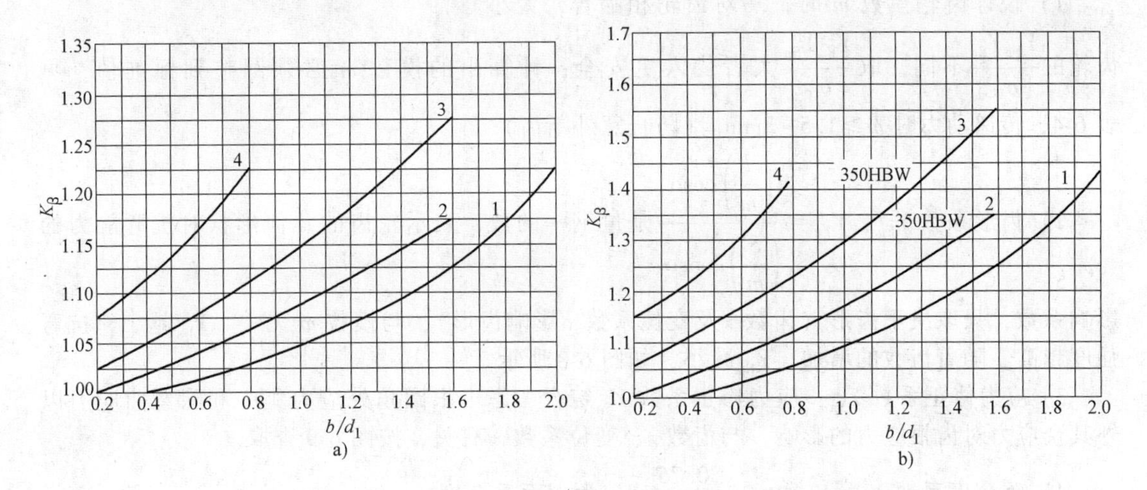

图 6-6　齿向载荷分布系数 K_β

a）两齿轮都是软齿面（齿面硬度≤350HBW）或其中之一是软齿面　b）两齿轮都为硬齿面（齿面硬度>350HBW）

1—齿轮在两轴承间对称布置　2—齿轮在两轴承间非对称布置，轴的刚度较大

3—齿轮在两轴承间非对称布置，轴的刚度较小　4—齿轮悬臂布置

2. 标准直齿圆柱齿轮齿根弯曲疲劳强度计算

（1）强度公式　将轮齿看成如图 6-7 所示的悬臂梁，作用到齿顶的法向力 F_n 可分解为相互垂直的两个力：$F_n\cos\alpha_F$ 和 $F_n\sin\alpha_F$，$F_n\cos\alpha_F$ 移到齿根危险截面是一个剪切力和弯矩，使齿根危险截面受剪和受弯，产生切应力和弯曲应力 σ_b；$F_n\sin\alpha_F$ 使齿根危险截面受压而产生压应力 σ_C。切应力和压应力之和不足弯曲应力 σ_b 的 5%，因此忽略不计（在应力修正系数中考虑），经推导齿根弯曲疲劳强度的校核式为

$$\sigma_F=\frac{2KT_1}{bd_1m}Y_{Fa}\cdot Y_{Sa}\cdot Y_\varepsilon\leqslant[\sigma_F]$$

齿根弯曲疲劳强度的设计式为

$$m \geqslant \sqrt[3]{\frac{2KT_1 Y_{Fa} Y_{Sa} Y_{\varepsilon}}{\psi_d z_1^2 [\sigma_F]}}$$

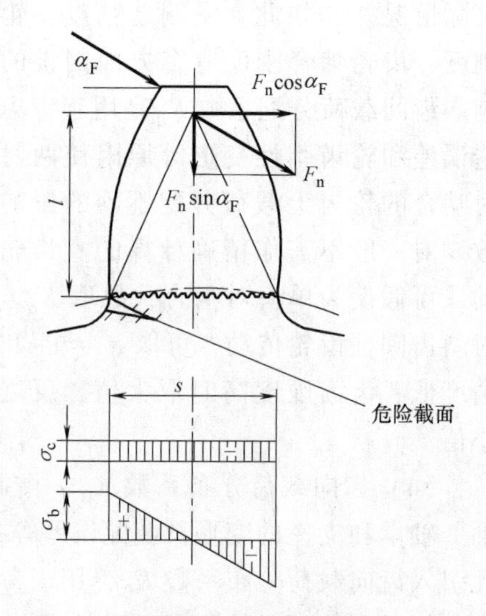

图 6-7 齿根弯曲应力

式中 m——齿轮的模数（mm）；

Y_{Fa}——齿形系数（见图 6-8）；

Y_{Sa}——应力修正系数（见图 6-9）；

Y_{ε}——重合度系数；

T_1——小齿轮的转矩，$T_1 = 9.55\times10^6 \frac{P_1}{n_1}$N · mm；

ψ_d——齿宽系数（见表 6-3）；

z_1——小齿轮的齿数；

$[\sigma_F]$——许用弯曲应力（N/mm^2）。

P_1——小齿轮的输入功率（kW）；

n_1——小齿轮的转速（r/min）。

（2）公式应用分析

1）设计齿轮模数 m 时，一对齿轮相啮合，大小齿轮的$\frac{Y_{Fa}Y_{Sa}}{[\sigma_F]}$不同，取$\frac{Y_{Fa}Y_{Sa}}{[\sigma_F]}$大者代入更安全；计算出的模数 m 必须圆整到标准值，见表 6-4，传递动力时 $m \geqslant 1.5 \sim 2$mm。(防止意外断齿)

2）齿形系数 Y_{Fa}：$Y_{Fa} = \frac{6\left(\frac{l}{m}\right)\cos\alpha_F}{\left(\frac{S}{m}\right)^2\cos\alpha}$是量纲一的数，表示轮齿的几何形状对抗弯能力的影响系数，只取决于齿形（齿数 z 及变位系数 x 影响齿形），与模数 m 无关。Y_{Fa}越小，抗弯强度越高。随着齿数的增加，Y_{Fa}减小，如图 6-8 所示。

3）应力修正系数 Y_{Sa}：应力修正系数 Y_{Sa}综合考虑齿根圆角处应力集中和除弯曲应力以外其余应力对齿根应力的影响，与齿数 z、变位系数 x 有关，按图 6-9 查取。

4）重合度系数 Y_{ε}：$Y_{\varepsilon} = 0.25 + \frac{0.75}{\varepsilon_{\alpha}}$，$\varepsilon_{\alpha}$为端面重合度。

5）齿宽系数 ψ_d：$\psi_d = b/d_1$，通常轮齿越宽，承载能力也越高，因而轮齿不宜过窄；但增大齿宽又会使齿面上的载荷分布更趋于不均匀，故应适当选取齿宽系数。其推荐值可按表 6-3 选取，它取决于齿面硬度和齿轮相对于轴承的位置。

表 6-3 齿宽系数 ψ_d

齿轮相对轴承的位置	齿面硬度	
	软齿面	硬齿面
对称分布	0.8~1.4	0.4~0.9
非对称分布	0.6~1.2	0.3~0.6
悬臂布置	0.3~0.4	0.2~0.25

注：直齿圆柱齿轮宜取较小值，斜齿轮可取较大值，人字齿轮可取到 2；载荷稳定、轴刚性大时取较大值；变载荷、轴刚性较小时宜取较小值。

6）模数 m：计算出的模数应圆整为标准值，常用圆柱齿轮的标注模数系列见表 6-4。对于传递动力的齿轮，其模数不应低于 1.5mm。因为齿厚 $s = \pi m/2$，模数增加，齿厚增加，整个轮齿各处厚度增加，抗弯截面模量增加，工作应力减小，弯曲强度增高；反之模数小，

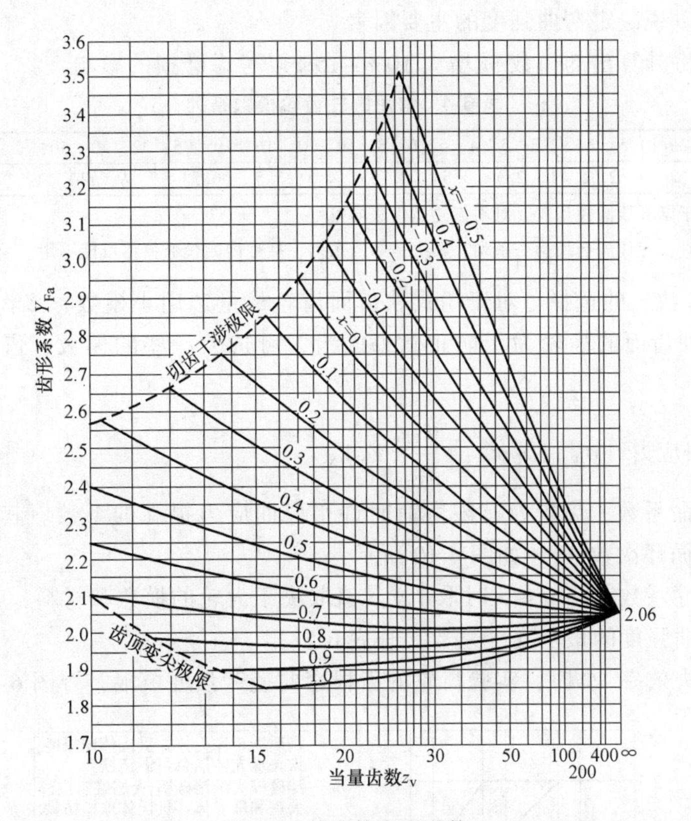

图 6-8　外齿轮齿形系数

$\alpha_n=20°$，$h_{an}=1m_n$，$c_n=0.25m_n$，$\rho_f=0.38m_n$；对于内齿轮，可取 $Y_{Fa}=2.053$

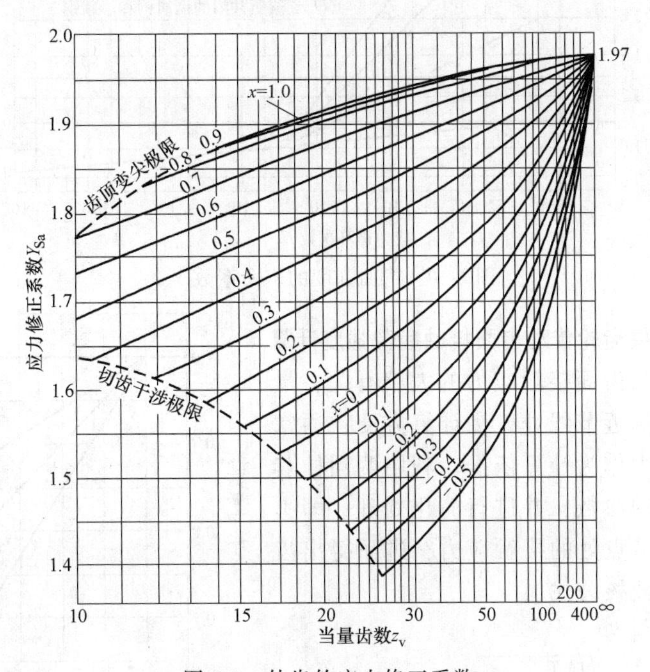

图 6-9　外齿轮应力修正系数

$\alpha_n=20°$，$h_{an}=1m_n$，$c_n=0.25m_n$，$\rho_f=0.38m_n$；对于内齿轮，可取 $Y_{Sa}=2.65$

弯曲强度低。所以说决定弯曲强度的主要因素。

开式传动：将计算出的模数 m 增大10%~15%以考虑磨损的影响。

表 6-4　常用圆柱齿轮模数系列　（单位：mm）

第一系列	1　1.25　1.5　2　2.5　3　4　5　6　8　10　12　16　20　25　32　40　50
第二系列	1.75　2.25　2.75　(3.25)　3.5　(3.75)　4.5　5.5　(6.5)　7　9　(11)　14　18　22　28　36　45

注：1. 本表适用于渐开线圆柱齿轮，对斜齿轮是指法向模数。

2. 选用模数时，应优先选用第一系列，其次是第二系列，括号内的模数值尽可能不用。

7）小齿轮齿数 z_1 的选择：对于闭式软齿面齿轮尽量选用小模数、多齿数，通常选 z_1 = 20~40；开式、硬齿面的齿轮为了防止意外断齿，可选大一些的模数，齿数只要不根切即可，$z_1 \geqslant 17$。

8）许用弯曲应力 $[\sigma_F]$：$[\sigma_F]=\dfrac{\sigma_{Flim}}{S_{Fmin}}Y_N Y_X$

式中　Y_N——寿命系数，齿轮为有限寿命时许用弯曲应力提高的系数。其值取决于工作应力循环次数 N_L，如图 6-10 所示；

Y_X——尺寸系数，当 $m \leqslant 5$ 时取 1。其值取决于齿轮的模数和材料，查图 6-11。

S_{Fmin}——弯曲强度的最小安全系数，查表 6-5。

σ_{Flim}——为失效率 1%时，实验齿轮的齿根弯曲疲劳强度极限，查图 6-12。

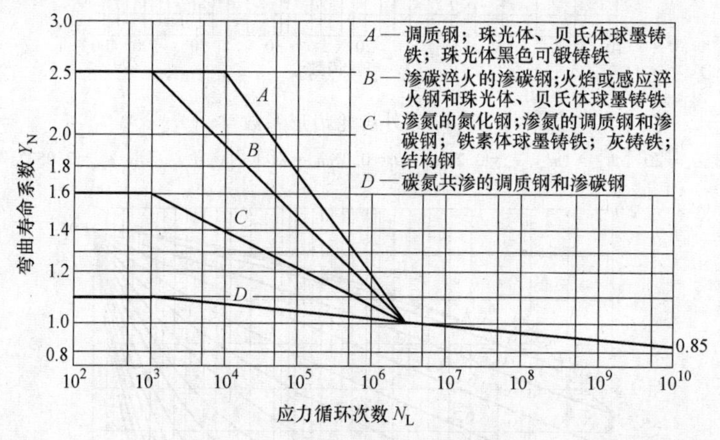

图 6-10　弯曲强度的寿命系数 Y_N

3. 标准直齿圆柱齿轮传动齿面接触疲劳强度计算

齿面疲劳点蚀与齿面接触应力的大小有关，最易发生在齿根部分靠近节线处，为计算方便，通常取节点处的接触应力作为计算依据。利用两圆柱赫兹公式，代入齿轮的参数，并进行简化处理，即引进若干系数，得出节点处的接触应力，进而得出齿面接触疲劳强度的校核公式为

$$\sigma_H = Z_E Z_H Z_\varepsilon \sqrt{\frac{2KT_1}{bd_1^2}\frac{u \pm 1}{u}} \leqslant [\sigma_H]$$

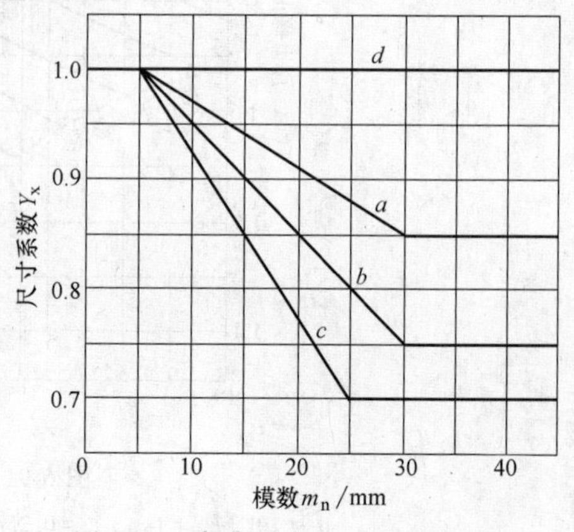

图 6-11　弯曲强度的尺寸系数 Y_X

表 6-5　最小安全系数参考值

使　用　要　求	S_{Fmin}	S_{Hmin}
高可靠度(失效率不大于 1/10000)	2.00	1.50~1.60
较高可靠度(失效率不大于 1/1000)	1.60	1.25~1.30
一般可靠度(失效率不大于 1/100)	1.25	1.00~1.10
低可靠度(失效率不大于 1/10)	1.00	0.85

注：1. 在经过使用验证或材料强度、载荷工况及制造精度拥有较准确的数据时，S_{Hmin} 可取下限。
2. 建议对一般齿轮传动不采用低可靠度。

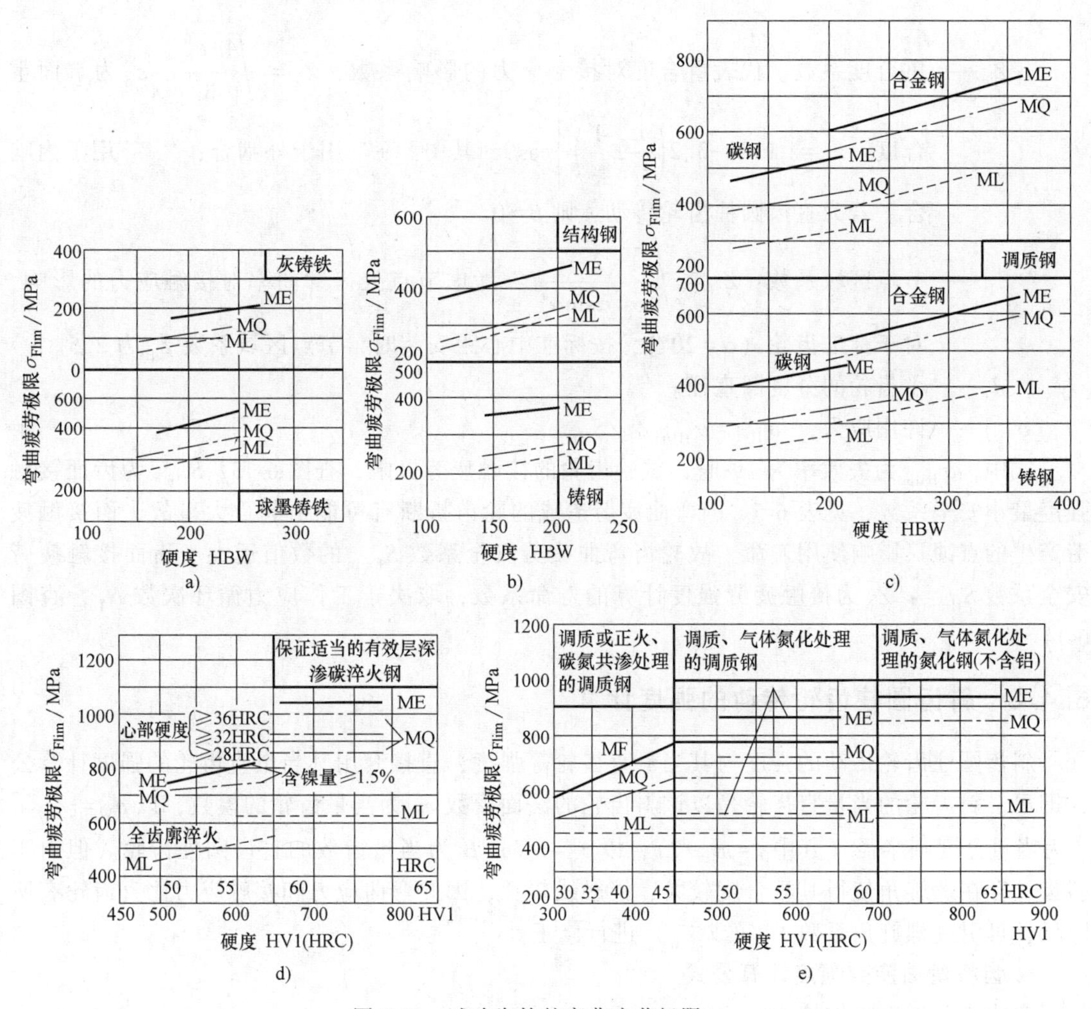

图 6-12　试验齿轮的弯曲疲劳极限 σ_{Flim}

a）铸铁　b）正火处理的结构钢和铸钢　c）调质处理的碳钢、合金钢及铸钢
d）渗碳淬火钢和表面硬化（火焰或感应淬火）钢　e）氮化钢和碳氮共渗钢

设计式为

$$d_1 \geqslant \sqrt[3]{\frac{2KT_1}{\psi_{\mathrm{d}}}\frac{u \pm 1}{u}\left(\frac{Z_{\mathrm{E}} Z_{\mathrm{H}} Z_{\varepsilon}}{[\sigma_{\mathrm{H}}]}\right)^2}$$

正号用于外啮合，负号用于内啮合。

式中　Z_E——材料的弹性系数，与大小齿轮的材料有关，可查表6-6。

表6-6　材料的弹性系数 Z_E　　（单位：$\sqrt{MPa}$）

小齿轮材料		大齿轮材料			
		钢	铸钢	球墨铸铁	灰铸铁
	E/MPa	206000	202000	173000	126000
钢	206000	189.8	188.9	181.4	165.4
铸钢	202000	—	188.0	180.5	161.4
球墨铸铁	173000	—	—	173.9	156.6
灰铸铁	126000	—	—	—	146.0

Z_ε——重合度系数，代表重合度对接触应力的影响系数，$Z_\varepsilon=\sqrt{\frac{4-\varepsilon_\alpha}{3}}$。$\varepsilon_\alpha$ 为端面重合度。$\varepsilon_\alpha=\left[1.88-3.2\left(\frac{1}{z_1}\pm\frac{1}{z_2}\right)\right]\cos\beta$，其中“+”用于外啮合；“-”用于内啮合。若为直齿圆柱齿轮传动，则 $\beta=0$。

Z_H——节点区域系数：$Z_H=\sqrt{\frac{2}{\cos^2\alpha\sin\alpha'}}$，考虑节点处齿廓曲率对接触应力的影响，对于标准齿轮（$\alpha=20°$），按标准中心距安装时，节点区域系数 Z_H 为2.5。

d_1——小齿轮的分度圆直径。

$[\sigma_H]$——许用应力，$[\sigma_H]=\sigma_{Hlim}Z_N/S_{Hmin}$。

式中，σ_{Hlim} 为失效率为1%时，试验齿轮的接触疲劳极限，查图6-13；S_{Hmin} 为齿面接触强度最小安全系数，见表6-5。因弯曲疲劳造成的轮齿折断有可能引起重大事故，而接触疲劳产生的点蚀只影响使用寿命，故轮齿弯曲疲劳安全系数 S_{Fmin} 的数值远大于齿面接触疲劳安全系数 S_{Hmin}；Z_N 为接触疲劳强度计算的寿命系数，取决于工作应力循环次数 N_L，查图6-14。

6.4.3　斜齿圆柱齿轮传动的强度计算

斜齿圆柱齿轮传动的强度与其当量直齿轮等强度，直接套用其当量直齿轮的强度计算公式即可。斜齿轮的当量直齿轮是以该斜齿轮的法面模数 m_n 为当量齿轮的模数，以 $\rho_V=r/\cos^2\beta$ 为当量分度圆半径（其中 $r=m_tz/2$），以 $z_v=z/\cos^3\beta$ 为当量齿数的直齿圆柱齿轮。但由于斜齿轮存在螺旋角使得其重合度较大，接触线较长，因此弯曲应力和接触应力比直齿轮有所降低，可引进螺旋角系数 Y_β（或 Z_β）进行修正。

1. 齿根弯曲疲劳强度计算公式

弯曲疲劳强度的校核式：

$$\sigma_F=\frac{2KT_1}{bm_nd_1}Y_{Fa}Y_{Sa}Y_\varepsilon Y_\beta\leqslant[\sigma_F]$$

弯曲疲劳强度的设计式：

$$m_n\geqslant\sqrt[3]{\frac{2KT_1\cos^2\beta}{\psi_dz_1^2[\sigma_F]}Y_{Fa}Y_{Sa}Y_\varepsilon Y_\beta}$$

式中　Y_β——螺旋角系数，$Y_\beta=1-\varepsilon_\beta\frac{\beta}{120°}\geqslant Y_{\beta min}$，$Y_{\beta min}=1-0.25\varepsilon_\beta\geqslant0.75$，当轴向重合度

$\varepsilon_{\beta} \geqslant 1$ 时，按 $\varepsilon_{\beta}=1$ 计算；若 $Y_{\beta} \leqslant 0.75$，则取 $Y_{\beta}=0.75$；当 $\beta>30°$时，按 $\beta=30°$计值；

Y_{Fa}——齿形系数，根据当量齿数 $z_v=z/\cos^3\beta$，查图 6-8。

Y_{Sa}——应力修正系数，根据当量齿数 $z_v=z/\cos^3\beta$，查图 6-9。

Y_{ε}——重合度系数，可套用直齿轮的公式计算，但应代以当量齿轮的端面重合度。

2. 齿面接触疲劳强度计算公式

齿面接触疲劳强度的校核式：

$$\sigma_H = Z_E Z_H Z_{\varepsilon} Z_{\beta} \sqrt{\frac{2KT_1}{bd_1^2} \cdot \frac{u \pm 1}{u}} \leqslant [\sigma_H]$$

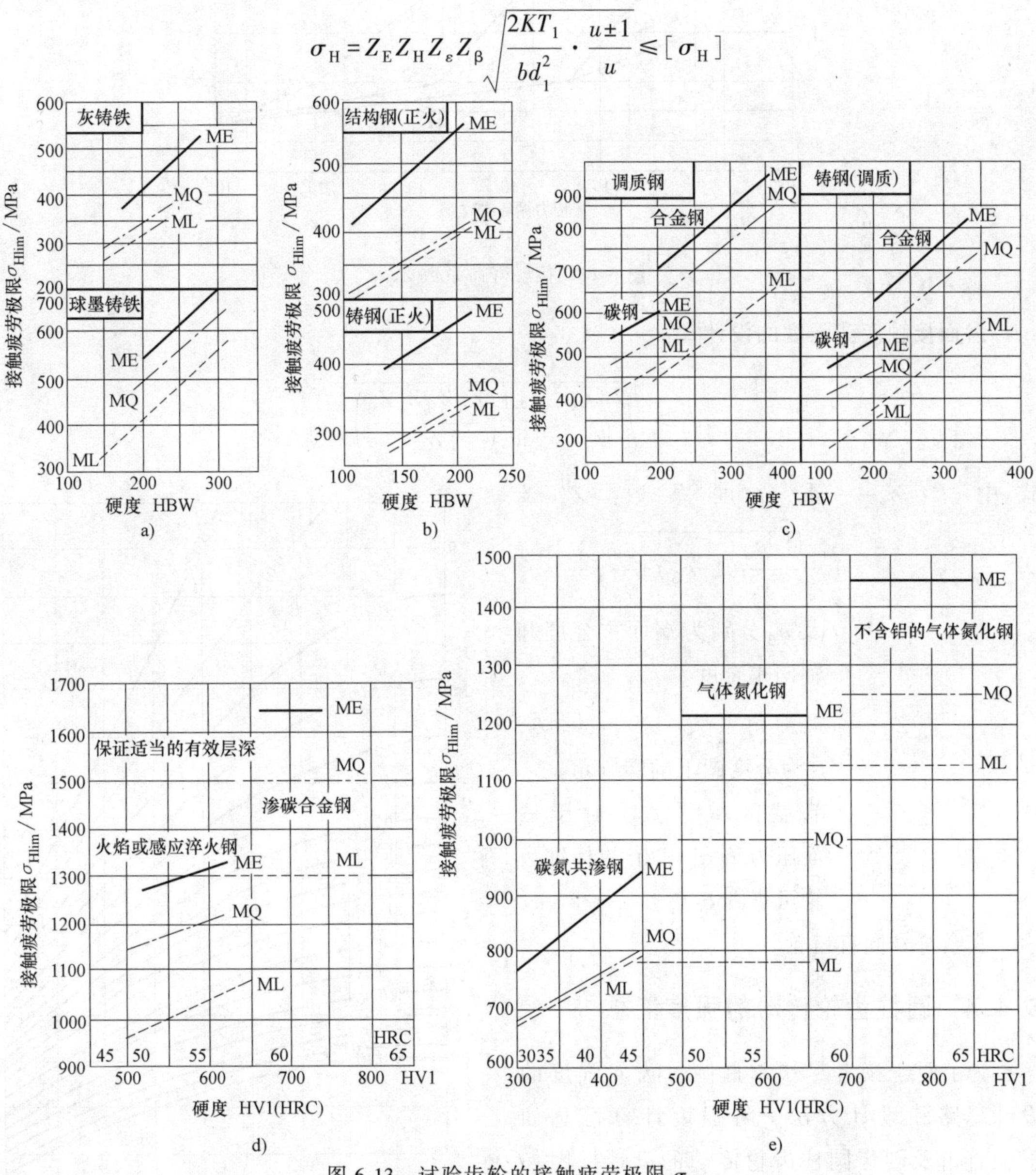

图 6-13　试验齿轮的接触疲劳极限 σ_{Hlim}

a）铸铁　b）正火处理的结构钢和铸钢　c）调质处理的碳钢、合金钢及铸钢

d）渗碳淬火钢和表面硬化（火焰或感应淬火）钢　e）氮化钢和碳氮共渗钢

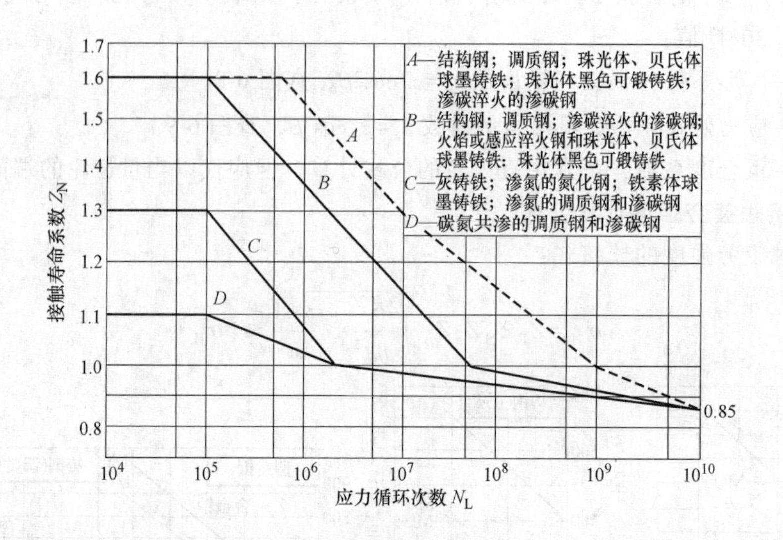

图 6-14　接触寿命系数 Z_N

齿面接触疲劳强度的设计式：

$$d_1 \geqslant \sqrt[3]{\frac{2KT_1}{\psi_d} \cdot \frac{u \pm 1}{u} \left(\frac{Z_E Z_H Z_\varepsilon Z_\beta}{[\sigma_H]} \right)^2}$$

式中　Z_ε——重合度系数：$Z_\varepsilon = \sqrt{\frac{4-\varepsilon_\alpha}{3}(1-\varepsilon_\beta)+\frac{\varepsilon_\beta}{\varepsilon_\alpha}}$，$\varepsilon_\alpha$ 及 ε_β 分别为端面重合度和轴向重合度。

Z_β——螺旋角系数：$Z_\beta = \sqrt{\cos\beta}$，$\beta$ 为分度圆上的螺旋角。

Z_H——节点区域系数，对于法面压力角 $\alpha_n = 20°$ 的标准齿轮可查图 6-15。

其余符号同直齿轮。

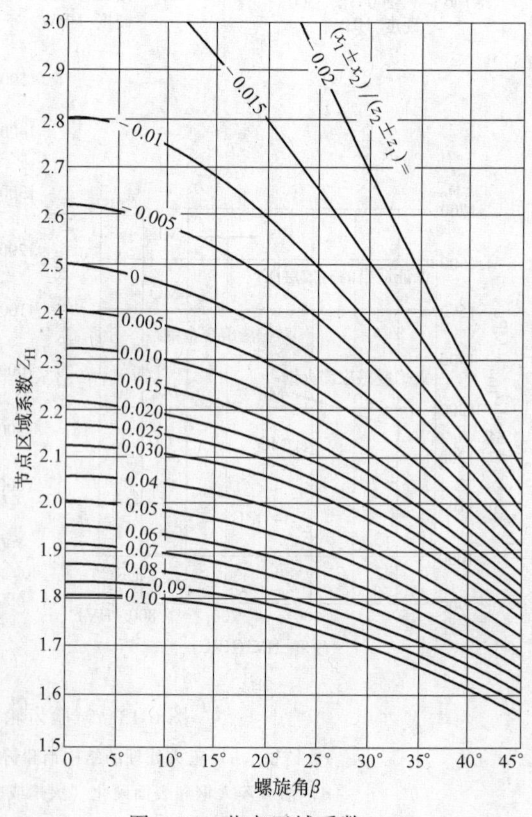

图 6-15　节点区域系数 Z_H

6.4.4　圆柱齿轮传动的强度汇总

为了便于读者尽快掌握圆柱齿轮强度的设计思路和设计方法，将强度计算汇总如下：直齿及斜齿圆柱齿轮传动的设计框图如图 6-16 所示；直齿及斜齿圆柱齿轮传动的强度计算公式汇总见表 6-7。

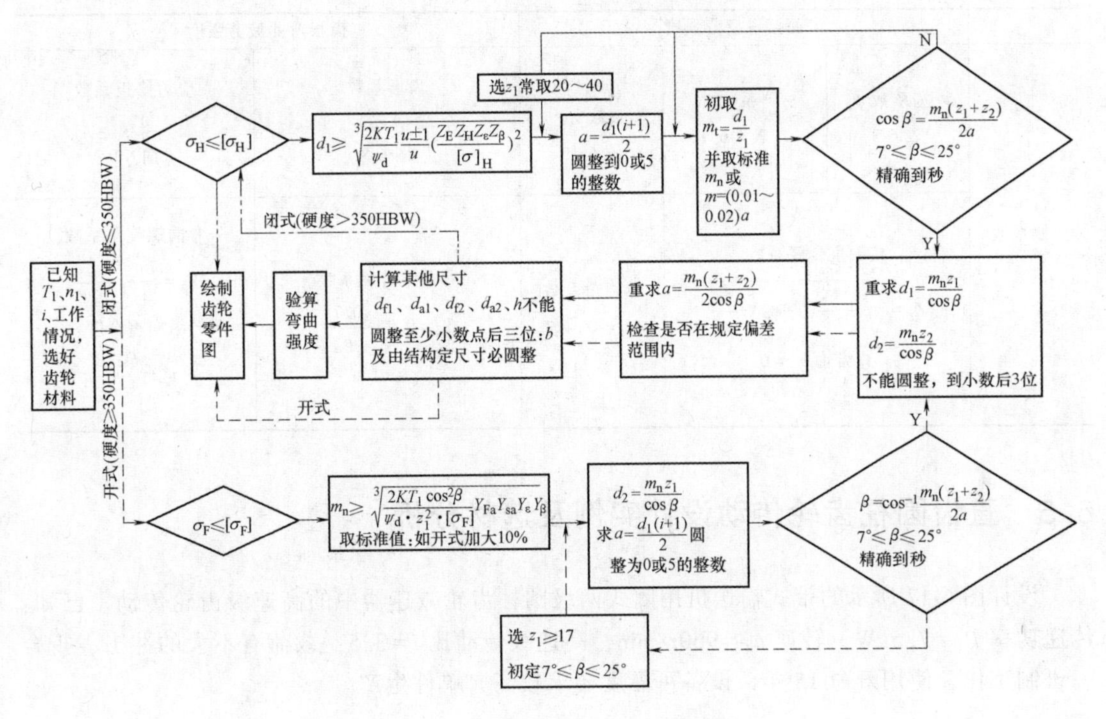

图 6-16　圆柱齿轮传动设计步骤流程框图

表 6-7　圆柱齿轮传动强度计算公式

		齿面接触疲劳强度	齿根弯曲疲劳强度
直齿轮	校核公式	$\sigma_H = Z_E Z_H Z_\varepsilon \sqrt{\frac{2KT_1}{bd_1^2} \cdot \frac{u\pm1}{u}} \leqslant [\sigma_H]$	$\sigma_F = \frac{2KT_1}{bd_1 m} Y_{Fa} Y_{Sa} Y_\varepsilon \leqslant [\sigma_F]$
	设计公式	$d_1 \geqslant \sqrt[3]{\frac{2KT_1}{\psi_d} \cdot \frac{u\pm1}{u}\left(\frac{Z_E Z_H Z_\varepsilon}{[\sigma_H]}\right)^2}$	$m \geqslant \sqrt[3]{\frac{2KT_1}{\psi_d z_1^2 [\sigma_F]} Y_{Fa} Y_{Sa} Y_\varepsilon}$
斜齿轮	校核公式	$\sigma_H = Z_E Z_H Z_\varepsilon Z_\beta \sqrt{\frac{2KT_1}{bd_1^2} \cdot \frac{u\pm1}{u}} \leqslant [\sigma_H]$	$\sigma_F = \frac{2KT_1}{bd_1 m_n} Y_{Fa} Y_{Sa} Y_\varepsilon Y_\beta \leqslant \|\sigma_F\|$
	设计公式	$d_1 \geqslant \sqrt[3]{\frac{2KT_1}{\psi_d} \cdot \frac{u\pm1}{u}\left(\frac{Z_E Z_H Z_\varepsilon Z_\beta}{[\sigma_H]}\right)^2}$	$m_n \geqslant \sqrt[3]{\frac{2KT_1 \cos^2\beta}{\psi_d z_1^2 [\sigma_F]} Y_{Fa} Y_{Sa} Y_\varepsilon Y_\beta}$

载荷系数	$K = K_A K_v K_\alpha K_\beta$			
	使用系数 K_A 表 6-2	动载系数 K_v 图 6-5	齿间载荷分配系数 K_α 直齿轮：设单齿对啮合 $K_\alpha \approx 1$ 斜齿轮：$K_\alpha \approx 1 \sim 1.4$	齿向载荷分布系数 K_β 图 6-6

许用应力	许用接触应力 $[\sigma_H] = \frac{\sigma_{Hlim} Z_N}{S_H}$			许用弯曲应力 $[\sigma_F] = \frac{\sigma_{Flim} Y_N Y_X}{S_{Fmin}}$			
	σ_{Hlim} 图 6-13	Z_N 图 6-14	S_H 表 6-5	σ_{Flim} 图 6-12	Y_N 图 6-10	Y_X 图 6-11	S_{Fmin} 表 6-5

（续）

	齿面接触疲劳强度			齿根弯曲疲劳强度	
其他系数	齿宽系数 ψ_d 表 6-3	材料系数 Z_E 表 6-6	节点区域 系数 Z_H 图 6-15	齿形系数 Y_{Fa} 图 6-8	应力修正系数 Y_{Sa} 图 6-9
	接触重合度系数 $Z_\varepsilon=\sqrt{\frac{4-\varepsilon_\alpha}{3}(1-\varepsilon_\beta)+\frac{\varepsilon_\beta}{\varepsilon_\alpha}}$ 直齿轮 $\varepsilon_\beta=0$		螺旋角系数 $Z_\beta=\sqrt{\cos\beta}$	弯曲重合度系数 $Y_\varepsilon=0.25+\frac{0.75}{\varepsilon_\alpha}$	弯曲螺旋角系数 $Y_\beta=1-\varepsilon_\beta\frac{\beta}{120°}$ 纵向重合度 $\varepsilon_\beta=\frac{b\sin\beta}{\pi m_n}$

6.5 直齿圆柱齿轮传动设计实例及选材分析

设计图 6-17 所示的带式输送机用闭式两级圆柱齿轮减速器中的高速级齿轮传动。已知：传递功率 $P_1=7.5\text{kW}$，转速 $n_1=960\text{r/min}$，高速级传动比 $i=3.5$；载荷有不大的冲击，折合一班制工作，使用寿命 15 年，设备可靠度要求较高，单件生产。

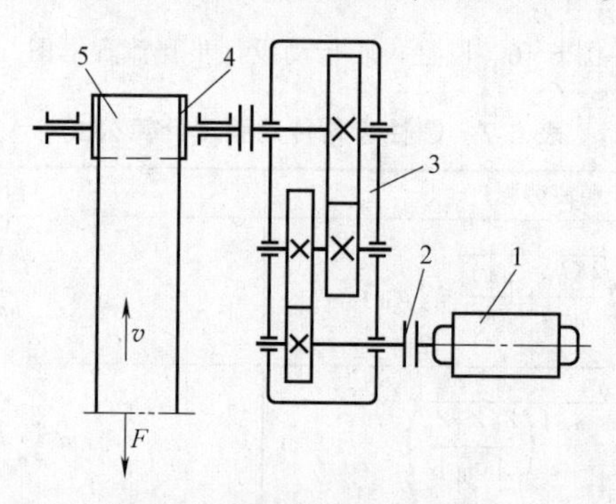

图 6-17 带式输送机运动简图

1—电动机 2—联轴器 3—二级圆柱齿轮减速器 4—卷筒 5—运输带

解：

设计项目及依据	设计结果
1. 选定齿轮类型、材料、精度等级及齿数 （1）齿轮类型选择 斜齿轮传动平稳，重合度大，本例可以选用斜齿轮传动，也可以选用直齿轮传动，本例选用直齿圆柱齿轮传动	选直齿圆柱齿轮
（2）材料选择分析 常用的齿轮材料是优质碳素钢、合金结构钢等，闭式软齿面齿轮传动常用材料是中碳钢或中碳合金钢，例如 35、45、40Gr 和 35SiMn，一般经调质或正火处理。此类材料的特点是制造方便，多用于对强度、速度和精度要求不高的一般机械传动中	小齿轮 40Cr 调质 $\text{HBW}_1=280$ 大齿轮 45 钢调质 $\text{HBW}_2=240$
由于小齿轮轮齿工作次数较多，为使大小齿轮尽量等寿命，应使其小齿轮齿面硬度比大齿轮的高出 30~50HBW，可通过采用不同种材料同一热处理，或采用同一种材料不同的热处理方法来达到硬度差。本例采用了前一种方法，参考表 6-8，本例为齿轮传动为闭式传动、中等速度、中等载荷，选择小齿轮材料为 40Gr，调质处理，齿面硬度 $\text{HBW}_1=280\text{HBW}$	合格

（续）

设计项目及依据	设计结果
（本例取了高值，也可取其他值）；大齿轮材料为 45 钢，调质处理，齿面硬度 HBW_2 = 240HBW（也可取其他值，只要在其范围即可） 两齿轮齿面硬度差 $HBW_1-HBW_2=280-240=40HBW$，在 30～50HBW 范围内	
（3）精度选择 工作机为一般工作机，速度不高（速度小于 10m/s），传动装置属于一般用途减速器，根据使用经验，精度等级可取为 7～8 级，本例考虑单件生产选择稍高一点的精度，故选用 7 级精度	选用 7 级精度
（4）初选齿数 闭式软齿面齿轮通常采用小模数、多齿数的设计方法，参考图 6-16 推荐的齿数：$z_1=20\sim40$，本例初选小齿轮齿数 $z_1=25$（也可以选其他齿数）；大齿轮齿数 $z_2=uz_1=3.5\times25=87.5$，圆整后取：$z_2=88$	$z_1=25$ $z_2=88$
2. 按齿面接触疲劳强度设计 由设计式：$d_1\geqslant\sqrt[3]{\frac{2KT_1}{\psi_d}\frac{u\pm1}{u}\left(\frac{Z_EZ_HZ_\varepsilon}{[\sigma_H]}\right)^2}$	
（1）确定设计公式中各参数 1）初选载荷系数 $K_t=1.3$（可初步在 1.1～1.5 之间选取，最后有修正计算）	$K_t=1.3$
2）小齿轮传递的转矩 $T_1=9.55\times10^6P/n_1=9.55\times10^6\times7.5\text{N}\cdot\text{mm}/960=7.46\times10^4\text{N}\cdot\text{mm}$	$T_1=7.46\times10^4\text{N}\cdot\text{mm}$
3）选取齿宽系数 ψ_d　查表 6-3，取 $\psi_d=1$	$\psi_d=1$
4）弹性系数 Z_E　查表 6-6，$Z_E=189.8\sqrt{\text{MPa}}$	$Z_E=189.8\sqrt{\text{MPa}}$
5）小、大齿轮的接触疲劳极限 σ_{Hlim1}、σ_{Hlim2} 查图 6-13c：$\sigma_{Hlim1}=750\text{MPa}$ $\sigma_{Hlim2}=580\text{MPa}$	$\sigma_{Hlim1}=750\text{MPa}$ $\sigma_{Hlim2}=580\text{MPa}$
6）应力循环次数 $N_{L1}=60\gamma n_1t_h=60\times1\times960\times(1\times8\times300\times15)=2.08\times10^9$ $N_{L2}=N_1/u=2.08\times10^9/3.5=0.59\times10^9$	$N_{L1}=2.08\times10^9$ $N_{L2}=0.59\times10^9$
7）接触寿命系数 Z_{N1}、Z_{N2} 查图 6-14，齿轮材料为结构钢，因为如果有一定的点蚀，会增加噪声，齿轮传动精度降低，所以不允许有点蚀，所以查 B 线（如果允许有一定的点蚀，查线图 A），$Z_{N1}=0.9$，$Z_{N2}=0.92$	$Z_{N1}=0.90$ $Z_{N2}=0.92$
8）计算许用接触应力 $[\sigma_{H1}]$、$[\sigma_{H2}]$ 取失效率为 1%，查表 6-5，最小安全系数 $S_{Hmin}=1$ $[\sigma_{H1}]=\frac{\sigma_{Hlim1}Z_{N1}}{S_{Hmin}}=\frac{750\times0.9}{1}=675\text{MPa}$ $[\sigma_{H2}]=\frac{\sigma_{Hlim2}Z_{N2}}{S_{Hmin}}=\frac{580\times0.92}{1}=534\text{MPa}$	$S_{Hmin}=1$ $[\sigma_{H1}]=675\text{MPa}$ $[\sigma_{H2}]=534\text{MPa}$
9）节点区域系数 Z_H 查图 6-15，按不变位 $x=0$ 查，$Z_H=2.43$	$Z_H=2.43$
10）计算端面重合度 ε_α 按机械原理公式，外啮合齿轮的端面重合度 ε_α 为 $\varepsilon_\alpha=\left[1.88-3.2\left(\frac{1}{z_1}+\frac{1}{z_2}\right)\right]\cos\beta=\left[1.88-3.2\left(\frac{1}{25}+\frac{1}{88}\right)\right]\cos0°=1.72$	$\varepsilon_\alpha=1.72$
1）重合度系数 Z_ε 参考表 6-7 圆柱齿轮强度计算公式，重合度系数 Z_ε 为 $Z_\varepsilon=\sqrt{\frac{4-\varepsilon_\alpha}{3}}=\sqrt{\frac{4-1.72}{3}}=0.87$	$Z_\varepsilon=0.87$
2）实际齿数比 u $u=88/25=3.52$	$u=3.52$
（2）设计计算 1）试算小齿轮分度圆直径 d_{1t}	

（续）

设计项目及依据	设计结果
取$[\sigma_H]=[\sigma_{H2}]=534\text{MPa}$，直齿轮取 $Z_H=2.5$ $d_{1t}\geqslant\sqrt[3]{\frac{2\times1.3\times7.46\times10^4}{1}\cdot\frac{3.52+1}{3.52}\cdot\left(\frac{189.8\times2.5\times0.87}{534}\right)^2}$ $=53.00\text{mm}$ 2）计算圆周速度 v $v=\frac{\pi d_{1t}n_1}{60\times1000}=\frac{\pi\times53.00\times960}{60\times1000}\text{m/s}=2.66\text{m/s}$ 因 $v<10\text{m/s}$，根据经验，7 级精度斜齿轮允许的圆周速度为小于等于 15m/s，因此选 7 级精度的齿轮符合要求 3）计算载荷系数 K 查表 6-2，使用系数 $K_A=1$；根据 $v=2.66\text{m/s}$，7 级精度；查图 6-5 得动载系数 $K_v=1.12$；参考表 6-7，取齿间载荷分配系数 $K_\alpha=1$；查图 6-6 曲线 2（齿轮在轴承间非对称布置）得齿向载荷分布系数 $K_\beta=1.08$ 则　$K=K_AK_vK_\alpha K_\beta=1\times1.12\times1\times1.08=1.21$ 4）校正分度圆直径 d_1 $d_1=d_{1t}\sqrt[3]{K/K_t}=53.00\text{mm}\times\sqrt[3]{1.21/1.3}=51.75\text{mm}$	$d_{1t}=53.00\text{mm}$ $v=2.66\text{m/s}$ 合格 $K_A=1$ $K_v=1.12$ $K_\alpha=1$ $K_\beta=1.08$ $K=1.21$ $d_1=51.75\text{mm}$
3. 主要几何尺寸计算 1）计算模数 m $m=d_1/z_1=51.75\text{mm}/25=2.07\text{mm}$，查表 6-4，按标准取 $m=2\text{mm}$ 2）计算分度圆直径 d_1、d_2 代入直齿轮公式：$d_1=mz_1=2\times25\text{mm}=50.00\text{mm}$ $d_2=mz_2=2\times88\text{mm}=176.00\text{mm}$ 3）计算顶圆直径 d_{a1}、d_{a2} $d_{a1}=d_1+2h_a=d_1+2m=50.00\text{mm}+2\times2\text{mm}=54.00\text{mm}$ $d_{a2}=d_2+2h_a=d_2+2m=176.00\text{mm}+2\times2\text{mm}=180.00\text{mm}$ 4）计算全齿高 h 代入公式：$h=2.25m=2.25\times2\text{mm}=4.5\text{mm}$ 注：以上 2）、3）、4）必须准确计算至少到小数点后 2 位。 5）中心距 a 代入公式：$a=m(z_1+z_2)/2=2\text{mm}\times(25+88)/2=113\text{mm}$ 6）齿宽 b 由表 6-3，齿轮非对称布置，取 $\psi_d=1.0$ $b=\psi_dd_1=1.0\times50\text{mm}=50\text{mm}$（为工作齿宽，即 $b_2=50\text{mm}$），为防止安装错动，小齿轮应比大齿轮宽一点：$b_1=b_2+(5\sim10)\text{mm}$，本题取 $b_1=55\text{mm}$ 为了便于加工及测量，齿宽一般圆整到整数	$m=2\text{mm}$ $d_1=50.00\text{mm}$ $d_2=176.00\text{mm}$ $d_{a1}=54.00\text{mm}$ $d_{a2}=180.00\text{mm}$ $h=4.5\text{mm}$ $a=113\text{mm}$ 取 $b_1=55\text{mm}$ $b_2=50\text{mm}$
4. 校核齿根弯曲疲劳强度 代入公式：$\sigma_F=\frac{2KT_1}{bd_1m}Y_{Fa}Y_{Sa}Y_\varepsilon\leqslant[\sigma_F]=\frac{\sigma_{Flim}}{S_{Fmin}}Y_NY_X$ （1）确定验算公式中各参数 1）小、大齿轮的齿根弯曲疲劳极限 σ_{Flim1}、σ_{Flim2} 查图 6-12c：$\sigma_{Flim1}=620\text{MPa}$ $\sigma_{Flim2}=440\text{MPa}$ 2）弯曲寿命系数 Y_{N1}、Y_{N2} 查图 6-10，根据前面计算 $N_{L1}=2.08\times10^9$、$N_{L2}=0.59\times10^9$ 查线 A：$Y_{N1}=0.9$，$Y_{N2}=0.92$ 3）尺寸系数 Y_X 查图 6-11，因为齿轮模数小于 5，因此 $Y_X=1$ 4）计算许用弯曲应力$[\sigma_{F1}]$、$[\sigma_{F2}]$ 查表 6-5，取失效率不大于 1%，最小安全系数 $S_{Fmin}=1.25$，代入公式有	$\sigma_{Flim1}=620\text{MPa}$ $\sigma_{Flim2}=440\text{MPa}$ $Y_{N1}=0.9$ $Y_{N2}=0.92$ $Y_X=1$

（续）

设计项目及依据	设计结果
$[\sigma_{F1}]=\frac{\sigma_{Flim1}Y_NY_X}{S_{Fmin}}=\frac{620\times0.9\times1}{1.25}MPa=4464MPa$ $[\sigma_{F2}]=\frac{\sigma_{Flim2}Y_NY_X}{S_{Fmin}}=\frac{440\times0.92\times1}{1.25}MPa=323.84MPa$	$[\sigma_{F1}]=4464MPa$ $[\sigma_{F2}]=323.84MPa$
5)重合度系数 Y_ε 由表 6-7,$Y_\varepsilon=0.25+\frac{0.75}{\varepsilon_\alpha}=0.25+\frac{0.75}{1.72}=0.69$	$Y_\varepsilon=0.69$
6)齿形系数 Y_{Fa1}、Y_{Fa2} 查图 6-8,按不变位 $x=0$ 分别查得:$Y_{Fa1}=2.62$,$Y_{Fa2}=2.23$	$Y_{Fa1}=2.62$ $Y_{Fa2}=2.23$
7)应力修正系数 Y_{Sa1}、Y_{Sa2} 查图 6-9,按不变位 $x=0$ 分别查得,$Y_{Sa1}=1.59$,$Y_{Sa2}=1.79$	$Y_{Sa1}=1.59$ $Y_{Sa2}=1.79$
(2)校核计算 代入公式分别得小齿轮和大齿轮的齿根弯曲应力为 $\sigma_{F1}=\frac{2KT_1}{bd_1m}Y_{Fa1}Y_{Sa1}Y_\varepsilon=\frac{2\times1.21\times7.46\times10^4}{1.0\times2^3\times25^2}\times2.62\times1.59\times0.69$ $=103.78MPa\leqslant[\sigma_{F1}]$ $\sigma_{F2}=\sigma_{F1}\frac{Y_{Fa2}Y_{Sa2}}{Y_{Fa1}Y_{Sa1}}=103.78\times\frac{2.23\times1.79}{2.62\times1.59}=99.44MPa\leqslant[\sigma_{F2}]$	$\sigma_{F1}\leqslant[\sigma_{F1}]$ $\sigma_{F2}\leqslant[\sigma_{F2}]$ 弯曲强度满足
5. 静强度校核 传动平稳,无严重过载,故不需静强度校核	

表 6-8　根据工作条件推荐选用的齿轮材料和热处理

传动方式	工作条件		小齿轮			大齿轮		
	速度	载荷	材料	热处理	硬度	材料	热处理	硬度
开式传动	低速	轻载,无冲击,不重要的传动	Q275	正火	150~180HBW	HT200		170~230HBW
						HT250		170~40HBW
		轻载,冲击小	45	正火	170~200HBW	QT500-7	正火	170~207HBW
						QT600-3		197~269HBW
		中载	45	正火	170~200HBW	35	正火	150~180HBW
			ZG310-570	调质	200~250HBW	ZG270-500	调质	190~230HBW
		重载	45	整体淬火	38~48HRC	35、ZG270-500	整体淬火	35~40HRC
闭式传动	中速	中载	45	调质	220~250HBW	35、ZG270-500	调质	190~230HBW
			45	整体淬火	38~48HRC	35	整体淬火	35~40HRC
			40Cr 40MnB 40MnVB	调质	230~280HBW	45、50	调质	220~250HBW
						ZG270-500	正火	180~230HBW
						35、40	调质	190~230HBW
		重载	45	整体淬火	38~48HRC	35	整体淬火	35~45HRC
				表面淬火	40~50HRC	45	调质	220~250HBW
			40Cr 40MnB 40MnVB	整体淬火	35~42HRC	35、45	整体淬火	35~40HRC
				表面淬火	52~55HRC	45、50	表面淬火	45~50HRC
	高速	中载,无猛烈冲击	40Cr 40MnB 40MnVB	整体淬火	35~42HRC	35、40	整体淬火	35~40HRC
				表面淬火	52~56HRC	45、50	表面淬火	45~50HRC
		中载,有冲击	20Cr 20Mn2B 20MnVB 20CrMnTi	渗碳淬火	56~62HRC	ZG310-570	正火	160~210HBW
						35	调质	190~230HBW
						20Cr20MnVB	渗碳淬火	56~62HRC

6.6 圆柱齿轮传动的结构设计

6.6.1 圆柱齿轮结构设计方法概述

强度计算只是计算出齿轮的主要几何尺寸顶圆直径、分度圆直径、根圆直径和齿宽，其他尺寸的确定和齿轮采用何种结构是齿轮结构设计的内容。结构设计根据经验设计，表 6-9 给出了常见圆柱齿轮结构型式及尺寸计算的经验公式，考虑方便加工及测量，经验公式计算的数据必须圆整为整数。如果有实际设计经验，也可自行设计，表 6-9 给出的齿轮结构型式及尺寸计算的经验公式仅供参考。

表 6-9 常见圆柱齿轮结构型式

名称	结构型式	使用条件
齿轮轴	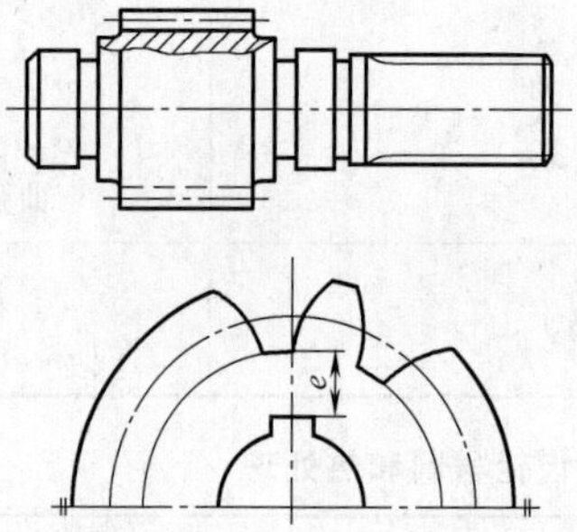	对于直径较小的钢制齿轮，若齿根圆到键槽底部的距离 $e<2m_t$（m_t 为端面模数），可将齿轮和轴做成一体，称为齿轮轴，这时齿轮与轴必须采用同一种材料制造 也可按经验公式即 $d_a<2d_s$ 时做成齿轮轴，d_a 为齿顶圆直径，d_s 为相邻轴径
实心式	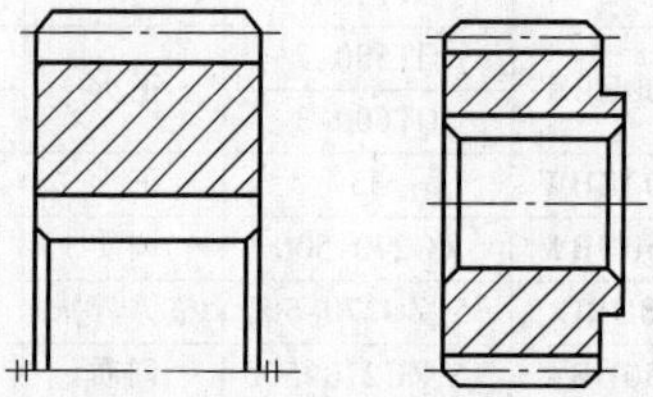	当齿顶圆直径 $d_a \leqslant 160$mm 时，齿轮可做成实心结构，或根据实际情况定
孔板轮	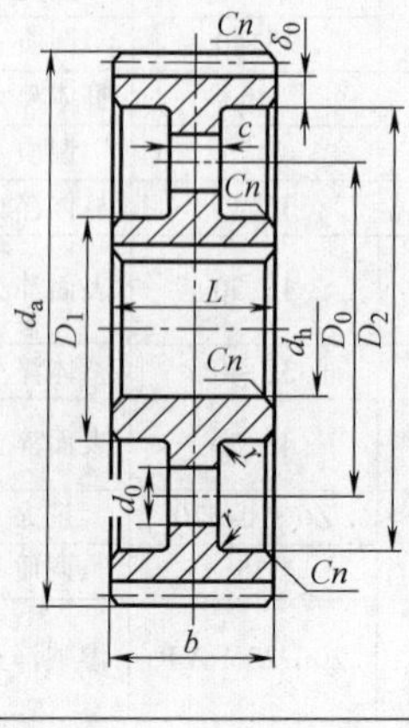	当齿顶圆直径 $d_a \leqslant 500$mm 时，通常采用辐板式（没有工艺孔）或如图所示孔板结构的锻造齿轮。尺寸由经验公式计算： $L=(1.2\sim1.5)d_h$ $D_1=1.6d_h$ $\delta_0>(2.5\sim4)m_n$，但不小于 8mm $D_0=0.5(D_1+D_2)$ $d_0=(0.25\sim0.35)(D_2-D_1)$ $C\approx0.3b$（或自定） $r\geqslant5$mm $n\approx0.5m_n$（或自定） 以上经验公式计算的尺寸必须圆整为整数以便于加工与测量

（续）

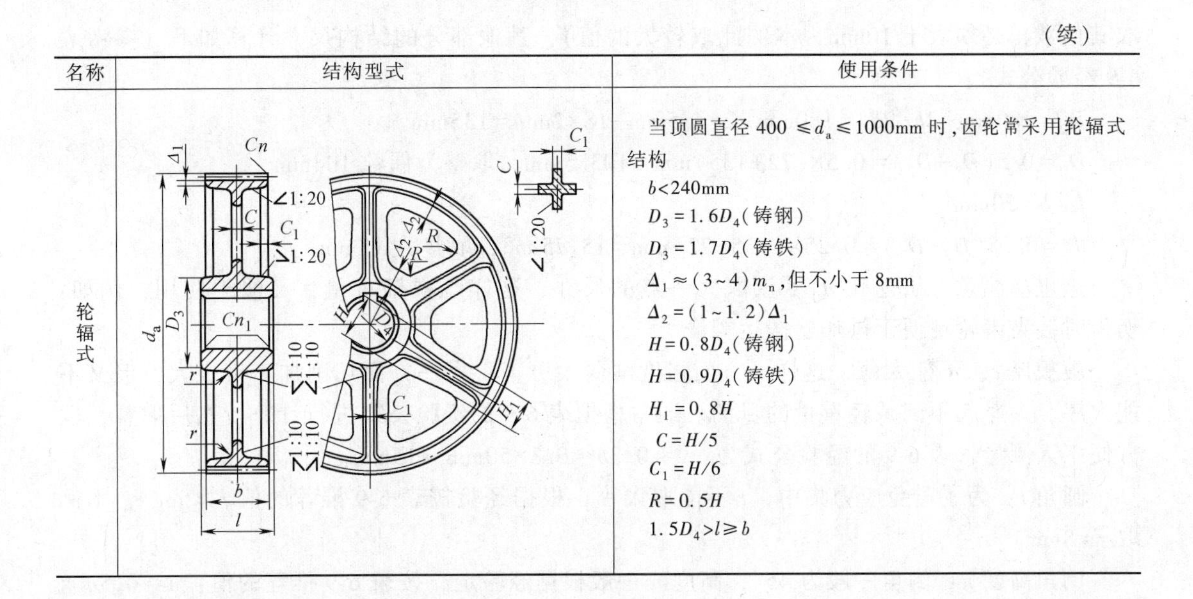

名称	结构型式	使用条件
轮辐式		当顶圆直径 $400 \leqslant d_a \leqslant 1000\text{mm}$ 时，齿轮常采用轮辐式结构 $b<240\text{mm}$ $D_3=1.6D_4$（铸钢） $D_3=1.7D_4$（铸铁） $\Delta_1 \approx (3\sim4)m_n$，但不小于 8mm $\Delta_2=(1\sim1.2)\Delta_1$ $H=0.8D_4$（铸钢） $H=0.9D_4$（铸铁） $H_1=0.8H$ $C=H/5$ $C_1=H/6$ $R=0.5H$ $1.5D_4>l \geqslant b$

6.6.2　小圆柱齿轮结构设计

第 6.5 节的设计实例中，小圆柱齿轮的结构设计参考表 6-9，因小齿轮的顶圆直径 $d_{a1}=54.00\text{mm}$，应采用实心轮，但本例尚未进行轴的设计，因此不知轴的结构尺寸，故无法判断装齿轮处的轴径。当齿根圆到键槽底部的距离 $e<2m_t$（m_t 为端面模数，参考表 6-9 的图）时，在齿轮进行热处理工艺时，由于尺寸 e 很小，因此该处冷却速度比齿轮其他部分更快，从而可能造成齿根与轮毂槽顶部处发生裂纹。此时可将齿轮和轴做成一体，称为齿轮轴，这时齿轮与轴必须采用同一种材料制造，如表 6-9 中的图所示。也可按经验公式即 $d_a<2d_s$ 时做成齿轮轴，d_a 为齿顶圆直径，d_s 为相邻轴径。

6.6.3　大圆柱齿轮结构设计

第 6.5 节的设计实例中，大圆柱齿轮的结构设计参考表 6-9，当齿顶圆直径 $d_a \leqslant 500\text{mm}$ 时，为了减轻齿轮的重量，在制造工艺方面通常采用辐板式（没有工艺孔）的结构。为了在加工齿轮时便于装夹，同时考虑搬运齿轮方便，辐板式齿轮在尺寸允许时，最好加工成工艺孔，如表 6-9 中的图所示，称孔板结构的齿轮。本例齿顶圆直径 $d_{a2}=180.00\text{mm}$，故采用孔板式的结构。

如果是单件生产或小批量生产，为了简化工艺及提高齿轮的性能，通常采用锻造的方法加工齿轮，也称锻造齿轮。本例为单件生产，因此采用锻造齿轮。

根据表 6-9 的图例可以计算相关的结构尺寸：齿轮的内孔直径应由轴的直径确定（轴孔为配合尺寸，公称直径应该相同），但是本例没进行轴的强度计算及结构设计（结构设计例如轴长需要知道轴承位置，而轴承位置又必须在设计减速器箱体时才能确定），本例假定装齿轮处的轴径为 $\phi45\text{mm}$，因此齿轮内孔也为 $\phi45\text{mm}$。

齿轮具体结构尺寸的确定：参考表 6-9，$D_1=1.6\times45\text{mm}=72\text{mm}$，此处主要考虑使齿轮轮毂槽顶面与直径为 D_1 的圆柱面之间的距离不致太小，以防止工艺过程热处理时出现裂纹。同理，为使齿根圆柱面与直径为 D_2 的圆柱面之间的距离不致太小，本例取 $\delta_0=18\text{mm}$（也可取其他数，必须大于10mm，本例此取较大的值)，其他部分的结构尺寸计算如下（参考表6-9经验公式）：

$D_2=180\text{mm}-2h-2\delta_0=180\text{mm}-2\times4.5\text{mm}-18\times2\text{mm}=135\text{mm}$

$D_0=0.5(D_1+D_2)=0.5\times(72+135)\text{mm}=103.5\text{mm}$，取整为偶数104mm

$L=b=50\text{mm}$

$d_0=0.25(D_2-D_1)=0.25\times(135-72)\text{mm}=15.75\text{mm}$，取整为15mm

这里应注意：工艺孔 d_0 尽量取大一点的尺寸，这样既减轻重量，又便于使用，例如：切齿时装夹齿轮更便于操作、搬运等。

腹板厚 c：不能太薄，这样一方面强度削弱太厉害，另一方面切削加工量也大；但又不能太厚，太厚起不到减轻重量的目的。通常根据表6-9的经验公式进行计算，然后取整，以方便工人测量。表6-9的经验公式为：$c\approx0.3b\approx0.3\times50\text{mm}\approx15\text{mm}$。

圆角 r：为了避免应力集中，r 不能取太小，根据经验按表6-9推荐的值 $r\geqslant5\text{mm}$，本例取 $r=8\text{mm}$。

倒角高度 n：倒角一般为45°，高度 n 一般根据经验定，按表6-9推荐的值：$n\approx0.5m=1\text{mm}$，本例齿顶圆柱面与端面处的倒角取1mm，即在图样上标 $C1$。齿轮轴孔处考虑装配工艺便于装配，因此取大一点的值，取2mm，即在图样上标 $C2$。

6.7 齿轮零件工作图绘制详解

齿轮的零件工作图主要包括以下内容：

1. 视图

齿轮属于盘类零件，与带轮、链轮、蜗轮等零件相同，视图选择只需两视图即可表达清楚，零件图按国家标准《机械制图》的规定画出。如果是齿轮轴，则与轴类零件图相似，为了表达齿形的有关特性及参数必要时应画出局部剖视图。

2. 尺寸标注

齿轮零件图中各径向尺寸以齿轮孔中心线为基准（齿轮轴则以轴心线为基准）；齿宽方向以端面为基准标注尺寸。分度圆直径为设计的基本尺寸，应标注出准确值（至少精确到小数点后面3位），顶圆直径、全齿高是加工的主要尺寸，也应标注出准确值，至少精确到小数点后面3位。根圆直径不标注（给出全齿高或齿顶高系数后加工时自然形成），如果标注则说明有特殊要求。

3. 尺寸公差及表面粗糙度标注

以第6.5节的设计实例中的大圆柱齿轮为例，介绍其主要尺寸及公差。

（1）轴孔公差　齿轮的轴孔是加工、测量和装配的重要基准，尺寸精度要求较高，应根据装配图上标定的配合性质和公差精度等级进行标注。本例是一般减速器，采用平键连接，因此轴孔配合多常用基孔制、过渡配合，即采用 $\phi45\,\frac{\text{H7}}{\text{k6}}$。因此齿轮零件图孔的公差按H7查，可参考孔的极限偏差（GB/T 1800.2—2009），标出其极限偏差值为 $\phi45_{0}^{0.025}$，如图6-18所示。

（2）齿顶圆的尺寸偏差　如按GB/T 10095标准规定，齿顶圆不作测量基准时［一般为

$m(m_n) \leqslant 5mm$ 的情况]，则齿顶圆上偏差为零，下偏差按 11 级标准公差取，即 IT11。本题模数 $m = 2mm$，齿顶圆直径 $d_{a2} = 180.00mm$，参考标准公差值（GB/T 1800.2—2009），查出 IT11 为 0.25mm。但标准还规定齿顶圆下偏差不得大于 0.1 倍模数 m，即 $0.1 \times 2mm = 0.2mm$。因此本例取 0.2mm，即齿顶圆上偏差为零、下偏差为-0.2mm，如图 6-18 的标注 $\phi 180.00_{-0.2}^{\ 0}mm$。

（3）轮毂槽公差　轮毂槽宽度尺寸 b、$(d+t_1)$ 以及它们的极限偏差值可参考普通平键（GB/T 1095—2003）：轴孔直径为 $\phi 45mm$ 时，键宽 $b = 14mm$；毂槽深 $t_1 = 3.8mm$，因此 $d+t_1 = 45mm+3.8mm = 48.8mm$。公差值按毂槽深 t_1 查，公差值为 $^{+0.2}_{\ 0}mm$，即 $48.8^{+0.2}_{\ 0}mm$，标注如图 6-18 所示。

（4）几何公差　轮坯的几何公差对齿轮类零件的传动精度要求有很大影响，故需按工作要求标注出必要的项目。轮坯几何公差的主要包括：

1）齿轮齿顶圆的径向跳动公差。参考表 6-10，根据 7 级精度以及分度圆直径 $d_2 = 176.00mm$，因此齿坯径向跳动公差值为 0.022mm。标注如图 6-18 所示。

2）齿轮端面的端面跳动公差。参考表 6-10，根据 7 级精度以及分度圆直径 $d_2 = 176.00mm$，因此齿坯端面跳动公差值为 0.022mm，标注如图 6-18 所示。

虽然查出的齿顶圆的径向跳动公差值与齿轮端面的端面跳动公差值相同，但测量要素不同，一个是顶圆、一个是端面。

表 6-10　齿坯径向和端面跳动公差　（单位：μm）

分度圆直径		齿轮精度等级			
大于	至	3、4	5、6	7、8	9~12
≤125		7	11	18	28
125	400	9	14	22	36

3）轮毂槽的对称度公差。参考表 6-11，根据轮毂槽宽 14mm 及 7 级精度齿轮可查得对称度公差为 0.008mm，标注如图 6-18 所示。

表 6-11　同轴度、对称度、圆跳动、全跳动公差值及应用举例（GB/T 1182—2008）

（单位：μm）

精度等级	主要参数 $d(D)$、L、B/mm											应用举例
	>3~6	>6~10	>10~18	>18~30	>30~50	>50~120	>120~250	>250~500	>500~800	>800~1250	>1250	
5 6	3 5	4 6	5 8	6 10	8 12	10 15	12 20	15 25	20 30	25 40	30 50	6 级和 7 级精度齿轮轴的配合面，较高精度的高速轴、汽车发动机曲轴和分配轴的支承轴颈，较高精度机床的轴套
7 8	8 12	10 15	12 20	15 25	20 30	25 40	30 50	40 60	50 80	60 100	80 120	8 级和 9 级精度齿轮轴的配合面，拖拉机发动机分配轴轴颈，普通精度高速轴（1000r/min 以下），长度在 1m 以下的主传动轴，起重运输机的鼓轮配合孔和导轮的滚动面

（5）表面粗糙度　圆柱齿轮各表面粗糙度值根据其功能并结合加工工艺方法确定，不同的加工方法得到不同的表面粗糙度 Ra 值。一般齿轮加工表面粗糙度推荐值见表 6-12。

表 6-12　齿轮类零件加工表面粗糙度推荐值

加工表面		精度等级			
		6	7	8	9
轮齿工作面		<0.8	1.6~0.8	3.2~1.6	6.3~3.2
齿顶圆	测量基面	1.6	1.6~0.8	3.2~1.6	6.3~3.2
	非测量基面	3.2	6.3~3.2	6.3	12.5~6.3
轴孔配合面		3.2~0.8		3.2~1.6	6.3~3.2
与轴肩配合的端面		3.2~0.8		3.2~1.6	6.3~3.2
其他加工面		6.3~1.6		6.3~3.2	12.5~6.3

以第 6.5 节的设计实例中的大圆柱齿轮为例，齿轮与轴配合的孔即是配合表面，前面已分析过：轴孔用平键连接，采用过渡配合 $\phi 45\dfrac{H7}{k6}$。因此孔的表面粗糙度通常取 Ra1.6~3.2。齿轮的齿面粗糙度根据精度等级确定，精度等级越高要求表面越光滑，一般 7~8 级精度的齿轮齿面粗糙度取 Ra1.6~3.2。齿轮端面通常做定位端面（轴肩、轴环、套筒等），因此要求较高，通常要求粗糙度 Ra1.6~3.2。再就是键槽两个侧面是与键配合的工作面，因此对表面粗糙度要求较高，通常要求粗糙度 Ra3.2。其余非配合面、非工作面不需要很高的光洁度，为了降低成本、减少工时，通常粗糙度在 Ra6.3~25 即可。

所有加工面必须标注表面粗糙度，本例大齿轮各表面的粗糙度标注如图 6-18 所示。

4. 编写啮合特性表

啮合特性表是齿轮零件工作图中不可缺少的重要内容，包括加工齿轮和检测齿轮所必需的参数，主要包括：

（1）加工齿轮的基本参数　加工齿轮时用到的基本参数包括：模数 m（m_n）、齿数 z、压力角 α、齿顶高系数 h_a、变位系数 x，这些参数都是在加工齿轮时用来选刀具或调整机床的位置所用，常用的加工齿轮的机床为滚齿机。

（2）中心距及偏差　中心距不仅是设计齿轮的重要参数，也是安装和检测齿轮的重要参数。

根据计算的中心距为 $a=113$mm，极限偏差根据精度等级查表 6-13 为±0.027mm，标在图样上为 113±0.027mm，如图 6-18 所示。

表 6-13　中心距极限偏差 $\pm f_a$（供参考）　　（单位：μm）

中心距 a/mm（齿轮精度等级）		5、6	7、8
大于	至		
6	10	7.5	11
10	18	9	13.5
18	30	10.5	16.5
30	50	12.5	19.5
50	80	15	23
80	120	17.5	27
120	180	20	31.5
180	250	23	36

（续）

中心距 a/mm 齿轮精度等级		5、6	7、8
大于	至		
250	315	26	40.5
315	400	28.5	44.5
400	500	31.5	48.5

（3）检测齿轮的主要参数　设计齿轮的精度等级必须通过一定的检测手段进行检测，才能确保达到规定的精度等级。齿轮的精度等级一般包括运动精度、工作平稳性精度和接触精度，圆柱齿轮检验项目可参考 GB/T 10095. 1～2—2008。

此外为了补偿制造、安装误差及热变形，保证齿侧存有一定的润滑油，以保证齿轮转动灵活，还应检测齿侧间隙，齿轮传动的最小侧隙可参考 GB/Z 18620. 2—2008 的推荐数据查取；在中心距一定的情况下，齿侧间隙是用减薄轮齿齿厚的方法获得。控制齿厚的方法有两种：控制齿厚极限偏差（一般用于模数大于 5mm，此时齿比较大，能够便于测量）或控制公法线平均长度极限偏差（通常用于模数小于或等于 5mm，此时齿比较小，不容易测量齿厚，因此用测量公法线的方法便于测量）。其检测方法可参考文献［2］。

本例因为模数小于 5mm，因此控制公法线平均长度极限偏差，具体标注如图 6-18 所示。

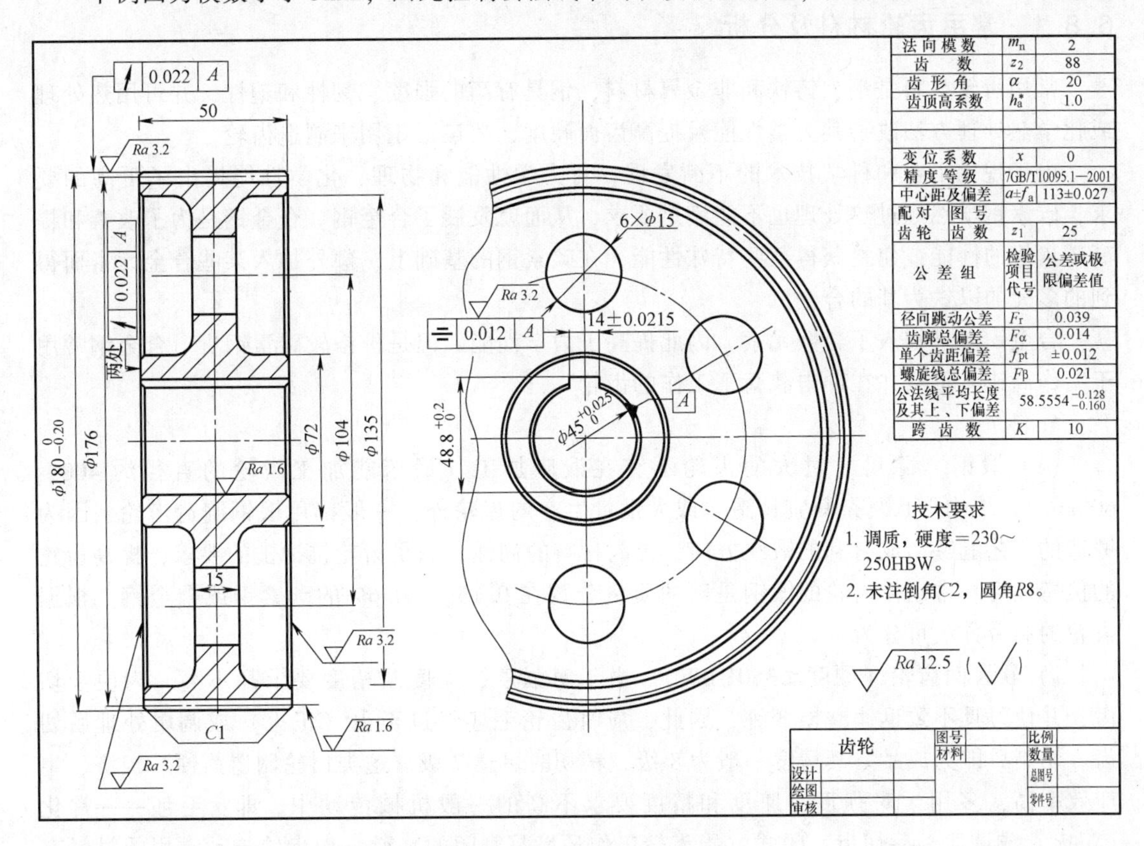

图 6-18　直齿圆柱齿轮零件图

5. 编写技术要求

技术要求是齿轮零件工作图的重要组成部分，内容是图中没表现出来，而在齿轮加工时又必须用到的内容，例如通常有以下内容：

1）对材料表面性能的要求，如热处理方法，热处理后应达到的硬度值。

2）对图中未标明的圆角、倒角尺寸及其他特殊要求的说明等。

6. 画出齿轮工作图的标题栏

齿轮零件图标题栏的主要内容包括名称、比例、材料、图号、日期、设计人、审阅人等。这些内容一定要准确、详细，尤其是材料和比例必须要写出。

本例所设计的大齿轮零件工作图如图 6-18 所示。

6.8 齿轮材料的选择及分析

齿轮可能的失效形式是齿面疲劳点蚀（或称疲劳磨损）、轮齿折断、齿面磨损、齿面胶合、齿面塑性变形，设计齿轮传动时，应使齿面具有较高的耐磨损性、抗点蚀性、抗胶合性及抗塑性变形的能力，而齿根要有较高的抗折断的能力。因此，设计对齿轮材料的基本要求应该是：齿面要硬，齿芯要韧，易于加工及热处理（只有通过热处理的方法才能达到齿面硬、齿芯韧的效果）。

6.8.1 常用齿轮材料及分析

常用齿轮材料是钢、铸铁和非金属材料，钢具有高的强度、韧性和塑性，并可用热处理或化学热处理方法改善其力学性能及提高齿面硬度，故最适于用来制造齿轮。

由于现代工业和科学技术的不断发展，对力学性能和物理、化学性能提出了更高的要求，碳素钢虽然经过热处理也不能满足要求，从而就发展了合金钢。合金钢是为了改善和提高碳素钢的性能或使之获得某些特殊性能，在碳素钢的基础上，额外加入某些合金元素而得到的多元的以铁为基的合金。

合金钢由于加入了合金元素，因此提高了力学性能，但是价格较碳素钢贵。合金钢常用于制作高速、重载并在冲击载荷下工作的齿轮。

1. 钢

（1）锻钢　除尺寸过大的齿轮不宜在锻床加工（锻床能加工齿轮的直径约 400～600mm），结构形状复杂只宜铸造，或大批量生产的齿轮外，一般都用锻钢制造齿轮，因为锻造的工艺能够形成有利的锻纹方向，提高材料的韧性，满足齿轮抗冲击的要求，提高齿轮的抗弯强度。常用作齿轮的锻钢是碳的质量分数在 0.15%～0.6%的碳素钢或合金钢。根据齿轮的制造方法可分为：

1）软齿面齿轮（硬度≤350HBW）。由于对强度、速度及精度要求都不高，为便于切齿，并使刀具不致迅速磨损变钝，因此，应将齿轮毛坯经过正火（正火）或调质处理后切齿。切制后即为成品。其精度一般为 8 级，精切时可达 7 级。这类齿轮制造简便、经济、生产效率高，多用于对强度、速度和精度要求不高的一般机械传动中。即：毛坯——常化（正火）或调质——切齿。闭式（指齿轮工作环境是密闭的）软齿面齿轮传动常用的材料有 35，45，40Cr 和 35SiMn 经调质或正火处理。

2）硬齿面齿轮（硬度>350HBW）。使用于高速、重载及精密机器（如精密机床、航空发动机），除要求材料性能优良，轮齿具有高强度及齿面具有高硬度（如 58～

65HRC）外，还应进行磨齿等精加工。需精加工的齿轮目前多是先切齿，再做表面硬化处理，最后进行精加工，精度可达5级或4级。这类齿轮精度高，价格较贵，所以热处理方法有表面淬火、渗碳、氮化、软氮化及氰化等。所以材料视具体要求及热处理方法而定。

合金钢根据所含金属的成分及性能，可分别使材料的韧性、耐冲击、耐磨及抗胶合的性能等获得提高，也可通过热处理或化学热处理改善材料的力学性能及提高齿面的硬度。所以对于既是高速、重载又要求尺寸小、重量轻的航空用齿轮，都用性能优良的合金钢（如20CrMnTi、20Cr2Ni4A等）来制造。

（2）铸钢　铸钢的抗冲击性能及韧性等不如锻钢，用于齿轮尺寸过大（通常齿顶圆直径大于450~600mm）轮坯不易锻造，或大批量生产时，通常采用铸造方法。铸钢的耐磨性及强度均较好，但应经退火及正火处理，必要时也可进行调质。

2. 铸铁

（1）灰铸铁　灰铸铁中片状石墨对基体的分割作用可引起应力集中效应，故其抗拉强度远低于钢，其强度、塑性低。因灰铸铁含碳量高，熔点比钢低，因此铸造性能好，成本最低。灰铸铁性质较脆，抗冲击及耐磨性都较差，但抗胶合及抗点蚀的能力较好。常用于工作平稳、速度较低、功率不大的场合。例如开式传动、低速传动可采用灰铸铁。

（2）球墨铸铁　球墨铸铁因碳呈球状分布于基体中，与灰铸铁相比其强度、塑性较高，但价格稍贵，球墨铸铁有时可代替铸钢制造齿轮。

3. 非金属材料

非金属材料由于机械强度低、线胀系数大等缺点，应用于齿轮制造远比钢少。由于高速轻载及精度不高的齿轮传动，为了降低噪声，常用非金属材料（如夹布胶木、尼龙等）做小齿轮，大齿轮仍用钢或铸铁制造。为使大齿轮具有足够的抗磨损及抗点蚀的能力，齿面的硬度应为250~350HBW。

6.8.2 齿轮材料的选择原则及实例

齿轮材料的种类很多，在选择时应考虑的因素也很多，下述几点可供参考。

1. 齿轮材料必须满足使用性能的要求

所有的材料都不是万能的，扬其利，避其弊。从失效分析入手，失效的方式决定对材料要求的主要性能。例如用于飞行器上的齿轮，要满足重量轻、传递功率大和可靠性高的要求，因此必须选择力学性能高的合金钢；机床变速箱齿轮担负传递动力，改变运动速度和方向的任务、工作条件较好，工作负荷不太大，中速运转，较平稳，选材常用45钢或40Cr钢等调质钢。矿山机械中的齿轮传动，一般功率很大、工作速度较低、周围环境中粉尘含量极高，因此往往选择铸钢或铸铁等材料；家用及办公用机械的功率很小，但要求传动平稳、低噪声或无噪声以及能在少润滑状态下正常工作，因此常选用工程塑料作为齿轮材料。总之，使用性能或称工作条件的要求是选择齿轮材料时首先应考虑的因素。

根据工作条件推荐选用的齿轮材料及热处理方法及硬度见表6-8。

2. 齿轮选材必须满足生产工艺的要求

生产工艺的要求应考虑齿轮尺寸的大小、毛坯成形方法及热处理和制造工艺等。

（1）毛坯成形方法　大尺寸的齿轮不宜在锻床加工（一般锻床能加工齿轮的直径约

400~600mm），通常采用铸造的方法加工毛坯，可选用铸钢或铸铁作为齿轮材料。中等或中等以下尺寸要求较高的齿轮常选用锻造的方法加工毛坯（锻钢）。尺寸较小而又要求不高时，可选用圆钢作毛坯。

（2）热处理方法　齿轮常用的整体热处理方法有退火、正火、淬火、回火、调质（淬火加高温回火）。正火碳素钢不论毛坯的制作方法如何，只能用于制作在载荷平稳和轻度冲击下工作的齿轮，不能承受大的冲击载荷；调质碳素钢可用于制作在中等冲击载荷下工作的齿轮。

（3）表面热处理方法　如果需要由表面到心部具有不同的性能，通常采用表面热处理方法。例如为了使齿轮表面硬（抗点蚀、抗胶合、抗磨损），齿轮常用的表面热处理方法有表面淬火（高频淬火）、渗碳、渗氮等。采用渗碳工艺时，应选用低碳钢或低碳合金钢作齿轮材料；氮化钢和调质钢能采用氮化工艺；采用表面淬火时，对材料没有特别的要求，用于重要的齿轮以及曲轴、活塞销等。

6.8.3　齿轮设计实例及材料选择分析

1. 选择材料分析

第6.5节齿轮设计的实例是减速器的齿轮，因此齿轮属于闭式传动。又考虑是一般减速器用的齿轮，且工作条件一般（一般功率、一般转速），因此选择软齿面齿轮（加工工艺简单、成本低、造价低）足以满足使用要求。

闭式软齿面齿轮传动常用材料是中碳钢或中碳合金钢，例如35、45、40Cr和35SiMn，一般经调质或正火处理。此类材料的特点是制造方便，多用于对强度、速度和精度要求不高的一般机械传动中。

2. 小齿轮和大齿轮的材料牌号及热处理分析

由于小齿轮轮齿工作次数较多，为使大小齿轮尽量等寿命，应使其小齿轮齿面硬度比大齿轮的高出30~50HBW，可通过采用不同种材料同一热处理，或采用同一种材料不同的热处理方法来达到硬度差。本题采用了前一种方法：参考表6-8，按中速、中载情况考虑，选择小齿轮材料为40Cr，调质处理，齿面硬度$HBW_1=280HBW$；大齿轮材料为45钢，调质处理，齿面硬度$HBW_2=240HBW$。两齿轮齿面硬度差为：$HBW_1-HBW_2=280-240=40HBW$，在30~50HBW范围内，合格。

本例大小齿轮都采用调质处理，目的是使钢件有很高的韧性和足够的强度，具有综合的优良力学性能。

（1）小齿轮40Cr热处理分析　小齿轮采用40Cr，调质处理，Cr能增加钢的淬透性，提高钢的强度和回火稳定性，具有优良的力学性能。但Cr钢有第二类回火脆性。

小齿轮40Cr工件调质的淬回火，应注意：

1）40Cr工件淬火后应采用油冷，40Cr钢的淬透性较好，在油中冷却能淬硬，而且工件的变形、开裂倾向小。也可以在水中淬火，只是操作者要凭经验严格掌握入水、出水的温度。

2）40Cr工件调质后硬度仍然偏高，第二次回火温度就要增加20~50℃，否则，使硬度降低就很困难。

3）40Cr工件高温回火后，形状复杂的在油中冷却，简单的在水中冷却，目的是避免第二类回火脆性的影响。回火快冷后的工件，必要时再施以消除应力处理。

4）影响调质工件的质量，操作工的水平是个重要因素，同时，还有设备、材料和调质前加工等多方面的原因：①工件从加热炉转移到冷却槽速度缓慢，工件入水的温度已降到低于 Ac_3 临界点，产生部分分解，工件得到不完全淬火组织，达不到硬度要求。所以小零件冷却要讲究速度，大工件预冷要掌握时间。②工件装炉量要合理，以 1~2 层为宜，否则工件相互重叠造成加热不均匀，导致硬度不匀。③工件入水排列应保持一定距离，过密使工件近处蒸气膜破裂受阻，造成工件接近面硬度偏低。④开炉淬火，不能一口气淬完，应视炉温下降程度，中途闭炉重新升温，以便前后工件淬后硬度一致。⑤要注意冷却液的温度，10%盐水的温度如高于 60℃，不能使用。冷却液不能有油污、泥浆等杂质，否则会出现硬度不足或不均匀现象。⑥未经加工毛坯调质，硬度不会均匀，如要得到好的调质质量，毛坯应粗车，棒料要锻打。⑦ 严把质量关，淬火后硬度偏低 1~3 个单位，可以调整回火温度来达到硬度要求。但淬火后工件硬度过低，有的甚至只有 25~35HRC，必须重新淬火，绝不能只施以中温或低温回火以达到图样要求完事，不然，失去了调质的意义，并有可能产生严重的后果。

（2）大齿轮 45 热处理分析　大齿轮采用 45，调质处理。45 钢是中碳结构钢，冷热加工性能都不错，力学性能较好，且价格低、来源广，所以应用广泛。它的最大弱点是淬透性低，截面尺寸大和要求比较高的工件不宜采用。

45 钢淬火温度在 Ac_3+(30~50)℃，在实际操作中，一般是取上限的。偏高的淬火温度可以使工件加热速度加快，表面氧化减少，且能提高工效。为使工件的奥氏体均匀化，就需要足够的保温时间。如果实际装炉量大，就需适当延长保温时间。不然，可能会出现因加热不均匀造成硬度不足的现象。但保温时间过长，也会也出现晶粒粗大，氧化脱碳严重的弊病，影响淬火质量。我们认为，如装炉量大于工艺文件的规定，加热保温时间需延长 1/5。

因为 45 钢淬透性低，故应采用冷却速度大的 10%盐水溶液。工件入水后，应该淬透，但不是冷透，如果工件在盐水中冷透，就有可能使工件开裂，这是因为当工件冷却到 180℃左右时，奥氏体迅速转变为马氏体造成过大的组织应力所致。因此，当淬火工件快冷到该温度区域，就应采取缓冷的方法。由于出水温度难以掌握，须凭经验操作，当水中的工件抖动停止，即可出水空冷（如能油冷更好）。另外，工件入水宜动不宜静，应按照工件的几何形状，做规则运动。因为静止的冷却介质加上静止的工件，会导致硬度不均匀、应力不均匀而使工件变形大，甚至开裂。

45 钢调质件淬火后的硬度应该达到 56~59HRC，截面大的可能性低些，但不能低于 48HRC，不然，就说明工件未得到完全淬火，组织中可能出现索氏体甚至铁素体组织，这种组织通过回火，仍然保留在基体中，达不到调质的目的。

45 钢淬火后的高温回火，加热温度通常为 560~600℃，硬度要求为 22~34HRC。因为调质的目的是得到综合力学性能，所以硬度范围比较宽。但图样有硬度要求的，就要按图样要求调整回火温度，以保证硬度。如有些轴类零件要求强度高，硬度要求就高；而有些齿轮、带键槽的轴类零件，因调质后还要进行铣、插加工，硬度要求就低些。关于回火保温时间，视硬度要求和工件大小而定，我们认为，回火后的硬度取决于回火温度，与回火时间关系不大，但必须回透，一般工件回火保温时间总在 1h 以上。

第7章 蜗杆传动

7.1 概述

蜗杆传动（见图7-1）由一个带有螺纹的蜗杆和一个带有齿的蜗轮组成，它用于传递两交错轴之间的回转运动和动力，为了便于加工，通常两轴的交角为90°。蜗杆传动广泛应用于各种机器和仪器设备中，传动中一般蜗杆为主动件，蜗轮为从动件。

7.1.1 蜗杆传动的特点

(1) 传动比大　蜗杆传动单级传动比大，例如机床的分度机构传动比可达1000，因此，可实现大的减速、增大转矩的作用。

(2) 传动平稳、噪声小　由于蜗杆轮齿是连续不断的螺旋齿，它与蜗轮轮齿是逐渐进入啮合、脱离啮合，故传动平稳、噪声小。

(3) 结构紧凑　在实现同样传动比的情况下，是结构最紧凑的传动件。

图7-1　蜗杆传动

(4) 自锁性好　当蜗杆的导程角小于当量摩擦角时可实现反向自锁，即具有自锁性。

(5) 效率低　因为传动时啮合齿面间相对滑动速度大，故摩擦损失大，效率低。尤其是具有自锁性的蜗杆传动，其效率在0.5以下，一般效率只有0.7~0.9。

(6) 成本高　因为蜗杆与蜗轮圆周速度方向不同，因此齿面有相对滑动，齿面容易磨损，为了减轻齿面的磨损及防止胶合，蜗轮一般使用贵重的减摩材料制造，故成本高。同时发热量大，在传动设计时需要考虑散热问题。

7.1.2 蜗杆传动的类型

1. 按蜗杆母线形状分类

按蜗杆母线形状，蜗杆可分为圆柱蜗杆、锥面蜗杆和圆弧面蜗杆，如图7-2所示。

2. 普通圆柱蜗杆传动

圆柱蜗杆传动是蜗杆分度曲面为圆柱面的蜗杆传动。根据刀具加工位置不同分为阿基米德蜗杆（ZA型）、渐开线蜗杆（ZI型）和法向直廓蜗杆（ZN型）。

其中常用的为阿基米德圆柱蜗杆传动（ZA蜗杆），其中间平面（过蜗杆轴线并垂直于蜗轮轴线的平面，也称主截面）的啮合关系相当于渐开线齿条与渐开线齿轮的啮合。阿基米德蜗杆的端面齿廓为阿基米德螺旋线，其轴面齿廓为直线。阿基米德蜗杆可以在车床上用梯形车刀加工，所以制造简单，但难以磨削，故精度不高。在阿基米德圆柱蜗杆传动中，蜗杆与蜗轮齿面的接触线与相对滑动速度之间的夹角很小，不易形成润滑油膜，故承载能力较

a)

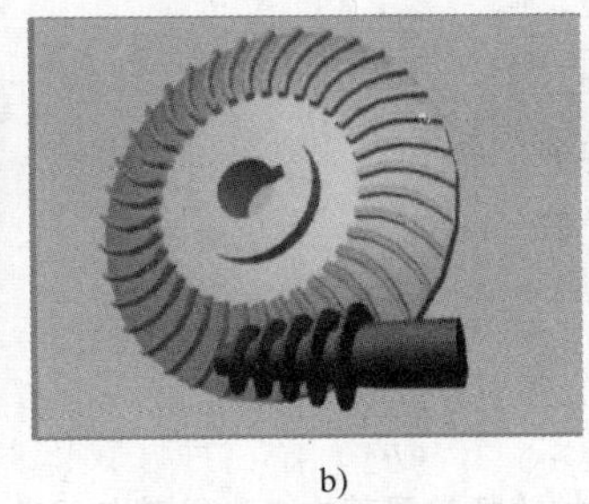
b)

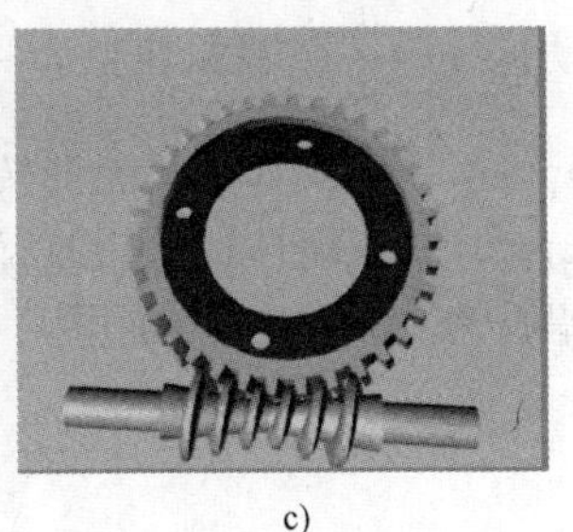
c)

图 7-2　按蜗杆母线分类
a）圆柱蜗杆　b）锥面蜗杆　c）圆弧面蜗杆

低难以磨削，精度低，不宜采用硬齿面。用于中小载荷、中小速度及间歇工作场合。

渐开线蜗杆（ZI 蜗杆）制造精度高，适于批量生产及大功率、高速和要求精密的多头蜗杆传动。但需用专用机床磨削，应用范围不如阿基米德蜗杆传动。

法向直廓蜗杆（ZN 蜗杆）加工简单，可用直母线砂轮磨齿，常用于机床的多头精密蜗杆传动。

7.2　蜗杆传动的主要参数和几何计算

7.2.1　主要参数

1. 模数 m 和压力角 α

蜗杆的轴向模数和蜗轮的端面模数相等且均取为标准模数，即：$m_x = m_t = m$，普通圆柱蜗杆传动的标准模数见表 7-1。

阿基米德（ZA 型）蜗杆的轴向压力角等于蜗轮的端面压力角，等于标准压力角，即：$\alpha_x = \alpha_t = 20°$。其他类型的蜗杆传动蜗杆的法向压力角为标准压力角，即 $\alpha_n = 20°$；蜗杆的轴向压力角和法向压力角的关系为 $\tan\alpha_x = \dfrac{\tan\alpha_n}{\cos\gamma}$。

2. 蜗杆分度圆直径 d_1、蜗杆直径系数 q、蜗轮分度圆直径 d_2

在蜗杆传动中，为了保证蜗杆与配对的蜗轮正确啮合，常用与蜗杆具有相同尺寸的蜗轮滚刀来范成加工与其配对的蜗轮。这样，只要有一种尺寸的蜗杆，就需要有一种对应的蜗轮滚刀。对于同一模数，可以有很多不同直径的分度圆直径的蜗杆，因而对每一模数就需要配备很多蜗轮滚刀，这样很不经济。为了限制蜗轮滚刀的数目及便于滚刀的标准化，就对每一标准模数规定了一定数量的蜗杆分度圆直径 d_1。

蜗杆分度圆直径 d_1 与模数 m 的比值称为蜗杆的直径系数 q：$q = \dfrac{d_1}{m}$。

由于 d_1 与 m 值均为标准值，所以得出的 q 不一定是整数。

蜗轮分度圆直径的确定和齿轮的相同，即：$d_2 = mz_2$。

3. 传动比 i 和齿数比 u

传动比：$i=\dfrac{n_1}{n_2}$；齿数比：$u=\dfrac{z_2}{z_1}$。

式中 n_1、n_2——蜗杆、蜗轮的转速；

z_1、z_2——蜗杆、蜗轮的齿数。

当蜗杆为主动时，传动比为：

$$i=\frac{n_1}{n_2}=\frac{z_2}{z_1}=u$$

表 7-1 普通圆柱蜗杆常用基本参数及其与蜗轮参数的匹配

中心距 a /mm	模数 m /mm	分度圆直径 d_1 /mm	m^2d_1/mm³	蜗杆头数 z_1	直径系数 q	分度圆导程角 γ	蜗轮齿数 z_2	变位系数 x_2
	2.5	28	175	1	11.20	5°06′08″		
50				2		10°07′29″	29	−0.100
(63)				4		19°39′14″	(39)	(+0.100)
(80)				6		28°10′43″	(53)	(−0.100)
100		45	281.25	1	18.00	3°10′47″	62	0
	3.15	35.5	352.25	1	11.27	5°04′15″		
63				2		10°03′48″	29	−0.1349
(80)				4		19°32′29″	(39)	(+0.2619)
(100)				6		28°01′50″	(53)	(−0.3889)
125		56	555.66	1	17.778	3°13′10″	62	−0.2063
	4	40	640	1	10.00	5°42′38″		
80				2		11°18′36″	31	−0.500
(100)				4		21°48′05″	(41)	(−0.500)
(125)				6		30°57′50″	(51)	(+0.750)
160		71	1136	1	17.75	3°13′28″	62	+0.125
100	5	50	1250	1	10.00	5°42′38″	31	−0.500
(125)				2		11°18′36″	(41)	(−0.500)
(160)				4		21°48′05″	(53)	(+0.500)
(180)				6		30°57′50″	(61)	(+0.500)
200		90	2250	1	18.00	3°10′47″	62	0
125	6.3	63	2500.47	1	10.00	5°42′38″	31	−0.6587
(160)				2		11°18′36″	(41)	(−0.1032)
(180)				4		21°48′05″	(48)	(−0.4286)
(200)				6		30°57′50″	(53)	(+0.2460)
250		112	4445.28	1	17.778	3°13′10″	61	+0.2937
160	8	80	5120	1	10.00	5°42′38″	31	−0.500
(200)				2		11°18′36″	(41)	(−0.500)
(225)				4		21°48′05″	(47)	(−0.375)
(250)				6		30°57′50″	(52)	(+0.250)

注：1. 本表中导程角 γ 小于 3°30′的圆柱蜗杆均为自锁蜗杆。

2. 括号中的参数不适用于蜗杆头数为 6 时。

4. 蜗杆分度圆上的导程角 γ

如图 7-3 将分度圆上的螺旋线展开，可知蜗杆分度圆上的导程角 γ 由下式确定：

$$\tan\gamma=\frac{z_1P_x}{\pi d_1}=\frac{mz_1}{d_1}=\frac{z_1}{q}$$

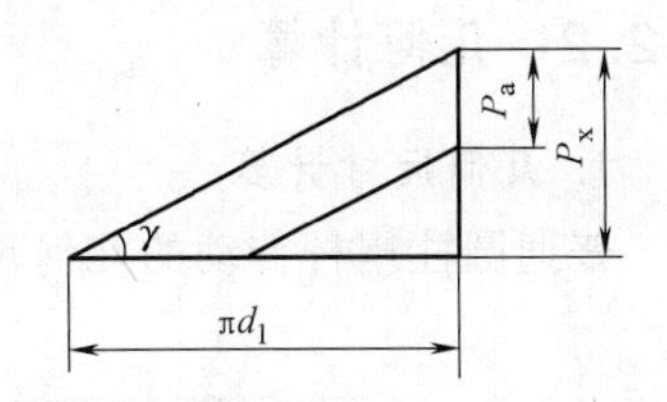

图 7-3　蜗杆螺旋线的几何关系

通常 $\gamma=3.5°\sim27°$。

5. 蜗杆传动的滑动速度 v_s

如图 7-4 所示，蜗杆与蜗轮的啮合齿面间会产生很大的齿向相对滑动速度 v_s，且 $v_s=\dfrac{v_1}{\cos\gamma}=\dfrac{\pi d_1 n_1}{60\times1000\times\cos\gamma}$

6. 蜗杆传动的啮合效率 η_1

蜗杆主动时啮合效率为：

$$\eta_1=\frac{\tan\lambda}{\tan(\gamma+\rho_v)}$$

式中　γ——蜗杆的导程角，它是影响啮合效率的主要因素；

ρ_v——当量摩擦角，$\rho_v=\arctan f_v$，f_v 为当量摩擦因数，其值取决于蜗杆、蜗轮的材料及滑动速度 v_s，在润滑条件良好的情况下，v_s 有助于润滑油膜的形成，从而降低 f_v 值，提高传动效率。f_v、ρ_v 的值可查表 7-2。

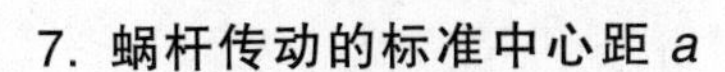

7. 蜗杆传动的标准中心距 a

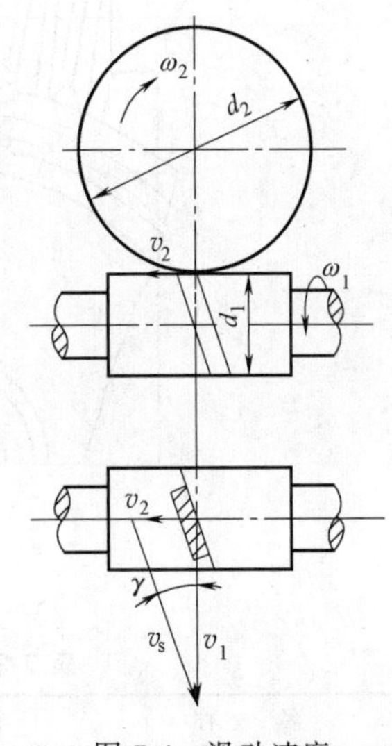

图 7-4　滑动速度

蜗杆传动的标准中心距为

$$a=\frac{1}{2}(d_1+d_2)=\frac{1}{2}(q+z_2)m$$

式中　d_1、d_2——蜗杆与蜗轮的分度圆直径；

q——蜗杆直径系数；

z_2——蜗轮的齿数；

m——蜗杆传动的模数。

表 7-2　蜗杆传动的当量摩擦系数 f_v 和当量摩擦角 ρ_v

蜗轮材料	锡青铜				铝青铜		灰铸铁			
蜗杆齿面硬度	≥45HRC		其他		≥45HRC		≥45HRC		其他	
滑动速度 v_s/(m·s)	f_v①	ρ_v①	f_v	ρ_v	f_v①	ρ_v①	f_v①	ρ_v①	f_v①	ρ_v
0.05	0.090	5°09′	0.100	5°43′	0.140	7°58′	0.140	7°58′	0.160	9°05′
0.10	0.080	4°34′	0.090	5°09′	0.130	7°24′	0.130	7°24′	0.140	7°58′
0.25	0.065	3°43′	0.075	4°17′	0.100	5°43′	0.100	5°43′	0.120	6°51′
0.50	0.055	3°09′	0.065	3°43′	0.090	5°09′	0.090	5°09′	0.100	5°43′
1.0	0.045	2°35′	0.055	3°09′	0.070	4°00′	0.070	4°00′	0.090	5°09′
1.5	0.040	2°17′	0.050	2°52′	0.065	3°43′	0.065	3°43′	0.080	4°34′
2.0	0.035	2°00′	0.045	2°35′	0.055	3°09′	0.055	3°09′	0.070	4°00′
2.5	0.030	1°43′	0.040	2°17′	0.050	2°52′	—	—	—	—
3.0	0.028	1°36′	0.035	2°00′	0.045	2°35′	—	—	—	—
4	0.024	1°22′	0.031	1°47′	0.040	2°17′	—	—	—	—
5	0.022	1°16′	0.029	1°40′	0.035	2°00′	—	—	—	—
8	0.018	1°02′	0.026	1°29′	0.030	1°43′	—	—	—	—
10	0.016	0°55′	0.024	1°22′	—	—	—	—	—	—
15	0.014	0°48′	0.020	1°09′	—	—	—	—	—	—
24	0.013	0°45′	—	—	—	—	—	—	—	—

① 列内数值对应蜗杆齿面粗糙度轮廓算术平均偏差 Ra 值为 1.6～0.4μm，经过仔细跑合，正确安装，并采用黏度合适的润滑油进行充分润滑的情况。

7.2.2 几何计算

1. 几何尺寸计算

普通圆柱蜗杆传动的几何尺寸如图 7-5 所示，主要几何尺寸计算公式见表 7-3、表 7-4。

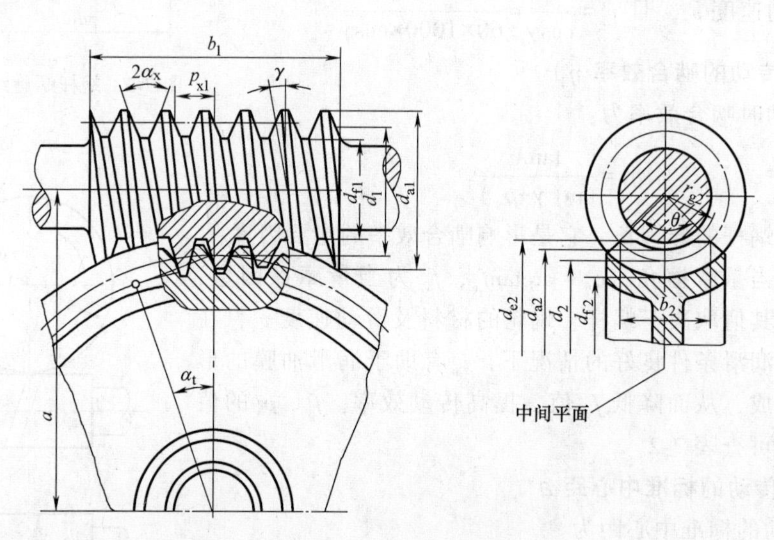

图 7-5 普通圆柱蜗杆传动的几何尺寸

表 7-3 普通圆柱蜗杆传动的主要几何尺寸计算公式

名　　称	符号	公　　式
蜗杆轴向模数或蜗轮端面模数	m	由强度条件确定，取标准值(表 7-1)
中心距	a	$a=(d_1+mz_2)/2$(变位传动，$a'=a+x_2m$，下同)
传动比	i	$i=n_1/n_2=z_2/z_1$
蜗杆轴向齿距	p_{x1}	$p_{x1}=\pi m$
蜗杆导程	l	$l=z_1p_{x1}$
蜗杆分度圆柱导程角	γ	$\tan\gamma=mz_1/d_1$
蜗杆分度圆直径	d_1	d_1 与 m 匹配，由表 7-1 取标准值，$d_1'=d_1=mq(d_1'=d_1+2x_2m)$
蜗杆压力角	α	$\alpha=\alpha_{x1}=20°$(阿基米德蜗杆)，其他蜗杆 $\alpha=\alpha_n=20°$
蜗杆齿顶高	h_{a1}	$h_{a1}=h_a^*m$
蜗杆齿根高	h_{f1}	$h_{f1}=(h_a^*+c^*)m$
蜗杆齿全高	h_1	$h_1=h_{a1}+h_{f1}=(2h_a^*+c^*)m$
齿顶高系数	h_a^*	一般 $h_a^*=1$，短齿 $h_a^*=0.8$
顶隙系数	c^*	一般 $c^*=0.2$
蜗杆齿顶圆直径	d_{a1}	$d_{a1}=d_1+2h_{a1}=d_1+2h_a^*m$
蜗杆齿根圆直径	d_{f1}	$d_{f1}=d_1-2h_{f1}=d_1-2m(h_a^*+c^*)$
蜗轮分度圆直径	d_2	$d_2=mz_2$，$d_2'=d_2$(此式对变位传动也适用)
蜗轮齿顶高	h_{a2}	$h_{a2}=h_a^*m(h_{a2}=(h_a^*+x_2)m)$
蜗轮齿根高	h_{f2}	$h_{f2}=(h_a^*+c^*)m(h_{f2}=(h_a^*+c^*-x_2)m)$
蜗轮齿顶圆直径	d_{a2}	$d_{a2}=d_2+2h_a^*m(d_{a2}=d_2+2(h_a^*+x_2)m)$
蜗轮齿根圆直径	d_{f2}	$d_{f2}=d_2-2m(h_a^*+c^*)(d_{f2}=d_2-(2h_a^*+c^*-x_2)m)$
蜗轮齿宽	b_2	由设计确定
蜗轮齿宽角	θ	$\sin(\theta/2)=b_2/d_1$
蜗轮咽喉母圆半径	r_{g2}	$r_{g2}=a-d_{a2}/2$

表 7-4　蜗杆螺纹部分长度 b_1、蜗轮外径 d_{e2} 及蜗轮宽度 B 的计算公式

	普通圆柱蜗杆传动	圆弧圆柱蜗杆传动
b_1	$z_1=1,2:b_1\geqslant(11+0.06z_2)m$ $z_1=3,4:b_1\geqslant(12.5+0.09z_2)m$ 磨削蜗杆加长量： $m<10\text{mm},\Delta b_1=15\sim25\text{mm}$ $m=10\sim14\text{mm},\Delta b_1=35\text{mm}$ $m\geqslant16\text{mm}$ 时，$\Delta b_1=50\text{mm}$	$z_1=1,2:x_2<1,b_1\geqslant(12.5-0.1z_2)m$ $x_2\geqslant1,b_1\geqslant(13-0.1z_2)m$ $z_1=3,4:x_2<1,b_1\geqslant(13.5-0.1z_2)m$ $x_2\geqslant1,b_1\geqslant(14-0.1z_2)m$ 磨削蜗杆加长量：$m\leqslant6\text{mm}$，加长 20mm $m=7\sim9\text{mm}$，加长 30mm $m=10\sim14\text{mm}$，加长 40mm $m=16\sim25\text{mm}$，加长 50mm
d_{e2}	$z_1=1;d_{e2}=d_{a2}+2m$ $z_1=2\sim3;d_{e2}=d_{a2}+1.5m$ $z_1=4\sim6;d_{e2}=d_{a2}+m$，或按结构设计	$d_{a2}\leqslant d_{a2}+(0.8\sim1)m$
B	$z_1\leqslant3$ 时，$B\leqslant0.75d_{a1}$ $z_1=4\sim6$ 时，$B\leqslant0.67d_{a1}$	$B=(0.67\sim0.7)d_{a1}$

2. 蜗杆传动的变位简介

变位蜗杆传动主要用于配凑中心距或改变传动比，使之符合推荐值。变位方法即不改变刀具尺寸，利用刀具相对蜗轮毛坯的径向位移来实现变位。但是在蜗杆传动中，由于蜗杆的齿廓形状和尺寸要与加工蜗轮的滚刀形状和尺寸相同，所以为了保持刀具尺寸不变，蜗杆尺寸是不能变动的，因而只能对蜗轮进行变位。其变位特点是蜗杆变位前后顶圆、根圆、分度圆、齿厚的尺寸不变，变位后分度圆与节圆不重合；蜗轮变位前后节圆与分度圆始终重合，其他尺寸有变化。

（1）调整中心距而不改变传动比的变位　这种变位前后蜗轮齿数保持不变，即 $z_2'=z_2$，而传动的中心距发生变化，即 $a'\neq a$，变位后蜗杆与蜗轮的节圆直径分别为

$$d_1'=d_1+2mx_2$$
$$d_2'=d_2=mz_2$$

变位后的中心距 a' 为

$$a'=a+x_2m=\frac{d_1'+d_2'}{2}=\frac{m}{2}(q+2x_2+z'_2)$$

据此可求出变位系数 x_2 为

$$x_2=\frac{a'-a}{m}=\frac{a'}{m}-\frac{q+z'_2}{2}$$

a'、z_2' 分别为变位后的中心距和蜗轮齿数，x_2 为蜗轮变位系数。

蜗轮变位系数常用范围为 $-0.5\leqslant x_2\leqslant+0.5$。

（2）调整传动比而不改变中心距的变位　这种变位前后传动的中心距保持不变，即 $a'=a$，而蜗轮齿数发生变化，即 $z_2'\neq z_2$，通常将蜗轮齿数增加或减小一二个齿，这时，传动的啮合节点发生了改变，中心距可表示为

$$a'=\frac{d_1'+d_2'}{2}=\frac{m}{2}(q+2x_2+z_2')=a=\frac{m}{2}(q+z_2)$$

故：$z_2'=z_2-2x_2$，则：$x_2=\dfrac{z_2-z_2'}{2}$。

7.3 蜗杆传动的失效形式及设计准则

7.3.1 蜗杆传动的失效形式

蜗杆传动的失效形式与齿轮传动相同，有点蚀、胶合、磨损、轮齿折断等，但因蜗杆和蜗轮轴线互相垂直，因而齿面间相对滑动速度大，效率低，发热量大。因而蜗杆传动更容易发生胶合和磨损失效。由于蜗杆的齿是连续的螺旋齿，且其材料的强度比蜗轮高，所以失效一般发生在蜗轮齿上。

7.3.2 蜗杆传动的设计准则

对闭式的蜗杆传动，蜗杆传动的主要形式是胶合和疲劳点蚀，因此设计准则是：按蜗轮齿面的接触疲劳强度进行设计，校核齿根弯曲疲劳强度。另外还应进行热平衡计算以防止胶合失效。当蜗杆轴细长且支承跨距大时，还应进行蜗杆轴的刚度计算。

对开式的蜗杆传动，主要形式是蜗轮齿面磨损和轮齿折断，因此应按蜗轮齿根的弯曲疲劳强度进行设计。

7.4 蜗杆传动的受力分析

1. 力的大小

图 7-6 所示是以右旋蜗杆为主动件，并沿图示的方向旋转时，蜗杆、蜗轮齿面上的受力情况。设法向力 F_n 集中作用在节点 P 处，F_n 可分解为 3 个正交力：圆周力、轴向力和径向力，蜗杆上分别为 F_{t1}、F_{a1}、F_{r1}；蜗轮上分别为 F_{t2}、F_{a2}、F_{r2}。当蜗杆轴与蜗轮轴的轴交角为 90°时，由力的作用与反作用原理可知，F_{t1} 与 F_{a2}，F_{a1} 与 F_{t2}，F_{r1} 与 F_{r2} 分别为大小相等、方向相反的力。各力大小可按下列各式计算，单位均为 N。

蜗杆传动各分力的计算为

$$F_{t1}=F_{a2}=\frac{2T_1}{d_1}$$

$$F_{t2}=F_{a1}=\frac{2T_2}{d_2}$$

$$F_{r1}=F_{r2}=F_{t2}\tan\alpha$$

$$T_2=T_1 i\eta=9.55\times10^6\frac{P_1}{n_1}\times i\times\eta$$

$$F_n=\frac{F_{t2}}{\cos\alpha_n\cos\gamma}=\frac{2T_2}{d_2\cos\alpha_n\cos\gamma}$$

式中 T_1、T_2——蜗杆、蜗轮的转矩（N·mm）；

d_1、d_2——蜗杆、蜗轮的分度圆直径（mm）；

α——蜗杆的轴面压力角、蜗轮的端面压力角，即标准压力角，$\alpha=20°$；

i——蜗杆蜗轮的传动比；

η——蜗杆蜗轮的传动效率；

α_n——蜗杆的法面压力角；

γ——蜗杆的螺旋升角；

P_1——蜗杆的输入功率（kW）；

n_1——蜗杆转速（r/min）。

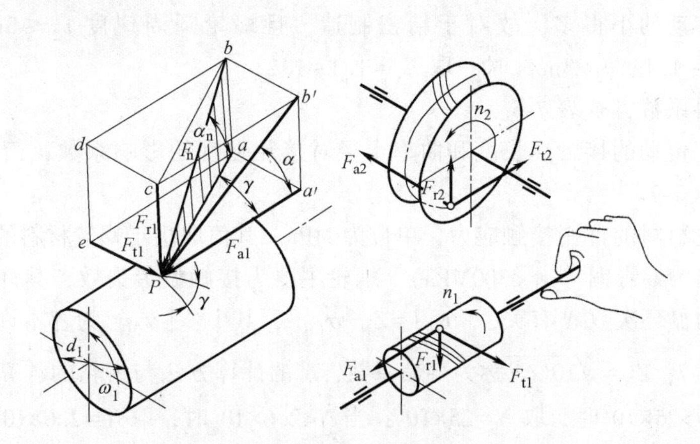

图7-6　蜗杆传动的受力分析

2. 力的方向

蜗杆上圆周力、径向力和蜗轮上径向力方向的判别，方法与直齿圆柱齿轮传动相同；蜗杆上的轴向力的方向取决于其螺旋线的旋向和蜗杆的转动方向，可按“主动轮右（左）手法则”确定，右旋用右手，左旋用左手，如图7-6所示。蜗轮上圆周力、轴向力的方向分别与蜗杆上轴向力、圆周力方向相反。蜗轮的转动方向与F_{t2}的方向一致。

7.5　蜗杆传动的强度计算

因蜗轮材料比蜗杆材料软，强度弱，因此失效通常发生在蜗轮，只需计算蜗轮。闭式蜗杆传动的强度主要取决于蜗轮轮齿的齿面接触疲劳强度和齿根弯曲疲劳强度；开式传动仅取决于蜗轮轮齿的齿根弯曲疲劳强度。

7.5.1　蜗轮齿面接触疲劳强度

蜗杆传动在中间平面类似于斜齿轮与斜齿条的传动，故可依据赫兹接触应力公式仿照斜齿轮的分析方法计算蜗轮齿面的接触应力，并对其进行限制，以防止点蚀的发生。但不同于齿轮之处是：齿轮按接触疲劳强度求出小齿轮分度圆直径（或中心距）的设计式；而蜗杆传动通常求出中心距或m^2d_1的设计式，本书方法是先求出中心距，然后再求出m和d_1。

蜗轮齿面接触疲劳强度的校核式为

$$\sigma_H = Z_E Z_\rho \sqrt{KT_2/a^3} \leqslant [\sigma_H]$$

蜗轮齿面接触疲劳强度的设计公式为

$$a \geqslant \sqrt[3]{KT_2\left(\frac{Z_E Z_\rho}{[\sigma_H]}\right)^2}$$

式中　K——载荷系数，$K=K_A K_\beta K_v$，其中K_A为使用系数，查表7-5；K_β为齿向载荷分布系数，当蜗杆传动在平稳载荷下工作时，载荷分布不均现象将由于工作表面良好的磨合而得到改善，此时，可取 $K_{\beta}=1$；当载荷变化较大，或有冲击、振动时，可取 $K_{\beta}=1.3\sim1.6$；K_v 为动载系数，由于蜗杆传动一般较平稳，动载荷要比齿轮传动的小得多，故对于精密制造，且蜗轮圆周速度 $v_2\leqslant3\text{m/s}$ 时，取 $K_v=1.0\sim1.1$；$v_2>3\text{m/s}$ 时，取 $K_v=1.1\sim1.2$。

Z_E——材料系数，查表 7-6。

Z_{ρ}——蜗杆传动的接触线长度和曲率半径对接触强度的影响系数，简称接触系数，可查图 7-7。

$[\sigma_H]$——蜗轮材料的许用接触应力，单位为 MPa。其值取决于蜗轮材料的强度和性能。当材料为锡青铜（$\sigma_b<300\text{MPa}$），蜗轮主要为接触疲劳失效，其许用应力 $[\sigma_H]$ 与应力循环次数 N 有关，$[\sigma_H]=Z_N[\sigma_{0H}]$，其中：$[\sigma_{0H}]$ 为基本许用接触应力，见表 7-7；$Z_N=\sqrt[8]{10^7/N}$ 称为寿命系数，N 的计算方法与齿轮的计算方法相同，但是当 $N>25\times10^7$ 时，取 $N=25\times10^7$；当 $N<2.6\times10^5$ 时，取 $N=2.6\times10^5$。当蜗轮材料为铝青铜或铸铁（$\sigma_b\geqslant300\text{MPa}$），蜗轮主要为胶合失效，其许用应力 $[\sigma_H]$ 与滑动系数有关而与应力循环次数 N 无关，其值可直接由表 7-8 查取。

计算出蜗杆传动中心距 a 后，可根据预定的传动比 i 从表 7-1 中选择一合适的 a 值，以及相应的蜗杆、蜗轮的参数。

表 7-5　使用系数 K_A

工作类型	Ⅰ	Ⅱ	Ⅲ
载荷性质	均匀、无冲击	不均匀、小冲击	不均匀、大冲击
每小时起动次数	<25	25~50	>50
起动载荷	小	较大	大
K_A	1	1.15	1.2

表 7-6　材料系数 Z_E　（单位：$\sqrt{\text{MPa}}$）

蜗杆材料	蜗轮材料			
	铸锡青铜	铸铝青铜	灰铸铁	球墨铸铁
钢	155.0	156.0	162.0	181.4
球墨铸铁	—	—	156.6	173.9

7.5.2　蜗轮齿根弯曲疲劳强度计算

当蜗轮齿数 $z_2>90$ 或在开式传动中，蜗轮轮齿常因弯曲强度不足而失效。在闭式蜗杆传动中必须进行弯曲强度的校核计算，因为蜗轮轮齿的弯曲强度不只是为了判别其弯曲断裂的可能性，对于承受重载的动力蜗杆副，蜗轮轮齿的弯曲变形量直接影响到蜗杆副的运动平稳性精度。

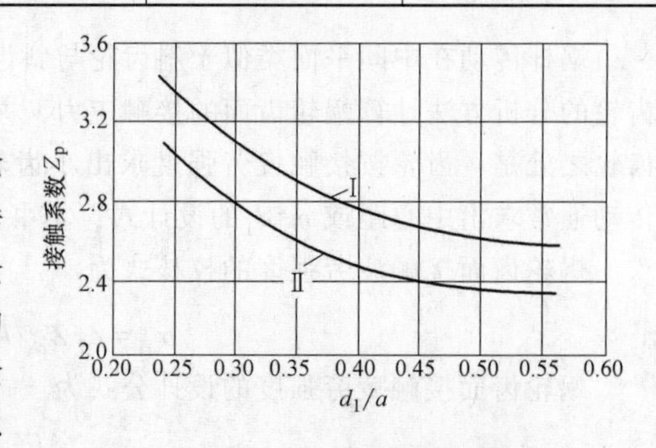

图 7-7　圆柱蜗杆传动的接触系数 Z_ρ

Ⅰ—用于 ZI 型蜗杆（ZA，ZN，ZK 蜗杆亦可近似查用）　Ⅱ—用于 ZC 型蜗杆

由于蜗轮的形状较复杂，且离中间平面越远的平行截面上轮齿越厚，故其齿根弯曲强度

高于斜齿轮。因此，蜗轮轮齿的弯曲疲劳强度难于精确计算，只能进行条件性的概略估算。参考文献［1］按照斜齿圆柱齿轮的计算方法，经推导可得蜗轮齿根弯曲疲劳强度的校核公式为

表 7-7　锡青铜蜗轮的基本许用接触应力［σ_{0H}］　（单位：MPa）

蜗轮材料	铸造方法	蜗杆螺旋面的硬度	
		≤45HRC	>45HRC
铸锡磷青铜 ZCuSn10P1	砂模铸造	150	180
	金属模铸造	220	268
铸锡铅锌青铜 ZCuSn5Pb5Zn5	砂模铸造	113	135
	金属模铸造	128	140
	离心铸造	158	183

表 7-8　铝青铜及铸铁蜗轮的许用接触应力［σ_H］　（单位：MPa）

材　料		滑动速度/(m·s⁻¹)						
蜗杆	蜗轮	<0.25	0.25	0.5	1	2	3	4
20 或 20Cr 渗碳淬火，45 钢淬火，齿面硬度大于 45HRC	灰铸铁 HT150	206	166	150	127	95		
	灰铸铁 HT200	250	202	182	154	115		
	铸造铝铁青铜 ZCuAl10Fe3	230	190	180	173	163	154	149
45 钢或 Q275	灰铸铁 HT150	172	139	125	106	79		
	灰铸铁 HT200	208	168	152	128	96		

$$\sigma_F=\frac{1.53KT_2}{d_1d_2m}Y_{Fa2}Y_\beta\leqslant[\sigma_F]$$

将 $d_2=mz_2$ 带入上式并整理，得弯曲强度的设计式为

$$m^2d_1\geqslant\frac{1.53KT_2}{z_2[\sigma_F]}Y_{Fa}Y_\beta$$

式中　$[\sigma_F]$——蜗轮的许用弯曲应力（MPa），$[\sigma_F]=[\sigma_{0F}]Y_N$，其中［$\sigma_{0F}$］为考虑齿根应力修正系数后的基本许用弯曲应力，见表 7-9；

Y_N——寿命系数，$Y_N=\sqrt[9]{10^6/N}$；N 为应力循环次数，计算方法同前，当 $N>25\times10^7$ 时，取 $N=25\times10^7$；当 $N<10^5$ 时，取 $N=10^5$；

Y_{Fa2}——齿形系数，按蜗轮当量齿数 $z_{v2}=z_2/\cos^3\gamma$ 及蜗轮的变位系数查图 7-8；

Y_β——螺旋角系数，$Y_\beta=1-\dfrac{\gamma}{140^\circ}$。

表 7-9　蜗轮材料的基本许用弯曲应力［σ_{0F}］　（单位：MPa）

蜗轮材料		铸造方法	单侧工作	双侧工作
铸锡青铜 ZCuSn10P1		砂模铸造	40	29
		金属模铸造	56	40
铸锡锌铅青铜 ZCuSn5Pb5Zn5		砂模铸造	26	22
		金属模铸造	32	26
铸铝铁青铜 ZCuAl10Fe3		砂模铸造	80	57
		金属模铸造	90	64
灰铸铁	HT150	砂模铸造	40	28
	HT200	砂模铸造	48	34

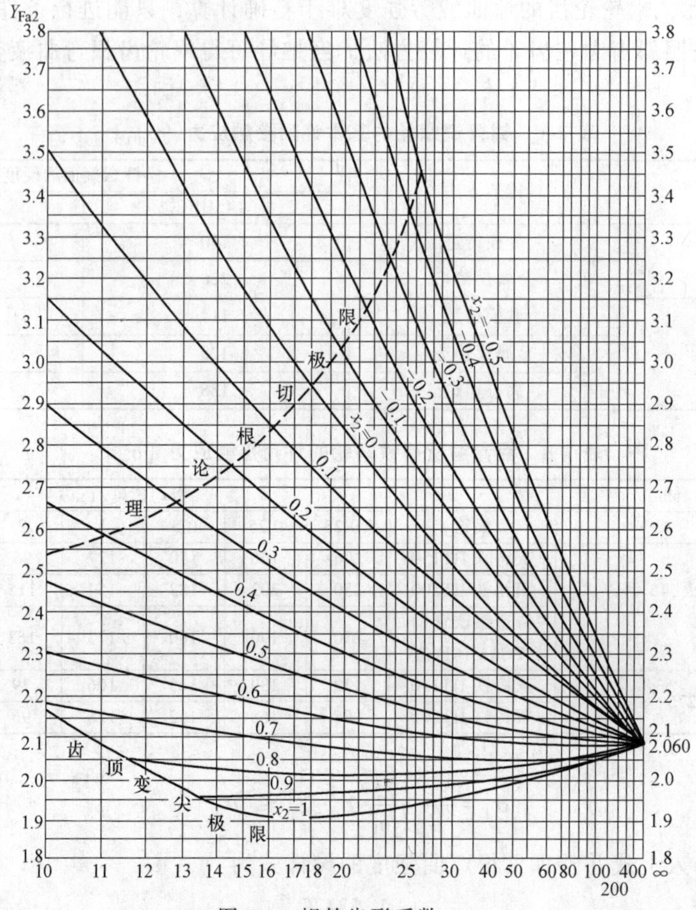

图 7-8　蜗轮齿形系数 Y_{Fa2}

7.5.3　蜗杆轴的刚度计算

如果蜗杆刚度不足，受载后产生过大的变形，就会影响正确啮合，造成偏载，加剧磨损。因此，对于受力后会产生较大变形的蜗杆，必须进行蜗杆弯曲刚度的校核计算。校核时通常将蜗杆螺旋部分看成以蜗杆齿根圆直径为直径的轴段，采用条件性计算，其刚度条件为

$$y=\frac{\sqrt{F_{t1}^{2}+F_{r1}^{2}}}{48EI}l^{3}\leqslant[y]$$

式中　y——蜗杆弯曲变形的最大挠度（mm）；

I——蜗杆危险截面的惯性矩（mm^4），$I=\pi d_{f1}^{4}/64$，其中 d_{f1} 为蜗杆齿根圆直径（mm）；

E——蜗杆材料的拉、压弹性模量，通常 $E=2.06\times10^{5}$MPa；

l——蜗杆两端支承间的跨距（mm），视具体结构而定，初步计算时可取 $l\approx0.9d_2$，d_2 为蜗轮分度圆直径；

$[y]$——蜗杆许用最大挠度，通常取 $[y]=d_1/1000$，此处 d_1 为蜗杆分度圆直径（mm）。

7.5.4　蜗杆传动的热平衡计算

蜗杆传动由于齿面相对滑动速度大，工作时摩擦发热严重，尤其在闭式传动中，如果箱

体散热不良，润滑油的温度过高将降低润滑的效果，从而增大摩擦损失，甚至发生胶合。为了使油温保持在允许范围内，防止胶合的发生，必须进行热平衡的计算。

在热平衡状态下，蜗杆传动单位时间内由摩擦功耗产生的热量等于箱体散发的热量，即

$$1000P(1-\eta)=K_sA(t_i-t_0)$$

$$t_i=\frac{1000P(1-\eta)}{K_sA}+t_0$$

式中　η——蜗杆传动的效率；

P——蜗杆传递的功率（kW）；

K_s——箱体表面传热系数，即单位箱体面积、单位温差吸收或放出热量，可取 K_s = 8.15~17.45 W/(m²·℃)，当周围空气流通良好时，取偏大值；

t_0——周围空气的温度，通常取 t_0 = 20℃；

t_i——热平衡时油的工作温度，一般限制在 60~70℃，最高不超过 80℃；

A——箱体有效散热面积，即箱体内表面能被润滑油浸到或飞溅到，而外表面直接与空气接触的箱体表面积（m²）。如果箱体有散热片，则有效面积按原面积的 1.5 倍估算；对于散热片布置良好的固定式蜗杆减速器，其散热面积可按 $A=9\times10^{-5}a^{1.88}$（单位为 m²）估算，其中 a 为中心距（mm）。

当油温超过 80℃时，说明散热面积不足，可采取加散热片、在蜗杆轴端加装风扇、加冷却水管等散热措施提高散热能力。

7.5.5　闭式蜗杆传动设计流程框图

闭式蜗杆传动设计流程框图如图 7-9 所示。

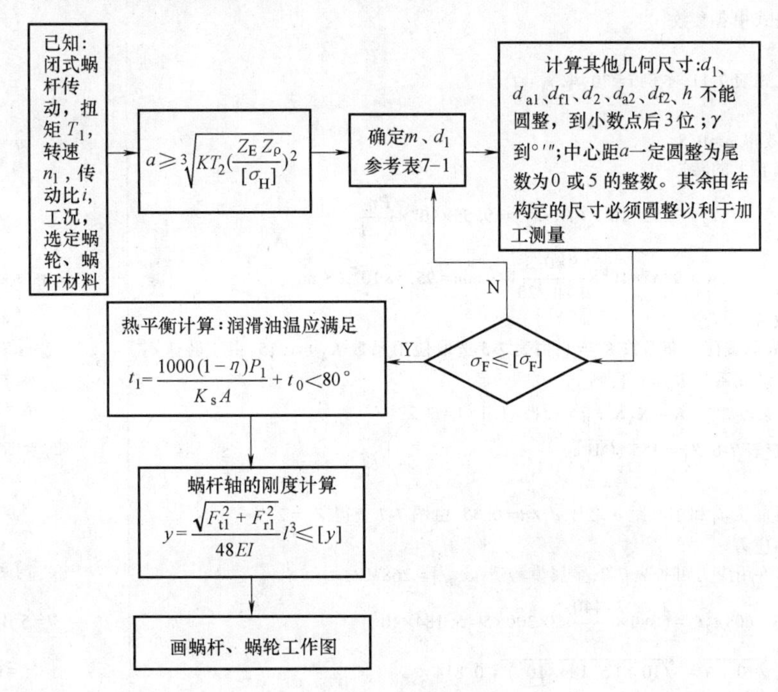

图 7-9　闭式蜗杆传动设计流程框图

7.6 蜗杆传动设计实例及选材分析

蜗杆轴输入功率 $P=9\text{kW}$，蜗杆转速 $n_1=1440\text{r/min}$，传动比 $i=20$（减速），工作载荷较稳定，但有不大的冲击，单向转动，每天工作 8h，工作时间为 5 年。设计该蜗杆传动，已知该传动系统由 Y 系列三相异步电动机驱动。

解：

设计项目及依据	设计结果
1. 选定蜗杆类型、材料、精度等级	
(1)类型选择	选用 ZA 型蜗杆传动
选择常用的阿基米德蜗杆传动(ZA 型)	蜗杆 40Cr
(2) 材料选择及热处理	蜗轮齿圈 ZCuSn10Pb1
蜗杆材料：高速重载蜗杆通常选低碳合金钢，例如 20Cr、20CrMnTi 渗碳淬火 56～62HRC；或中碳钢，例如 40Cr、42SiMn、45 钢，表面淬火 45～55HRC；要求较低的蜗杆也可选中碳钢，例如 40、45 钢调质处理，硬度为 220～250HBW	齿芯：HT150
本例考虑传动的功率不大，速度中等，选择 40Cr 作蜗杆材料，表面淬火，参考表 7-10，齿面硬度 45～50HRC	
蜗轮材料：为了节省贵重的有色金属，蜗轮齿圈材料选用 ZCuSn10Pb1，金属模铸造，齿芯用灰铸铁 HT150 制造	
(3) 精度选择	
根据一般传动，且蜗轮圆周速度不高(暂估计 $v\leqslant 3\text{m/s}$)，初选用 8 级精度，侧隙种类按一般情况考虑，选为 c	精度 8c GB 10089
2. 按齿面接触疲劳强度设计	
代入公式： $a\geqslant\sqrt[3]{KT_2\left(\dfrac{Z_E Z_\rho}{[\sigma_H]}\right)^2}$	
(1) 确定设计公式中各参数	
1)初选齿数 z_1	
一般根据传动比查表 7-11，本例 $i=20$，取 $z_1=2$	$z_1=2$
2)传动效率 η	
查表 7-11，估取总效率 $\eta=0.8$	$\eta=0.8$
3)计算作用在蜗轮上的转矩 T_2	
$T_2=9.55\times10^6\times(P_2/n_2)=9.55\times10^6\times\dfrac{P\eta}{n_1/i}$	
$=9.55\times10^6\times\dfrac{9\times0.8}{1440/20}\text{N}\cdot\text{mm}=95.5\times10^4\text{N}\cdot\text{mm}$	$T_2=95.5\times10^4\text{N}\cdot\text{mm}$
4)确定载荷系数 K	$K_\beta=1$
因载荷较稳定，故取载荷分布系数 $K_\beta=1$；由表 7-5 选取使用系数 $K_A=1.15$；由于转速不高，冲击不大，可取动载系数 $K_v=1.1$；则	$K_A=1.15$ $K_v=1.1$
$K=K_A K_v K_\beta=1.15\times1.1\times1=1.27$	$K=1.27$
5)材料系数 Z_E 查表 7-6，$Z_E=155\sqrt{\text{MPa}}$	$Z_E=155\sqrt{\text{MPa}}$
6)接触系数 Z_ρ	
假设蜗杆分度圆直径 d_1 和中心距 a 之比 $d_1/a=0.35$，由图 7-7 查得 $Z_\rho=2.9$	$Z_\rho=2.9$
7)确定许用接触应力	
蜗轮材料的基本许用应力可查表 7-7，金属模铸造 $[\sigma_{0H}]=268\text{MPa}$	$[\sigma_{0H}]=268\text{MPa}$
应力循环次数：$N=60\gamma n_2 t_h=60\times1\times\dfrac{1440}{20}\times8\times300\times5=5.184\times10^7$	$N=5.184\times10^7$
寿命系数：$Z_N=\sqrt[8]{10^7/N}=\sqrt[8]{10^7/(5.184\times10^7)}=0.814$	$Z_N=0.814$
许用接触应力：$[\sigma_H]=Z_N\times[\sigma_{0H}]=0.814\times268\text{MPa}=218.2\text{MPa}$	$[\sigma_H]=218.2\text{MPa}$

（续）

设计项目及依据	设计结果
(2) 设计计算	
1)计算中心距 a	
$a\geqslant\sqrt[3]{KT_2\left(\frac{Z_E Z_\rho}{[\sigma_H]}\right)^2}\geqslant\sqrt[3]{1.27\times95.5\times10^4\left(\frac{155\times2.9}{218.2}\right)^2}\text{mm}=172.66\text{mm}$	
圆柱蜗杆传动装置的中心距 a(单位 mm)的推荐值为:40、50、63、80、100、125、160、(180)、200、(225)、250、(280)、315、(355)、400、(450)、500。其中不带括号的为优先选用数值。本例参考表7-1取 $a=200\text{mm}$	$a=200\text{mm}$
2)初选模数 m、蜗杆分度圆直径 d_1、分度圆导程角 γ	
根据 $a=200\text{mm}, i=20$	$m=8\text{mm}$
查表7-1,取 $m=8\text{mm}, d_1=80\text{mm}, \gamma=11°18'36''$	$d_1=80\text{mm}$ $\gamma=11°18'36''$
3)确定接触系数 Z_ρ	
根据 $d_1/a=80/200=0.4$,由图7-7,$Z_\rho=2.74$	$Z_\rho=2.74$
4)计算滑动速度 v_s	
$v_s=\frac{\pi d_1 n_1}{60\times1000\cos\gamma}=\frac{\pi\times80\times1440}{60\times1000\times\cos11°18'36''}\text{m/s}=6.15\text{m/s}$	$v_s=6.15\text{m/s}$
5)当量摩擦角 ρ_v	
查表7-2,$\rho_v=1°16'$(取大值)	$\rho_v=1°16'$
6)计算啮合效率 η_1	
$\eta_1=\frac{\tan\gamma}{\tan(\gamma+\rho_v)}=\frac{\tan11°18'36''}{\tan(11°18'36''+1°16')}=0.90$	$\eta_1=0.90$
7)传动效率 η	
取轴承效率 $\eta_2=0.99$,搅油效率 $\eta_3=0.98$,则	
$\eta=\eta_1\eta_2\eta_3=0.9\times0.99\times0.98=0.87$	$\eta=0.87$
8)验算齿面接触疲劳强度	
$T_2=9.55\times10^6\frac{P\eta}{n_1/i}=9.55\times10^6\times\frac{9\times0.87}{1440/20}\text{N}\cdot\text{mm}=103.86\times10^4\text{N}\cdot\text{mm}$	
$\sigma_H=Z_E Z_\rho\sqrt{KT_2/a^3}$ $=155\times2.74\times\sqrt{1.27\times103.86\times10^4/200^3}\text{MPa}$ $=172.45\text{MPa}\leqslant[\sigma_H]=218.2\text{MPa}$	$\sigma_H=172.45\text{MPa}\leqslant[\sigma_H]$
原选参数满足齿面接触疲劳强度的要求	合格
3. 主要几何尺寸计算	
查表7-1:	
$m=8\text{mm}, d_1=80\text{mm}, z_1=2, z_2=41, \gamma=11°18'36'', x_2=-0.5$	
(1) 蜗杆	
1)头数 z_1　　$z_1=2$	
2)分度圆直径 d_1　　$d_1=80\text{mm}$	$d_1=80\text{mm}$
3)齿顶圆直径 d_{a1}　　$d_{a1}=d_1+2h_{a1}=80\text{mm}+2\times8\text{mm}=96\text{mm}$	$d_{a1}=96\text{mm}$
4)齿根圆直径 d_{f1}　　$d_{f1}=d_1-2h_f=(80-2\times1.2\times8)\text{mm}=60.8\text{mm}$	$d_{f1}=60.8\text{mm}$
5)分度圆导程角 γ　　$\gamma=11°18'36''$	$\gamma=11°18'36''$
6)轴向齿距 p_{x1}　　$p_{x1}=\pi m=\pi\times8\text{mm}=25.133\text{mm}$	$p_{x1}=25.133\text{mm}$
7)轮齿部分长度 b_1　由表7-4	
$b_1\geqslant m(11+0.06z_2)=8\times(11+0.06\times41)\text{mm}=107.68\text{mm}$,取 $b_1=120\text{mm}$	$b_1=120\text{mm}$
(2) 蜗轮	
1)齿数 z_2　　$z_2=41$	$z_2=41$
2)变位系数 x_2　　$x_2=-0.5$	$x_2=-0.5$
3)验算传动比相对误差	
传动比 i　　$i=\frac{z_2}{z_1}=\frac{41}{2}=20.5$	$i=20.5$
传动比相对误差 $\left\lvert\frac{20-20.5}{20}\right\rvert=2.5\%<5\%$,在允许范围内	满足要求

（续）

设计项目及依据	设计结果
4）蜗轮圆直径 d_2　$d_2=mz_2=8\times41=328\text{mm}$	$d_2=328\text{mm}$
5）蜗轮齿顶圆直径 d_{a2}　$d_{a2}=d_2+2(h_a^*+x_2)m=328\text{mm}+2\times(1-0.5)\times8\text{mm}=336\text{mm}$	$d_{a2}=336\text{mm}$
6）蜗轮齿根圆直径 d_{f2}　$d_{f2}=d_2-2(h_a^*+c^*-x_2)m=328\text{mm}-2\times(1+0.2+0.5)\times8\text{mm}=300.8\text{mm}$	$d_{f2}=300.8\text{mm}$
7）蜗轮咽喉母圆半径 r_{g2}　$r_{g2}=a-\frac{1}{2}d_{a2}=200\text{mm}-\frac{1}{2}\times336\text{mm}=32\text{mm}$	$r_{g2}=32\text{mm}$
4. 校核齿根弯曲疲劳强度	
$\sigma_F=\frac{1.53KT_2}{d_1d_2m}Y_{Fa2}Y_\beta\leqslant[\sigma_F]$	
（1）确定验算公式中各参数	
1）确定许用弯曲应力$[\sigma_F]$	
基本许用弯曲应力：查表 7-9，$[\sigma_{0F}]=56\text{MPa}$	$[\sigma_{F0}]=56\text{MPa}$
寿命系数：$Y_N=\sqrt[9]{10^6/N}=\sqrt[9]{10^6/(5.184\times10^7)}=0.645$	$Y_N=0.645$
许用弯曲应力：$[\sigma_F]=[\sigma_{0F}]Y_N=56\times0.645\text{MPa}=36.12\text{MPa}$	$[\sigma_F]=36.12\text{MPa}$
2）当量齿数 z_{v2}	
$z_{v2}=\frac{z_2}{\cos^3\gamma}=\frac{41}{\cos^3 11.31°}=43.48$	$z_{v2}=43.48$
3）齿形系数 Y_{Fa2}	
查图 7-8，$Y_{Fa2}=2.87$	$Y_{Fa2}=2.87$
4）螺旋角系数 Y_β	
$Y_\beta=1-\gamma/140°=1-11.31°/140°=0.9192$	$Y_\beta=0.9192$
（2）校核计算	
$\sigma_F=\frac{1.53\times1.27\times95.5\times10^4}{80\times328\times8}\times2.87\times0.9192\text{MPa}$ $=23.32\text{MPa}\leqslant[\sigma_F]=36.12\text{MPa}$	$\sigma_F=23.32\text{MPa}\leqslant[\sigma_F]$ 弯曲强度满足要求
5. 蜗杆轴的刚度计算	
蜗杆的挠度为　$y=\frac{\sqrt{F_{t1}^2+F_{r1}^2}}{48EI}l^3\leqslant[y]$	
蜗杆转矩：$T_1=9.55\times10^6\frac{P_1}{n_1}=9.55\times10^6\times\frac{9.6}{1460}\text{N}\cdot\text{mm}\approx6.28\times10^4\text{N}\cdot\text{mm}$	
蜗轮转矩：$T_2=T_1i\eta=6.28\times10^4\times20.5\times0.85\text{N}\cdot\text{mm}\approx1.09\times10^6\text{N}\cdot\text{mm}$	
蜗杆的圆周力：$F_{t1}=\frac{T_1}{d_1/2}=\frac{6.28\times10^4}{80/2}\text{N}\approx1570\text{N}$	
蜗杆的径向力：	
$F_{r1}=F_{t2}\times\tan\alpha=\frac{T_2}{d_2/2}\times\tan\alpha=\frac{1.09\times10^6}{320/2}\text{N}\times\tan20°\approx2480\text{N}$	
蜗杆的轴向力：$F_{a1}=F_{t2}=\frac{T_2}{d_2/2}=\frac{1.09\times10^6}{320/2}\text{N}\approx6813\text{N}$	
蜗杆的刚度计算：	
$y=\frac{\sqrt{F_{t1}^2+F_{r1}^2}}{48EI}l^3=\frac{\sqrt{1570^2+2434^2}}{48\times2.06\times10^5\times\left(\frac{\pi d_{f1}^4}{64}\right)}\times(0.9\times320)^3\text{mm}$	

（续）

设计项目及依据	设计结果
$=\dfrac{\sqrt{1570^2+2480^2}}{48\times2.06\times10^5\times\left(\dfrac{\pi\times60.8^4}{64}\right)}\times(0.9\times320)^3\text{mm}$ $\approx0.011\text{mm}<[y]=\dfrac{d_1}{1000}=\dfrac{80}{1000}\text{mm}=0.08\text{mm}$ 式中，蜗杆跨距 $l\approx0.9d_2$ 刚度满足	$y=0.011\text{mm}<[y]$ 刚度满足
6. 热平衡计算 （1）估算散热面积 A $A=9\times10^{-5}a^{1.88}=9\times10^{-5}\times200^{1.88}\text{m}^2=1.91\text{m}^2$ （2）验算油的工作温度 t_i 取 $t_0=20℃$，$K_s=14\ \text{W}/(\text{m}^2\cdot℃)$ 代入公式有 $t_i=\dfrac{1\,000P(1-\eta)}{K_sA}+t_0$ $=\dfrac{1000\times9\times(1-0.87)}{14\times1.91}℃+20℃=63.8℃<70℃$	$A=1.91\text{m}^2$ $t_i=63.8℃<70℃$ 满足热平衡要求
7. 润滑方式 根据 $v_s=6.15\text{m/s}$，查表，采用浸油润滑，蜗杆上置 油的运动黏度 $\nu_{40℃}=220\times10^{-6}\text{m}^2/\text{s}$	浸油润滑，蜗杆上置 $\nu_{40℃}=220\times10^{-6}\text{m}^2/\text{s}$

表 7-10　蜗杆材料及热处理

材料牌号	热处理	硬度	齿面粗糙度 Ra/μm
40Cr，40CrNi，42SiMn，35CrMo，38SiMnMo	表面淬火	45~55HRC	1.6~0.8
20Cr，20CrMnTi，16CrMn，20CrV	渗碳淬火	58~63HRC	1.6~0.8
45，40Cr，42CrMo，35SiMn	调质	<350HBW	6.3~3.2
38CrMoAlA，50CrV，35CrMo	表面渗氮	65~70HRC	3.2~1.6

表 7-11　蜗杆头数 z_1 蜗轮齿数 z_2 的推荐用值及总效率 η

传动比 i	≈5	7~15	14~30	29~82
蜗杆头数 z_1	6	4	2	1
蜗轮齿数 z_2	29~31	29~61	29~61	29~82
总效率 η	0.95	0.9	0.8	0.7

7.7　蜗杆蜗轮的结构设计及零件工作图

强度计算只是计算出蜗轮的主要几何尺寸，其他尺寸的确定和蜗轮采用何种结构是蜗轮蜗杆结构设计的内容。结构设计根据经验设计，表 7-12 给出了常见蜗杆蜗轮的结构型式及尺寸计算的经验公式，考虑方便加工及测量，经验公式计算的数据必须圆整为整数。如果有实际设计经验，也可自行设计，表 7-12 给出的蜗轮蜗杆结构型式及尺寸计算的经验公式仅供参考。

7.7.1　蜗杆的结构分析

第 7.6 节的设计实例中，蜗杆的结构分析步骤如下：

1）蜗杆螺旋部分的直径一般与轴径相差不大，因此蜗杆多与轴做成一体，称为蜗杆轴。只有当蜗杆齿根圆直径 d_{f1} 与相配的轴的直径 d_0 之比 $d_{f1}/d_0>1.7$ 时才采用装配式结构。蜗杆螺旋部分可用车削或铣削的加工方法，至于蜗杆采用车制加工还是铣制加工，视所设计的蜗杆尺寸而定。

2）车制蜗杆。当设计蜗杆的齿根圆直径 d_{f1} 大于相邻的轴径 d_0 时，如表 7-12a 图所示的结构，可采用车制加工的方法进行蜗杆螺旋部分的加工，因为车削完成后刀具可以方便地退出。当设计蜗杆的齿根圆直径 d_{f1} 小于相邻的轴径 d_0 时，还想采用车制加工的方法进行蜗杆螺旋部分的加工，就必须在蜗杆螺旋部分与轴连接的部分加工成退刀槽，以便刀具的退出，如表 7-12b 图所示，此时对轴的刚度及强度都有较大削弱。

3）铣制蜗杆。当设计蜗杆的齿根圆直径 d_{f1} 小于相邻的轴径 d_0 时，如表 7-12c 所示结构，可采用铣制加工的方法进行蜗杆螺旋部分的加工，无须退刀槽，对轴的削弱较小，所以铣制的蜗杆轴的强度及刚度较车制蜗杆要好。

4）本例蜗杆齿根圆与相配的轴的直径之比 $d_{f1}/d_0<1.7$，因此采用蜗杆与轴做成一体的结构。蜗杆轴的长度及各段直径等结构设计应该由轴的强度与结构设计而定，本例略，最后的零件图如图 7-10 所示。

表 7-12　蜗杆及蜗轮的结构

名称	结构型式	使用条件
蜗杆	d_0　d_{a1}　d_1　d_{f1}　b_1 a) 车制蜗杆($d_{f1}>d_0$)	蜗杆螺旋部分的直径一般与轴径相差不大，因此蜗杆多与轴做成一体，称为蜗杆轴，只有当蜗杆齿根圆与相配的轴的直径之比 $d_{f1}/d_0>1.7$ 时，才采用装配式结构
	40°　d_{a1}　d_{f1}　d_1　d_0　b_1 b) 有退刀槽的车制蜗杆($d_{f1}>d_0$)	蜗杆轴的加工可分为车制和铣制两种：车制如图 a 所示，仅适用于蜗杆齿根圆直径 d_{f1} 大于相邻的轴径 d_0 时；当蜗杆齿根圆直径 d_{f1} 小于相邻的轴径 d_0 时，必须留出退刀槽，如图 b 所示，否则无法退出车刀
	d_{a1}　d_1　d_{f1}　d_0　b_1 c) 铣制蜗杆($d_{f1}>d_0$)	当蜗杆齿根圆直径 d_{f1} 小于相邻的轴径 d_0 时，一般采用铣制方法加工蜗杆，如图 c 所示。此时不必设计退刀槽，其刚度较车制蜗杆大

（续）

名称	结构型式		使用条件
蜗轮	整体式蜗轮		整体式蜗轮适用于： 1）铸铁蜗轮 2）铝合金蜗轮 3）分度圆直径小于 100mm 的青铜蜗轮
	组合式蜗轮		为了节省贵重金属，采用组合式结构，常用下列三种： 1. 齿圈压配式 齿圈与铸铁轮芯多用 H7/r6 过盈配合。为了增加过盈配合的可靠性，沿接合缝拧 4～6 个螺钉。螺钉孔中心线偏向材料较硬的轮芯一侧 1～2mm，螺钉的直径取（1.2～1.4）倍模数，长度取 0.3～0.4 倍的齿宽。该结构适用于中等尺寸及工作温度变化较小的蜗轮 C'=1.6 倍模数 m+1.5mm，且圆整为整数 辐板厚度 $C \approx 0.3B$
			2. 螺栓连接式 蜗轮直径较大时采用普通螺栓或铰制孔用螺栓连接齿圈和轮芯。后者定位更好，适用于大尺寸蜗轮，C'=1.6 倍模数 m+1.5mm
			3. 拼铸式 将青铜齿圈浇铸在铸铁轮芯上，然后再切齿，适用于中等尺寸、批量生产的蜗轮，$C=1.5m$（m 为模数）

7.7.2　蜗轮的结构设计

1. 结构型式设计

本设计蜗轮分度圆直径 d_2＝328mm>100mm，参考表 7-12 所示蜗轮结构设计，为了节省贵重的青铜，通常设计成组合式的结构。考虑本结构属于中等尺寸及工作温度变化较小的蜗轮，同时为了使齿圈与轮芯很好地固定在一起，本设计采用了齿圈压配式结构，即齿圈与铸铁轮芯采用 H7/r6 的过盈配合。

2. 连接螺钉设计

本设计沿轮缘与轮芯接合缝拧 6 个螺钉，参考表 7-12，螺钉直径根据经验取为（1.2～1.4）m（m 为模数），本例取 1.2 倍模数，即：1.2×8mm＝9.6mm，因此取 M10 的螺钉。如果螺钉的长度太长，则工艺性不好（拧入困难）；长度太短强度不足，因此根据经验通常螺钉

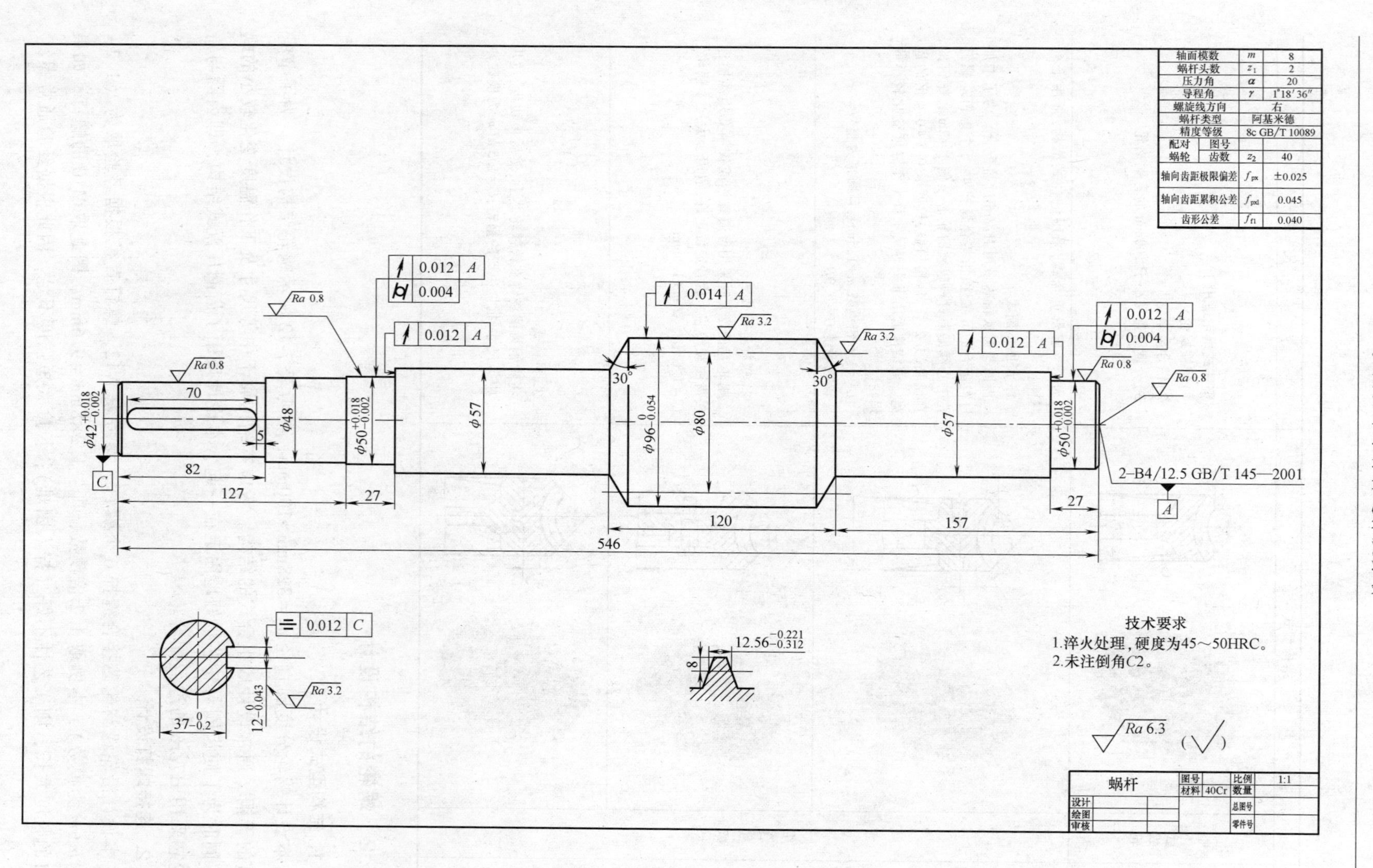

图 7-10 蜗杆零件工作图

的长度取0.3~0.4倍的齿宽，本例即：(0.3~0.4)×72mm=21.6~28.8mm，取螺栓GB/T 5781 M10×25（实际是螺栓，在此用作螺钉），采用全螺纹使拧入圈数更多，从而增加连接强度。

3. 螺钉孔中心线的工艺设计

螺钉孔中心线如果正好在轮缘与轮芯的结合面上，则在钻孔时，由于轮缘为软材料——锡青铜，而轮芯为硬材料——灰铸铁，因此在钻螺栓孔时，钻头就会偏向软材料锡青铜（阻力小），甚至整个螺纹都在轮缘上了，不能起到将轮缘与轮芯连接起来的目的；即使钻头没全部钻到轮缘上，也会削弱轮缘与轮芯连接的效果。因此，螺钉孔中心线不能正好在轮缘与轮芯的结合面上，而是钻头应偏向材料较硬的轮芯一侧约2mm左右。

4. 蜗轮齿根距轮缘轮芯的结合面的距离的设计

参考表7-12，蜗轮齿根距轮缘轮芯的结合面的距离C'如果太大，则轮缘锡青铜用量多，成本高（锡青铜价格远高于灰铸铁）；根据表7-12，则取$C'=1.6m+1.5\text{mm}=1.6\times8\text{mm}+1.5\text{mm}=14.3\text{mm}$（$m$为模数）。为了便于加工及测量，$C'$值应圆整为整数，本例取16mm。

5. 蜗轮轴孔的直径设计

蜗轮轴孔的直径应根据轴的强度及结构设计确定，本例略，初取蜗轮轴孔为$d_s=90\text{mm}$。参考经验公式，则轮毂的外直径为：$D_1\approx1.6d_s=1.6\times90\text{mm}=144\text{mm}$。

6. 轮毂宽 *L* 的确定

蜗轮的轮毂宽度一般不能取与轮缘等宽度，通常比轮缘的宽度要宽一些，因为如果取蜗轮的轮毂宽度与轮缘宽度相等，往往使轴毂连接键的长度过短，而蜗轮的转矩非常大（因为蜗杆传动的传动比大，蜗轮转速低，根据公式$T(\text{N}\cdot\text{mm})=9.55\times10^6\dfrac{P(\text{kW})}{n(\text{r/min})}$，在忽略摩擦损失认为功率$P$一定时，转矩$T$与转速$n$成反比），从而导致键的挤压强度不足。根据经验通常取蜗轮轮毂宽为$L\approx(1.2\sim1.5)d_s$（d_s为与蜗轮相配合的轴径，即蜗轮的孔径）。根据前面计算，把$d_s=90\text{mm}$代入公式，得$L\approx(1.2\sim1.5)\times90\text{mm}=(108\sim135)\text{mm}$，本例取$L=110\text{mm}$。

7. 辐板厚度 *C* 的设计

如表7-12所示，蜗轮辐板厚度太厚不利于减轻蜗轮的重量，太薄又不利于蜗轮的强度，通常由经验公式估算：$C\approx0.3B=0.3\times72\text{mm}=21.6\text{mm}$（$B$为蜗轮齿宽，前面已计算为72mm），本例取整为22mm，以利于加工及测量。

8. 工艺孔的设计

为了便于加工蜗轮时进行装夹，同时考虑搬运蜗轮便于装绳索，以及减轻一些重量，当蜗轮尺寸允许时通常蜗轮都设计成工艺孔。一般根据蜗轮的大小，工艺孔通常取4个、6个或8个，本例取6个工艺孔。工艺孔的直径尽量大一些，或根据经验公式确定，应圆整为整数以便于加工及测量。本例取6个工艺孔，直径为$\phi30\text{mm}$，标注如图7-11所示蜗轮零件工作图。

7.7.3　蜗杆和蜗轮零件工作图绘制

1. 蜗杆零件工作图绘制

蜗杆是一个轴类零件，用一个主视图加几个剖面图（主要是键槽），或局部放大图（圆角、退刀槽等）就可以。蜗杆轴的长度及阶梯轴的结构等尺寸需要箱体设计后进行轴的结构设计，此处过程略。

蜗杆零件图也要填写啮合特性表以表示加工和检测所必需的参数，啮合特性表中加工的项目由设计计算结果可确定，本部分只论述检测内容的确定方法。蜗杆轴的尺寸公差及形状位置公差参见 GB/T 10089。

（1）精度等级的确定　蜗杆传动精度等级由蜗轮圆周速度确定，即

$$v_2=\frac{\pi d_2 n_2}{60\times1000}=\frac{\pi\times320\times(1460/20)}{60\times1000}\text{m/s}\approx1.22\text{m/s}<3\text{m/s}$$

根据一般传动，且蜗轮圆周速度不高（$v\leqslant3\text{m/s}$），选用 8 级精度。

（2）确定检验项目及数值　参考 GB/T 10089 确定检验项目，并查出各偏差值：

f_{px}、f_{pxl}：$f_{px}=25\mu m$，$f_{pxl}=45\mu m$。

f_{f1}：$f_{f1}=40\mu m$。

齿坯的公差及偏差：

查 GB/T 10089，轴的尺寸公差为 IT6，形位公差 IT5，齿顶圆公差 IT8；蜗杆齿坯径向和端面圆跳动公差按蜗杆直径 $d=80mm$、8 级精度查得为 $14\mu m$。

（3）最终完成的蜗杆零件工作图如图 7-10 所示。

2. 蜗轮零件工作图的绘制

蜗轮零件工作图的绘制和齿轮类似，都是啮合类的盘类零件，此处不再赘述。

但是蜗轮的结构设计却不同于齿轮，为了节省锡青铜，蜗轮结构采用组合式的结构，本例为齿圈压配式。因此蜗轮零件图实际上应该称为装配图，由两部分组成，齿圈和轮芯，习惯上也称蜗轮零件图。该图应该按装配图的标题栏设计，即要有序号、名称、材料、标准和数量等，完成的蜗轮零件图如图 7-11 所示。

蜗轮与齿轮相同，应标注加工蜗轮和检测蜗轮所必需的项目，即啮合特性表，其中包括加工所必需的参数；但与齿轮不同之处在于检验标准及项目不同，要查 GB/T 10089 确定蜗轮检验项目。

（1）确定精度等级　同蜗杆，由蜗轮圆周速度小于 3m/s 确定精度等级为 8 级。

（2）确定检验项目　查 GB/T 10089 确定检验项目，并查出偏差值为：

第Ⅰ公差组 F_P：按分度圆弧长 $L=\frac{1}{2}\pi m z_2=\frac{1}{2}\times\pi\times8\times41\text{mm}=515.2\text{mm}$，$F_P=125\mu m$，$F_r=80\mu m$。

第Ⅱ公差组 f_{pt}：$f_{pt}=\pm28\mu m$。

第Ⅲ公差组 f_{f2}：$f_{f2}=22\mu m$。

（3）传动检验项目

齿厚及偏差：GB/T 10089 查出：$T_{s2}=160\mu m$，则齿厚上偏差 $E_{ss2}=0$，下偏差 $E_{si2}=-T_{s2}$，则 $E_{si2}=-160\mu m$。

轴交角极限偏差 $\pm f_\Sigma$：按 $b_2=72mm$ 得 $f_\Sigma=22\mu m$。

传动中心距极限偏差 f_a 和传动中间平面极限偏移 f_x：按中心距 $a=200mm$ 查，$f_a=58\mu m$，$f_x=47\mu m$。

（4）齿坯的公差及偏差　查 GB/T 10089 蜗杆蜗轮齿坯的基准面径向和端面跳动公差按顶圆直径为 336mm 查，则跳动公差为 $18\mu m$。

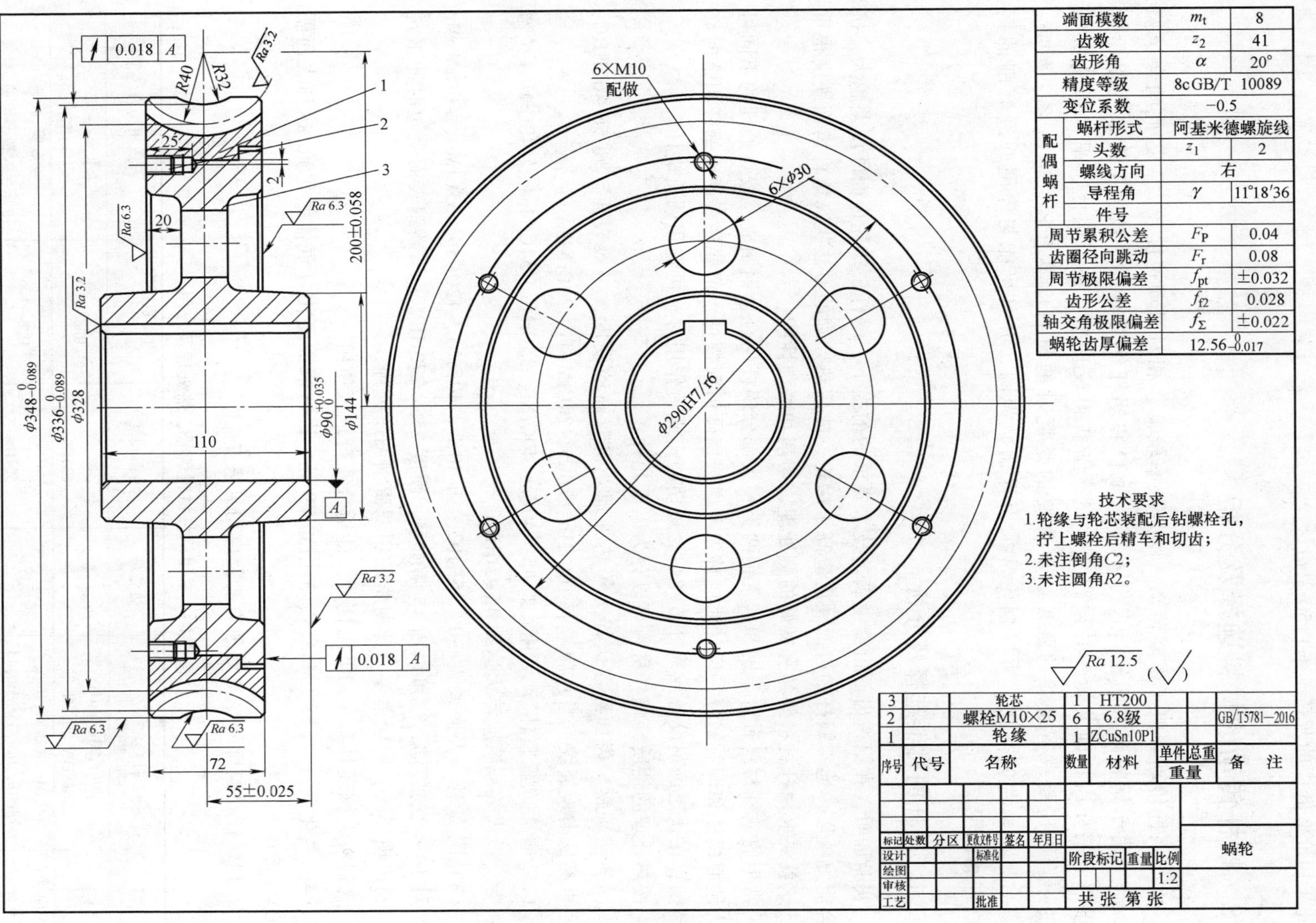

图 7-11　蜗轮零件工作图

（5）蜗轮零件工作图如图7-11所示，包括各种尺寸及公差标注，齿芯材料无特殊要求，因此采用价格低廉的灰铸铁HT150制造。

7.8 蜗杆传动的材料选择及分析

由于蜗杆传动类似于螺旋传动，啮合效率较低、相对滑动速度较大，因此啮合摩擦较大，且由于蜗轮滚刀的轮齿尺寸不可能做得和蜗杆绝对相同，被加工出来的蜗轮齿形难以和蜗杆齿精确共轭，必须跑合才能逐渐获得较理想状态。因此，蜗杆蜗轮材料副的组合不仅要求有足够的强度，更重要的是配对的材料应具有较好的减摩、耐磨、抗胶合、易跑合的特性。所以蜗轮常采用青铜做齿圈，并且可能与淬硬并经磨削的钢制蜗杆相匹配。

7.8.1 蜗杆的材料选择及分析

实验证明，在蜗杆齿面粗糙度满足技术要求的前提下，蜗杆、蜗轮齿面硬度差越大，抗胶合能力越强，通常蜗杆的齿面硬度应高于蜗轮，故用热处理的方法提高蜗杆齿面硬度很重要，这就要求蜗杆材料要具有良好的热处理、切削和磨削性能。

常用的蜗杆材料有合金钢和碳素钢两类，大部分蜗杆用合金钢制成。按热处理的不同可分为硬面蜗杆和调质蜗杆，设计时应首先考虑选用硬齿面蜗杆，但要注意硬面蜗杆制造时必须磨削；在缺乏磨削设备或蜗杆传动承受短期冲击载荷作用时，可选用调质蜗杆。

按热处理的性质，蜗杆材料可以分为以下几种：

（1）渗碳钢　齿面经渗碳淬火等热处理获得较高的硬度，一般表面淬硬56~62HRC，硬度再高易出现裂纹，常用牌号有16CrMn、20Cr、20CrMnTi、20CrNi3A等。

（2）表面或者整体淬火钢　如45、40Cr、40CrNi、35CrMo、34CrMo4及42CrMo4（德国）等，经火焰或感应淬火达到45~50HRC。

（3）调质钢　表面硬度30~35HRC，如40Cr、40CrNi、42CrMo、35CrMo、40CrMnMo等。对于一般的传动，也可以用45调质钢，硬度255~270HBW，渗碳钢表面受短时冲击过载时易出现裂纹，韧性稍差，此时常改用调质钢调质处理。

含镍渗碳钢还具有高的低温韧性，能适合寒带地区使用。

（4）氮化钢　如38CrMoAlA、31CrMoV9等，进行表面氮化（气体氮化），达到表面硬度HV>850。

常用蜗杆材料牌号、热处理方法及应用见表7-13。

表7-13　常用蜗杆材料牌号、热处理及应用

材料类型与牌号		热处理	齿面硬度	齿面粗糙度 $Ra/\mu m$	适用场合
渗碳钢	20Cr,20CrMnTi 12CrNi3A,20CrNi等	渗碳淬火	58~ 63HRC	0.8~1.6	重要、高速、 大功率传动
表面淬火钢	42iMn,40CrNi,40Cr 37SiMn2MoV,35CrMo,45	表面淬火	45~ 55HRC	0.8~1.6	较重要、高速、 大功率传动
氮化钢	38CrMoAlA	渗氮	>850HV	1.6~3.2	重要、高速、大功率传动
调质钢	45	调质	<270HBW	6.3	不重要、高速、大功率传动

7.5 节的设计实例考虑到蜗杆传动的功率不大、速度中等，参考表 7-13 蜗杆材料，选择价格比较便宜的 40Cr 作蜗杆材料，表面淬火，齿面硬度 45～50HRC，是合适的。

7.8.2　蜗轮的材料选择及分析

蜗轮材料通常是指蜗轮齿冠部分的材料。蜗轮轮齿是蜗杆传动中的薄弱环节，常用蜗轮材料简介如下。

1. 锡青铜

（1）锡磷青铜　用作蜗轮的常用磷锡青铜（磷青铜）牌号为 ZCuSn10P1，是由铜和锡为主的软硬二相组成的合金材料。软组织易于磨合，硬组织用以承载。与钢蜗杆齿运转磨合后使接触表面相互适配，增加了支承面积。其耐磨性最好，抗胶合能力高，易加工，用于重要传动，允许的滑动速度 v_s 可达 25m/s。

（2）锡锌铅青铜　锡锌铅青铜具有高的耐磨性，易切削加工。常用于制造蜗轮的锡锌铅青铜为 ZCuSnPb5Zn5。

（3）锡锌青铜　锡锌青铜具有良好的弹性、耐磨性和抗磁性，可在冷态和热态下压力加工，易于焊接和钎焊，切削性较好，在大气和淡水、海水中抗蚀性良好，我国常用于制造蜗轮的铸锡锌青铜的牌号为 ZCuSn10Zn2（德国牌号也为 ZCuSn10Zn2，ISO 标准牌号为 CuSn10Zn2）。

2. 铝青铜

当蜗杆蜗轮的相对滑动速度不是很大时，为了节省贵重的锡，通常用铝代替锡，称铝青铜。铝青铜的强度较高，价格较锡青铜便宜，其他性能例如抗胶合性能、耐磨性等不如锡青铜，当温度超过 75℃ 时，蜗轮的抗点蚀能力和抗磨损能力将显著下降，表面硬度也较高，跑合困难，接触适配性能差，效率降低。因此仅适用于滑动速度 $v_s<4$m/s 的传动，且与之配套的蜗杆硬度不低于 45HRC。常用的有 ZCuAl10Fe3、ZCuAl10Fe3Mn2 等。

3. 铸铁

灰铸铁其各项性能远不如锡青铜和铝青铜两类材料，但价格便宜，用于不重要或手动操作的场合，适用于 $v_s<2$m/s 的低速且对效率要求不高的一般传动。

球墨铸铁蜗轮常与淬硬钢蜗杆配对，用于低速重载设备而不常开动的场合。

选用蜗轮材料的原则是在满足使用要求的前提下，尽量考虑经济性，即价格便宜。而满足使用要求主要是考虑蜗杆蜗轮的相对滑动速度，相对滑动速度越大，摩擦发热越厉害，越容易发生胶合失效和磨损失效，因此需要更好的耐磨材料。根据使用经验，按相对滑动速度选择蜗轮材料。

锡青铜、铝青铜和铸铁由于铸造方法不同，性能也不相同，以离心铸的力学性能最好，晶粒细，致密均匀，砂模铸的性能最差。

常用的蜗轮材料牌号及成分见表 7-14。

7.5 节的设计实例考虑到蜗杆传动的功率不大、速度中等、单件生产，因此齿圈采用性能好的耐磨材料锡青铜 ZCuSn10P1（或称锡锌铅青铜），是由铜和锡为主的软硬二相组成的合金材料。软组织易于磨合，硬组织用以承载。与钢制蜗杆齿运转磨合后使接触表面相互适配，增加了支承面积。其耐磨性好，抗胶合能力高，易加工。铸造方法采用金属模铸造，使其性能更佳。

表 7-14　常用蜗轮材料牌号及成分

材　料	典型牌号	主要元素含量				
		铜	锡	铁	铝	镍
铸造锡青铜	ZCuSn10Pb1	89%	11%			
铸锡锌青铜	ZCuSn10Zn2		10%			
铸造锡镍青铜	GZ-Sn12Ni	87%	12%			1%
铸造铝铁青铜	GCuAl10Fe	86%		1%	10%	
铸铝铁镍青铜	GZ-CuAl10Ni	83%		4%	10%	2%
灰铸铁与球墨铸铁	HT-250、HT-300、QT400-15					

为了节省贵重的青铜材料，本设计实例采用了齿圈压配式的结构，即齿圈与铸铁轮芯采用 H7/r6 的过盈配合。

第8章 链 传 动

8.1 链传动概述

8.1.1 链传动的特点及应用

链传动是具有中间挠性件的啮合传动。如图8-1所示，链传动通过具有特殊齿形的主动链轮1、从动链轮2和一条闭合的中间挠性链条3的啮合来传递运动和动力。

因为链传动是具有中间挠性件的啮合传动，因此综合了带传动与啮合传动的特点，其优点是：传动比 i 准确，无滑动：结构紧凑，轴上压力 Q 小；传动效率高 $\eta=98\%$；承载能力高，最大可传递功率100kW；可传递远距离传动；成本低。缺点是：瞬时传动比不恒定；传动不平稳；传动时有噪声、冲击；对安装精度要求较高。

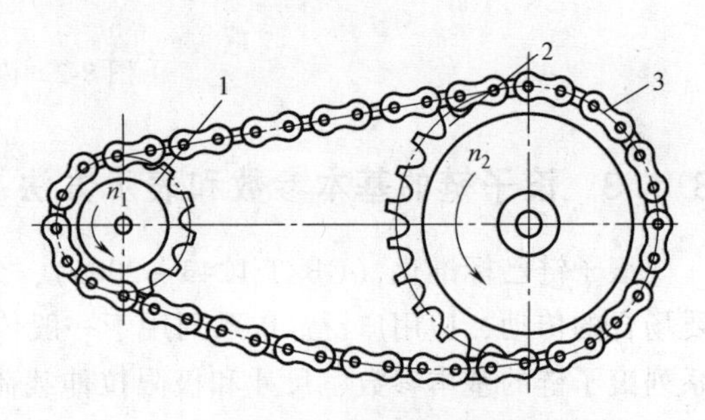

图8-1 链传动简图

1—主动链轮 2—从动链轮 3—链条

根据以上特点，链传动更适于以下工作条件：

1）传动比通常 $i\leqslant 6$，推荐 $i=2\sim3.5$。

2）链速通常 $v\leqslant 15\text{m/s}$，最高可达40m/s。

3）传递功率通常 $P\leqslant 100\text{kW}$，最高可达4000kW。

4）最大中心距 $a_{\max}=8\text{m}$。

5）传动效率开式传动 $\eta=0.90\sim0.93$，闭式传动 $\eta=0.97\sim0.98$。

链传动能在温度较高、湿度较大、油污较重等恶劣环境中工作，因此广泛应用于农业、矿山、冶金、建筑、运输、起重机和石油等各种机械中。

8.1.2 链传动的分类

按用途不同，链传动可分为传动链、起重链和曳引链3种。传动链在各种机械传动装置中用于传递运动和动力，通常在中等速度（$v\leqslant 20\text{m/s}$）以下工作；起重链主要用在起重机械中提升重物，其工作速度不大于0.25m/s；曳引链在运输机械中用于移动重物，其工作速度不大于2~4m/s。其中传动链在工业生产中应用最广泛。

传动链又按结构分为套筒滚子链、齿形链和成形链等，如图8-2a所示。套筒滚子链相当于多边形套在轮子上，因此具有多边形效应，即运动的不均匀性和动载荷，因此只用于低速传动。

齿形链由一组带有两个齿的链板左右交错并列铰接而成，如图8-2b所示。齿形链板的两外侧为直边，其夹角为60°或70°。齿楔角为60°的齿形链传动较易制造，应用较广。工作时链齿外侧边与链轮轮齿相啮合来实现传动。齿形链传动平稳，承受冲击载荷的能力强，允许速度可高达40m/s，且噪声小，故又称无声链，但其结构复杂、质量大、价格高，多用于高速或精度要求高的场合，如汽车、磨床等。

成形链如图8-2c所示，结构简单、拆装方便，常用于 $v<3\text{m/s}$ 的一般传动及农业机械中。

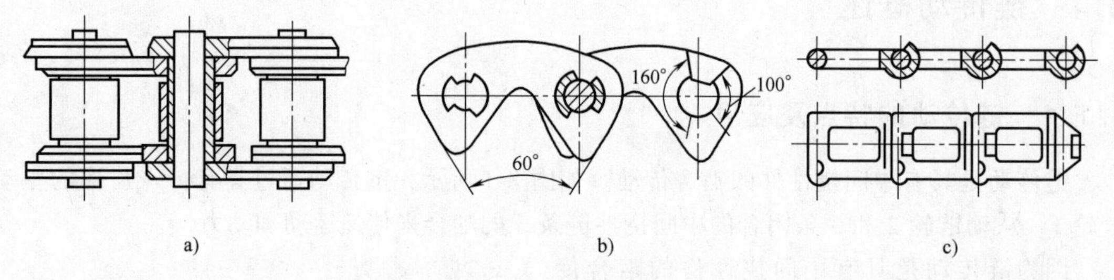

图8-2　传动链的类型

8.1.3　滚子链的基本参数和表示方法

滚子链已标准化（GB/T 1243—2006），分为A、B两个系列。A系列用于重载高速和重要场合的传动，应用广泛。B系列用于一般传动。每个系列均有不同链号，表8-1示出了A系列滚子链的基本参数、尺寸和极限拉伸载荷。

1. 滚子链的基本参数

（1）节距 p　相邻两销轴之间的距离为链的节距，节距大小等于链号乘以25.4/16mm。它是链的基本特性参数，节距的大小，反映了链条和链轮轮齿各部分尺寸的大小，同时也决定了链传动的承载能力，一般来说，节距越大，承载能力就越高，但传动的多边形效应也要增大，于是振动、冲击、噪声也越严重。因此，在保证链传动承载能力的前提下，应尽量选用较小节距的链。其选取原则如下：

1）要使传动结构紧凑，寿命长，应尽量选取较小节距的单排链。

2）链速高、传动功率大，应选用小节距的多排链。

3）从经济上考虑，中心距小、传动比大的传动，应选用小节距的多排链。

4）低速、重载、中心距大、传动比小的传动，可选大节距链。

（2）链轮齿数 z_1 和 z_2　小链轮推荐齿数如下：$v=0.6\sim3\text{m/s}$ 时 $z_1\geqslant17$；$v=3\sim8\text{m/s}$ 时 $z_1\geqslant21$；$v>8\text{m/s}$ 时 $z_1\geqslant25$；$v=25\text{m/s}$ 时 $z_1\geqslant35$；对于高速承受冲击载荷的链传动，小链轮最少应选25个齿，而且齿面要淬硬。

大链轮齿数 $z_2=iz_1$，并圆整为整数。通常链轮最多齿数限制为 $z_{\max}=114$。

在链轮齿数 z_1、z_2 满足以上条件的基础上，尽可能选取17、19、21、23、25、38、57、76、95等奇数。

（3）传动比　传动比过大时，由于链在小链轮上的包角过小，将减少啮合齿数，易出现跳齿或加速轮齿的磨损。因此，通常限制链传动的传动比 $i\leqslant6$，推荐的传动比为2~3.5。当 $v<2\text{m/s}$ 且载荷平稳时，传动比可达10。

（4）中心距　链传动的中心距过小，在传动比一定的情况下，将导致链条在小链轮上的包角减小，链条与小链轮啮合节数减小；同时将使链节数减小，在一定转速的情况下，单位时间内同一链节的曲伸次数增大，加速链的磨损。适当加大中心距，链增长，弹性增大，抗振能力提高，因此磨损较慢，链的使用寿命较长。但中心距过大，从动边垂度加大，会造成松边的上下颤动，使传动运行不平稳。因此中心距应按推荐值选取。另外，一般中心距应设计成可调的，调整量为 $2p$，并且使实际中心距比理论中心距小（0.002~0.004）a。

（5）排距 p_t　传动链有单排、双排、多排之分，多排链承载能力基本与排数成正比。

（6）链节数 L_p　整条链所具有的链节总数，通常链节数最好为偶数。

（7）链条长度 L　$L=pL_p/1000$，p 为节距（mm）；L_p 为节数，链条长度 L 单位通常用 m。

2. 滚子链的表示方法

按 GB/T 1243—2006 规定，滚子链的表示方法如下：

链号—排数—链节数—标准号

例：A 系列、节距 12.7mm、单排、88 节滚子链的标记为：滚子链 08A—1×88 GB/T 1243—2006。

8.2　链传动的运动特性

链的运动特性是指链运动的不均匀性及动载荷。链传动的链条从总体上看是挠性体（一整条链），但是链是由若干个链节组成，而单个链节是刚性体，因此链条绕上链轮时，链节与链轮轮齿啮合，相当于多边形套在圆形的链轮上，通常称“多边形效应”。链运动时链条与链轮分度圆在运动中交替呈现相割和相切，只有链的销轴的运动轨迹是一个圆，因此每个链节的瞬时速度都在变化（也称运动的不均匀性），瞬时都有加速度及动载荷。

8.2.1　链传动运动的不均匀性

1. 链条的平均速度与平均传动比

设 z_1、z_2、n_1、n_2、R_1、R_2 分别为小轮、大轮的齿数、转速（r/min）和分度圆半径（m），p 为链条节距（mm），则链条的平均速度为定值，即

$$v=\frac{z_1 n_1 p}{60\times1000}=\frac{z_2 n_2 p}{60\times1000}$$

链传动的平均传动比也为定值，即

$$i=\frac{n_1}{n_2}=\frac{z_2}{z_1}$$

2. 链条的瞬时速度与瞬时传动比

因为链是由刚性链节通过销轴铰接而成，当链条与链轮啮合时，链条便呈一多边形分布在链轮上，如图 8-3 所示。

假设链的主动边在传动中总是处于水平位置，主动轮以等角速度 ω_1 转动，则绕进链轮上的链条的铰链销轴中心的圆周速度 $v_1=R_1\omega_1$，可得

表 8-1　链条主要尺寸、测量力、抗拉强度及动载强度（摘自 GB/T 1243—2006）

链号[1]	节距 p nom	滚子直径 d_1 max	内节内宽 b_1 min	销轴直径 d_2 max	套筒孔径 d_3 min	链条通道高度 h_1 min	内链板高度 h_2 max	外或中链板高度 h_3 max	过渡链节尺寸[2] l_1 min	l_2 min	c	排距 p_t	内节外宽 b_2 max	外节内宽 b_3 min	销轴长度 单排 b_4 max	双排 b_5 max	三排 b_6 max	止锁件附加宽度[3] b_7 max	测量力 单排	双排	三排	抗拉强度 F_a 单排 min	双排 min	三排 min	动载强度[4][5][6] 单排 F_d min
	mm																		N			kN			N
04C	6.35	3.30[7]	3.10	2.31	2.34	6.27	6.02	5.21	2.65	3.08	0.10	6.40	4.80	4.85	9.1	15.5	21.8	2.5	50	100	150	3.5	7.0	10.5	630
06C	9.525	5.08[7]	4.68	3.60	3.62	9.30	9.05	7.81	3.97	4.60	0.10	10.13	7.46	7.52	13.2	23.4	33.5	3.3	70	140	210	7.9	15.8	23.7	1410
05B	8.00	5.00	3.00	2.31	2.35	7.37	7.11	7.11	3.71	3.71	0.08	5.64	4.77	4.90	8.6	14.3	19.9	3.1	50	100	150	4.4	7.8	11.1	820
06B	9.525	6.35	5.72	3.28	3.33	8.52	8.26	8.26	4.32	4.32	0.08	10.24	8.53	8.66	13.5	23.8	34.0	3.3	70	140	210	8.9	16.9	24.9	1290
08A	12.70	7.92	7.85	3.98	4.00	12.33	12.07	10.42	5.29	6.10	0.08	14.38	11.17	11.23	17.8	32.3	46.7	3.9	120	250	370	13.9	27.8	41.7	2480
08B	12.70	8.51	7.75	4.45	4.50	12.07	11.81	10.92	5.66	6.12	0.08	13.92	11.30	11.43	17.0	31.0	44.9	3.9	120	250	370	17.8	31.1	44.5	2480
081	12.70	7.75	3.30	3.66	3.71	10.17	9.91	9.91	5.36	5.36	0.08	—	5.80	5.93	10.2	—	—	1.5	125	—	—	8.0	—	—	
083	12.70	7.75	4.88	4.09	4.14	10.56	10.30	10.30	5.36	5.36	0.08	—	7.90	8.03	12.9	—	—	1.5	125	—	—	11.6	—	—	
084	12.70	7.75	4.88	4.09	4.14	11.41	11.15	11.15	5.77	5.77	0.08	—	8.80	8.93	14.8	—	—	1.5	125	—	—	15.6	—	—	
085	12.70	7.77	6.25	3.60	3.62	10.17	9.91	8.51	4.35	5.03	0.08	—	9.06	9.12	14.0	—	—	2.0	80	—	—	6.7	—	—	1340
10A	15.875	10.16	9.40	5.09	5.12	15.35	15.09	13.02	6.61	7.62	0.10	18.11	13.84	13.89	21.8	39.9	57.9	4.1	200	390	590	21.8	43.6	65.4	3850
10B	15.875	10.16	9.65	5.08	5.13	14.99	14.73	13.72	7.11	7.62	0.10	16.59	13.28	13.41	19.6	36.2	52.8	4.1	200	390	590	22.2	44.5	66.7	3330
12A	19.05	11.91	12.57	5.96	5.98	18.34	18.10	15.62	7.90	9.15	0.10	22.78	17.75	17.81	26.9	49.8	72.6	4.6	280	560	840	31.3	62.6	93.9	5490
12B	19.05	12.07	11.68	5.72	5.77	16.39	16.13	16.13	8.33	8.33	0.10	19.45	15.62	15.75	22.7	42.2	61.7	4.6	280	560	840	28.9	57.8	86.7	3720
16A	25.40	15.88	15.75	7.94	7.96	24.39	24.13	20.83	10.55	12.20	0.13	29.29	22.60	22.66	33.5	62.7	91.9	5.4	500	1000	1490	55.5	111.2	166.8	9550
16B	25.40	15.88	17.02	8.28	8.33	21.34	21.08	21.08	11.15	11.15	0.13	31.88	25.45	25.58	36.1	68.0	99.9	5.4	500	1000	1490	60.0	106.0	160.0	9530
20A	31.75	19.05	18.90	9.54	9.56	30.48	30.17	26.04	13.16	15.24	0.15	35.76	27.45	27.51	41.1	77.0	113.0	6.1	780	1560	2340	87.0	174.0	261.0	14600
20B	31.75	19.05	19.56	10.19	10.24	26.68	26.42	26.42	13.89	13.89	0.15	36.45	29.01	29.14	43.2	79.7	116.1	6.1	780	1560	2340	95.0	170.0	250.0	13500

（续）

链号①	节距 p nom	滚子直径 d_1 max	内节内宽 b_1 min	销轴直径 d_2 max	套筒孔径 d_3 min	链条通道高度 h_1 min	内链板高度 h_2 max	外或中链板高度 h_3 max	过渡链节尺寸②			排距 p_t	内节外宽 b_2 max	外节内宽 b_3 min	销轴长度			止锁件附加宽度③ b_7 max	测量力			抗拉强度 F_a			动载强度④⑤⑥ 单排 F_d min
									l_1 min	l_2 min	c				单排 b_4 max	双排 b_5 max	三排 b_6 max		单排	双排	三排	单排 min	双排 min	三排 min	
	mm																		N			kN			N
24A	38.10	22.23	25.22	11.11	11.14	36.55	36.2	31.24	15.80	18.27	0.18	45.44	35.45	35.51	50.8	96.3	141.7	6.6	1110	2220	3340	125.0	250.0	375.0	20500
24B	38.10	25.40	25.40	14.63	14.68	33.73	33.4	33.40	17.55	17.55	0.18	48.36	37.92	38.05	53.4	101.8	150.2	6.6	1110	2220	3340	160.0	280.0	425.0	19700
28A	44.45	25.40	25.22	12.71	12.74	42.67	42.23	36.45	18.42	21.32	0.20	48.87	37.18	37.24	54.9	103.6	152.4	7.4	1510	3020	4540	170.0	340.0	510.0	27300
28B	44.45	27.94	30.99	15.90	15.95	37.46	37.08	37.08	19.51	19.51	0.20	59.56	46.58	46.71	65.1	124.7	184.3	7.4	1510	3020	4540	200.0	360.0	530.0	27100
32A	50.80	28.58	31.55	14.29	14.31	48.74	48.26	41.68	21.04	24.33	0.20	58.55	45.21	45.26	65.5	124.2	182.9	7.9	2000	4000	6010	223.0	446.0	669.0	34800
32B	50.80	29.21	30.99	17.81	17.86	42.72	42.29	42.29	22.20	22.20	0.20	58.55	45.57	45.70	67.4	126.0	184.5	7.9	2000	4000	6010	250.0	450.0	670.0	29900
36A	57.15	35.71	35.48	17.46	17.49	54.86	54.30	46.86	23.65	27.36	0.20	65.84	50.85	50.90	73.9	140.0	206.0	9.1	2670	5340	8010	281.0	562.0	843.0	44500
40A	63.50	39.68	37.85	19.85	19.87	60.93	60.33	52.07	26.24	30.36	0.20	71.55	54.88	54.94	80.3	151.9	223.5	10.2	3110	6230	9340	347.0	694.0	1041.0	53600
40B	63.50	39.37	38.10	22.89	22.94	53.49	52.96	52.96	27.76	27.76	0.20	72.29	55.75	55.88	82.6	154.9	227.2	10.2	3110	6230	9340	355.0	630.0	950.0	41800
48A	76.20	47.63	47.35	23.81	23.84	73.13	72.39	62.49	31.45	36.40	0.20	87.83	67.81	67.87	95.5	183.4	271.3	10.5	4450	8900	13340	500.0	1000.0	1500.0	73100
48B	76.20	48.26	45.72	29.24	29.29	64.52	63.88	63.88	33.45	33.45	0.20	91.21	70.56	70.69	99.1	190.4	281.6	10.5	4450	8900	13340	560.0	1000.0	1500.0	63600
56B	88.90	53.98	53.34	34.32	34.37	78.64	77.85	77.85	40.61	40.61	0.20	106.60	81.33	81.46	114.6	221.2	327.8	11.7	5090	12190	20000	850.0	1600.0	2240.0	88900
64B	101.60	63.50	60.96	39.40	39.45	91.08	90.17	90.17	47.07	47.07	0.20	119.89	92.02	92.15	130.9	250.8	370.7	13.0	7960	15920	27000	1120.0	2000.0	3000.0	106900
72B	114.30	72.39	68.58	44.48	44.53	104.67	103.63	103.63	53.37	53.37	0.20	136.27	103.81	103.94	147.4	283.7	420.0	14.3	10100	20190	33500	1400.0	2500. 0	3750.0	132700

① 重载系列链条详见 GB/T 1243—2006 表 2。

② 对于高应力使用场合，不推荐使用过渡链节。

③ 止锁件的实际尺寸取决于其类型，但都不应超过规定尺寸，使用者应从制造商处获取详细资料。

④ 动载强度值不适用于过渡链节、连接链节或带有附件的链条。

⑤ 双排链和三排链的动载试验不能用单排链的值按比例套用。

⑥ 动载强度值是基于 5 个链节的试样，不含 36A，40A，40B，48A，48B，56B，64B 和 72B，这些链条是基于 3 个链节的试样。

⑦ 套筒直径。

链条瞬间的水平速度：$v=v_1\cos\beta=R_1\omega_1\cos\beta$

铰链中心的铅垂速度：$v'=v_1\sin\beta=R_1\omega_1\sin\beta$

式中，β 为主动轮上的相位角，即链条铰链中心速度 v_1 与水平线的夹角，链轮每转一链节，其值在$\pm\phi_1/2$ 间变化（$\phi_1=360°/z_1$）。

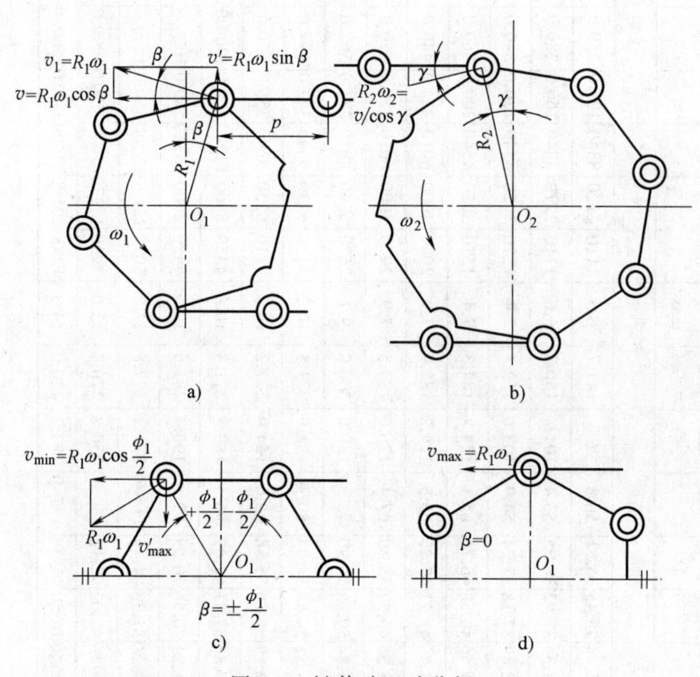

图 8-3 链传动运动分析

同样可由从动链轮求出链条瞬间的水平速度。由 $v=R_1\omega_1\cos\beta=R_2\omega_2\cos\gamma$ 可得从动链轮的角速度为

$$\omega_2=\frac{R_1\omega_1\cos\beta}{R_2\cos\gamma}$$

链传动的瞬时传动比为

$$i=\frac{\omega_1}{\omega_2}=\frac{R_2\cos\gamma}{R_1\cos\beta}$$

式中，γ 为从动轮上的相位角，即链条铰链中心速度 $R_2\omega_2$ 与水平线的夹角，链轮每转一链节，其值在$\pm180°/z_2$间变化。

由此可见，在链传动中，水平链速 v 和铅垂速度 v'都是随着 β 的变化而变化，从而引起从动轮瞬时角速度 ω_2和瞬时传动比 i 的变化，链条的运动是忽快忽慢忽上忽下，造成链速的不均匀性及附加动载荷。这种在链传动中，由于链呈多边形运动，链条瞬时速度和传动比发生周期性波动，链条上下振动造成的传动不平稳现象，是链传动固有的特性，是无法消除的，称为链传动的多边形效应。

链轮齿数越少，节距越大，转速越高，多边形效应越严重。

8.2.2 链传动的动载荷

链传动产生动载荷的主要原因有四点：

1）由链条水平速度 v 的变化产生的动载荷。

链的加速度：$a=\dfrac{\mathrm{d}v}{\mathrm{d}t}=-R_1\omega_1\sin\beta\dfrac{\mathrm{d}\beta}{\mathrm{d}t}=-R_1\omega_1^2\sin\beta$

$\beta=\pm\dfrac{\varphi_1}{2}$时：$a_{\max}=\pm R_1\omega_1^2\sin\dfrac{\varphi_1}{2}=\pm R_1\omega_1^2\sin\dfrac{180°}{z_1}=\pm\dfrac{\omega_1^2 p}{2}$

可见，小链轮转速 $n_1(\omega_1)$ 越高、链轮节距 p 越大、小链轮齿数 z_1 越少时，加速度越大、动载荷越大。

2）链条的垂直分速度 v' 的大小和方向呈周期性变化，从而产生动载荷，使得链条产生横向的振动。

3）链轮轮齿与链节啮合瞬间的相对速度 v_s 也要产生冲击和附加动载荷。

4）由于链张紧不好、链条松弛等原因，使链传动在起动、制动、载荷变化等情况下产生惯性冲击。

总之，链传动的运动不均匀性和动载荷是链传动的固有特性。

8.3 套筒滚子链传动设计

8.3.1 链传动的失效形式

（1）链的疲劳破坏　链在工作时受到变应力作用，经一定循环次数后，链板将会出现疲劳断裂，或者套筒、滚子表面将会出现疲劳点蚀，这是链传动在润滑良好、中等速度以下工作时首先出现的一种失效形式，也是决定链传动传动能力的主要因素，由链板疲劳强度限定的额定功率如图8-4中曲线1所示。

（2）链的冲击破断　链在工作时，由于反复起动、制动、反转，尤其在高速时，由于多边形效应，而使滚子、套筒和销轴产生冲击疲劳破断。由滚子、套筒和销轴的冲击疲劳强度限定的额定功率如图8-4中曲线2所示。

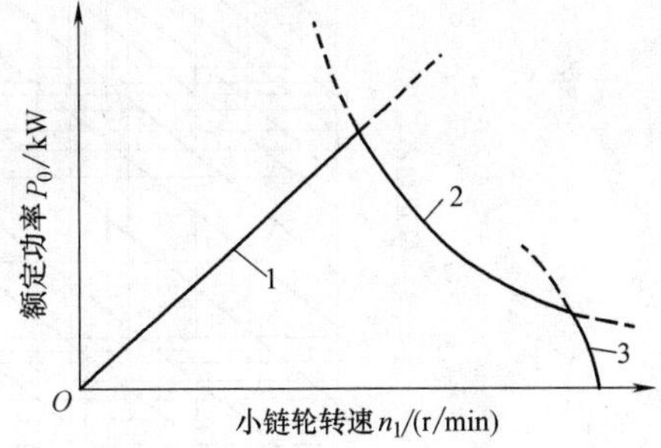

图8-4　滚子链额定功率曲线示意图

（3）链条铰链的胶合破坏　当链轮转速达到一定数值时，由于链节啮入时受到的冲击能量增大或摩擦产生的温度过高，造成销轴与套筒工作表面润滑油膜破裂而导致胶合破坏。胶合在一定程度上限制了链传动的极限转速。胶合限定的工作能力如图8-4中曲线3所示。

（4）链条铰链的磨损　当链条在润滑条件恶劣的情况下工作时，铰链的销轴和套筒既承受压力又要产生相对转动，必然引起磨损，使节距 p 增大，从而引起跳齿、脱链及其他破坏。当按推荐方式润滑时，磨损大大降低，这种失效得以避免。

（5）链条的静力拉断　在低速（$v<0.6$m/s）重载或瞬间尖峰载荷过大时，如果链条所受拉力超过了链条的静强度，链条将被拉断。

8.3.2 设计准则

由上述失效形式可以得到链传动的设计准则：对链速 $v>0.6$m/s 的中、高速链传动，采用以抗疲劳破坏为主的防止多种失效形式的设计方法；对链速 $v<0.6$m/s 的低速链传动，采用以防止过载拉断为主要失效形式的静强度设计方法。

工程上多用链速 $v>0.6$m/s 的套筒滚子链传动，失效形式主要有链条的疲劳破坏、链条铰链的磨损和胶合、链条的多次冲击破断和链条的过载拉断。由于链传动的承载能力受到多种失效形式的限制，因此不能用类似带传动的方法去推导出单排链传递功率的设计式，而是综合考虑各种失效形式的影响，用实验的方法得到在特定条件下各型号链条所能传递的功率 P，再绘制成实用功率曲线图供设计用。图 8-5 所示为在标准实验条件下，A 系列常用滚子链的额定功率曲线，由此可查出相应链条在链速 $v>0.6$m/s 情况下允许传递的额定功率。在实际设计中，小链轮齿数、传动比、中心距和链的排数等条件往往与实验时采用的特定条件不同，故应引入相应的修正系数，由修正后的计算功率在图中选择链条型号。

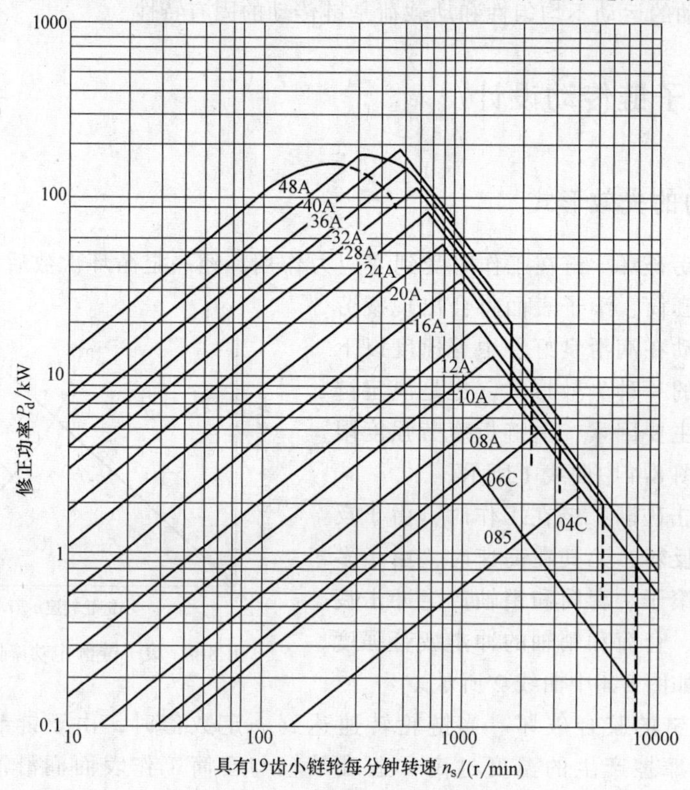

图 8-5 A 系列单排链链条的典型承载能力图

（摘自 GB/T 18150—2006）

注：1. 双排链的额定功率可由单排链的 P_d 值乘以 1.7 得到。

2. 三排链的额定功率可由单排链的 P_d 值乘以 2.5 得到。

8.3.3 套筒滚子链传动设计流程框图

设计套筒滚子链传动时，通常已知的原始数据有：传动的功率 P，小链轮和大链轮的转

速 n_1、n_2（或传动比 i），原动机种类，载荷性质以及传动用途等。设计内容包括：选择链轮齿数 z_1 和 z_2，确定链的节距 p、排数 m、链节数 L_p、中心距 a 及润滑方法等。

链传动设计流程框图如图 8-6 所示。

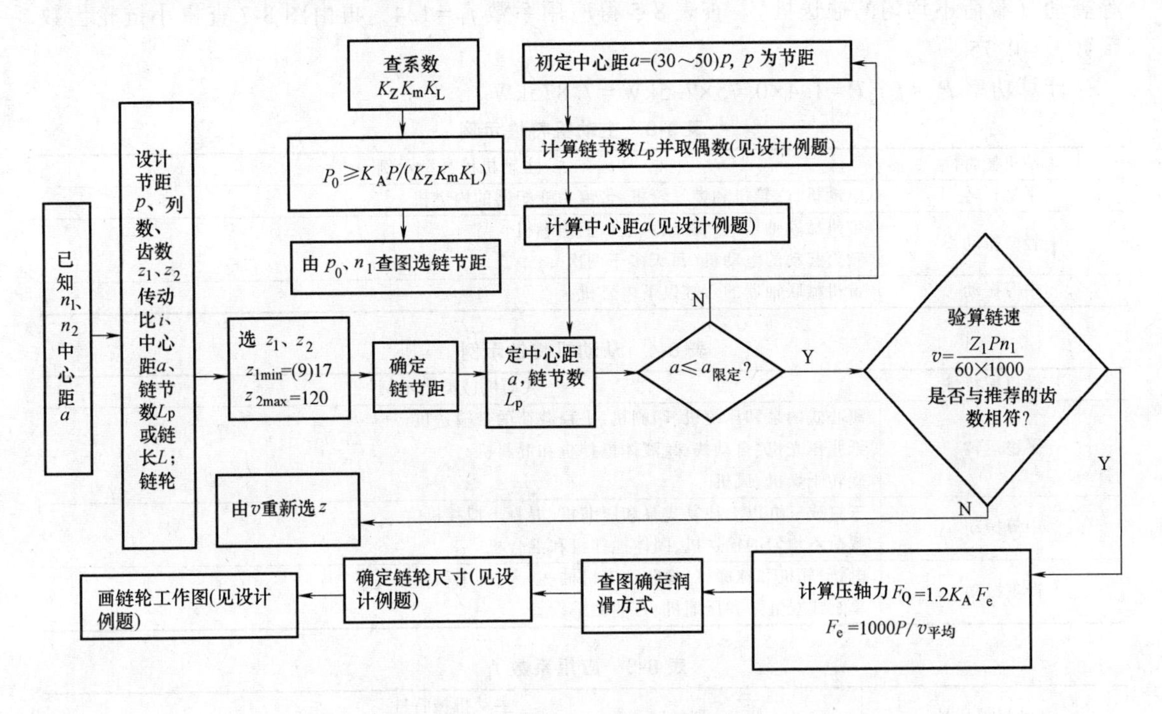

图 8-6　套筒滚子链传动设计框图

8.4　套筒滚子链设计实例

8.4.1　套筒滚子链设计计算实例

某输送机由套筒滚子链进行传动，小链轮由电动机带动，转速 $n_1=720\text{r/min}$，电动机功率 $P=7.5\text{kW}$，型号为 Y160L—8。大链轮转速 $n_2=250\text{r/min}$，链轮中心距不超过 1100mm，三班制工作，输送机的载荷不均匀，设计输送机的套筒滚子链传动。

解：

1. 选择链轮齿数

（1）小链轮齿数 z_1　由表 8-2 按链速确定小链轮齿数 z_1，可先假定链速 $v=3\sim8\text{m/s}$（一般不超过 8m/s）。查表 8-2，小链轮齿数 $z_1\geqslant21$，本例取 $z_1=25$，当然也可取其他值。

表 8-2　小链轮推荐齿数

链速 v/(m/s)	0.6~3m/s	3~8m/s	>8m/s	>25m/s
小链轮齿数 z_1	≥17	≥21	≥25	≥35

（2）大链轮齿数 z_2　$z_2=z_1\dfrac{n_1}{n_2}=25\times\dfrac{720}{250}=72$，考虑链节数通常为偶数（避免过渡链节），

为使链条和链轮磨损均匀，通常链轮齿数取奇数，本例取 $z_2=73$。

2. 确定计算功率 P_d

根据原动机工作特性查表 8-3 主动机工作特性，属于平稳。查表 8-4 从动机特性属于中等震动（载荷不均匀的输送机）。查表 8-5 得应用系数 $f_1=1.4$，再由图 8-7 查得小链轮齿数系数 $f_2=0.75$。

计算功率 $P_d=f_1f_2P=1.4\times0.75\times7.5\text{kW}=7.875\text{kW}$。

表 8-3 主动机特性示例

主动机械特性	主动机械类型示例
平稳运转	电动机、汽轮机和燃气轮机、带液力变矩器的内燃机
轻微振动	带机械联轴器的六缸或六缸以上内燃机 频繁起动的电动机(每天多于两次)
中等振动	带机械联轴器的六缸以下内燃机

表 8-4 从动机特性示例

从动机械特性	从动机械类型示例
平稳运转	离心式的泵和压缩机、印刷机、平稳载荷的带输送机 纸张压光机、自动扶梯、液体搅拌机和混料机 旋转干燥机、风机
中等振动	三缸或三缸以上往复式泵和压缩机、混凝土搅拌机 载荷不均匀的输送机、固体搅拌机和混合机
严重振动	电铲、轧机和球磨机、橡胶加工机械、刨床、压床和剪床 单缸或双缸泵和压缩机、石油钻采设备

表 8-5 应用系数 f_1

从动机械特性	主动机械特性		
	平稳运转	轻微振动	中等振动
平稳运转	1.0	1.1	1.3
中等振动	1.4	1.5	1.7
严重振动	1.8	1.9	2.1

3. 选择链节距 p

根据 $P_d=7.875\text{kW}$，$n_1=720\text{r/min}$，查图 8-5 选取链型号，为 12A，其链节距 $p=19.05\text{mm}$。

4. 确定链节数 L_p

（1）初定中心距 a_0 取 $a_0=40p$，由表 8-6 查得 $f_3=58.361(z_2-z_1=73-25=48)$。

（2）计算链节数

$$L_{p0}=\frac{2a_0}{p}+\frac{z_1+z_2}{2}+\frac{f_3p}{a_0}=\frac{2\times40p}{p}+\frac{25+73}{2}+58.361\times\frac{p}{40p}\approx130.46$$

取 $L_p=132$（偶数）。

5. 计算链速

$$v=\frac{z_1n_1p}{60\times1000}=\frac{720\times25\times19.05}{60\times1000}\text{m/s}=5.715\text{m/s}$$

6. 计算最大链轮中心距

$\frac{X-z_s}{z_2-z_1}=\frac{132-25}{73-25}=2.23$（其中 X 为链长节数计算值），从表 8-7 用线性插值求得系数 $f_4=0.24567$

$a=f_4p(2X-(z_1+z_2))$

$=0.24567\times19.05(2\times132-(73-25))\text{mm}$

$=1010.88\text{mm}$

7. 计算压轴力 F_Q

$$F_Q \approx 1.2f_1F=1.2\times1\times1000P/v$$

$$=\frac{1.2\times1000\times7.5}{3.81}\text{N}=2362.2\text{N}$$

8. 选择润滑方式

对链条 12A，用链速 $v=5.715\text{m/s}$，在图 8-8 查得为第三范围，可选择油池润滑或油盘飞溅润滑。

由表 8-8 查得，工作温在 4～38℃，链速 $v=5.715\text{m/s} \leqslant 8\text{m/s}$，选润滑油牌号为 L-AN68。

9. 链轮结构设计

因小链轮直径较小，通常采用实心式结构。链轮孔直径根据本题已知电动机的型号 Y160L—8，查 Y 系列三相异步电动机技术参数数据：电动机伸出轴直径为 $D=42\text{mm}$，伸出轴长为 $E=110\text{mm}$。因此小链轮内孔直径 $D=42\text{mm}$，轮毂宽等其他几何尺寸可参考设计手册确定。大链轮的孔径一般根据轴的设计来确定，其他几何尺寸可参考机械设计手册或图册确定。

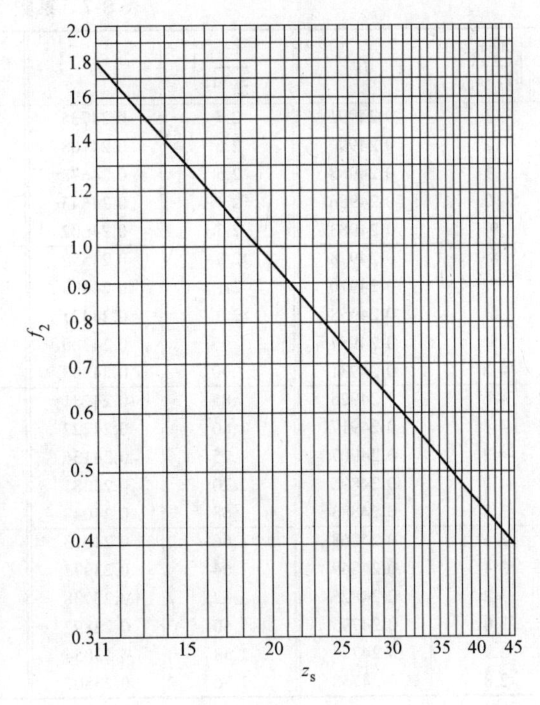

图 8-7　小链轮齿数系数 f_2

表 8-6　系数 f_3 的计算值

$\lvert z_2-z_1\rvert$	f_3	$\lvert z_2-z_1\rvert$	f_3	$\lvert z_2-z_1\rvert$	f_3	$\lvert z_2-z_1\rvert$	f_3	$\lvert z_2-z_1\rvert$	f_3
1	0.0253	21	11.171	41	42.580	61	94.254	81	166.191
2	0.1013	22	12.260	42	44.683	62	97.370	82	170.320
3	0.2280	23	13.400	43	46.836	63	100.536	83	174.500
4	0.4053	24	14.590	44	49.040	64	103.753	84	178.730
5	0.6333	25	15.831	45	51.294	65	107.021	85	183.011
6	0.912	26	17.123	46	53.599	66	110.339	86	187.342
7	1.241	27	18.466	47	55.955	67	113.708	87	191.724
8	1.621	28	19.859	48	58.361	68	117.128	88	196.157
9	2.052	29	21.303	49	60.818	69	120.598	89	200.640
10	2.533	30	22.797	50	63.326	70	124.119	90	205.174
11	3.065	31	24.342	51	65.884	71	127.690	91	209.759
12	3.648	32	25.938	52	68.493	72	131.313	92	214.395
13	4.281	33	27.585	53	71.153	73	134.986	93	219.081
14	4.965	34	29.282	54	73.863	74	138.709	94	223.187
15	5.699	35	31.030	55	76.624	75	142.483	95	228.605
16	6.485	36	32.828	56	79.436	76	146.308	96	233.443
17	7.320	37	34.677	57	82.298	77	150.184	97	238.333
18	8.207	38	36.577	58	85.211	78	154.110	98	243.271
19	9.144	39	38.527	59	88.175	79	158.087	99	248.261
20	10.132	40	40.529	60	91.189	80	162.115	100	253.302

表 8-7　系数 f_4 的计算值

$\left\|\frac{X-z_S}{z_2-z_1}\right\|$	f_4	$\left\|\frac{X-z_S}{z_2-z_1}\right\|$	f_4	$\left\|\frac{X-z_S}{z_2-z_1}\right\|$	f_4	$\left\|\frac{X-z_S}{z_2-z_1}\right\|$	f_4
13	0.24991	2.7	0.24735	1.54	0.23758	1.26	0.22520
12	0.24990	2.6	0.24708	1.52	0.23705	1.25	0.22443
11	0.24988	2.5	0.24678	1.50	0.23648	1.24	0.22361
10	0.24986	2.4	0.24643	1.48	0.23588	1.23	0.22275
9	0.24983	2.3	0.24602	1.46	0.23524	1.22	0.22185
8	0.24978	2.2	0.24552	1.44	0.23455	1.21	0.22090
7	0.24970	2.1	0.24493	1.42	0.23381	1.20	0.21990
6	0.24958	2.0	0.24421	1.40	0.23301	1.19	0.21884
5	0.24937	1.95	0.24380	1.39	0.23259	1.18	0.21771
4.8	0.24931	1.90	0.24333	1.38	0.23215	1.17	0.21652
4.6	0.24925	1.85	0.24281	1.37	0.23170	1.16	0.21526
4.4	0.24917	1.80	0.24222	1.36	0.23123	1.15	0.21390
4.2	0.24907	1.75	0.24156	1.35	0.23073	1.14	0.21245
4.0	0.24896	1.70	0.24081	1.34	0.23022	1.13	0.21090
3.8	0.24883	1.68	0.24048	1.33	0.22968	1.12	0.20923
3.6	0.24868	1.66	0.24013	1.32	0.22912	1.11	0.20744
3.4	0.24849	1.64	0.23977	1.31	0.22854	1.10	0.20549
3.2	0.24825	1.62	0.23938	1.30	0.22793	1.09	0.20336
3.0	0.24795	1.60	0.23897	1.29	0.22729	1.08	0.20104
2.9	0.24778	1.58	0.23854	1.28	0.22662	1.07	0.19848
2.8	0.24758	1.56	0.23807	1.27	0.22593	1.06	0.19564

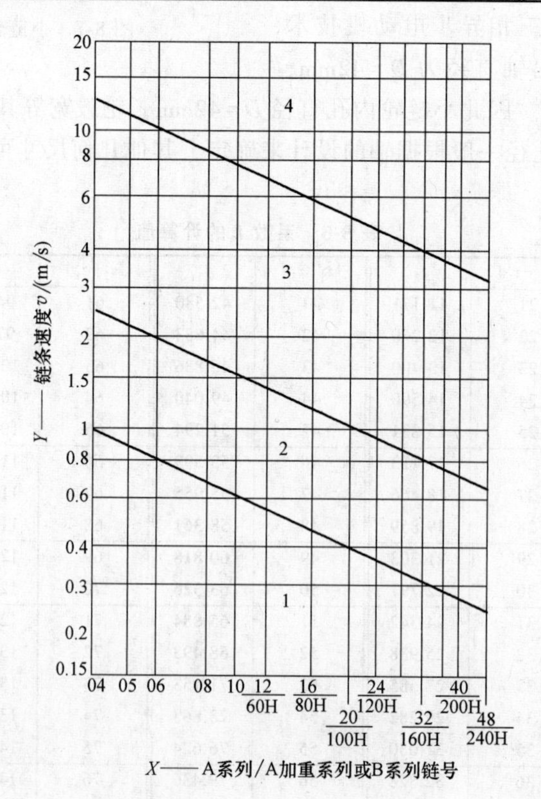

图 8-8　链传动润滑方式选用图

1—用油刷或油壶由人工定期润滑　2—滴油润滑　3—油池或油盘飞溅润滑

4—为强制润滑，带过滤器，必要时可带油冷却器

表 8-8 一般链传动润滑油牌号推荐表

工 作 条 件	链速 v/(m/s)	工作温度/℃	荐用润滑油牌号
小功率传动,链密封性较差	≤3	≤4	32
		4~38	68
		>38	100
链条密封性好	≤8	≤4	46
		4~38	68.100
		>38	100.150
链条密封性好	>8	≤4	46
		4~38	46.68
		>38	68.100
链条密封在壳体内	>16	≤4	46
		4~38	68
		>38	68.100

注：32~150 为全损耗系统用油。

8.4.2 套筒滚子链零件工作图示例

图 8-9 为小链轮的零件工作图示例，齿形链可参考 GB/T 10855—2016。

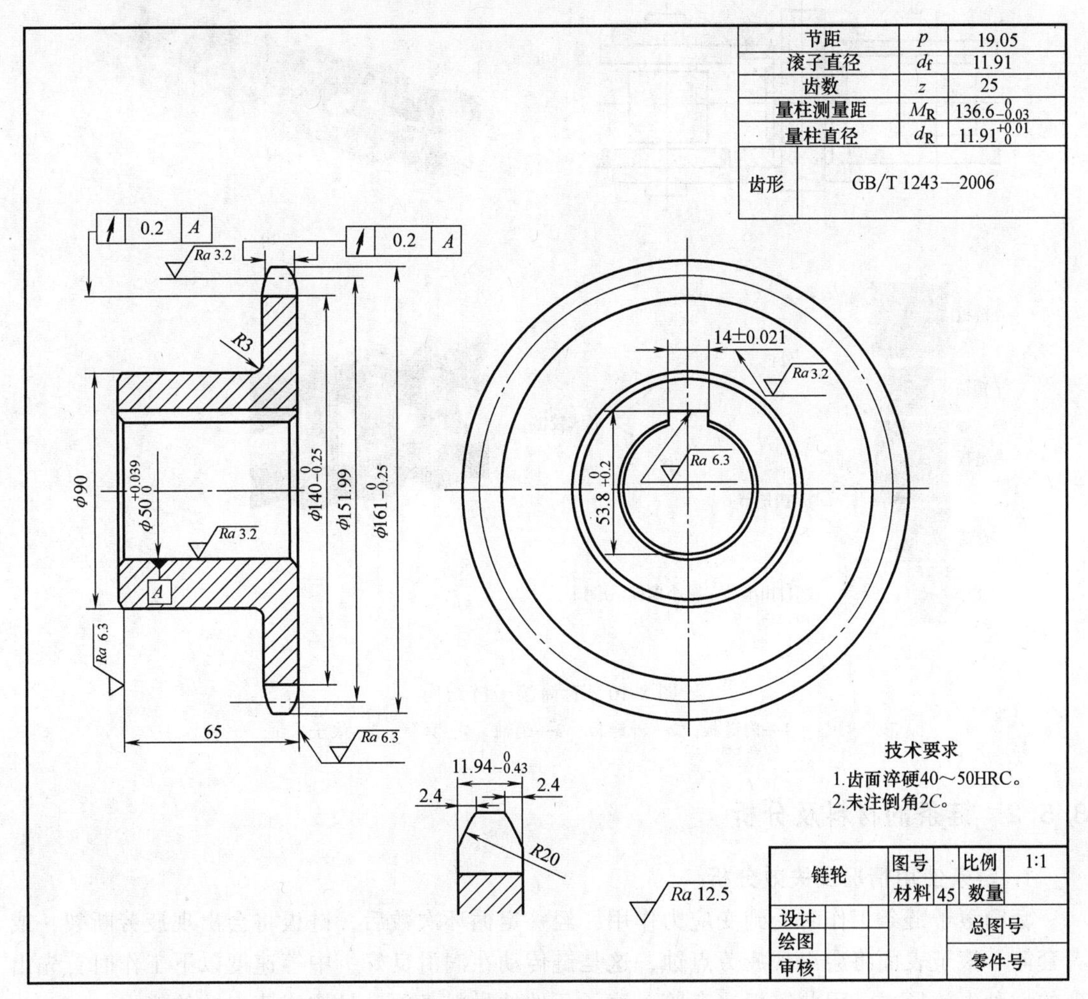

图 8-9 套筒滚子链链轮工作图

8.5 链传动结构及选材分析

8.5.1 套筒滚子链条的结构

如图 8-10b 所示，套筒滚子链条由若干个链节组成。每个链节由内链板 1、外链板 2、销轴 3、套筒 4 及滚子 5 组成，如图 8-10a 所示。内外链板均制成∞字形，其目的是使它的各个横剖面接近等强度，以减轻链条的质量和运动时的惯性力。

如图 8-10c 所示，套筒滚子链的销轴与外链板是过盈配合连接，形成一个构件——外链节；套筒与内链板是过盈配合连接，形成一个构件——内链节；滚子与套筒、套筒与销轴之间为间隙配合，能自由滚动以减小摩擦磨损，构成了铰链连接，从而使链条成为中间挠性件。当内外链板相对挠曲时，套筒可绕销轴自由转动，滚子活套在套筒上以减轻链条与链轮齿廓的磨损。

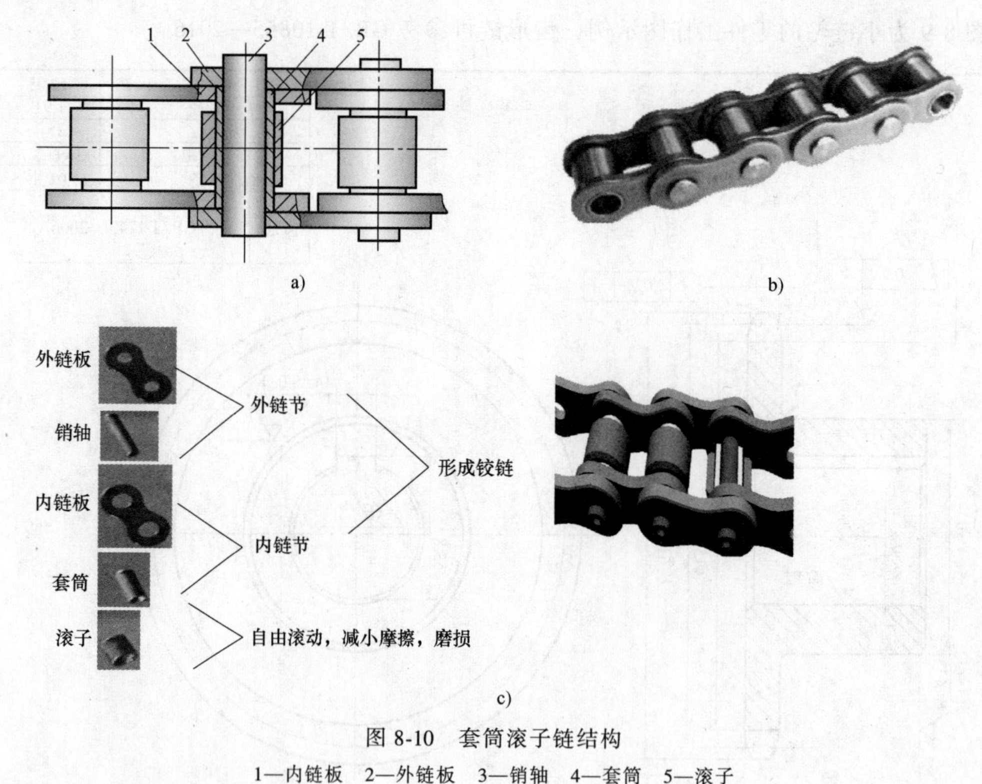

图 8-10 套筒滚子链结构

1—内链板 2—外链板 3—销轴 4—套筒 5—滚子

8.5.2 链条的材料及分析

1. 链条使用情况及失效分析

套筒滚子链条工作时受到变应力作用，经一定循环次数后，链板将会出现疲劳断裂，或者套筒、滚子表面将会出现疲劳点蚀，这是链传动在润滑良好、中等速度以下工作时首先出现的一种失效形式。因此链板、套筒、滚子元件的材料必须满足抗疲劳点蚀的能力。

链在工作时，由于反复起动、制动、反转，尤其在高速时，由于多边形效应，而使滚子、套筒和销轴产生冲击疲劳破断而失效，因此滚子、套筒和销轴材料必须有一定的韧性以满足抗冲击的能力。

链轮转速达到一定数值时，销轴与套筒的工作表面，由于链节啮入时受到的冲击能量增大或摩擦产生的温度过高，造成销轴与套筒工作表面润滑油膜破裂而导致胶合破坏。因此销轴和套筒材料必须有一定的抗胶合能力，以防止链传动的胶合失效。

当链条在润滑条件恶劣的情况下工作，铰链的销轴和套筒既承受压力又要产生相对转动，必然引起过大磨损，使链的节距 p 增大，从而引起跳齿、脱链及其他破坏。因此销轴和套筒材料必须有一定的抗磨损能力，以防止链传动的磨损失效。

在低速（$v<0.6\mathrm{m/s}$）重载或瞬间尖峰载荷过大时，链条所受拉力超过了链条的静强度时，链条的各元件将被拉断。因此销轴、套筒、滚子和链板材料必须有一定的抗拉强度以防止链条被拉断。

2. 链条材料的选择分析

首先，链条材料选择必须满足使用要求，即必须满足抗断裂、抗疲劳点蚀、抗磨损、抗胶合、抗冲击的工作能力，因此选材时应考虑：

1）链条材料要满足抗断裂的能力，选材时就应该考虑该材料应具有一定的强度，碳素钢和合金钢强度较高，应作为首选。

2）链条材料要满足抗疲劳点蚀的能力，选材时就应该考虑该材料应具有表面硬的特点，表面硬才能抗疲劳点蚀，碳素钢和合金钢硬度较高，但要进行热处理后才能达到表面硬的目的，例如中碳及中碳合金钢的表面淬火，低碳钢及低碳合金钢的表面渗碳、氰化处理等。

3）链条材料要满足抗磨损的能力，选材时应该考虑材料既要有一定的强度，又要耐磨。

4）链条材料要满足抗胶合的能力，选材时应该考虑该材料要具有表面硬、抗胶合的能力。

5）链条材料要满足抗冲击的能力，选材时应该考虑材料要具有一定的弹性，合金钢中的锰就能增加钢的弹性，例如常用的40Mn。另外，经过适当的热处理方法也能提高材料的抗冲击能力。

6）满足特殊要求，例如链的工作条件有腐蚀介质时，需要考虑链条材料应耐腐蚀，例如采用不锈钢材料和其他合成材料等。

7）选链条材料还要考虑载荷大小、工况、使用寿命等要求。

其次，链条材料选择时要考虑经济性，在满足使用要求的前提下，经济性要好，即成本尽量低廉。

满足上述各种要求的链条各元件的材料通常由碳素钢或合金钢制造，并经热处理以提高强度和耐磨性。例如某生产链条的大型企业生产的套筒滚子链条的材料有40Mn、45钢、粉末冶金、不锈钢304、不锈钢316等。

8.5.3　链轮的结构及选材分析

1. 链轮的结构

（1）链轮的齿形　链轮的齿形应能使链条顺利地进入和退出与轮齿的啮合，使其不易脱链，且应该形状简单，便于加工。链轮的齿形已有国家标准，并用标准刀具以范成法加工。根据国家标准规定，滚子链链轮端面齿形推荐采用“三圆弧一直线”，齿形如图 8-11a 所示，也是目前工程中广泛使用的齿形。“三圆弧一直线”是指图 8-11a 中三段圆弧 *aa*、*ab*、*cd* 和一段直线 *bc*。

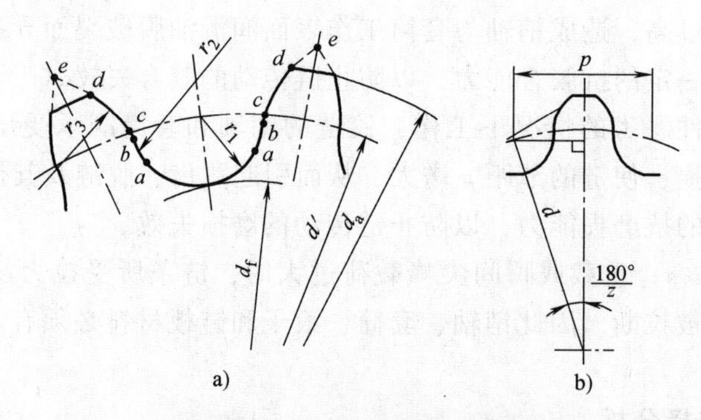

图 8-11　套筒滚子链链轮的齿形

滚子链链轮的分度圆直径是专业参数，从图 8-11b 可知：$d=\dfrac{p}{\sin\dfrac{180°}{z}}$，$p$ 为链轮的节距，z 为链轮的齿数。

滚子链链轮齿形已标准化，设计时主要确定结构及尺寸。

（2）链轮的主要尺寸　见表 8-9~表 8-14。

表 8-9　滚子链链轮的基本参数和主要尺寸（摘自 GB/T 1243—2006）（单位：mm）

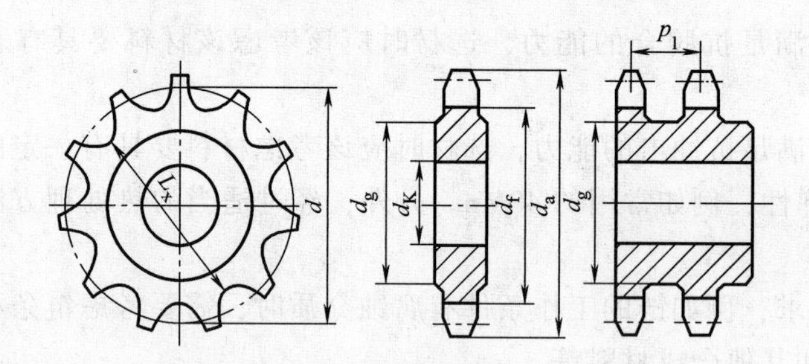

名　称		符号	计算公式	备　注
主要尺寸	分度圆直径	d	$d=\dfrac{p}{\sin\dfrac{180°}{z}}$	
	齿顶圆直径	d_a	$d_{amax}=d+1.25p-d_1$ $d_{amin}=d+\left(1+\dfrac{1.6}{z}\right)p-d_1$	可在 d_{amax} 与 d_{amin} 范围内选取，但当选用 d_{amax} 时，应注意用展成法加工时有可能发生顶切
	齿根圆直径	d_f	$d_f=d-d_1$	
	轴凸缘直径	d_R	$d_R<p\cot\dfrac{180°}{z}-1.04h_2-0.76$	h_2—内链板高度，见表 8-1

注：d_R、d_g 计算值舍小数取整数，其他尺寸精确到 0.01mm。

表 8-10　滚子链轮齿廓剖面尺寸（摘自 GB/T 1243—2006）　　（单位：mm）

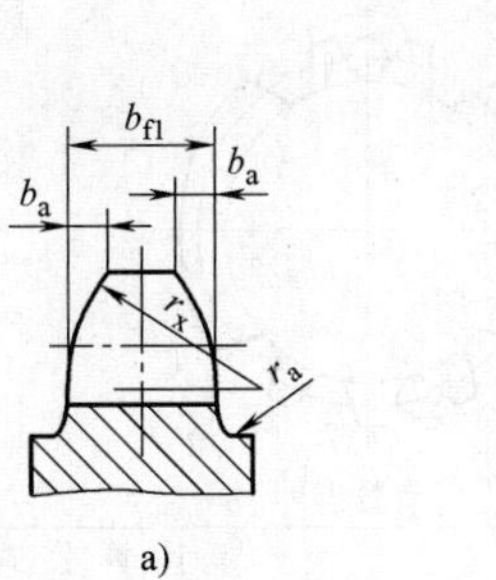

a)

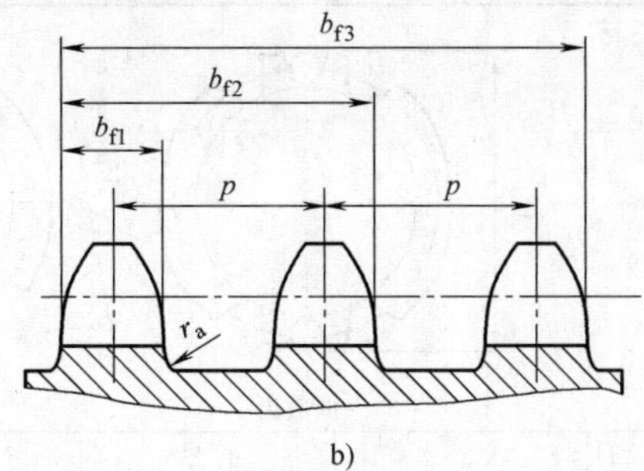

b)

名称		符号	计算公式		备　注
			$p \leqslant 12.7$	$p>12.7$	
齿宽	单排	b_n	$0.93b_1$	$0.95b_1$	$p>12.7$ 时，使用者和客户同意，也可以使用 $p \leqslant 12.7$ 时的齿宽。b_1 为内节内宽
	双排、三排		$0.91b_1$	$0.93b_1$	
齿侧倒角		$b_{a公称}$	$b_{a公称}=0.13p$		
齿侧半径		$r_{x公称}$	$r_{x公称}=p$		
齿全宽		b_{fn}	$b_{fn}=(n-1)p_t+b_n$		n 为排数

表 8-11　整体式钢制小链轮主要结构尺寸　　（单位：mm）

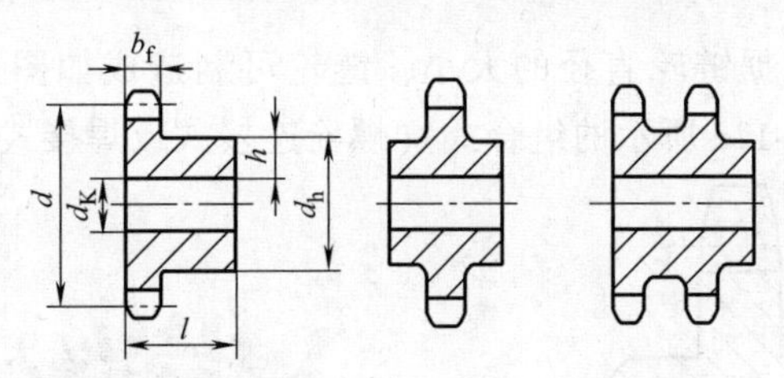

名称	符号	结构尺寸（参考）
轮毂厚度	h	$h=K+\frac{d_K}{6}+0.01d$ 常数 K：d：≤50，>50~100，>100~150，>150；K：3.2，4.8，6.4，9.5
轮毂长度	l	$l=3.3h$ $l_{min}=2.6h$
轮毂直径	d_h	$d_h=d_K+2h$ $d_{hmax}<d_g$，d_g 见表 8-9
齿宽	b_f	见表 8-10

表 8-12　滚子链链轮齿根圆与量柱测量距公差（摘自 GB/T 1243—2006）

（单位：mm）

齿根圆直径 d_f	极限偏差
$d_f \leqslant 127$	0 -0.25
$127<d_f \leqslant 250$	0 -0.30
$d_f>250$	h11①

① 见 GB/T 1800.1—2009、GB/T 1800.2—2009。

表 8-13 滚子链链轮的量柱测量距 M_R（摘自 GB/T 1243—2006）（单位：mm）

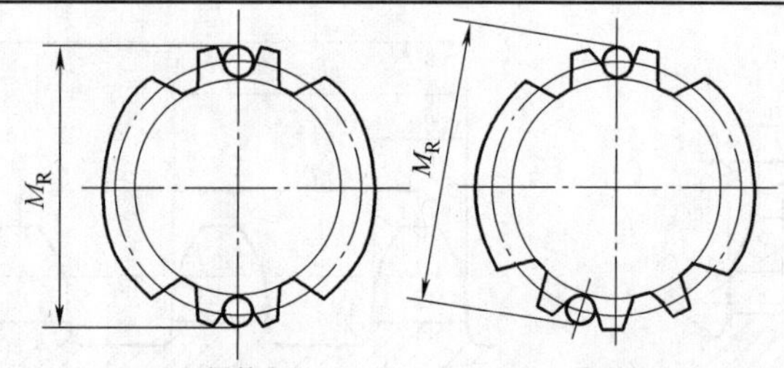

项　目		符号	计算公式
量柱测量距	偶数齿	M_R	$M_R=d+d_{Rman}$
	奇数齿		$M_R=d\cos\dfrac{90°}{z}+d_{Rmin}$

注：量柱直径 d_R = 滚子外径 d_g。量柱的技术要求为：极限偏差 ${}^{+0.01}_{0}$。

表 8-14 链轮径向与端面圆跳动（摘自 GB/T 1243—2006）（单位：mm）

项　目	项目定义	偏差范围
径向圆跳动	链轮孔和根圆直径之间的径向跳动量	应小于 $0.0008d_f$+0.08mm 或 0.15mm，最大不超过 0.76mm
端面圆跳动	轴孔到链轮齿侧平直部分的端面跳动量	应小于 $0.0009d_f$+0.08mm，最大不超过 1.14mm

（3）链轮的结构　根据链轮直径的大小，链轮可制造成如图 8-12a 所示的整体式、图 8-12b所示的孔板式、图 8-12c 所示的组合式（螺栓连接式或焊接式）和图 8-12d 所示的轮辐

图 8-12　链轮的结构

a）整体式　b）孔板式　c）组合式　d）轮辐式

式。小直径的链轮大多做成整体式，中等直径链轮多做成孔板式，大直径链轮通常制成组合式，此时齿圈与轮芯可用不同材料制造。

2. 链轮的选材分析

链轮材料应满足使用要求和经济性要求，链传动工作时，每个链节不断地在链轮上进入和脱出，由于多边形效应，将会产生很大的冲击，因此链轮材料应能保证轮齿具有足够的耐磨性、耐冲击性和强度。具体选材时考虑以下几方面：

1）有冲击载荷时一般采用低碳钢和低碳合金钢，例如 10 钢、20 钢、15Cr 、20Cr 等。为了达到表面硬的目的，链轮需要表面进行渗碳处理，以提高链轮表面的含碳量以提高硬度，从而达到链轮表面硬、芯部韧的目的。

2）无剧烈冲击、中等速度的尺寸较大的链轮，一般采用中碳钢和中碳合金钢，例如 45 钢、50 钢及 40Cr 等，为了提高表面硬度，进行淬火处理。

3）齿数较多（特大）的链轮，例如链轮齿数 $z>50$ 的从动链轮，为了降低造价，可采用灰铸铁，但为了保证强度要求，通常链轮材料的断裂极限不得小于 200MPa，即 $R_m>200$MPa，例如 HT250、HT300 等。

4）考虑到经济性，在满足使用要求的情况下，为了节省贵重的合金钢材料，考虑中小功率传动可采用普通碳素钢（Q235、Q275）或优质碳素钢（45、50、ZG45），大功率传动时必须采用合金钢材料，例如 35SiMn、35CrMo 等。

5）当链传动的功率 $P<6$kW，而链速又较高时，为了减轻重量及惯性力，可采用夹布胶木材料，同时也能达到减小噪声的目的，使传动更加平稳。

6）因为小链轮的啮合次数比大链轮多，因此小链轮的磨损和冲击远比大链轮严重，因此在材料选择方面，材料的性能应高于大链轮，例如当大链轮用铸铁时，小链轮必须用钢制造。同时小链轮的热处理方法也应考虑，应该使小链轮热处理后的硬度耐磨性等指标高于大链轮，实现等寿命设计。

3. 常用链轮材料

常用链轮材料的牌号、热处理、齿面硬度及应用范围的选用可参考表 8-15。

表 8-15　常用链轮材料及应用

材　料	齿面硬度	应用范围
15、20	渗碳淬火 50~60HRC	$z\leqslant25$ 的高速、重载、有冲击载荷的链轮
35	正火 160~200HBW	$z>25$ 的低速、轻载、平稳传动的链轮
45、50、ZG45	淬火 40~45HRC	低、中速，轻、中载，无激烈冲击、振动和易磨损工作条件下的链轮
15Cr、20Cr	渗碳淬火 50~60HRC	$z<25$ 的大功率传动链轮，高速、重载的重要链轮
35SiMn、35CrMo、40Cr	淬火 40~45HRC	高速、重载、有冲击、连续工作的链轮
Q235、Q275	140HBW	中速、传递中等功率的链轮，较大链轮
灰铸铁（不低于 HT200）	260~280HBW	载荷平稳、速度较低、齿数较多（$z>50$）的从动链轮
灰布胶木	—	传递功率小于 6kW，速度较高、要求传动平稳、噪声小的链轮

第9章 轴

9.1 轴的用途及类型

轴支承做旋向运动的零件（例如齿轮、带轮、蜗轮、链轮、联轴器、叶轮等），使它们具有确定的工作位置，从而实现回转运动，并传递运动和动力，因此轴是组成机器的重要零件之一。

轴类零件的分类方法有很多种，常用的分类方法如下：

1. 根据轴所承受载荷的性质分类

（1）传动轴　轴工作时主要受转矩作用，称传动轴，如图9-1a所示的卡车车厢底下的轴，轴上两端安装万向联轴器，因此轴只受转矩作用。轴的中间部分没有其他零件，因此不受弯矩作用。

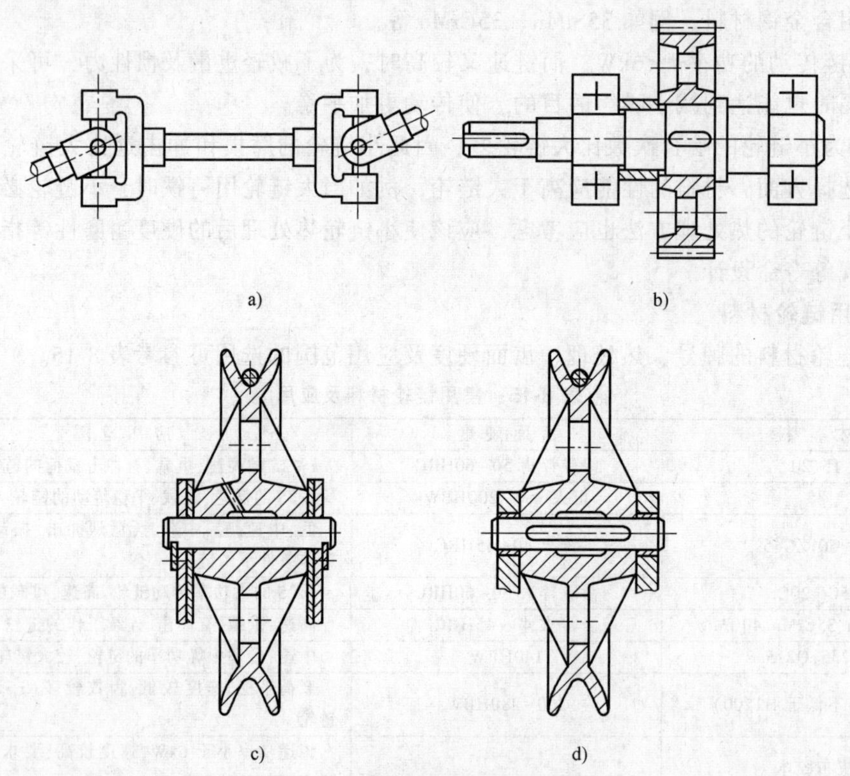

图9-1　根据承载性质轴的分类

（2）转轴　轴工作时既受转矩又受弯矩的轴称转轴，如图9-1b所示的轴，由齿轮传来的径向力和轴向力作用使轴受弯矩；由齿轮传来的圆周力和轴端联轴器（或带轮或链轮）所受圆周力之间的轴段受转矩作用，因此该轴称作转轴。

(3) 心轴　轴工作时只承受弯矩而不承受转矩的轴称为心轴，例如火车车辆的轴、自行车的前轴。心轴分为固定心轴和转动心轴，不随回转零件一起转动的轴称为固定心轴，如图 9-1c 所示；随回转零件一起转动的轴称为转动心轴，如图 9-1d 所示。固定心轴承受静应力，转动的心轴承受变应力。

2. 按轴线形状的不同轴的分类

(1) 曲轴　各轴段的轴线不在同一直线上的轴称曲轴，曲轴主要用于作往复运动的机械中，如图 9-2a 所示。

(2) 直轴　各轴段的轴线为同一直线的轴称直轴，直轴应用广泛，可分为光轴和阶梯轴，直轴又按形状不同可分为：

1) 光轴：形状简单，应力集中少，易加工，如图 9-2b 所示。

2) 阶梯轴：各轴段直径不同而成阶梯状，轴的阶梯便于轴上零件的定位。阶梯轴的形状为中间粗、两端细，便于装拆，且轴各截面接近等强度，如图 9-2c 所示。

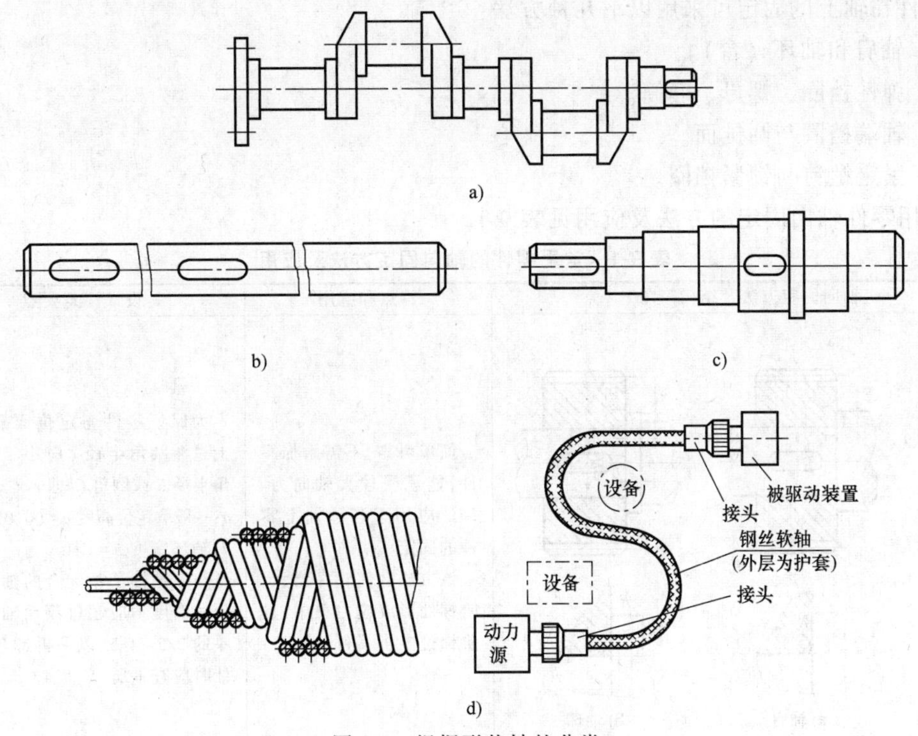

图 9-2　根据形状轴的分类

(3) 挠性钢丝轴　挠性钢丝轴由几层紧贴在一起的钢丝层构成，可以把转矩和旋转运动灵活地传到任何位置，常用于振捣器等设备中，具有良好挠性，如图 9-2d 所示。

9.2　轴的结构设计

轴的结构设计就是要确定轴的合理外形和包括各轴段长度、直径及其他细小尺寸在内的全部结构尺寸。

结构设计首先应已知如下条件：

1）轴的装置简图（轴上零件及位置）。

2）传动件的主要参数及尺寸。

3）轴传递功率、转速。

结构设计应满足如下条件：

1）轴和装在轴上的零件有准确的工作位置。

2）轴上零件便于装拆和调整。

3）轴应有良好的制造工艺性。

只要满足以上三方面条件，轴的结构设计就算合理。因此，尽管有同样的已知条件，不同的人设计就可以有多种不同的轴的结构，也就是说：轴的结构设计结果不是唯一的。那么如何进行轴的结构设计呢？我们仅就轴的结构设计应满足的几个条件介绍一下方法。

9.2.1 零件在轴上的轴向固定

零件在轴上的固定可采用以下几种方法：

1）轴肩和轴环（台）。

2）弹性挡圈、螺母、套筒。

3）轴端挡圈与圆锥面。

4）紧定螺钉与锁紧挡圈。

常用零件轴向固定的方法及应用见表 9-1。

表 9-1 常用零件的轴向固定方法及应用

	轴向固定方法及结构简图	特点和应用	设计注意要点
轴肩与轴环	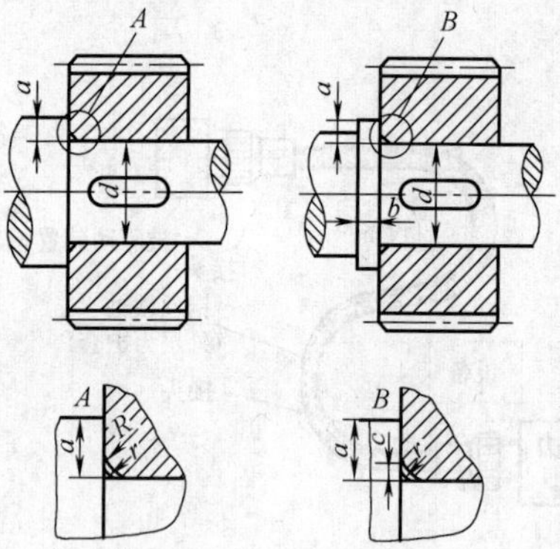 a) 轴肩　b) 轴环	简单可靠，不需附加零件，能承受较大轴向力。广泛应用于各种轴上零件的固定 该方法会使轴径增大，阶梯处形成应力集中，且阶梯过多将不利于加工	为保证零件与定位面靠紧，轴上过渡圆角半径 r 应小于零件圆角半径 R 或倒角 C，即 $r<C<a$、$r<R<a$；一般取定位高度 $a=(0.07\sim0.1)d$，轴环宽度 $b=1.4a$ 与滚动轴承相配合的轴肩或轴台的高度不应超过滚动轴承内圈厚的 2/3~4/5，以便拆卸轴承，设计时应查手册
套筒	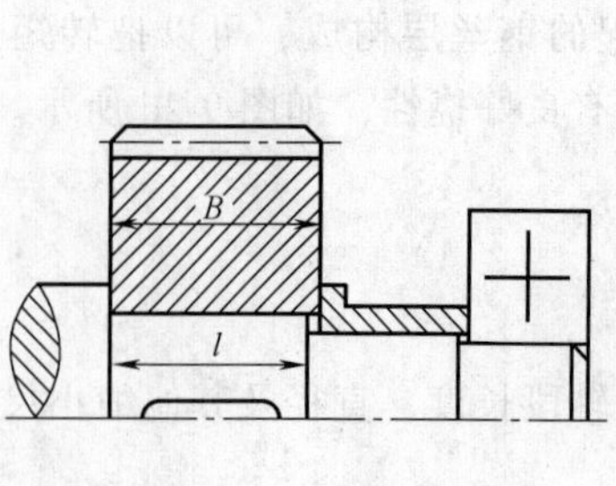	简单可靠，简化了轴的结构且不削弱轴的强度 常用于轴上两个近距零件间的相对固定 不宜用于高速轴	套筒内孔与轴的配合较松，套筒结构、尺寸可视需要灵活设计

轴向固定方法及结构简图		特点和应用	设计注意要点
轴端挡圈	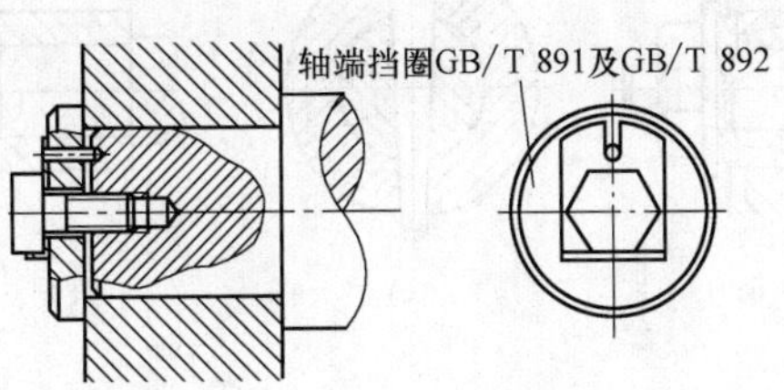 轴端挡圈GB/T 891及GB/T 892	工作可靠，结构简单，能承受较大轴向力，应用广泛	只用于轴端 应采用止动垫片等防松措施
圆锥面	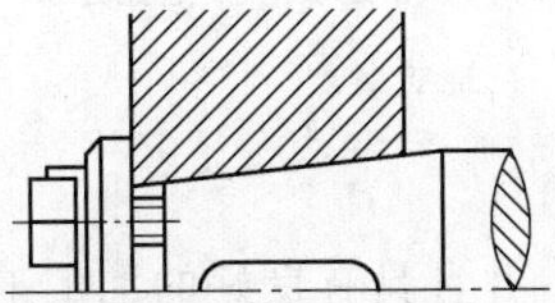	装拆方便，可兼作周向固定 宜用于高速、冲击及对中性要求高的场合	只用于轴端 常与轴端挡圈联合使用，实现零件的双向固定
圆螺母	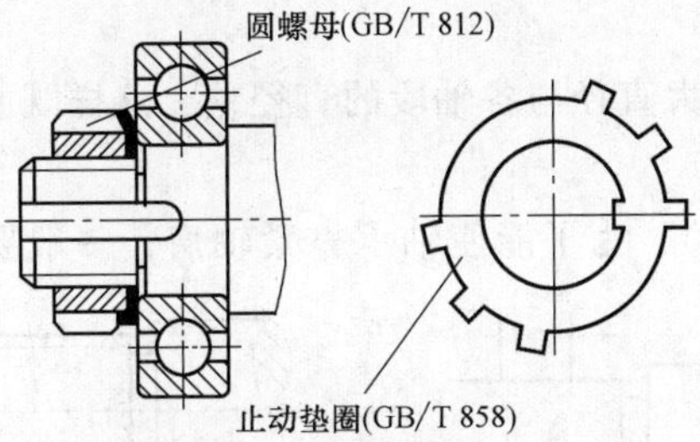 圆螺母(GB/T 812) 止动垫圈(GB/T 858)	固定可靠，可承受较大轴向力，能实现轴上零件的间隙调整 常用于轴上两零件间距较大处及轴端	为减小对轴端强度的削弱，常用细牙螺纹 为防松，必须加止动垫圈或使用双螺母
弹性挡圈	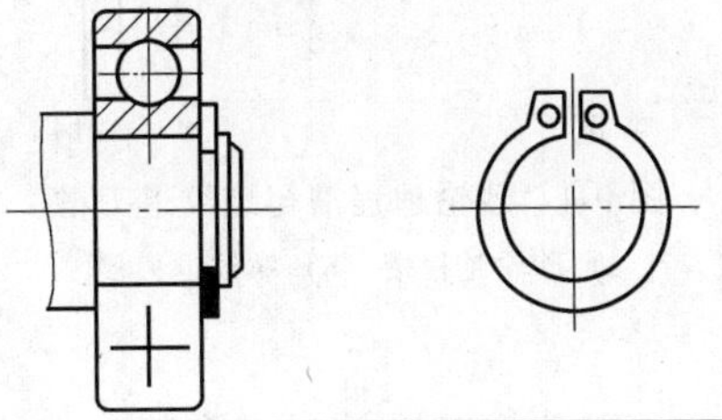 弹性挡圈(GB/T 894)	结构紧凑、简单，装拆方便，但受力较小，且轴上切槽将引起应力集中 常用于轴承的固定	轴上切槽尺寸见 GB/T 894
紧定螺钉与锁紧挡圈	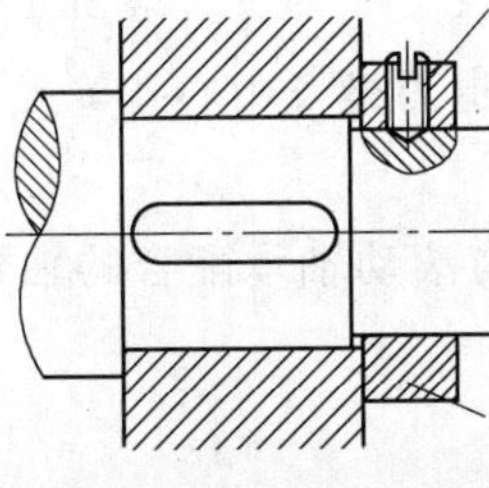 紧定螺钉(GB/T 71) 锁紧挡圈(GB/T 884)	结构简单，但受力较小，且不适于高速场合	

9.2.2　零件在轴上的周向固定

零件在轴上的周向固定方法可采用键、花键、成形、销、弹性环、过盈等连接，常见的固定方法如图 9-3 所示。

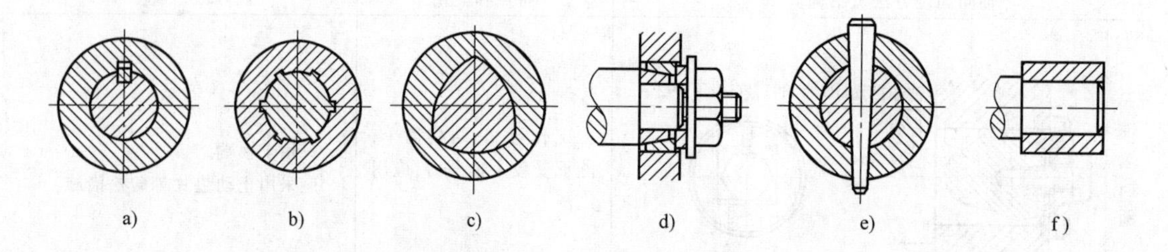

图 9-3　轴上零件的周向固定方法

a）键连接　b）花键连接　c）成形连接　d）弹性环连接　e）销连接　f）过盈连接

9.2.3　轴的结构工艺性

在进行轴的结构设计时，应尽可能使轴的形状简单，并且具有良好的加工工艺性能和装配工艺性能。

1. 加工工艺性

轴的直径变化应尽可能少，应尽量限制轴的最大直径与各轴段的直径差，这样既能节省材料，又可减少切削量。

轴上有磨削加工表面时（一般是装滚动轴承处），为了能使轴承靠紧轴肩，一般要留砂轮越程槽，如图 9-4a 所示。但有时在装滚动轴承处的轴段进行磨削时，因批量生产，因此对砂轮进行了修缘，使砂轮的圆角与阶梯轴的圆角相同，此时可不必留砂轮越程槽。

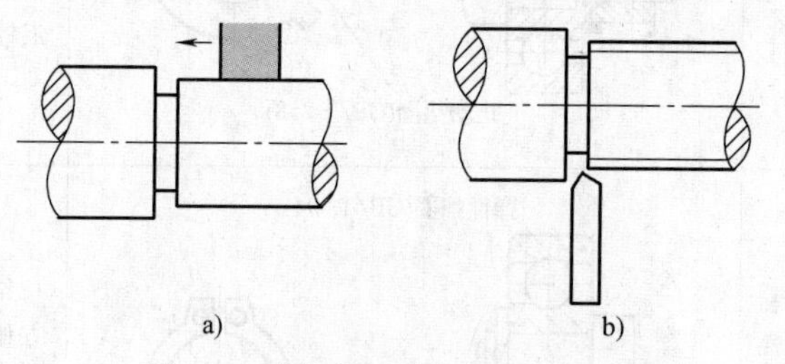

图 9-4　砂轮越程槽与螺纹退刀槽

a）砂轮越程槽　b）螺纹退刀槽

轴上有需要切螺纹处，一定要留出螺纹退刀槽，以使与轴螺纹处相拧的螺母（或其他类似螺母的零件）不至于拧不到规定的位置进行轴向定位，如图 9-4b 所示。

轴上有多个键槽时，应将它们布置在同一直线上，以免加工键槽时多次装夹，从而提高生产效率。

如有可能，应使轴上各过渡圆角、倒角、键槽、越程槽、退刀槽及中心孔等尺寸分别相同，并符合标准和规定，以利于加工和检验。

轴上配合轴段直径应取标准值（见 GB/T 2822—2005）；与滚动轴承配合的轴颈应按滚动轴承内径尺寸选取；轴上的螺纹部分直径应符合螺纹标准。

2. 装配工艺性

为了便于轴上零件的装配，常采用直径从两端向中间逐渐增大的阶梯轴。轴上的各阶梯，除轴上零件轴向固定的可按表 9-1 确定轴肩高度外，其余仅为便于安装而设置的轴肩，轴肩高度可取 0.5~3mm。

轴端应倒角，以去掉毛刺并便于装配。

固定滚动轴承的轴肩高度通常应不大于内圈高度的 2/3~3/4，过高不便于轴承的拆卸，具体设计时查手册。

9.2.4 提高轴的疲劳强度

轴通常在变应力下工作，多数因疲劳而失效，因此设计轴时，应设法提高其疲劳强度。常采取的措施有下述几种。

1. 改进轴的结构形状

尽量使轴径变化处过渡平缓，宜采用较大的过渡圆角。当相配合零件内孔倒角或圆角很小时，可采用凹切圆角如图 9-5a 所示，或过渡肩环，如图 9-5b 所示。

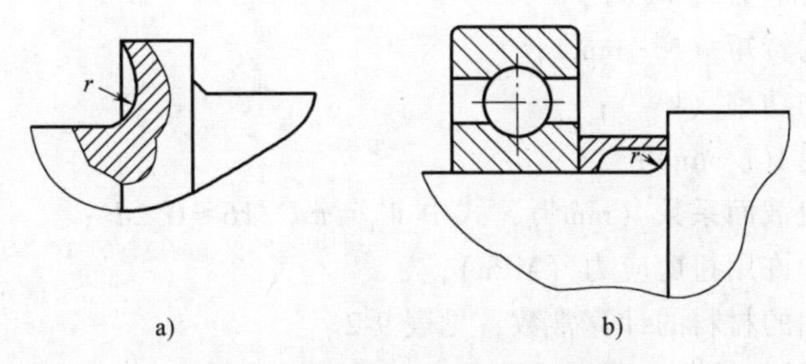

图 9-5　减小圆角应力集中的结构

键槽端部与阶梯处距离不宜过小，以避免损伤过渡圆角及减少多种应力集中源重合的机会。

键槽根部圆角半径越小，应力集中越严重。因此在重要轴的零件图上应注明其大小。

避免在轴上打印及留下一些不必要的痕迹，因为它们可能成为初始疲劳裂纹源。

2. 改善轴的表面状态

实践证明，对轴采用表面强化处理，例如滚压、喷丸、渗碳、氰化、渗氮、高频或表面淬火等方法，可以大大提高轴的承载能力。

9.3 轴的强度计算方法

工程中轴的强度计算有三种方法：按许用切应力计算；按许用弯曲应力计算；安全系数校核计算。按许用切应力计算只需知道转矩的大小，方法简便，常用于只受转矩作用的传动轴的强度计算以及转轴的初估直径。按许用弯曲应力计算主要用于计算一般重要的、弯扭复合作用的转轴。安全系数校核计算属于精算，即考虑所有影响轴强度的各种因素，包括圆角、键槽、紧配合、表面加工质量等对轴强度的影响，以及轴的应力变化性质的差异对轴强度的影响，计算非常繁琐，因此用于重要的轴。

9.3.1 按许用切应力计算

该方法认为轴只受转矩作用，因此实用于只受转矩作用的传动轴，或转轴的初估直径计算，因为转轴受弯扭复合作用，在设计刚开始时，各轴段长度未定，轴的跨距和轴上弯矩大小是未知的，所以不能按轴所受弯矩来计算，通常是按轴所传递的转矩估算出轴的最小直径，并以其作为基本参考尺寸进行轴的结构设计后再进行弯扭合成计算。

只受转矩作用的实心圆轴，其任意截面受剪应力 τ_T，强度条件为：

$$\tau_T=\frac{T}{W_T}\approx\frac{9.55\times10^6\frac{P}{n}}{\frac{\pi d^3}{16}}=\frac{9.55\times10^6\frac{P}{n}}{0.2d^3}\leqslant[\tau]_T$$

由此得到轴直径：

$$d\geqslant\sqrt[3]{\frac{9.55\times10^6}{0.2[\tau]_T}\frac{P}{n}}=C\sqrt[3]{\frac{P}{n}}$$

式中　d——轴的直径（mm）；

τ_T——轴的扭剪应力（MPa）；

T——轴传递的转矩（N · mm）；

P——轴传递的功率（kW）；

n——轴的转速（r/min）；

W_T——轴的抗扭截面系数（mm^3），式中 $W_T=\pi d^3/16\approx0.2d^3$；

$[\tau]_T$——轴材料的许用扭剪应力（MPa）；

C——取决于轴的材料的计算常数，见表9-2。

另外，当求得直径的轴段上开有键槽时，应适当增大轴径以考虑键槽削弱的影响，单键槽增大3%~5%，双键槽增大7%~10%，然后将轴径圆整到标准直径。

表9-2　轴常用材料的 $[\tau]_T$ 和 C 值

轴的材料	Q235、20	35	45	40Cr、35SiMn 38SiMnMo、2Cr13
$[\tau]_T$/MPa	12~20	20~30	30~40	40~50
C	160~135	135~118	118~106	106~98

注：当轴所受弯矩较小或只受转矩时，C 取小值；否则取较大值。

9.3.2　按许用弯曲应力（当量弯矩法）计算

转轴既受转矩作用又受弯矩作用，但在做轴的强度计算时，还没做轴的结构设计，不知道各段轴长、轴承跨距等参数，只有箱体的宽度定下来后才能决定轴的长度，因此无法进行弯曲强度计算。本方法先假定轴只受转矩作用，求出最小轴径之后，进行轴的结构设计，再画出轴的弯矩图、转矩图等进行强度计算。为了简化计算，将既受弯又受扭的轴简化成一个纯弯曲的轴，也就是将扭矩产生的剪应力折算成弯曲应力，利用纯弯曲的公式进行计算，也称当量弯矩法。此法主要用于计算一般用途的、弯扭复合作用的转轴。

本方法的具体步骤是：

1）根据轴的受力支撑情况，画出轴空间受力简图，分解为水平面及垂直面受力图。计算水平面支反力及垂直支反力。

2）作水平面弯矩图、垂直面弯矩图。

3）作合成弯矩图

4）作扭矩图 T。

5）绘出当量弯矩图。

求危险截面上的当量弯矩时，将既受弯、又受扭的轴简化成一个纯弯曲的轴，如何将转矩折算成弯矩呢？利用材料力学的第三强度理论推出（此处略，详见参考文献［1］）：当

量弯矩 $M_e=\sqrt{M^2+(\alpha T^2)}$，其中 α 是考虑转矩产生的切应力与弯矩产生的弯曲应力变化性质不同而引入的应力校正系数。对于单向回转的转轴，其弯曲应力的应力变化性质是对称循环变应力，而扭转剪应力在正常工作时应该是不变的应力，但是考虑工作中可能会不断地起动和停车，为了安全起见，扭转剪应力通常按脉动循环变应力考虑。为了补偿弯曲应力和扭转剪应力的应力变化性质不同引入了应力校正系数 α。一般情况下或转矩变化规律不清楚时，转矩的变化性质按脉动循环考虑，取 $\alpha=0.6$；对于对称循环的转矩，取 $\alpha=1$，对于不变的转矩，取 $\alpha=0.3$。

6）校核2~3个危险截面的强度　危险剖面的确定可根据外载荷大（即弯矩、转矩最大或弯矩、转矩较大）、截面相对尺寸较小、截面应力集中较大（例如圆角、键槽、紧配合等处）的原则，选一个或几个危险截面进行强度校核。

实心圆轴受纯弯曲，危险截面应满足以下强度条件：

$$\sigma_e=\frac{M_e}{W}\leqslant[\sigma_{-1}]_W$$

式中　W——危险截面的抗弯截面系数（mm^3）；$W=\pi d^3/32\approx 0.1d^3$；

d——危险截面直径（mm）；

$[\sigma_{-1}]_W$——材料在对称循环状态下的许用弯曲应力（MPa）；见表9-3。

表9-3　轴的许用弯曲应力　（单位：MPa）

材料	R_m	$[\sigma_{+1}]_W$	$[\sigma_0]_W$	$[\sigma_{-1}]_W$	材料	R_m	$[\sigma_{+1}]_W$	$[\sigma_0]_W$	$[\sigma_{-1}]_W$
碳素钢	400	130	70	40	合金钢	800	270	130	75
	500	170	75	45		1000	330	150	90
	600	200	95	55	铸钢	400	100	50	30
	700	230	110	65		500	120	70	40

9.3.3　安全系数法校核轴的疲劳强度

安全系数法即精算，当量弯矩法对一般用途的轴已经足够精确，但它没有计入各种影响强度的因素。重要的轴应计入应力集中、表面状态、绝对尺寸等影响以及应力变化特征等因素对疲劳强度的影响，安全系数法考虑了以上影响因素。如果单独使用安全系数校核法，上面当量弯矩校核法中的步骤1)~5）仍需进行，一般也需校核两个或更多截面。

本法包括求疲劳强度及静强度的安全系数计算。

1. 疲劳强度校核

综合安全系数为

$$S=\frac{S_\sigma S_\tau}{\sqrt{{S_\sigma}^2+{S_\tau}^2}}\geqslant[S]$$

式中，S_σ、S_τ 为只考虑弯矩、转矩时的安全系数，分别为

$$S_\sigma=\frac{K_N\sigma_{-1}}{\dfrac{k_\sigma}{\beta\varepsilon_\sigma}\sigma_a+\psi_\sigma\sigma_m}$$

$$S_\tau=\frac{K_N\tau_{-1}}{\dfrac{k_\tau}{\beta\varepsilon_\tau}\tau_a+\psi_\tau\tau_m}$$

式中　K_N——寿命系数，$K_N=\sqrt[m]{\frac{N_0}{N}}$，$N_0$是循环基数，其值和材料有关，通常计算时取$N_0=10^7$，对硬度≤350HBW 的钢，若$N>10^7$取$N=N_0=10^7$；硬度≥350HBW 的钢，若$N>25\times10^7$，取$N=N_0=25\times10^7$；有色金属，若$N>25\times10^7$取$N=N_0=25\times10^7$；$m$为寿命指数，其值与受载方式及材质有关，钢件在拉、压、弯曲及扭应力下，取$m=9$；

β——表面质量系数；

σ_{-1}、τ_{-1}——对称循环变应力时材料试件的弯曲及扭转疲劳强度极限（MPa）；

k_σ、k_τ——弯曲和扭转时的有效应力集中系数；

ε_σ、ε_τ——弯曲和扭转时的绝对尺寸系数；

ψ_σ、ψ_τ——材料对循环载荷的敏感性系数，或称弯扭时平均应力折合成应力幅的等效系数，与材料有关（对碳素钢：$\psi_\sigma=0.1\sim0.2$，$\psi_\tau=0.05\sim0.1$；对合金钢：$\psi_\sigma=0.2\sim0.3$，$\psi_\tau=0.1\sim0.15$），可直接选取，也可按下式计算：

$$\psi_\sigma=\frac{2\sigma_{-1}-\sigma_0}{\sigma_0},\ \psi_\tau=\frac{2\tau_{-1}-\tau_0}{\tau_0};$$

σ_0、τ_0——脉动循环变应力时材料试件的弯曲及扭转疲劳强度极限（MPa）；

σ_a、σ_m——弯曲应力的应力幅及平均应力（MPa）；

τ_a、τ_m——扭切应力的应力幅及平均应力（MPa）；

$[S]$——许用安全系数，当材料、载荷与应力计算较精确时，可取$[S]=1.3\sim1.5$；材料不够均匀、计算不够精确时，可取$[S]=1.5\sim1.8$；材料均匀性和计算精度都很低时，或尺寸很大的转轴（$d>200$mm），可取$[S]=1.8\sim2.5$。

对单向回转的转轴，弯曲应力为对称循环$\sigma_a=\frac{M}{W}$，$\sigma_m=0$，而扭转剪应力通常按脉动循环考虑：$\tau_a=\frac{\tau_{max}}{2}=\frac{T/Wt}{2}$，$\tau_m=\tau_a$。

2. 静强度校核

用安全系数法计算轴的疲劳强度是为了防止轴的疲劳破坏，但还存在轴的抵抗塑性变形的能力不足，因此在用安全系数法计算轴时，必须进行静强度校核。轴的静强度是根据轴的短时最大载荷（包括冲击载荷）即峰值载荷计算的，强度校核条件为

$$S_{s\sigma}=\frac{\sigma_s}{\sigma_{max}}$$

$$S_{s\tau}=\frac{\tau_s}{\tau_{max}}$$

$$S_s=\frac{S_{s\sigma}S_{s\tau}}{\sqrt{S_{s\sigma}{}^2+S_{s\tau}{}^2}}\geqslant[S_s]$$

式中　σ_{max}、τ_{max}——峰值载荷产生的弯曲应力和扭剪应力（MPa）；

σ_s、τ_s——材料的正应力和切应力屈服极限（MPa）；

$[S_s]$——静强度的许用安全系数，见表 9-4。

表 9-4　静强度的许用安全系数

R_{eL}/R_m	0.45~0.55	0.55~0.70	0.70~0.90	铸造轴
$[S_s]$	1.2~1.5	1.4~1.8	1.7~2.2	1.6~2.5

按许用切应力计算只需知道转矩的大小，方法简便，常用于只受转矩作用的传动轴的强度计算以及转轴的初估直径。按许用弯曲应力计算主要用于计算一般重要的、弯扭复合作用的转轴，必须先求出作用力的大小和作用点的位置、轴承跨距、各段轴径等参数。安全系数校核计算要在结构设计后进行，考虑所有影响轴强度的各种因素，包括圆角、键槽、紧配合、表面加工质量等对轴强度的影响，以及轴的应力变化性质的差异对轴强度的影响，计算非常繁琐，因此用于重要的轴。

9.3.4　转轴设计步骤流程图

工程中最最常见的是轴既受转矩又受弯矩，即转轴，为了方便读者掌握转轴的设计，将转轴的设计步骤流程图总结如图 9-6 所示。

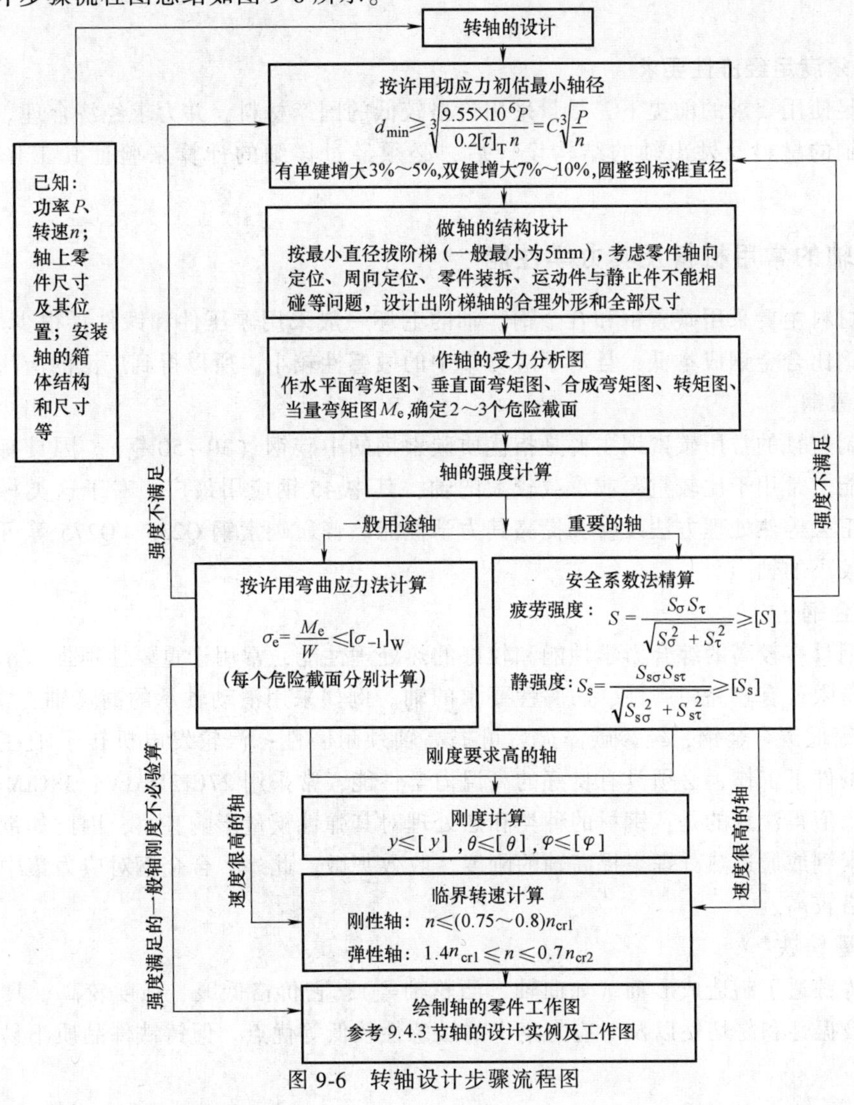

图 9-6　转轴设计步骤流程图

9.4 轴的材料选择及分析

9.4.1 轴的材料选择原则

轴的材料种类很多，选用时主要考虑下列因素：

1. 应满足使用要求

即对轴的强度、刚度、耐磨性和其他力学性能等的要求；当然，要弄清轴的工作状态，多数情况下，轴既承受转矩又承受弯矩，所以轴的材料需要具有较好的强度、刚度等。

2. 必须满足生产工艺的要求

即轴的材料必须满足热处理方法及机加工工艺性的要求，为了使轴材料满足使用要求而达到一定的强度、韧性、耐磨性等力学性能，通常轴都要进行相应的热处理。选择轴的材料必须能进行热处理，并满足热处理方法的要求。同时轴材料也必须满足机加工工艺性的要求。

3. 必须满足经济性要求

在满足使用要求的前提下，尽量采用价格较低的国产材料，并力求经济合理。

选择轴的材料及做出轴的结构设计后，必须经过详细的计算来验证其工作性能是否满足。

9.4.2 轴的常用材料及其力学性能

轴的材料主要采用碳素钢和合金钢。轴的毛坯一般采用碾压件和锻件，很少采用铸件。由于碳素钢比合金钢成本低，且对于应力集中的敏感性较小，所以得到广泛的应用。

1. 碳素钢

用来制造轴的常用碳素钢主要是指优质碳素钢的中碳钢（30~50 钢)。因具有较高的综合力学性能，常用于比较重要或承载较大的轴，其中 45 钢应用最广。对于这类材料，可通过调质或正火等热处理方法改善和提高其力学性能。普通碳素钢 Q235、Q275 等可用于不重要或承载较小的轴。

2. 合金钢

合金钢具有较高的综合力学性能和较好的热处理性能，常用于重要性很强、承载很大而重量尺寸受限或有较高耐磨性、防腐性要求的轴。例如采用滑动轴承的高速轴，常用 20Cr、20CrMnTi 等低碳合金钢，经渗碳淬火后可提高轴颈耐磨性；汽轮发电机转子轴在高温、高速和重载条件下工作，必须具有良好的高温力学性能，常采用 27Cr2Mo1V、38CrMoAlA 等合金结构钢。值得注意的是：钢材的种类和热处理对其弹性模量影响甚小，因此如欲采用合金钢代替碳素钢或通过热处理来提高轴的刚度，收效甚微。此外，合金钢对应力集中敏感性较强，且价格较高。

3. 球墨铸铁

球墨铸铁适于制造成形轴（如曲轴、凸轮轴等)，它价格低廉、强度较高，具有良好的耐磨性、吸振性和易切性以及对应力集中的敏感性较低等优点。但铸铁件品质不易控制，可靠性差。

轴的常用材料及其主要力学性能见表 9-5。

表 9-5　轴的常用材料及其主要力学性能

材料及热处理	毛坯直径 /mm	硬度 HBW	强度极限 R_m	屈服极限 R_{eL}	弯曲疲劳极限 σ_{-1}	备　注
			N/mm²			
QT400-10	—	156～197	400	300	145	
QT600-2	—	197～269	600	420	215	
Q235A	≤40	—	440	225	200	用于不重要的轴
35 正火	≤100	149～187	520	270	250	有好的塑性和适当的强度，做一般轴
45 正火	≤100	170～217	600	300	275	用于较重要的轴，应用最为广泛
45 调质	≤200	217～255	650	360	300	
40Cr 调质	≤100	241～286	750	550	350	用于载荷较大而无很大冲击的重要轴
	≤200	241～266	700	550	340	
40MnB 调质	25	—	1000	800	485	性能接近于 40Cr，用于重要的轴
	≤200	241～286	750	500	335	
35CrMo 调质	≤100	207～269	750	550	390	用于重要的轴
20Cr 渗碳淬火回火	15	表面 HRC 56～62	850	550	375	用于要求强度、韧性及耐磨性均较高的轴
	≤60		650	400	280	

9.4.3　轴的材料选择实例及分析

以第 6 章齿轮传动设计实例中的减速器的低速轴为例（见图 9-7），说明轴的材料选择问题（因为轴的设计过程比较繁琐，所占篇幅太大，此处设计过程略）。

1. 轴的材料选择及分析

该轴是带式输送机用闭式两级圆柱齿轮减速器的低速轴，该减速器传递的功率 $P_1 = 7.5\text{kW}$，属于一般载荷；电动机的转速 $n_1 = 960\text{r/min}$，属于一般转速。因此属于对强度、速度和精度要求不高的一般机械传动。

首先考虑满足一般机械传动使用要求的材料，选择碳素钢和合金钢。考虑价格因素，碳素钢的价格低于合金钢，因此优先选用优质碳素钢。碳素钢对应力集中的敏感性低，可通过热处理改善其综合性能，加工工艺性好，故应用最广，一般用途的轴，多用碳的质量分数为 0.25%～0.5%的中碳钢。尤其是 45 钢，具有较高强度和良好塑性。低碳钢和低碳合金钢经渗碳淬火，可提高其耐磨性，常用于韧性要求较高或转速较高的轴。

合金钢具有比碳素钢更好的力学性能和淬火性能，但对应力集中比较敏感，且价格较贵，多用于对强度和耐磨性有特殊要求的轴。如 20Cr、20CrMnTi 等低碳合金钢，经渗碳处理后可提高耐磨性；20CrMoV、38CrMoAl 等合金钢，有良好的高温力学性能，常用于在高温、高速和重载条件下工作的轴。在一般工作温度下，合金钢的弹性模量与碳素钢相近，所以试图通过选用合金钢来提高轴的刚度是不可能的。

本例轴的工作条件属于一般载荷、一般转速，因此选用量最多的 45 钢经过强度计算是可以满足使用要求的，当然对于减速器的轴也可选用 40Cr，只是价格贵了一些。

2. 轴材料的热处理选择及分析

为了提高轴的力学性能，通常轴都要整体热处理，一般是调质，对不重要的轴采用正火处理。对要求高或要求耐磨的轴或轴段要进行表面处理，以及表面强化处理（如喷丸、辐

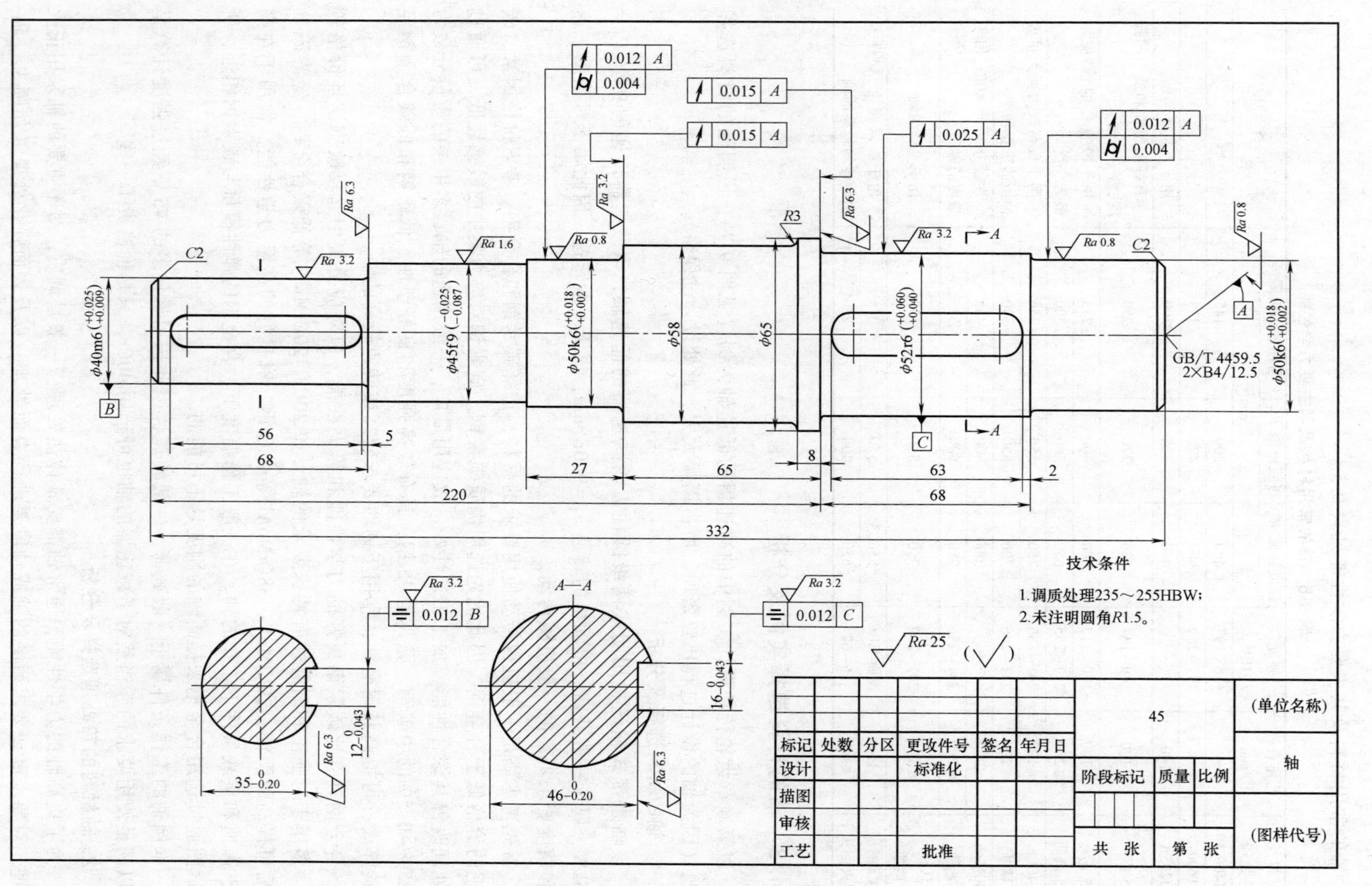
0.012 A
0.004
0.015 A
0.015 A
0.025 A
0.012 A
0.004
C2
Ra 3.2
Ra 6.3
Ra 1.6
Ra 0.8
R3
Ra 0.8
GB/T 4459.5
2×B4/12.5
φ40m6(+0.025 +0.009)
φ45f9(−0.025 −0.087)
φ50k6(+0.018 +0.002)
φ58
φ65
φ52r6(+0.060 +0.040)
φ50k6(+0.018 +0.002)
56
5
68
27
65
8
63
2
68
220
332
技术条件
1.调质处理235～255HBW;
2.未注明圆角R1.5。
A—A
0.012 B
0.012 C
12-0.043
16-0.043
35-0.20
46-0.20
Ra 25
标记 处数 分区 更改件号 签名 年月日
设计 标准化
描图
审核
工艺 批准
45
阶段标记 质量 比例
共 张 第 张
(单位名称)
轴
(图样代号)

图 9-7 轴零件工作图

压等）和化学处理（如渗碳、渗氮、氮化等），以提高其强度（尤其疲劳强度）和耐磨、耐腐蚀等性能。

本设计实例的轴采用 45 钢调质处理，以使轴不仅有一定的强度，还具有一定的韧性，提高了抗冲击能力。

3. 轴材料的毛坯选择及分析

轴一般由轧制圆钢或锻件经切削加工制造。轴的直径较小时，可用圆钢棒制造；对于重要的，大直径或阶梯直径变化较大的轴，多采用锻件。为节约金属和提高工艺性，直径大的轴还可以制成空心的，并且带有焊接的或者锻造的凸缘。对于形状复杂的轴（如凸轮轴、曲轴）可采用铸造。

本设计实例的轴采用锻造毛坯，锻造工艺可以使轴内部组织更致密，取向性更好。但是就加工成本来说，批量生产铸造比锻造便宜，单件生产锻造比铸造便宜。

第 10 章　滚动轴承设计概述及材料选择分析

10.1　滚动轴承的类型及选择

用来支承轴的零部件称为轴承，分为滑动轴承和滚动轴承两大类。处于滑动摩擦状态的轴承称为滑动轴承，处于滚动摩擦状态的轴承称为滚动轴承。

滚动轴承具有起动时摩擦阻力小、起动灵敏、效率高、发热少、功率消耗少等优点；滚动轴承是标准件，有专门工厂批量生产，因此互换性好，成本低，维护简单，消耗润滑剂也较少，滚动轴承单位宽度的承载能力较大。但由于滚动轴承的元件之间是金属直接接触，因此与液体润滑的滑动轴承相比接触应力高、抗冲击能力差，高速重载负荷下寿命低；同时噪声也比液体润滑的滑动轴承大；滚动轴承不能剖分，因此不能用于曲轴；径向外廓尺寸比滑动轴承大。

由于滚动轴承是标准件，因此在设计中只需根据条件选用合适的滚动轴承类型和代号，并进行承载能力的校核计算和组合设计。

10.1.1　滚动轴承的类型

常用滚动轴承的类型特点及应用列于表 10-1。

表 10-1　滚动轴承的主要类型及特点

类型名称	轴承代号	结构简图	承载方向	主要特点及应用
调心球轴承	1			调心性能好；内、外圈之间在 2°～3° 范围内可自动调心，主要承受径向载荷和不太大的轴向载荷。适用于刚性较小的轴及难以对中的场合
调心滚子轴承	2			调心性能好，能承受很大的载荷，但不宜承受纯轴向载荷，适用于重载及冲击载荷的场合
圆锥滚子轴承	3			能同时承受径向和轴向载荷，承载能力大，外圈可分离，安装方便，一般成对使用。适用于径向和轴向载荷都较大的场合

（续）

类型名称	轴承代号	结构简图	承载方向	主要特点及应用
推力球轴承	5	51000 52000		单向——承受单向推力 双向——承受双向推力
深沟球轴承	6			主要承受径向载荷，也可承受一定的轴向载荷，价格低廉，应用最普遍。在高速装置中，可代替推力轴承
角接触球轴承	7	α		能同时承受径向和单向轴向载荷，公称接触角大，轴向承载能力也大，一般成对使用
推力圆柱滚子轴承	8			只能承受轴向载荷，承载能力比推力球轴承大得多，不允许有角偏差，常用于承受轴向载荷大而又不需调心的场合
圆柱滚子轴承	N			内外圈可分离，内外圈允许少量的轴向移动。允许偏差角只有 2′~4′，能承受较大的和径向载荷，不能承受轴向载荷。适用于重载和冲击载荷，以及要求支承刚性好的场合

按滚动体形状，滚动轴承可分为球轴承和滚子轴承。滚子又分为圆柱滚子、圆锥滚子、球面滚子和滚针等。

10.1.2　滚动轴承的类型选择原则

滚动轴承类型的选择原则主要考虑工作载荷（大小、性质、方向）、转速、价格及其他等方面的因素，其中主要因素是工作载荷，分述如下：

1. 载荷因素

如果外载荷是纯径向力，可选择圆柱滚子轴承；如果外载荷是纯轴向力，可选择推力轴承；如果外载荷既有径向力又有轴向力，若径向力较大、轴向力较小（例如采用斜齿轮且螺旋角较小时），可选用深沟球轴承；若径向力、轴向力较大，一般选用角接触球轴承或圆锥滚子轴承；而当轴向力较大、径向力较小时，可采用推力角接触球轴承、四点接触球轴承或选用推力球轴承和深沟球轴承的组合结构等。

2. 转速因素

转速较高、载荷较小、要求旋转精度高时应选用球轴承，因为球轴承是点接触，阻力小，极限转速高；转速较低、载荷较大或有冲击载荷时则选用滚子轴承，因为滚子轴承是线接触，阻力大，极限转速低。

3. 价格因素

球轴承比滚子轴承价格低，因此优先选用球轴承。

4. 其他方面的因素

参考表 10-1 所列的特点及应用场合进行选择，例如：在同样外形尺寸下，滚子轴承的承载能力约为球轴承的 1.5~3 倍。所以，在载荷较大或有冲击载荷时宜采用滚子轴承。为了便于安装拆卸和调整间隙，常选用内、外圈可分离型轴承，如圆锥滚子轴承、四点接触球轴承等。

10.2 滚动轴承的代号

滚动轴承的类型很多，而各类轴承又有不同的结构、尺寸、精度和技术要求，为便于组织生产和选用，国标 GB/T 272 规定了轴承的代号及其表示方法：滚动轴承代号由基本代号、前置代号和后置代号组成，用字母和数字表示。详细内容见“轴承的代号及其表示方法”国家标准的有关规定，此处仅介绍比较常用的滚动轴承代号的表示方法。

1. 基本代号

基本代号是轴承代号的核心，表示轴承的类型代号、尺寸系列代号（包括直径系列、宽度系列）和内径代号。类型代号用一位数字或者字母表示；尺寸系列（直径系列、宽度系列）代号用 2 位数字表示，第 1 位数字代表宽度系列，第 2 位数字代表直径系列；内径代号用 2 位数字表示。将最常见的轴承的基本代号表示方法以图 10-1 的框图表示（滚针轴承除外）。

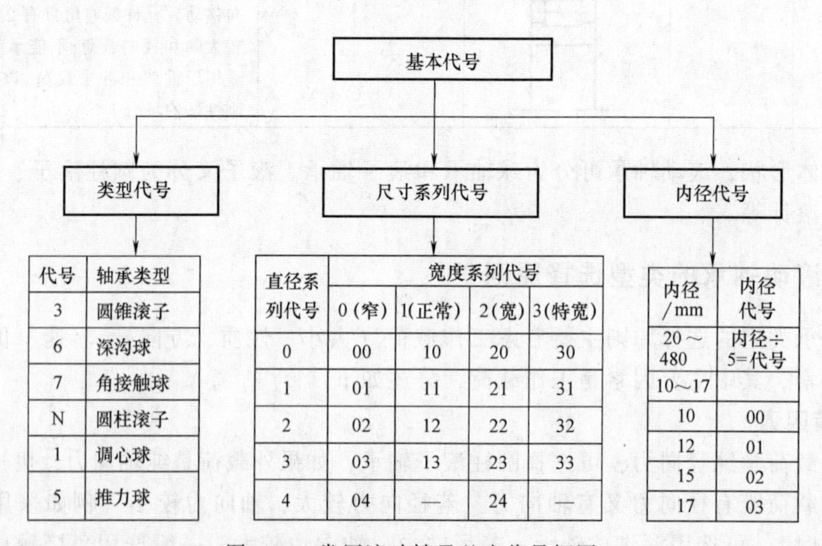

图 10-1 常用滚动轴承基本代号框图

注：在写轴承代号时，宽度系列为窄系列（用 0 表示）时不必标出，但对圆锥滚子轴承和调心滚子轴承不能省略。

（1）类型代号 绝大部分轴承用一位阿拉伯数字表示，但也有个别轴承用字母表示，详见国家标准。

（2）尺寸系列代号　包括直径系列和宽度系列两部分，用 2 位数字表示，第 1 位数字代表宽度系列，第 2 位数字代表直径系列。

宽度系列：即结构、内径和直径系列都相同的轴承，只是宽度不同以适应不同的支撑刚度要求的一系列轴承，一般机械中传递动力的轴承常用窄系列。

直径系列：即内径相同的轴承外径和滚动体尺寸有变化的系列轴承，以适应不同的承载能力要求。例如，对于深沟球轴承 0、1 表示特轻系列、2 表示轻系列、3 表示中系列、4 表示重系列。内径为 50mm 的深沟球轴承直径系列对比如图 10-2 所示。

（3）内径代号　右起第一、二位数字表示内径代号，常用的轴承内径为 $d=20\sim480$mm 时，代号为内径尺寸除以 5，但必须为两位数字，如果是一位数字则第一位用零表示。例如轴承内径为 $d=50$mm，代号为 10；内径为 $d=40$mm，代号为 08。

内径为 $d=10\sim17$mm 时，代号分别为 00（内径 $d=10$mm）、01（内径 $d=12$mm）、02（内径 $d=15$mm）、03（内径 $d=17$mm）。其他轴承内径的表示方法见 GB/T 272。

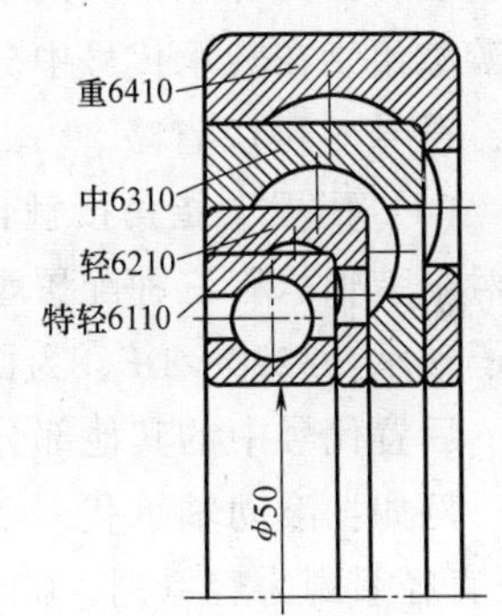

图 10-2　深沟球轴承的直径系列代号

2. 前置代号

滚动轴承的前置代号用于表示轴承的分部件，用字母表示。如用 L 表示可分离轴承的可分离套圈；K 表示轴承的滚动体与保持架组件等。前置代号及具体其含义可参阅国家标准。

3. 后置代号

用字母和数字表示轴承的结构、公差及材料的特殊要求等，见表 10-2。

表 10-2　轴承后置代号内容

后置代号							
1	2	3	4	5	6	7	8
内部结构	密封与防尘套圈	保持架及其材料	轴承材料	公差等级	游隙	配置	其他

（1）内部结构　内部结构代号表示同一类轴承的不同内部结构，用紧跟着基本代号的字母来表示。如：接触角为 15°、25°和 40°的角接触球轴承分别用 C、AC 和 B 表示，见表 10-3。

表 10-3　轴承内部结构代号

代　号	含　义	示　例
C	角接触球轴承接触角 $\alpha=15°$	7215C
AC	角接触球轴承接触角 $\alpha=25°$	7210AC
B	角接触球轴承接触角 $\alpha=40°$	7210B
E	加强型	N207E、30312E

（2）公差等级　轴承的公差等级分为 2 级、4 级、5 级、6 级、6X 级和 0 级，共有 6 个级别（见表 10-4），依次由高级到低级，其代号分别为 /P2、/P4、/P5、/P6、/P6X 和 /P0，造价由高到低，最高和最低价格相差 7～10 倍。其中，6X 级仅适用于圆锥滚子轴承；0

级为普通级，在轴承代号中不标出。

表 10-4 轴承公差等级代号

代号	含义	示例
/P0	公差等级符合标准规定的 0 级(可省略不标注)	6205
/P6	公差等级符合标准规定的 6 级	6205/P6
/P6X	公差等级符合标准规定的 6X 级	6205/P6X
/P5	公差等级符合标准规定的 5 级	6205/P5
/P4	公差等级符合标准规定的 4 级	6205/P4
/P2	公差等级符合标准规定的 2 级	6205/P2

(3) 游隙　常用的轴承径向游隙系列分为 1 组、2 组、0 组、3 组、4 组和 5 组，共 6 个组别，径向游隙依次由小到大。0 组游隙是常用的游隙组别，在轴承代号中不标出，其余的游隙组别在轴承代号中分别用 /C1、/C2、/C3、/C4、/C5 表示。当游隙与公差同时表示时，符号 C 可以省略。

(4) 配置　指角接触轴承（即带斜面的轴承）的排列方式不同而对轴的支撑刚度不同，成对安装轴承有三种配置型式：/DB（背对背）、/DF（面对面），/DT（串联）。例：圆锥滚子轴承：32208/DF，为面对面排列；角接触球轴承：7210C/DB，为背对背排列。

后置代号中的其他部分如无特殊要求，在轴承代号中可不标注。

例如：滚动轴承代号为 62203，其含义为：6—深沟球轴承，2—宽度系列为宽系列，2—直径系列为轻系列，03—内径 d=17mm，公差等级为 P0 级。再如 7312AC/P6 表示：7—角接触球轴承，宽度系列为窄系列（0 省略），3—直径系列为中系列，12—内径 $d=60$mm，AC—接触角 $\alpha=25°$，/P6—6 级公差。

10.3 滚动轴承的失效形式及设计准则

10.3.1 滚动轴承的失效形式

滚动轴承一般由内圈、外圈、滚动体和保持架四部分组成，内圈的作用是与轴过盈配合并与轴一起旋转；外圈的作用是与轴承座相配合，起支撑作用；滚动体是借助于保持架均匀地将滚动体分布在内圈和外圈之间，滚动体的形状大小和数量直接影响着滚动轴承的使用性能和寿命；保持架能使滚动体均匀分布，防止滚动体脱落，引导滚动体旋转的作用。滚动轴承在使用过程中，由于很多原因造成其性能指标达不到使用要求时就产生了失效或损坏。常见的失效形式有疲劳点蚀、磨损、塑性变形、胶合和锈蚀等。

1. 疲劳点蚀

滚动轴承工作时内外套圈间有相对运动，滚动体既自转又围绕轴承中心公转，滚动体和内外圈不断地接触，因此滚动体与滚道承受变应力作用，可近似地看作是脉动循环的接触应力。由于接触应力过大，致使工作表面的表层形成疲劳微细裂纹，随着时间的推移和润滑剂在裂纹中的高压作用，裂纹扩展直至表层金属发生片状或点状剥落，这种现象称疲劳点蚀。一旦发生疲劳点蚀，轴承的振动和噪声急剧增大而导致轴承不能正常工作，即使能正常工作其精度等级也下降了。在一般载荷和速度条件工作的滚动轴承，疲劳点蚀是滚动轴承的主要失效形式。

2. 磨损

在力的作用下，两个相互接触的金属表面相对运动产生摩擦，形成摩擦副。摩擦引起金属消耗或产生残余变形，使金属表面的形状、尺寸、组织或性能发生改变的现象称为磨损。

轴承运转时，滚动体与套圈及保持架均存在滑动，导致接触表面的磨损，尤其在润滑不良时更会加剧磨损。

在多尘条件工作的滚动轴承，虽然采用密封装置，由于尘埃、异物的侵入，滚道和滚动体相对运动时会引起表面磨粒磨损。据统计，在拖拉机中，滚动轴承由于磨粒磨损的失效约为点蚀失效的 2.5 倍。

此外，还有一种微振磨损，是指在轴承不旋转的情况下，由于振动的作用，滚动体和滚道接触面间有微小的、反复的相对滑动而产生磨损，在滚道表面上形成振纹状的磨痕。

磨损的结果使轴承游隙增大，表面粗糙度增加，降低了轴承运转精度，因而也降低了机器的运动精度，振动及噪声也随之增大。

3. 塑性变形

低速重载条件工作的滚动轴承，塑性变形是主要失效形式，因为速度低，循环次数少，一般不会发生疲劳点蚀，而重的静载荷或冲击载荷会使轴承滚道和滚动体接触处产生塑性变形，使滚道表面形成变形凹坑，从而使轴承在运转中产生剧烈振动和噪声，运转精度也会降低，无法正常工作。

4. 胶合

在润滑不良、高速重载的情况下工作的轴承，由于摩擦发热，轴承的元件可以在极短时间内达到很高的温度，导致表面烧伤及胶合。所谓胶合就是指一个零件表面上的金属黏附到另一个零部件表面上的现象。

5. 锈蚀

锈蚀是滚动轴承最容易出现的严重问题之一，高精度的轴承可能会由于表面锈蚀导致精度丧失而不能继续工作。水分或酸、碱性物质直接侵入会引起轴承锈蚀。当轴承停止工作后，轴承温度下降达到露点，空气中水分凝结成水滴附在轴承表面上也会引起锈蚀。此外，当轴承内部有电流通过时，电流有可能通过滚道和滚动体上的接触点处，很薄的油膜引起电火花而产生电蚀，在表面上形成搓板状的凹凸不平。

此外，还有由于操作、维护不当引起的元件破裂等失效形式。

10.3.2　滚动轴承的设计准则

在确定滚动轴承的类型和尺寸后，应针对其主要失效形式进行必要的计算。

1. 寿命计算

在一般载荷和速度条件下工作的滚动轴承，疲劳点蚀是滚动轴承的主要失效形式，因此应进行接触疲劳寿命计算。

2. 静强度计算

对于摆动或转速较低的轴承，因主要失效形式是塑性变形，为了防止塑性变形，需进行静强度计算。所谓低速是指 $D_m \times n \leqslant 10000\text{mm} \cdot \text{r/min}$，$D_m$ 是轴承的平均直径，n 是轴承的转速。

3. 极限转速计算

高速工作的轴承由于发热而造成的胶合、烧伤常是主要失效形式，除了需要进行寿命计算外，还应进行极限转速计算以防止胶合失效。

4. 组合结构设计

组合结构设计是指滚动轴承与周围其他零件的关系，这对保证轴承的正常工作常常起到决定性作用。主要有轴承在轴上的固定方式、轴承的配合、轴承的润滑和密封、轴承的预紧等。

10.4 滚动轴承的寿命计算

滚动轴承的寿命是指滚动轴承中任一元件出现疲劳点蚀前运转的总转数或一定转速下的工作小时数（指的是两个套圈间的相对转数或相对转过的小时数）。

1. 基本额定寿命

一组同一型号轴承在相同条件下运转，其可靠度为90%时，或失效率为10%时，轴承能达到或超过的寿命称为基本额定寿命，单位为百万转（10^6r），用L_{10}(r) 表示；或单位为小时，用L_{10h}(h) 表示。

2. 基本额定动载荷

是指使轴承的基本额定寿命恰好为100万转时，轴承所能承受的载荷，用字母C表示。这个基本额定动载荷，对向心轴承，指的是纯径向载荷，并称为径向基本额定动载荷，具体用C_r表示；对推力轴承，指的是纯轴向载荷，并称为轴向基本额定动载荷，具体用C_a表示；对角接触轴承或圆锥滚子轴承，指的是使套圈间产生纯径向位移的载荷的径向分量。

基本额定动载荷受工作温度和材质硬度的影响，应该对其进行修正。

轴承若经常在120℃以上的温度中使用或者在很短时间的极高温度下使用时都会使轴承的组织发生变化，导致轴承载荷能力的降低，此时要用下式对基本额定动载荷进行修正：$C_T=f_tC$，C_T为经过温度修正的基本额定动载荷；f_t为温度系数。

轴承零件的表面硬度一般为61~65HRC，但在某些应用场合，其实际硬度低于规定范围，尤其是低于58HRC以下时，将会导致轴承载荷能力的相应降低，通常可用下列经验公式对基本额定动载荷进行修正：$C_H=(H/58)^{3.6}C$，C_H是经过材料硬度修正的基本额定动载荷；H是硬度的HRC值。

3. 当量动载荷

滚动轴承的额定动载荷是在一定条件下确定的。对向心轴承是指承受纯径向载荷；对推力轴承是指承受轴向载荷。如果轴承同时承受径向和轴向载荷，必须将实际载荷换算为和上述条件相同的载荷后，才能和额定动载荷进行比较。换算后的载荷是一种假想的载荷，称为当量动载荷。在当量动载荷作用下，轴承寿命与实际联合载荷下轴承的寿命相同，当量动载荷P的计算式为

$$P=XF_r+YF_a$$

式中 F_r、F_a——轴承的径向和轴向支反力（N）；F_r、F_a并非外力的径向力与轴向力，是在外力作用下轴承所承受的径向支反力及轴向支反力，需经计算求得。

X、Y——径向系数和轴向系数，可分别按 $F_a/F_r>e$ 和 $F_a/F_r\leqslant e$ 两种情况由表 10-5 查出。参数 e（或称判断系数）反映了轴向载荷对轴承承载能力的影响，当 $F_a/F_r\leqslant e$ 时，可忽略轴向力的影响，即 $X=1$，$Y=0$，$P=F_r$；当 $F_a/F_r>e$ 时，不能忽略轴向力的影响，即 $P=XF_r+YF_a$。

考虑到载荷性质的影响，当轴承承受冲击载荷时，当量动载荷增大，还要引入载荷系数 f_p 对当量动载荷进行修正，其值见表 10-6。故实际计算时，轴承的当量动载荷应按下式计算：

$$P=f_p(XF_r+YF_a)$$

表 10-5　向心轴承当量动载荷的 X、Y 值

轴承类型		F_a/C_{0r}	e	$F_a/F_r>e$		$F_a/F_r\leqslant e$	
				X	Y	X	Y
深沟球轴承		0.014	0.19		2.30		
		0.028	0.22		1.99		
		0.056	0.26		1.71		
		0.084	0.28		1.55		
		0.11	0.30	0.56	1.45	1	0
		0.17	0.34		1.31		
		0.28	0.38		1.15		
		0.42	0.42		1.04		
		0.56	0.44		1.00		
角接触球轴承（单列）	$\alpha=15°$	0.015	0.38		1.47		
		0.029	0.40		1.40		
		0.056	0.43		1.30		
		0.087	0.46		1.23		
		0.12	0.47	0.44	1.19	1	0
		0.17	0.50		1.12		
		0.29	0.55		1.02		
		0.44	0.56		1.00		
		0.58	0.56		1.00		
	$\alpha=25°$	—	0.68	0.41	0.87	1	0
	$\alpha=40°$	—	1.14	0.35	0.57	1	0
圆锥滚子轴承(单列)		—	$1.5\tan\alpha$	0.40	$0.4\tan\alpha$	1	0
调心球轴承(双列)		—	$1.5\tan\alpha$	0.65	$0.65\tan\alpha$	1	$0.42\tan\alpha$

表 10-6　载荷系数 f_p

载荷性质	f_p	举　例
平稳运转或轻微冲击	1.0~1.2	电动机、水泵、通风机、汽轮机等
中等冲击	1.2~1.8	车辆、机床、起重机、造纸机、冶金机械、内燃机等
强大冲击	1.8~3.0	破碎机、轧钢机、振动筛、工程机械、石油钻机等

4. 寿命计算式

由以上讨论可知：当轴承所受的载荷为 P 等于基本额定动载荷 C 时，额定寿命为 $L_{10}=10^6$ 转，但当所受载荷为 $P\neq C$ 时，轴承的基本额定寿命是多少？这是一类问题；另外，如果轴承所受载荷为 P，且要求轴承寿命为预期寿命 L'_{10} 时，选多大的基本额定动负荷 C 的轴承？是另一类问题。如何解决？通过大量试验表明：对于相同型号的轴承，滚动轴承的寿命随载荷的增大而降低，由实测的寿命 L_{10} 与载荷 P 的关系曲线可得以下关系：

$$P^{\varepsilon}L_{10}=\text{常数}$$

式中　P——当量动载荷（N），（对向心轴承为 P_r，对推力轴承为 P_a）；

L_{10}——以 10^6 转为单位的基本额定寿命（10^6r）。

根据基本额定动载荷定义，在寿命 $L_{10}=10^6$r（可靠度为 90%）时，轴承能承受的载荷 P 为额定动载荷 C，故有 $P^\varepsilon L_{10}=C^\varepsilon \times 1$（$\varepsilon$ 是寿命指数）。

考虑到轴承工作温度高于 100°C 时，轴承的额定动载荷有所降低，故引进温度系数 f_t 对 C 值进行修正。但大多数轴承工作温度不高于 100℃，因此取 $f_t=1$。

可推得轴承的基本额定寿命为

$$L_{10}=\left(\frac{C}{P}\right)^\varepsilon$$

上式是 GB/T 6391—2010 中的滚动轴承寿命计算式，对径向轴承，当 $P_r>C_{0r}$ 或 $P_r>0.5C_r$ 时，对推力轴承，当 $P_a>0.8C_a$ 时，用户应向轴承制造厂查询，以确定该寿命公式的适用性。

实际计算时习惯用小时表示轴承寿命，将 10^6r 折算成小时，则上式可改写为

$$L_{10h}=\frac{10^6}{60n}\left(\frac{C}{P}\right)^\varepsilon$$

式中　ε——寿命指数，对球轴承 $\varepsilon=3$，滚子轴承 $\varepsilon=10/3$；

n——轴承转速（r/min）；

C——轴承的基本额定动载荷（N）。

其他可靠度、特殊轴承性能和特定运转条件下的修正基本额定寿命为 L_{nm}，可以按下式计算：

$$L_{nm}=a_1a_2a_3L_{10}$$

式中，a_1 为对可靠性的寿命修正系数；a_2 为对材料的寿命修正系数，一般由轴承生产厂根据试验结果及经验给出，对常规材料（高质量淬硬钢）$a_2=1$，其他材料可查表；a_3 为对运转条件的寿命修正系数，一般运转条件下 $a_3=1$。只有当润滑条件特别优越时，可考虑取 $a_3>1$。在工作温度下，当转速特别低［$nD_m<10000$r/min · mm，式中 n 为轴承的转速（r/min）、D_m 为轴承的平均直径（mm）］时，或润滑剂的黏度对于球轴承小于 13mm²/s，对于滚子轴承小于 20mm²/s，应考虑 $a_3<1$。

5. 角接触轴承轴向支反力的计算

这类轴承包括角接触球轴承和圆锥滚子轴承（70000 型及 30000 型），由于轴承座圈的斜面关系，尽管所受外力为纯径向力 F_R，但轴承的支反力也会产生附加轴向力 F_s，如图 10-3所示。在计算轴承的轴向支反力时，应综合考虑内部附加轴向力 F_s 及其他外部轴向力的共同作用而求得。

（1）轴承的内部轴向力 F_s 的计算　经推导，轴承内部轴向力的计算式为：

$$F_s\approx 1.25F_r\times\tan\alpha$$

式中　F_r——轴承的径向支反力（N）；

α——轴承的接触角（°）。

工程中常常用表 10-7 的近似公式进行计算。要注意附加轴向力的方向，视斜面接触点的法线方向分解而定，如图 10-3 中 F_s 的方向为向左。

另外，计算中还应注意轴承支反力的作用点，如果轴承的座圈是不带斜面的结构，例如深沟球轴承和圆柱滚子轴承，则轴承支反力的作用点就在轴承宽度的中点处；如果轴承的座

圈是带斜面的结构，例如角接触球轴承和圆锥滚子轴承，因为支反力在斜面的法线方向，因此作用点不在轴承宽度的中点，而是与轴承外端面距离为 a 的 o 点，角接触球轴承 a 的距离可查 GB/T 292—2007，圆锥滚子轴承 a 的距离可查 GB/T 297—2015。

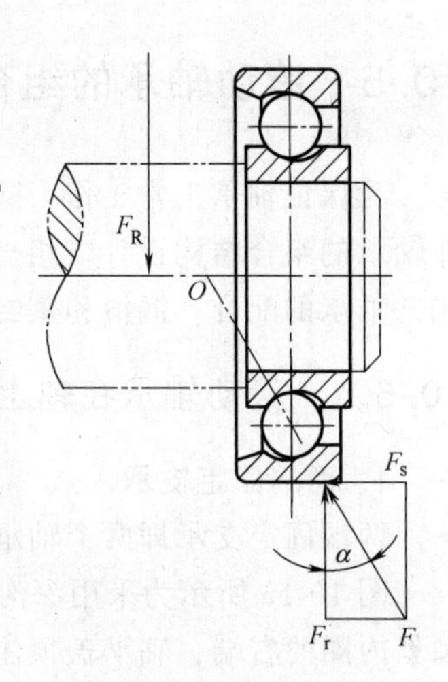

图 10-3　角接触轴承附加轴向力

（2）轴承的轴向支反力 F_a 的计算　角接触轴承（角接触球轴承和圆锥滚子轴承）计算轴承的轴向支反力 F_a 时，必须计入由径向力引起的内部附加轴向力 F_s，然后综合考虑内部附加轴向力 F_s 及其他外部轴向力 F_A 的共同作用来判断哪端轴承压紧，哪端轴承放松，从而分别求出压紧端及放松端的轴承的轴向支反力 F_a，再代入公式计算当量动负荷 P。

计算角接触轴承轴向力 F_a 的方法归纳如下：

1）判明轴上全部轴向力（包括外载荷的轴向力 F_A 和轴承的附加轴向力 F_s）合力的指向，确定"压紧"端轴承。

2）"压紧"端轴承的轴向支反力 F_a 等于除本身的附加轴向力 F_s 外，其他所有轴向力的代数和。

3）"放松"端轴承的轴向支反力 F_a 等于它本身的附加轴向力 F_s。

综上所述，滚动轴承的寿命计算方法归纳如图 10-4 所示的框图，供设计参考。

表 10-7　轴承附加轴向力 F_s 的计算

轴承类型	角接触球轴承			圆锥滚子轴承
	70000C（$\alpha=15°$）	70000AC（$\alpha=25°$）	70000B（$\alpha=40°$）	30000
F_s	$0.4F_r$ 或 e	$0.68F_r$	$1.14F_r$	$F_r/2Y$

注：表中 Y 为 $F_a/F_r>e$ 时的 Y 值。

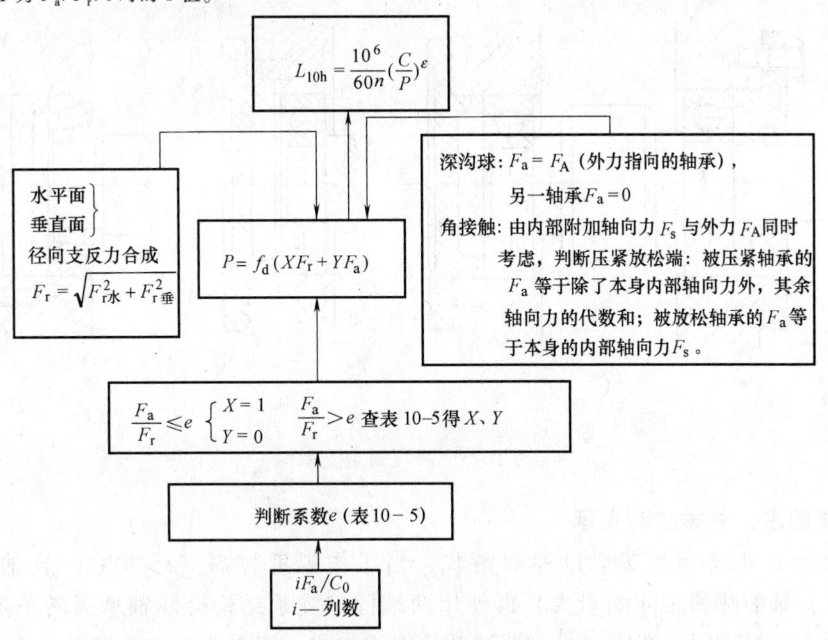

图 10-4　滚动轴承的寿命计算框图

10.5 滚动轴承的组合设计

为保证轴承正常工作，除了合理选择类型及型号外，还应注意轴承与周围零件的关系，即轴承的组合结构设计。组合结构设计主要考虑以下几方面的内容：轴承在轴上的固定方式；轴承的配合；润滑和密封；提高轴承系统刚度等。

10.5.1 滚动轴承在轴上的固定方式

1. 两端固定支承

两端固定支承即两个轴承都固定，也称全固式或双支点单向固定。

图 10-5a 所示为采用深沟球轴承的两端单向固定的结构图，对于左轴承，利用轴肩顶住轴承内圈的右端，轴承盖顶住轴承外圈的左端，因此左轴承可限制轴承部件向左移动；对于右轴承，利用轴肩顶住轴承内圈的左端，轴承盖顶住轴承外圈的右端，因此右轴承可限制轴承部件向右移动，两个支点的轴承合起来就能限制轴的双向移动。

这种配置的轴向力传到机座时，没有使轴与轴承内圈互相分离的趋势，因此轴承内圈不必固紧。它适用于工作温度不高（$t\leq70°$）的短轴（跨距 $L\leq400$mm）。

考虑到轴工作时因受热而伸长，为补偿轴的伸长，在安装时，对向心球轴承，在轴承盖与外圈端面之间应留出热补偿间隙 c，如图 10-5b 所示，间隙可通过调整垫片来实现。一般取 $c=0.25\sim0.4$mm，此间隙在轴系装配图上可以省略，不必画出，如图 10-5a 所示。对角接触球轴承或圆锥滚子轴承，轴的热伸长由轴承自身的游隙来补偿，则要调整其内、外圈的相对轴向位置，常用调整螺钉（见图 10-5c）来调节，使其留有足够的轴向间隙 c，其数值大小可查手册。

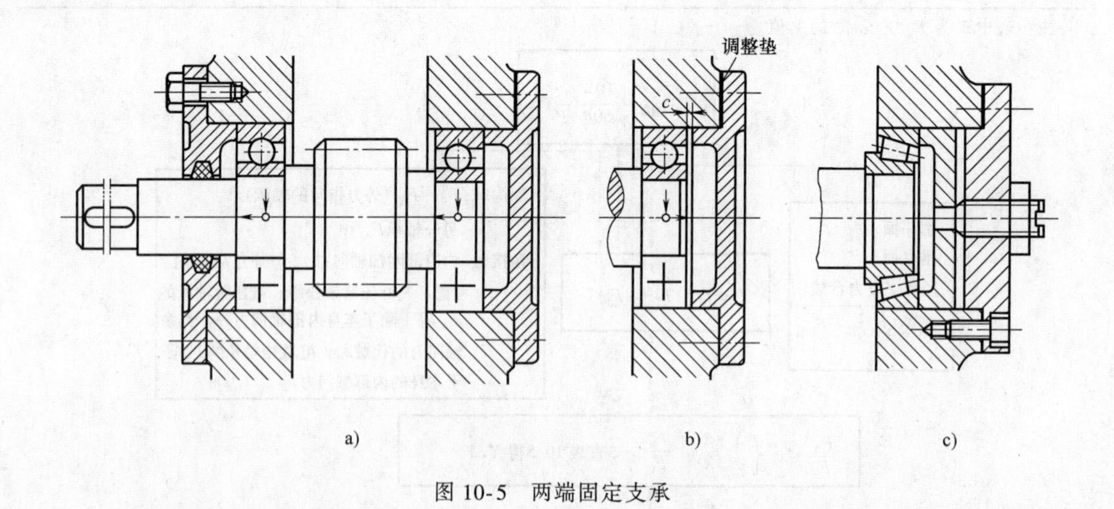

图 10-5 两端固定支承

2. 一端固定、一端游动支承

一端固定、一端游动支承也称固游式，当工作温度较高（$t>70$℃）且轴较长（$L>400$mm）时，轴的热膨胀伸缩量大，再使用两端固定支承结构会使轴承运转不灵活，甚至卡死。因此，必须采用一端固定、一端游动的支承方式，即在两个支点中使一个支点能限制轴的双向移动，另一个支点则可做轴向移动。可做轴向移动的支承称为游动支承，它不承受轴向载荷。如图 10-6a 所示，左轴承的内外圈被完全固定，能限制轴的双向移动，称固定端；右轴承外圈未完全固定，可以有一定的游动量，称游动端。游动端也可以用圆柱滚子轴承，如图 10-6b 所示，其滚子和轴承的外圈之间可以发生轴向游动。为了避免松脱，游动端的轴承内圈应与轴做轴向固定（常用弹性挡圈）。用圆柱滚子轴承作游动支承时，轴承外圈要与机座做轴向固定，靠滚子与套圈间的游动来保证轴的自由伸缩，如图 10-6b 所示。

还可以采用图 10-6c 所示的结构，固定支点由推力轴承和向心轴承组合，推力轴承承受双向轴向力，向心轴承承受径向力，游动端采用与图 10-5a、b 相同的结构。

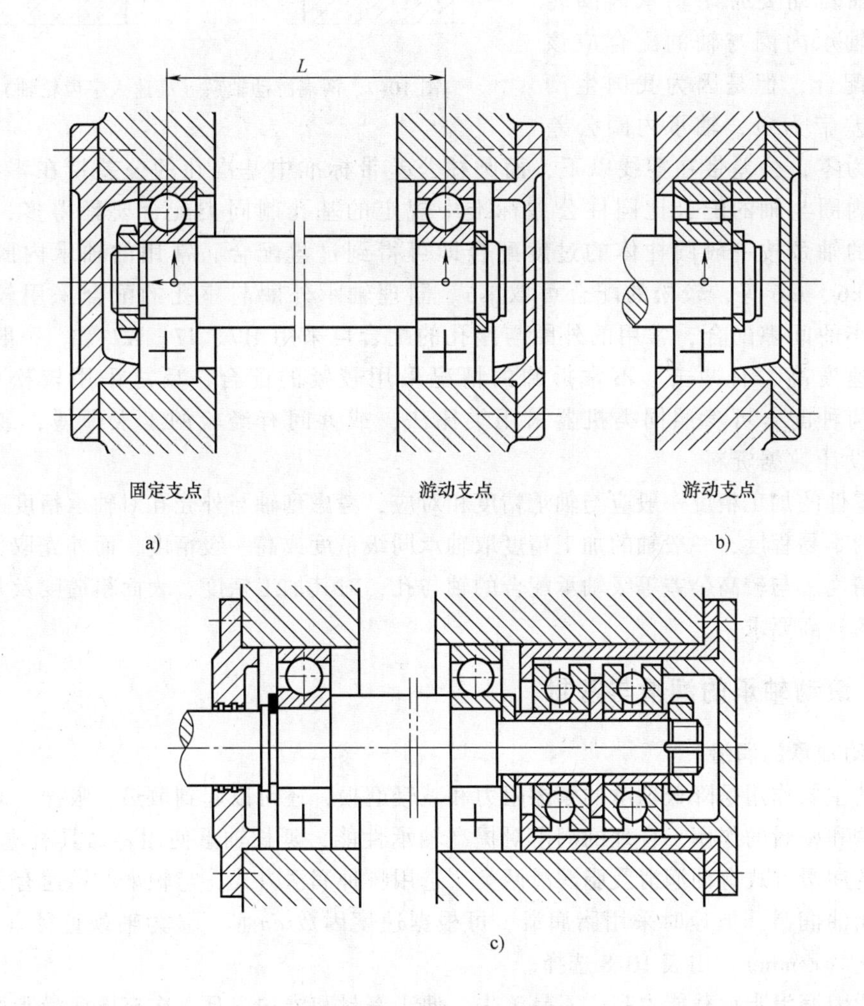

图 10-6　单支点双向固定

3. 两端游动

两端游动支承适用于轴要求左右游动的情况，例如人字齿轮传动的高速主动轴，为了自动补偿轮齿两侧螺旋角的制造误差，使轮齿受力均匀，采用允许轴系左右少量轴向游动的结构，故两端都选用圆柱滚子轴承。与其相啮合的低速齿轮轴系则必须两端固定，以便两轴都得到轴向定位，如图 10-7 所示。

10.5.2 滚动轴承的配合

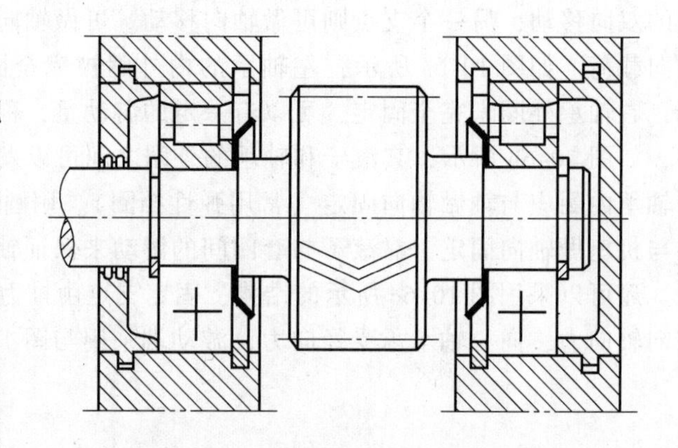

图 10-7 两端游动轴系（高速人字齿轮轴）

由于滚动轴承是标准件，选择配合时就把它作为基准件。因此轴承内圈与轴的配合采用基孔制，轴承外圈与座孔的配合采用基轴制。在装配图的配合中，省略轴承的公差带代号，只标注轴颈及座孔直径公差带代号。

因为轴转动要带动轴承内圈转动，因此轴承内圈与轴的配合应该采用过盈配合，但是因为我国生产的轴承公差带为负，轴承内圈公差带上偏差为零，公差带在零线以下，而圆柱公差带标准中基准孔的公差带在零线以上，因此轴承内圈与轴的配合比圆柱公差标准中规定的基孔制同类配合要紧得多，故与轴承相配合的轴颈按一般圆柱体的过度配合即可得到过盈配合，常用的轴承内圈与轴的配合可取 k6、m6 等，较松的配合可取 js6。同理轴承外圈与座孔的配合采用较松的过度配合或小的间隙配合，常用的外圈与座孔的配合可采用 H7、J7、K7 等。一般轴承的载荷大、速度高、有冲击、不常拆卸的情况采用较紧的配合，反之采用较松的配合。究竟采用何种配合可参照同类机器采用类比法，或询问有经验的工人师傅，或参考本节后面的设计数据资料。

相配零件的加工精度一般应与轴承精度相对应，考虑到轴与外壳孔对轴承精度的不同影响及加工的难易程度，一般轴的加工精度取轴承同级精度或高一级精度，而外壳取低一级精度或同级精度。与较高公差等级轴承配合的轴与孔，对其加工精度、表面粗糙度及几何公差都有相应的较高要求。

10.5.3 滚动轴承的润滑与密封

1. 滚动轴承的润滑

润滑的主要作用是降低轴承的摩擦阻力和减轻磨损，还可以起到散热、吸振、减少接触应力、防锈和密封的作用。合理的润滑对提高轴承性能、延长轴承使用寿命具有重要意义。轴承常用的润滑方式有油润滑及脂润滑两类。选用哪种润滑方式，与轴承的转速有关。一般高速时采用油润滑，低速时采用脂润滑。可根据速度因数 dn 值［d 为轴颈直径（mm），n 为工作转速（r/min）］由表 10-8 选择。

脂润滑因润滑脂承载能力高，不易流失，便于密封和维护，且一次充填润滑脂可运转较长时间。润滑脂的装填量一般不超过轴承空间的 1/3～1/2，装脂过多，易于引起摩擦发热，影响轴承的正常工作。

油润滑的优点是比脂润滑摩擦阻力小，并能散热，主要用于高速或工作温度较高的轴承。润滑油的黏度可按轴承的速度因数 dn 和工作温度 t 来确定，可查相关技术手册。油量不宜过多，如果采用浸油润滑则油面高度不超过最低滚动体的中心，以免产生过大的搅油损耗和热量。高速轴承通常采用滴油或喷雾方法润滑。

表 10-8　滚动轴承润滑方式的选择

轴承类型	$dn/(\mathrm{mm}\cdot\mathrm{r}\cdot\mathrm{min}^{-1})$				
	浸油润滑 飞溅润滑	滴油润滑	喷油润滑	油雾润滑	脂润滑
深沟球轴承 角接触球轴承 圆柱滚子轴承	$\leqslant 2.5\times10^5$	$\leqslant 4\times10^5$	$\leqslant 6\times10^5$	$>6\times10^5$	$\leqslant(2\sim3)\times10^5$
圆锥滚子轴承	$\leqslant 1.6\times10^5$	$\leqslant 2.3\times10^5$	$\leqslant 3\times10^5$	—	
推力球轴承	$\leqslant 0.6\times10^5$	$\leqslant 1.2\times10^5$	$\leqslant 1.5\times10^5$	—	

2. 滚动轴承的密封

密封是为了阻止灰尘、水分和其他杂物进入轴承，并防止润滑剂流失。密封装置可分为接触式和非接触式两大类。非接触式密封不受速度的限制。接触式密封只能用在线速度较低的场合，常用的材料有细毛毡、橡胶、皮革、软木或者减摩性好的硬质材料（如加强石墨、青铜、耐磨铸铁等)。为了保证密封的寿命及减少轴的磨损，轴的接触部分的硬度>40HRC，表面粗糙度宜小于 $Ra1.6\sim0.8\mu\mathrm{m}$。各种密封装置的结构和特点见表 10-9。作为标准产品供应市场的密封轴承（如 60000-RZ 型、60000-2RS 型)，其单面或双面带有防尘盖和密封圈。内部已填入润滑脂，无须再加其他的密封装置。结构简单，使用日趋广泛。

表 10-9　滚动轴承的密封方法

接触式密封

毡圈密封(v<5m/s)	密封圈密封(v<4~12m/s)

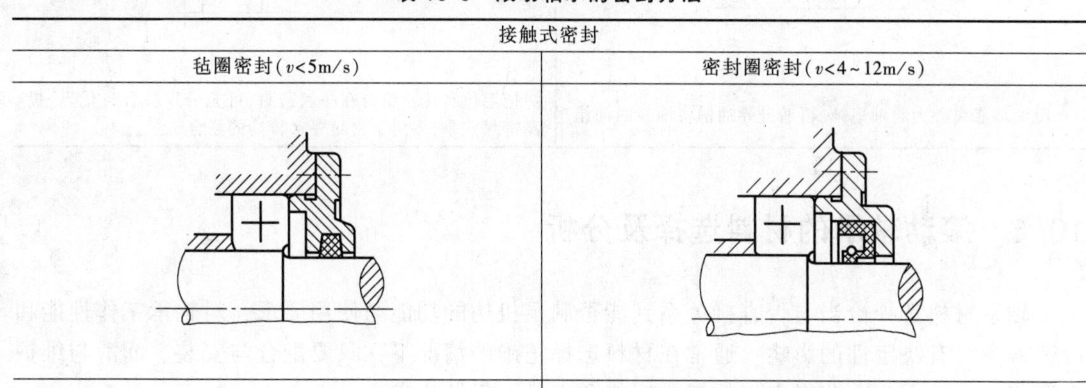

结构简单,压紧力不能调整,用于脂润滑	使用方便,密封可靠。耐油橡胶和塑料密封有 O、J、U 等形式,有弹簧箍的密封性能更好

非接触式密封

迷宫式密封(v<30m/s)		立轴综合密封
轴向曲路 (只用于剖分结构)	径向曲路	

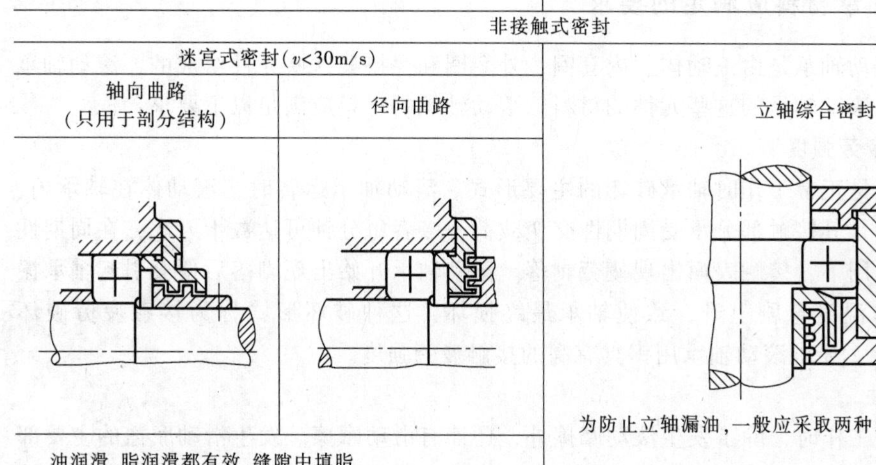

油润滑、脂润滑都有效,缝隙中填脂	为防止立轴漏油,一般应采取两种以上的综合密封形式

（续）

油沟密封（$v<5\sim6\text{m/s}$）	挡圈密封
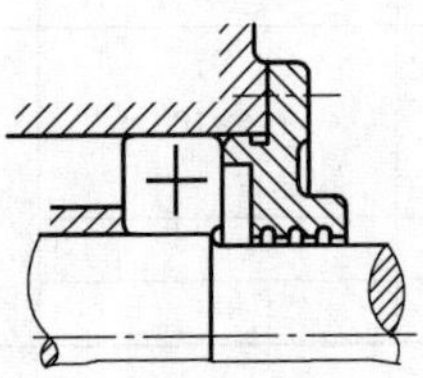	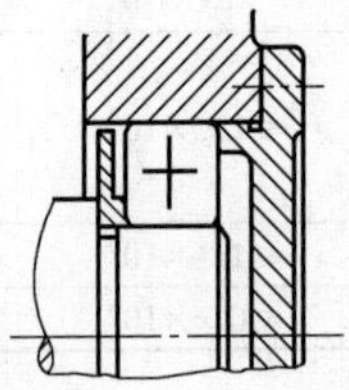
结构简单，沟内填脂，用于脂润滑或低速油润滑。盖与轴的间隙约为 0.1~0.3mm，沟槽宽 3~4mm，深 4~5mm	挡圈随轴旋转，可利用离心力甩去油和杂物，最好与其密封联合使用
甩油密封	组合密封
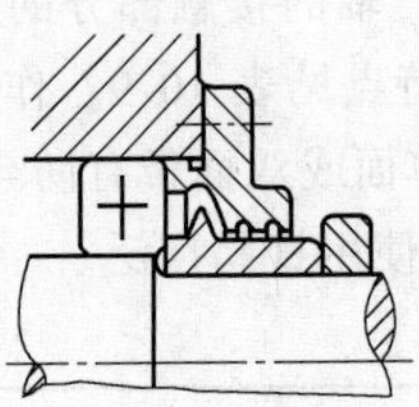	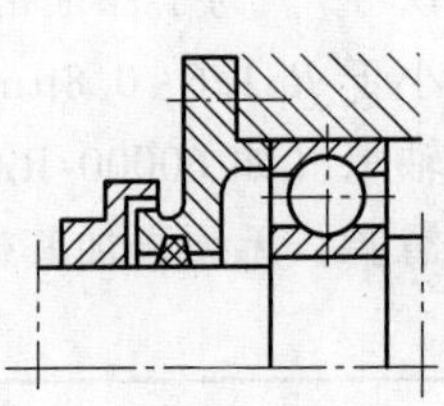
甩油环靠离心力将油甩掉，再通过导油槽将油导回油箱	把毛毡和迷宫组合在一起密封，可充分发挥各自优点，提高密封效果，多用于密封要求较高的场合

10.6 滚动轴承的材料选择及分析

轴承材料选择恰当与否直接关系到能否满足机构的功能与使用要求，对轴承工作性能和疲劳寿命具有决定性的影响。通常在材料选择正确的情况下，只要配合与安装、润滑与维护保养正常，轴承就会获得良好的工作性能和满足可靠性要求。

10.6.1 滚动轴承材料应满足的要求

绝大部分的滚动轴承是由滚动体、内套圈、外套圈和保持架这些元件组成的，滚动轴承的材料就是指组成滚动轴承的这些元件的材料。滚动轴承的材料应满足以下要求：

1. 高的接触疲劳强度

接触疲劳破坏是正常工作时轴承破坏的主要形式。滚动轴承运转时，滚动体在轴承内、外圈的滚道间滚动，其接触部分承受周期性交变载荷，多者每分钟可达数十万次，在周期性交变应力的反复作用下，接触表面出现疲劳剥落。滚动轴承开始出现剥落后便会引起轴承振动、噪声增大工作温度急剧上升，致使轴承最终损坏，这种破坏形式称为接触疲劳破坏（疲劳点蚀）。因此，要求滚动轴承用钢具有高的接触疲劳强度。

2. 高的耐磨性

滚动轴承正常工作时，除了发生滚动摩擦外，还伴有滑动摩擦。发生滑动摩擦的主要部位是滚动体与滚道之间的接触面、滚动体和保持架兜孔之间的接触面、保持架和套圈引导挡边之间以及滚子端面与套圈引导挡边之间等。滚动轴承中滑动摩擦的存在不可避免地使轴承零件产生磨损。如果轴承钢的耐磨性差，滚动轴承便会因磨损而过早地丧失精度或因旋转精度下降而使轴承振动增加、寿命降低。因此，要求轴承钢具有高的耐磨性。

3. 高的弹性极限

滚动轴承工作时，由于滚动体与套圈滚道之间接触面积很小，轴承在承受载荷时，尤其是在承受较大载荷的情况下，接触表面的接触压力很大。为了防止在高接触应力下发生过大的塑性变形，使轴承精度丧失或发生表面裂纹，因此，要求轴承钢具有高的弹性极限。

4. 适宜的硬度

硬度是滚动轴承的重要指标之一。它与材料接触疲劳强度、耐磨性、弹性极限有着密切的关系，直接影响着滚动轴承的寿命，轴承的硬度通常要根据轴承承受载荷的方式和大小、轴承尺寸和壁厚的总体情况来决定。滚动轴承用钢的硬度要适宜，过大或过小都将影响轴承使用寿命。众所周知，滚动轴承的主要失效形式是接触疲劳破坏，以及由于耐磨性差或尺寸不稳定而使轴承精度丧失；轴承零件如果缺乏一定的韧性，在承受较大冲击载荷时又会由于发生脆断而导致轴承的破坏。所以，一定要根据轴承的具体情况和破坏的方式来确定轴承的硬度。对于由于疲劳剥落或耐磨性差使轴承精度丧失的情况，轴承零件应选用较高的硬度；对于承受较大冲击载荷的轴承（例如轧机轴承、铁路轴承和一些汽车轴承等），应适当降低硬度以提高轴承的韧性是十分必要的。

5. 一定的冲击韧性

很多滚动轴承在使用过程中都会受一定的冲击载荷，因此要求轴承钢具有一定的韧性，以保证轴承不因冲击而破坏。对于承受较大冲击载荷的轴承（例如轧机轴承、铁路轴承等）要求材料具有相对较高的冲击韧性和断裂韧性，这些轴承有的用贝氏体淬火热处理工艺，有的用渗碳钢材料，就是为了保证这些轴承具有较好的冲击韧性。

6. 良好的尺寸稳定性

滚动轴承是精密的机械零部件，其精度以微米为计算单位。在长期的保管和使用过程中，因内在组织发生变化或应力变化会引起轴承尺寸的变化，导致轴承丧失精度。因此，为保证轴承的尺寸精度，轴承钢应当具有良好的尺寸稳定性。

7. 良好的防锈性能

滚动轴承的生产工序繁多，生产周期较长，有的半成品或成品零件在装配前还需较长时间的存放，因此，轴承零件在生产过程中或在成品保存中都极易发生一定的锈蚀，特别是在潮湿的空气中。所以，要求轴承钢要具有良好的防锈性能。

8. 良好的工艺性能

滚动轴承在生产过程中，其零件要经过多道冷、热加工工序。因此要求轴承钢具有良好的工艺性能，例如冷、热成型性能，切削、磨削加工性能及热处理性能等，以适应滚动轴承大批量、高效率、低成本和高质量生产的需要。

10.6.2　滚动轴承常用材料及分析

1. 滚动体和套圈

（1）高碳铬轴承钢　绝大多数轴承的滚动体和套圈都采用含碳、铬，锰、硅合金元素的专用轴承钢制造，以达到高硬度及耐磨性的要求。常用的有高碳铬轴承钢 GCr15、GCr15SiMn、ZGCr15 和 ZGCr15SiMn。

以最常用的高碳铬轴承钢 GCr15 为例，其成分组成质量分数如下：C：0.95%~1.05%，Cr：1.30%~1.65%，Mn：0.20%~0.40%，Si：0.15%~0.35%。铬在其中主要起到的作用是提高钢的强度和硬度、提高钢的高温力学性能、提高钢的抗腐蚀性和抗氧化性、阻止钢中的碳石墨化、提高淬透性。但含量过高会显著提高钢的脆性转变温度并能促进钢的回火脆性。所以需要将其含量控制在一定的范围内。

锰在炼钢过程中是良好的脱氧剂和脱硫剂，可以提高钢材的强度和硬度，提高钢的淬性，改善钢的热加工性能，但锰的量过高会降低钢材的抗腐蚀能力和焊接性能。

硅在炼钢过程中作为还原剂和脱氧剂，能显著提高钢的弹性极限、屈服极限和抗拉强度。硅和钼、钨、铬等结合，有提高抗腐蚀性和抗氧化的作用。但硅含量增加，会降低钢的焊接性能。

高碳铬轴承钢制造的轴承能达到的硬度如下：用 GCr15 和 ZGCr15 材料制造的套圈和滚子硬度为洛氏硬度 61~65HRC，钢球为 62~66HRC；用 GCr15SiMn 和 ZGCr15SiMn 材料制造的套圈和滚子为 60~64HRC，钢球为 60~66HRC。

用高碳铬钢制造的轴承一般适用于工作温度为-40~130℃度范围，轴承用油或脂润滑均可，可满足一般机械的要求。

为了适应高温下使用的轴承，可以通过对材料进行热处理的方法提高轴承的使用温度，将高碳铬钢制造的轴承元件经高温回火后，其使用工作温度可高达 250℃。

为了提高轴承的使用寿命，可对轴承材料采用不同的冶炼方法：高碳铬钢采用真空冶炼技术等可使钢材的内在质量大大改善，尤其是钢中含氧量及其所形成的非金属夹杂物有明显的减少。根据大量试验对比数据表明，采用真空冶炼技术所获得的 GCr15、GCr15SiMn、ZGCr15、ZGCr15SiMn 轴承钢制造的轴承，其疲劳寿命可成倍地增长。

（2）渗碳轴承钢　为了提高轴承材料的硬度，可采用渗碳热处理工艺。轴承钢渗碳热处理后制造的滚动体和套圈，其硬度为 60~64HRC，一般适合的工作温度为-4~140℃范围，能在较大冲击振动条件下使用，如机车车辆及轧钢机用轴承等，油与脂润滑正常，但该钢种的热处理工艺比较复杂。

（3）耐热轴承钢　耐热轴承钢也称高温轴承用钢，耐热轴承钢具有足够高的高温硬度、高温耐磨性、高温接触疲劳强度、抗氧化性和高温尺寸稳定性。用耐热轴承钢制造的滚动体和套圈其硬度为 60~64HRC，钢球为 61~65HRC，在润滑正常的情况下，适用的工作温度为 120~250℃，如航空发动机、燃气涡轮机等主轴工作条件。

目前应用的高温轴承钢主要有以下三类：

1）Cr4Mo4V(M50）钢，是性能优良的耐热轴承钢，在高温下有高的硬度和疲劳寿命，可在 315℃以下长期工作，短时可用到 430℃，主要用于航空发动机。

2）Cr15Mo4 钢，在 260~280℃范围内有较高的硬度和耐蚀性，可制造 480℃以下工作的耐蚀轴承，如用于喷气发动机和导弹。

3）12Cr2Ni3Mo5(M315）钢，是广泛应用的高温渗碳轴承钢，适合于在 430℃以下工作，可用来制造形状复杂和承受冲击的高温轴承。

（4）耐腐蚀轴承钢　耐腐蚀轴承钢又称不锈轴承钢，在腐蚀介质中使用时不易锈蚀。

常用的不锈钢有以下几种：

1）9Cr18、9Cr18Mo。这种钢是应用比较普遍的马氏体不锈钢。这类不锈钢含有质量分数为 1%左右的碳和 18%左右的铬，属于高碳铬不锈钢，经热处理后具有较高的强度、硬度、耐磨性和接触疲劳性能。这类钢具有很好的抗大气、海水、水蒸气腐蚀的能力，通常用于制造在海水、蒸馏水、硝酸等介质工作的轴承零件。另外，由于这类钢经过 250~300℃ 回火后的硬度为 55HRC，所以可用于制造适用温度低于 350℃ 高温耐腐蚀轴承零件。又因为这类不锈钢还具有较好的低温稳定性，被用于制造-253℃ 以上的低温轴承零件，如火箭氢氧发动机中的低温轴承。有时也用于制造仪表、食品和医用器械轴承。

但由于 9Cr18、9Cr18Mo 属于高碳高合金钢，在冶炼过程中不可避免地形成共晶碳化物（也称一次碳化物）。一般而言，共晶碳化物的颗粒比较粗大、分布不均匀，不仅不能如同共析碳化物那样对轴承零件的热处理组织和硬度做贡献，而且如果共晶碳化物太多或分布不均匀，易造成热处理后硬度达不到设计要求或硬度分布不均匀，在生产过程中造成大量的废品。另一方面，在轴承磨削过程中，共晶碳化物容易从钢基体上剥落下来形成坑，因此大大地影响轴承零件加工的表面质量和加工精度。共晶碳化物是属于脆性相，在轴承承受较大的交变负荷时，易在共晶碳化物处造成应力集中而产生疲劳裂纹源，使轴承使用性能和接触疲劳寿命受到很大的影响。

为了提高不锈轴承钢的加工精度和使用性能及寿命，美国在 20 世纪 80 年代开始研制一种新型不锈轴承钢代替传统的不锈轴承钢。这种新型不锈轴承钢主要通过降低 9Cr18 钢中的碳含量和铬含量，在不影响耐腐蚀和力学性能的情况下，尽可能地减少钢中共晶碳化物的含量。因此，美国将这种新型不锈轴承钢的钢号定为 DD440C，称为降碳降铬不锈轴承钢。目前，我国和日本也已研制出类似地不锈轴承钢（7Cr14Mo），并已在轴承产品上得到应用。

2）1Cr18Ni9Ti。这种钢属于奥氏体不锈钢，在不同程度和浓度的强腐蚀介质中（硝酸、大部分有机和无机酸的水溶液、碱、煤气等）均具有优良的耐腐蚀性能，可用于轻负荷、低转速、强腐蚀介质中工作的轴承。因其硬度较低，需要经过渗氮处理后才能用于高温、高速、高耐磨、低负荷的轴承。又因为组织为单相奥氏体，也可用于防磁轴承。

3）其他不锈钢。除上述两种钢外，用于制造轴承套圈或滚动体的不锈钢还有 12Cr13、20Cr13、30Cr13、40Cr13、Cr17Ni2、0Cr17NiAl、0Cr17Ni4Cu4Nb 等。这些不锈钢碳的质量分数为 0~0.4%不等，因其含碳量不高，热处理后的硬度、强度较低，但耐腐蚀及塑性较好，分别用于制造在腐蚀介质中工作的负荷不大的钢球、滚针、滚针套、关节轴承外套等轴承零件。

2. 保持架

保持架即轴承保持架，又称轴承保持器，指部分地包裹全部或部分滚动体，并随之运动的轴承零件，用以隔离滚动体，通常还引导滚动体并将其保持在轴承内。

（1）保持架对材料的要求　滚动轴承在工作时，由于滑动摩擦而造成轴承发热和磨损，特别在高温运转条件下，惯性离心力的作用加剧了摩擦、磨损与发热，严重时会造成保持架烧伤或断裂，致使轴承不能正常工作。因此，要求保持架的材料除具有一定强度外，还必须导热性好、摩擦因数小、耐磨性好、冲击韧性强、密度较小且线胀系数与滚动体相接近。此外，冲压保持架需经受较复杂的冲压变形，还要求材料具有良好的加工性能，例如材料应该比较软且容易冲压成形等。同时，保持架材料的选择还要考虑工作温度和工作介质，例如在一些要求极高的保持架上面有的还会渡一层银。

(2) 保持架材料的类型 常用保持架的材料有低碳素钢、黄铜、青铜、不锈钢、胶木、塑料（尼龙以及合成树脂等）。

聚酰胺保持架不应用于温度高于 120℃ 和低于-40℃ 的场合；这种保持架不应用于真空中，因为它将因脱水而变脆。黄铜保持架不应用于温度超过 300℃ 的场合；此种保持架也不适用于氨中，因为氨会引起黄铜季节性破裂。

第 11 章　滑动轴承

滑动轴承是支承轴的零件或部件，轴颈与轴瓦面接触，属滑动摩擦。在高速、高精度、重载、结构上要求剖分等场合下，滑动轴承显示出它的优异性能。如水轮发电机、汽轮机、内燃机中多采用滑动轴承。此外，在低速而带有冲击的机器中，如水泥搅拌机、破碎机等也常采用不完全液体润滑的滑动轴承。

11.1　滑动轴承的分类及应用

11.1.1　滑动轴承的分类

1. 按承载方向

按承载方向，滑动轴承可分为向心轴承（也称径向轴承或普通轴承）、推力轴承（也称止推轴承）和组合轴承。向心轴承只能承受径向载荷 F_r；推力轴承只能承受轴向载荷 F_a；组合轴承（由向心轴承和推力轴承组合而成）既能承受径向载荷，也能承受轴向载荷。

2. 按润滑状态

按润滑状态，滑动轴承可分为两种：

（1）液体润滑轴承　液体润滑轴承是指摩擦表面被一流体膜分开（1.5~2.0μm 以上），固体表面间的摩擦为液体分子间的摩擦，例如汽轮机的主轴与轴承之间的润滑状态即属于液体润滑轴承。

液体润滑轴承按流体膜形成原理，又分为液体动压润滑轴承和流体静压润滑轴承。液体动压润滑的概念是：靠摩擦表面几何形状、相对运动并借助黏性流体动力学作用产生压力平衡外载；流体静压润滑的概念是：靠外部提供压力流体，借助流体静压力平衡外载荷。

但无论是液体动压润滑轴承或流体静压润滑轴承，在开始起动的一刹那摩擦两表面处于干摩擦状态，试验证明，随着某些参数的改变，这些摩擦润滑状态是相互转化的。摩擦润滑状态与摩擦因数 μ 与流体黏度 η、两摩擦表面相对滑动速度 v、单位面积上的载荷 p 之间的关系如图 11-1 所示，该曲线称滑动轴承摩擦特性曲线。

如图 11-1 所示，横坐标是无量纲数群 $\eta\mu/p$，该数群由 0 逐渐增大时，油膜的厚度也逐渐增大，摩擦因数逐渐减小，润滑情况逐步得到改善；当 $\eta\mu/p$ 达到混合润滑区域的某一临界值时，摩擦因数达到最小值，当 $\eta\mu/p$ 继续增加时，很快进入流体动压润滑区，在流体动压润滑情况下，随着 $\eta\mu/p$ 的增大，摩擦因数也在缓慢增加，此时的摩擦是由于润滑剂的黏性内摩擦产生的，摩擦因数仍然很小。

（2）非液体润滑轴承　有些在低速下工作的轴承，轴承运转时难以形成承载油膜，轴承只能在混合摩擦状态下工作，处于边界摩擦及混合摩擦状态下工作的轴承为非液体润滑轴承，也称不完全润滑滑动轴承。

3. 按润滑材料

按润滑材料的不同，滑动轴承可分为液体润滑轴承（例如油）、气体润滑轴承（例如空气、氦、氮）、塑料体润滑轴承（例如脂、半液体金属Pb、Sn、In）、固体润滑轴承（例如Pb、Sn 、石墨、玻璃）和自润滑轴承（粉末冶金）。

11.1.2 滑动轴承的特点

滑动轴承与滚动轴承相比有以下特点：

优点（主要是指液体润滑轴承）：

1）工作平稳可靠、噪声低。

2）承载能力高。

3）具有高的旋转精度。

4）耐冲击，因为油膜有一定的吸振能力。

5）摩擦、磨损较小。

6）轴承的径向尺寸小。

7）高速时比滚动轴承的寿命长。

8）可做成剖分式的，而滚动轴承却不行。

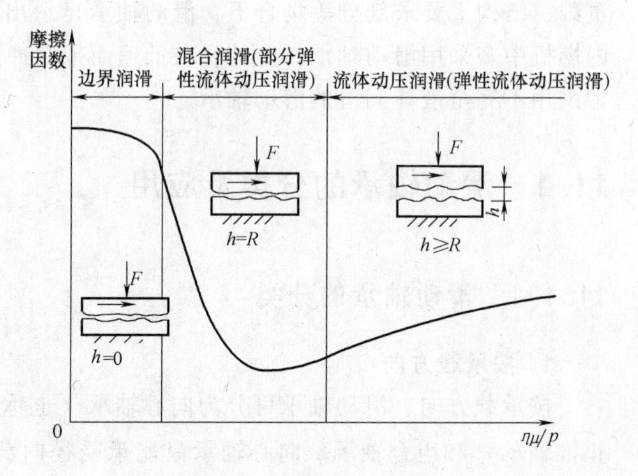

图 11-1 摩擦特性曲线

缺点：

1）起动阻力大。

2）液体润滑滑动轴承的设计、制造、维护费用较高，且维护复杂。

3）对润滑条件要求高。

4）边界润滑时轴承的摩擦损耗较大，磨损严重。

11.1.3 滑动轴承的应用

滑动轴承由于具有一些独特的优点，因此在航空发动机附件、仪表、金属切削机床、内燃机、铁路机车及车辆、轧钢机、雷达、卫星通信地面站及天文望远镜等方面有广泛应用，这是因为：

1）当要求轴承的径向尺寸很小时，一般的滚动轴承不适宜。

2）当承受很大的振动和冲击载荷时，滚动轴承由于是高副接触，对振动特别敏感而不适用。

3）因装配原因必须做成剖分式轴承（如连杆大端轴承）时，滚动轴承不可剖分。

4）对于重型、单件或批量很少的轴承，定制滚动轴承成本很高，只能用滑动轴承。

5）工作转速特别高或要求回转精度特别高时，滚动轴承达不到要求，只能采用液体或气体润滑的高精度动压或静压滑动轴承。

因此，下列情况广泛使用滑动轴承：

1）速度特高（用液体润滑滑动轴承）或特低（用非液体润滑滑动轴承）。

2）对回转精度要求特别高的轴，例如高速磨床的主轴。

3）承受特大载荷（用液体润滑滑动轴承）。

4）冲击、振动较大（用液体润滑滑动轴承）。

5）剖分式的轴以及径向尺寸受限制的轴。

11.2 不完全流体润滑滑动轴承的设计计算

不完全流体润滑滑动轴承因为轴与轴瓦的表面间处于边界润滑或混合润滑状态，润滑油部分将轴承和轴隔离开，部分接触，所以摩擦阻力大，其失效形式主要有磨损和胶合。在变载作用下，还可能产生疲劳破坏。因此确保轴颈与轴瓦间的边界润滑油膜不遭破坏，是防止失效的必要条件。

不完全流体润滑滑动轴承适合于工作可靠性要求不高的低速、载荷不大的场合。不完全流体润滑轴承的承载能力和使用寿命取决于轴承材料的减摩性、机械强度及边界油膜的强度，如果在不完全流体润滑滑动轴承的两摩擦面间有一层油膜，就可以防止失效。所以设计准则就是保证两摩擦面间的吸附膜不破坏，尽量减少轴承材料的磨损、降低功耗、温升和磨损率。由于影响边界膜的因素很复杂，目前尚无完善的计算方法，一般设计时选定轴承类型、确定轴瓦材料和结构尺寸，只做条件性的校核计算。

11.2.1 径向滑动轴承的设计计算

1. 限制轴承的平均压强 p

限制轴承压强 p 的目的是限制磨损失效，保证润滑油不致被过大的压力挤出摩擦面，使摩擦表面之间保留一定的润滑剂，避免轴承过度磨损而缩短寿命。如图11-2所示，轴承的平均压强的校核式为

$$p=\frac{F}{dB}\leqslant[p]$$

式中 F——轴承径向载荷（N）；

d——轴颈直径（mm）；

B——轴承的有效宽（mm）；

$[p]$——许用比压（MPa）。

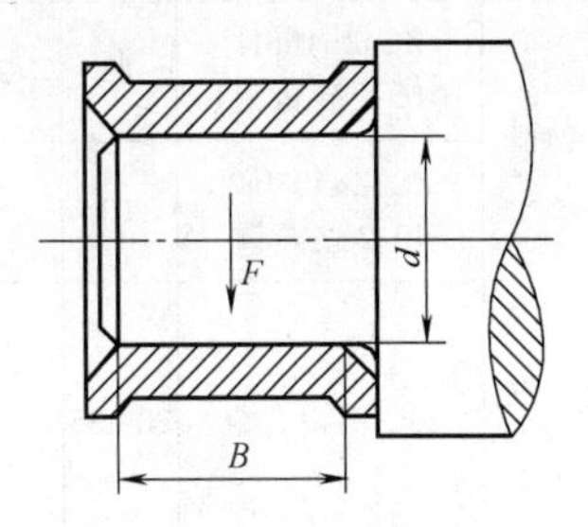

图11-2 轴承的有效宽度

2. 限制 pv 值

由于摩擦功率损失产生热量，导致温度的升高，而 pv 与功率损失成正比，因而限制 pv 值就可以限制发热量，进而限制胶合。发热量可由下式计算：

$$H=\mu Fv=\mu Bdpv$$

式中 μ——摩擦因数；

F——轴承受力（N）；

v——速度（m/s）。

因为轴承宽度 B 、轴径 d 以及摩擦因数 μ 为定值，只有 pv 的乘积为变值，所以控制 pv 值即可限制胶合失效，校核式为

$$pv=\frac{F}{Bd}\cdot\frac{\pi dn}{60\times1000}=\frac{Fn}{2000B}\leqslant[pv]$$

式中　n——轴的工作转速（r/min）。

　　$[pv]$——轴瓦材料的许用值（MPa·m/s），见表 11-1。

表 11-1　常用金属轴承材料性能及应用

材料类别	牌号（名称）	最大许用值①			最高工作温度/℃	轴颈硬度/HBW	性能比较②				备注
		$[p]$/MPa	$[v]$/(m/s)	$[pv]$/(MPa·m/s)			抗咬黏性	顺应性嵌入性	耐蚀性	疲劳强度	
锡基轴承合金	ZSnSb11Cu6 ZSnSb8Cu4	平稳载荷			150	150	1	1	1	5	用于高速、重载下工作的重要轴承，变载荷下易于疲劳、价贵
		25	80	20							
		冲击载荷									
		20	60	15							
铅基轴承合金	ZPbSb16Sn16Cu2	15	12	10	150	150	1	1	3	5	用于中速、中等载荷的轴承，不宜受显著冲击。可作为锡锑轴承合金的代用品
	ZPbSb15Sn5Cu3Cd2	5	8	5							
锡青铜	ZCuSu10P1（10-1）锡青铜	15	10	15	280	300~400	3	5	1	1	用于中速、重载及受变载荷的轴承
	ZCuSn5Pb5Zn5（5-5-5 锡青铜）	8	3	15							用于中速、中载的轴承
铅青铜	ZCuPb30（30 铅青铜）	25	12	30	280	300	3	4	4	2	用于高速、重载轴承、轴承受变载和冲击
铝青铜	ZCuAl10Fe3（10-3 铝青铜）	15	4	12	280	300	5	5	5	2	最宜用于润滑充分的增速、重载轴承
黄铜	ZCuZn16Si4（16-4 硅黄铜）	12	2	10	200	200	5	5	1	1	用于低速、中载轴承
	ZCuZn40Mn2（40-2 锰黄铜）	10	1	10	200	200	5	5	1	1	
铝基轴承合金	20%铝锡合金	28~35	14	—	140	300	4	3	1	2	用于高速、中载轴承，是较新的轴承材料，强度高、耐腐蚀、表面性能好。可用于增压强化柴油机轴承
三元电镀合金	铝-硅-镉镀层	14~35	—	—	170	200~300	1	2	2	2	镀铅锡青铜作中间层，再镀 10~30μm 三元减摩层，疲劳强度高，嵌入性好
银	镀层	28~35	—	—	180	300~400	2	3	1	1	镀银、上附薄层铅，再镀铟，常用于飞机发动机、柴油机轴承
耐磨铸铁	HT300	0.1~6	0~0.75	0.3~4.5	150	<150	4	5	1	1	宜用于低速、轻载的不重要轴承、价廉
灰铸铁	HT150-HT250	1~4	2~0.5	—	—	—	4	5	1	1	

① $[pv]$ 为不完全液体润滑下的许用值。

② 性能比较：1~5 依次由佳到差。

3. 限制滑动速度 v

有时由于安装误差或轴的弹性变形，使轴径与轴承局部接触，此时即使平均比压 p 较小，p 及 pv 皆小于许用值，但也可能由于轴颈圆周速度较高，而使轴承局部过度磨损或胶合。因此安装精度较差、轴的弹性变形较大和轴承宽径比较大时，还需验算轴径的圆周速度 v，验算式为

$$v=\frac{\pi dn}{60\times1000}\leqslant[v]$$

式中　$[v]$——许用滑动速度（m/s），其值见表 11-1。

以上计算如不满足要求，可采取以下措施：

1）选用较好的轴瓦或轴承衬材料。

2）增大轴径 d 或轴承宽 B。

滑动轴承的配合常用 H9/d9、H8/f7、H7/f6。旋转精度要求高的轴承，选择较高的精度、较紧的配合。反之，选择较低的精度、较松的配合。

11.2.2　推力轴承

不完全流体润滑推力滑动轴承计算方法与径向轴承完全相同，只不过推力轴承的受力面积为环形，表达式与径向轴承有所不同。按其承载面的个数不同可分为单环推力轴承和多环推力轴承，其设计计算与不完全流体润滑径向滑动轴承基本相同，且通常只验算 p 和 pv。

1. 验算轴承的平均压力

如图 11-3 所示，推力轴承的平均压力 p 为

$$p=\frac{F_a}{A}=\frac{F_a}{z\dfrac{\pi}{4}(d_2^2-d_1^2)}\leqslant[p]$$

式中　d_1——轴承孔直径（mm）；

d_2——轴环直径（mm）；

F_a——轴向载荷（N）；

z——轴环的数目；

$[p]$——许用压力（MPa）。

2. 验算轴承的 pv 值

轴承环面平均直径处的圆周速度为

$$v=\frac{n\pi(d_1+d_2)}{2\times60\times1000}$$

则　$$pv=\frac{F_a}{A}v=\frac{F_a}{z\dfrac{\pi}{4}(d_2^2-d_1^2)}\times\frac{n\pi(d_1+d_2)}{2\times60\times1000}=\frac{nF_a}{30000z(d_2-d_1)}\leqslant[pv]$$

式中　n——轴颈的转速（r/mm）；

$[pv]$——轴承材料的最大许用值，见表 11-1。

表 11-2 列出了常用推力轴承的材料及其［p］、［pv］值。

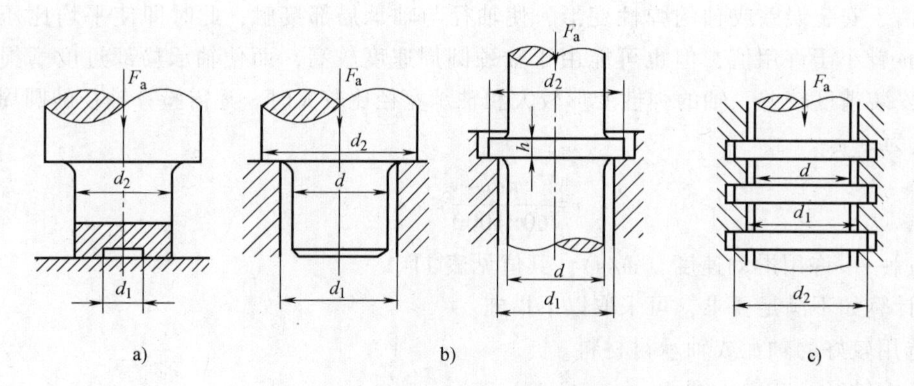

图 11-3 推力轴承的类型及结构

a）空心端面轴颈 b）环状轴颈 c）多环轴颈

表 11-2 止推滑动轴承的材料及其 [p]、[pv] 值

轴(轴环端面、凸缘)	轴承	[p]/MPa	[pv]/MPa · m/s
未淬火钢	铸铁 青铜 轴承合金	2.0~2.5 4.0~5.0 5.0~6.0	1~2.5
淬火钢	青铜 轴承合金 淬火钢	7.5~8.0 8.0~9.0 12~15	1~2.5

11.3 流体动压润滑径向滑动轴承的设计计算

11.3.1 设计计算

1. 承载能力和索氏数 S_0

$$S_0=\frac{F\psi^2}{Bd\eta\omega}=3\varepsilon\int_{\varphi_1}^{\varphi_2}\left[\int_{\varphi_1}^{\varphi}\frac{(\cos\varphi-\cos\varphi_0)}{(1+\varepsilon\cos\varphi)^3}\mathrm{d}\varphi\right]\cos[180°-(\varphi+\theta)]r\mathrm{d}\varphi$$

式中 S_0——索氏数；

F——轴承的载荷（N）；

η——润滑油在轴承平均工作温度下的动力黏度（Pa · s/m²）；

d——轴径（m）；

B——轴承宽度（m）；

ω——角速度（rad/s）；

ψ——相对间隙（无量纲量），$\psi=\delta/r$，其中，$\delta=R-r$，R 为轴承孔半径（mm），r 为轴颈的半径（mm）；

索氏数是轴承包角 $\beta(=\varphi_2-\varphi_1)$ 和偏心率 ε 的函数，是无量纲量数群。

2. 流量计算

$$q_v=\psi d^3\omega\,\overline{q}_v$$

式中 $\overline{q}_v$——无量纲体积流量，是 ε、B/d、β 的函数，可由图11-4查得。

3. 功耗计算

径向轴承在承载区的摩擦功耗为

$$P_\mu = \mu Fv = \overline{\mu}\psi Fv$$

式中 P_μ——功耗（W）；

$\overline{\mu}=\dfrac{\mu}{\psi}$——摩擦特性系数，是 ε、B/d、β 的函数，由图11-5查得。

4. 热平衡计算

轴承工作时，摩擦功耗将转变为热量，使润滑油温度升高，黏度下降。如果油的平均温度超过计算承载能力时所假定的数值，则轴承承载能力就要降低。因此必须要进行热平衡计算，计算油的温升 Δt，并将其限制在允许的范围内。

$$\Delta t = \frac{\mu Fv}{C_p\rho q_v + \pi Bd\alpha_b} = \frac{\dfrac{\mu Fv}{\psi vBd}}{\dfrac{C_p\rho q_v}{\psi vBd} + \dfrac{\pi Bd\alpha_b}{\psi vBd}} = \frac{\dfrac{\mu F}{\psi Bd}}{C_p\rho\dfrac{q_v}{\psi vBd} + \dfrac{\pi\alpha_b}{\psi v}} = \frac{\overline{\mu}p}{2C_p\rho\dfrac{d}{B}\overline{q}_v + \dfrac{\pi\alpha_b}{\psi v}}$$

平均温度

$$t_m = \frac{1}{2}[t_1 + (\Delta t + t_1)] = t_1 + \frac{\Delta t}{2} \leqslant 75℃$$

式中 $\overline{\mu}$——摩擦特性系数，是 ε、B/d 和 β 的函数，$\overline{\mu}=\dfrac{\mu}{\psi}$；

β——180°和120°时的$\overline{\mu}$值，可查图11-5；

p——压强（MPa）；

$\overline{q}_v$——流量系数，是 ε、B/d、β 函数，可由图11-4查得；

C_p——油的比热容，$C_p = 1680 \sim 2100\text{J}/(\text{kg}\cdot℃)$；

ρ——油密度，$\rho = 850 \sim 900\text{kg/m}^3$；

α_b——轴承的表面传热系数（$\text{W/m}^2\cdot℃$）。根据轴承的结构、尺寸和工作条件而定。轻型轴承及散热条件不好的轴承取 $\alpha_b = 50\text{W/m}^2\cdot℃$；中型轴承及一般条件下工作的轴承取 $\alpha_b = 80\text{W/m}^2\cdot℃$；重型轴承及散热条件良好的轴承取 $\alpha_b = 140\text{ W/m}^2\cdot℃$；

Δt——润滑油的温升（℃），流出及流入轴承间隙的润滑油的温差；

t_1——油的入口温度，通常由于冷却设备的限制，取为35~40℃。

5. 最小油膜厚度 h_{min}

为了建立滑动轴承完全的流体润滑，必须使最小油膜厚度满足：

$$h_{min} = S(Rz1 + Rz2)$$

式中 $Rz1$、$Rz2$——轴颈和轴承孔微观不平度十点高度，对一般轴承，可分别取 $Rz1$、$Rz2$ 值为3.2μm和6.3μm，或1.6μm和3.2μm；对重要轴承可取为0.8μm和1.6μm，或0.2μm和0.4μm。

S——安全系数，考虑表面几何形状误差和轴颈挠曲变形等，常取 $S \geqslant 2$。

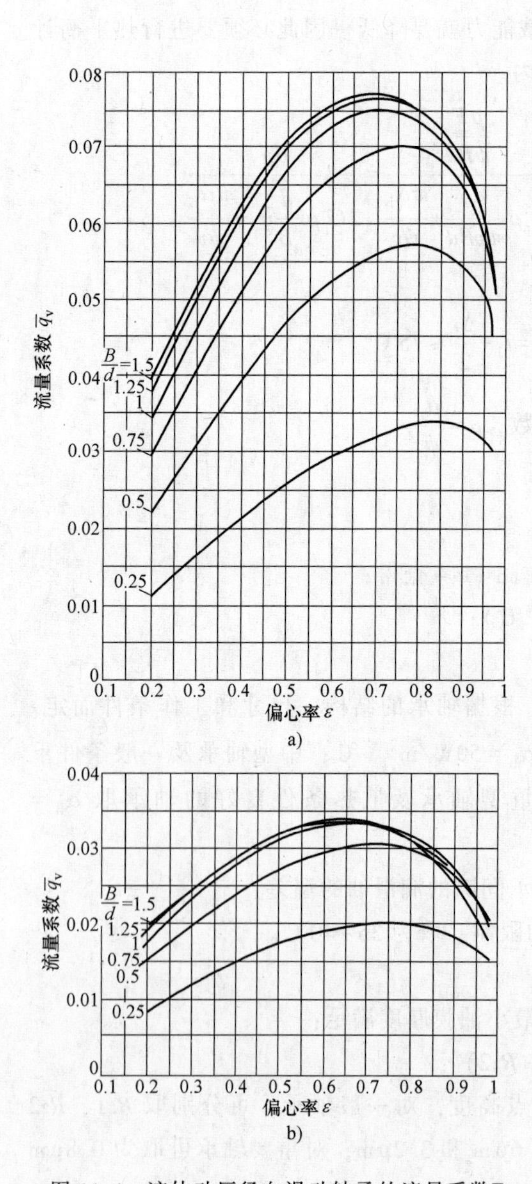

图 11-4 液体动压径向滑动轴承的流量系数 $\overline{q}_v$

a) $\beta=180°$ b) $\beta=120°$

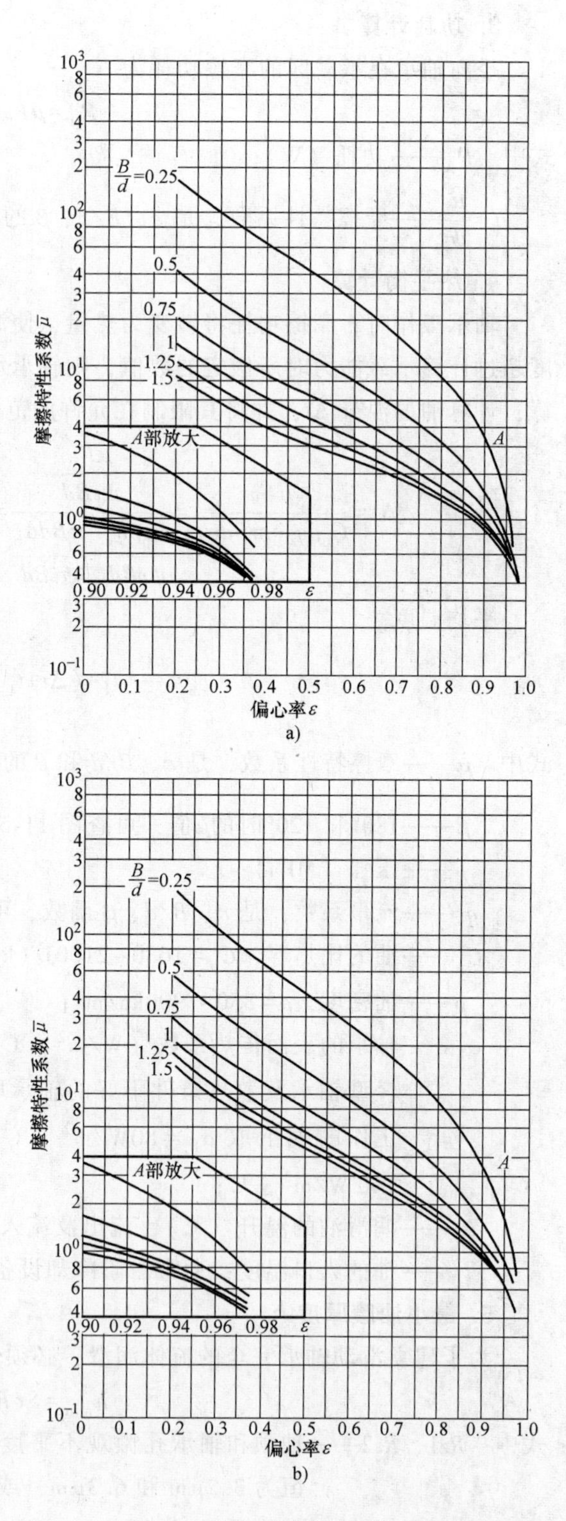

图 11-5 液体动压径向滑动轴承的摩擦特性系数 $\overline{\mu}$

a) $\beta=180°$ b) $\beta=120°$

11.3.2　参数选择

1. 宽径比

宽径比越小，则轴承的宽度越小，有利于提高运转稳定性，增大端泄漏量以降低温升。但是同时，轴承承载力也随之降低，耗油量大。宽径比越大，轴承承载能力也越大，但温升高，且长轴颈易变形，制造、装配误差的影响也大，轴承端部边缘接触的可能性就大。一般轴承的宽径比 B/d 在 0.3~1.5 范围内。对于高速重载轴承温度高，宽径比宜取小值；低速重载轴承，需要对轴有较大支承刚性，宽径比宜取大值；高速轻载轴承，转速高，温升大，如对轴承刚性无过高要求，可取小值；需要对轴有较大支承刚性的机床轴承，宜取较大值。各种常见机器宽径比 B/d 推荐值见表 11-3。

表 11-3　各种常见机器宽径比 B/d 推荐值

机器	轴承或销	B/d	机器	轴承或销	B/d
汽车及航空活塞发动机	曲轴主轴承	0.75~1.75	柴油机	曲轴主轴承	0.6~2.0
	连杆轴承	0.75~1.75		连杆轴承	0.6~1.5
	活塞销	1.5~2.2		活塞销	1.5~2.0
空气压缩机及往复式泵	主轴承	1.0~2.0	电机	主轴承	0.6~1.5
	连杆轴承	1.0~1.25	机床	主轴承	0.8~1.2
	活塞销	1.2~1.5	冲剪床	主轴承	1.0~2.0
铁路车辆	轮轴支承	1.8~2.0	起重设备	—	1.5~2.0
汽轮机	主轴承	0.4~1.0	齿轮减速器	—	1.0~2.0

宽径比 B/d 的选择还与压强 p 的选择有很大关系，压强 p 按下式计算：

$$p=F/(B\times d)$$

式中　F——轴承受的力（N）；

B——轴承的宽度（mm）；

d——轴承的直径（mm）。

在满足 $p\leqslant[p]$ 的前提下，压强 p 选得大可相应减小轴承的尺寸，并可提高轴承运转的稳定性，如果 p 选得过大，则会使润滑油膜变薄，易因油质、加工或装配问题而被破坏。

2. 相对间隙 ψ

相对间隙 ψ 是轴承设计中的一个重要参数，对承载能力 F、运转精度和温升值都是有影响的。

相对间隙 ψ 小，易形成流体油膜，且承载能力和回转精度高。但是过小的 ψ，则润滑油流量小，摩擦功耗大，温升高。最小油膜厚度过薄，油中微粒不易顺利通过，难以形成液体润滑，易刮伤表面或嵌入轴承衬中，增大相对间隙，则可避免上述缺点。相对间隙 ψ 大，易增加楔形空间，带入油量增加，而使温升小。但相对间隙过大，易产生紊流，增加功率损耗。相对间隙 ψ 值可用下式进行估算：

$$\psi\approx\frac{(n/60)^{(4/9)}}{10^{31/9}}$$

式中　n——轴颈转速（r/min）。

各种机器的相对间隙 ψ 也可参考表 11-4 的推荐值。

表 11-4　各种机器的相对间隙的推荐值 ψ　　（单位：mm）

机器名称	相对间隙 ψ/mm
汽轮机、电动机、发电机	0.001~0.002
轧钢机、铁路机车	0.0002~0.0015
机床、内燃机	0.0002~0.001
风机、离心泵、齿轮变速装置	0.001~0.003

3. 黏度 η

润滑油的黏度对轴承的承载能力、摩擦功耗和轴承温升有着不可忽视的影响。一般黏度较大时，轴承承载能力大，同时摩擦功耗和温升也大；这样又将导致润滑油黏度减少，而使承载能力降低，可见靠提高黏度来满足承载能力的方法是不可取的。

由于黏度和温度密切相关，在设计时要考虑到温升对黏度的影响来确定润滑油的黏度。设计时，可先假定轴承平均温度，通常可初取平均温度 $t_m=50\sim75$℃，初选黏度，进行初步设计计算。最后再通过热平衡计算来验算轴承入口油温 t_i 是否在 35~40℃之间，否则应重新选择黏度再作计算。

对于一般轴承，也可按轴颈转速 n(r/min) 先初估油的动力黏度，即

$$\eta'=\frac{(n/60)^{-1/3}}{10^{7/6}}$$

由上式计算相应的运动黏度 η'，选定平均油温 t_m，由表 11-5 选定全损耗系统用油的牌号。

然后查图 11-6 黏度-温度特性曲线，重新确定 t_m 时的运动黏度 ν_{t_m} 及动力黏度 η_{t_m}，最后再验算入口油温。

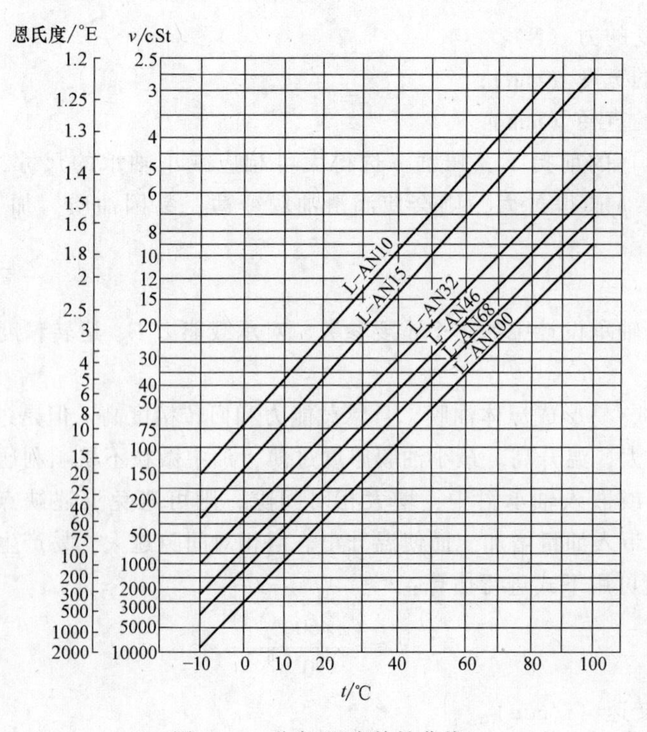

图 11-6　黏度-温度特性曲线

表 11-5　常用润滑油的主要性能和用途

名称	牌号	运动黏度（mm²/s）		倾点≤℃	闪点≥℃	主要用途	说明
		40℃	100℃				
全损耗系统用油（GB/T 443—1989）	L-AN5	4.14~5.06	—	-5	80	轻载、老式、普通机械的全损耗润滑系统（包括一次润滑）	用精制矿物油制得，有时加入少量降凝剂，AN 油的技术要求很低不能用于循环润滑系统
	L-AN7	6.12~7.48			110		
	L-AN10	9.00~11.0			130		
	L-AN15	13.5~16.5			150		
	L-AN22	19.8~24.2					
	L-AN32	28.8~35.2					
	L-AN46	41.4~50.6			160		
	L-AN68	61.2~74.8					
	L-AN100	90.0~110			180		
	L-AN150	135~165					
车轴油（SH/T 0139—1995）	L-AY23	30~40	—	-40	—	铁路货车滑动轴承	未精制矿物油、低倾点油
	L-AY44	66~81	—	-10			
主轴轴承和有关离合器用油（SH/T 0017—1990）	L-FC2	1.98~2.42	—	-8~-6	—	主要用于主轴轴承和离合器，也可用于轻载工业齿轮、液压系统和汽轮机	精制矿物油、抗氧和防锈型
	L-FC3	2.88~3.52					
	L-FC5	4.74~5.06					
	L-FC7	6.12~7.48					
	L-FC10	9.00~11.0					
	L-FC15	13.5~16.5					
	L-FC22	19.8~24.2					
	L-FC32	28.8~35.2					
	L-FC46	41.4~50.6					
	L-FC68	61.2~74.8					
	L-FC100	90.0~110					
工业齿轮油（GB 5903—2011）	L-CKC68	61.2~74.8	—	-8	180	适用于煤炭、水泥、冶金工业部门大型封闭式齿轮传动装置的润滑	以矿物油为基础，加入抗氧、防锈、抗磨、极压等添加剂
	L-CKC100	90.0~110					
	L-CKC150	135~165			200		
	L-CKC220	198~242					
	L-CKC320	288~352					
	L-CKC460	414~506					
	L-CKC680	612~748		-5	220		
液压油（GB 11118.1—2011）	L-HL15	13.5~16.5	≮3.2	-9	155	适用于机床和其他设备的低压齿轮泵液压系统，也可以用于使用其他抗氧防锈型油的机械设备（如轴承和齿轮等）	具有良好的抗氧和防锈性能的矿物油型液压油，可以在循环液压系统内长期使用
	L-HL22	19.8~24.2	≮4.1		165		
	L-HL32	28.8~35.2	≮5.0	-6	175		
	L-HL46	41.4~50.6	≮6.1		185		
	L-HL68	61.2~74.8	≮7.8		195		
	L-HL100	90.0~110	≮9.9		205		
涡轮机油（GB 11120—2011）	L-TSA32	28.8~35.2	—	-7	180	适用于电力工业、船舶及其他工业汽轮机组、水轮机组的润滑	由深度精制基础油加入抗氧剂和防锈剂而成
	L-TSA46	41.4~50.6					
	L-TSA68	61.2~74.8			195		
	L-TSA100	90.0~110					
汽油机油（GB/T 11121-2006）	L-EQC5W/20	—	5.6~<9.3	-40	180	适用于中等载荷条件下工作的汽油机的润滑	以精制矿物油、合成烃油或精制矿物油与合成烃油混合为基础油，加入多种添加剂而成
	L-EQC5W/30		9.3~<12.5				
	L-EQC10W/30		9.3~<12.5	-32	200		
	L-EQC15W/40		12.5~<16.3	-23			
	L-EQC20W/40		12.5~<16.3	-18			
	L-EQC20/20W		5.6~<9.3				
	L-EQC30		9.3~<12.5	-15	210		
	L-EQC40		12.5~<16.3	-10	220		

（续）

名称	牌号	运动黏度(mm²/s)		倾点≤℃	闪点≥℃	主要用途	说明
		40℃	100℃				
柴油机油（GB 11122—2006）	L-ECC5W/30	—	9.3～<12.5	-40	180	适用于高速低增压或自然吸气非增压的柴油发动机润滑	以精制矿物油、合成烃油或精制矿物油与合成烃油混合为基础油，加入多种添加剂而成
	L-ECC10W/30		9.3～<12.5	-32	205		
	L-ECC15W/40		2.5～<16.3	-23	210		
	L-ECC20W/40		12.5～<16.3	-20			
	L-ECC20/20W		7.4～<9.3	-18	205		
	L-ECC30		9.3～<12.5	-15	210		
	L-ECC40		2.5～<16.3	-10	220		

注：1. 压力大，速度低，工作温度高时，应选用黏度较高的润滑油。
2. 滑动速度高时，容易形成油膜，为减少摩擦应该选用黏度较低的润滑油。
3. 加工粗糙或未经跑合的表面，应选用较高的润滑油。
4. 轴承间隙大，不易形成油膜，且端泄大，应选较高黏度的润滑油。
5. 轴承宽径比大，端泄小，应选黏度低的润滑油，轴承宽径比与润滑油的黏度约成反比关系。

流体动压润滑推力轴承的计算方法类似，此处略。

11.4 滑动轴承的结构设计

按承受载荷方向的不同，滑动轴承可分为径向（向心）滑动轴承、推力滑动轴承和向心推力滑动轴承。

11.4.1 径向滑动轴承的结构

1. 整体式

整体式径向滑动轴承的结构形式如图 11-7 所示。它由轴承座、减摩材料制成的整体轴套等组成。轴承座上方设有安装润滑油杯的螺孔。其缺点是整体轴套磨损后，轴承间隙过大时无法调整。另外，装拆时轴颈只能从端部装入，不方便，有时甚至无法装拆。常用在低速、轻载、间歇工作等不重要的场合，如农用机械、手动机械等。

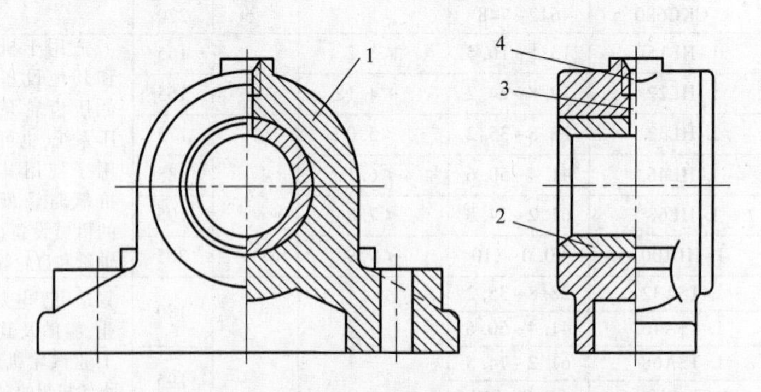

图 11-7 整体式滑动轴承的结构
1—轴承座 2—轴套 3—油孔 4—油杯螺纹孔

2. 剖分式

为了便于轴承的安装，尤其是阶梯轴，采用整体式滑动轴承无法实现安装时可采用剖分式滑动轴承。剖分式径向滑动轴承如图 11-8 所示，由轴承座、轴承盖、剖分式轴瓦、双头螺柱等组成。轴承盖上开设有安装油杯的螺孔。轴承座和轴承盖的结合处设计成阶梯形以便定位对中，并防止错位。剖分式轴瓦由上、下两部分组成，轴瓦的内部通常加一层轴承衬，轴承衬由具有减摩性和耐磨性的贵重有色金属合金构成，下部分轴瓦承受载荷。

剖分式径向滑动轴承的剖分面有水平（见图 11-8）、倾斜两种（见图 11-9），剖分面为水平的称正剖分，正剖分式结构主要用于载荷方向垂直于轴承安装基准面的场合。斜剖分式结构用于载荷与轴承安装面成一定角度（通常倾斜 45°）的场合。这种剖分式结构的滑动轴承，由于轴承盖可打开，因此装拆维修都较方便，但是剖分面不能开在承载区内，以防止影响承载能力。剖分式结构的滑动轴承结构较复杂，价格较贵。

3. 自动调心式

当轴承宽度 B 较大时，轴的弯曲变形或轴承孔倾斜安装误差较大时，都将会造成轴颈与轴瓦两端的局部接触，从而引起剧烈的磨损和发热。轴承宽度 B 越大，上述现象越严重。因此，宽径比 $B/d>1.5$ 时，宜采用自动调心式轴承。这种轴承的结构如图 11-10 所示。其特点是轴瓦 1 的外支承面做成凸球面，与轴承盖 2 和轴承座 3 上的凹球面相配合，球面中心通过轴颈的轴线。因此，轴瓦可承受随轴的弯曲或倾斜而自动调心，从而保证轴颈与轴瓦的均匀接触。

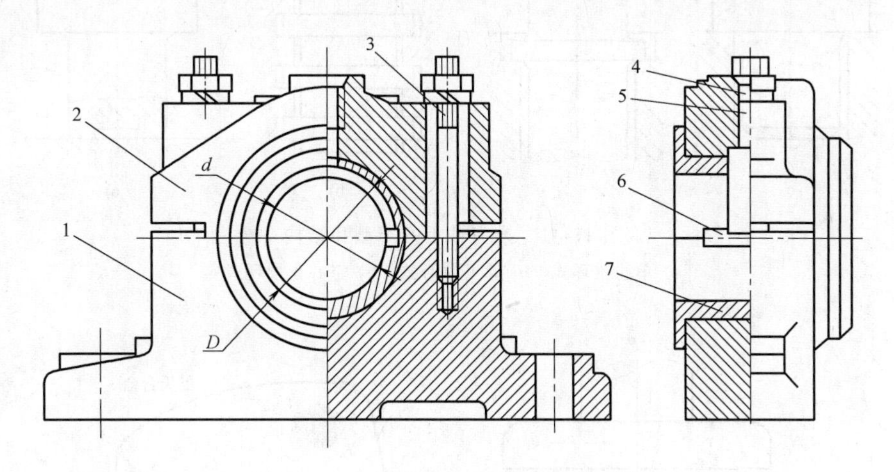

图 11-8　正剖分式径向滑动轴承的结构

1—轴承座　2—轴承盖　3—双头螺柱　4—螺纹孔　5—油孔　6—油槽　7—剖分式轴瓦

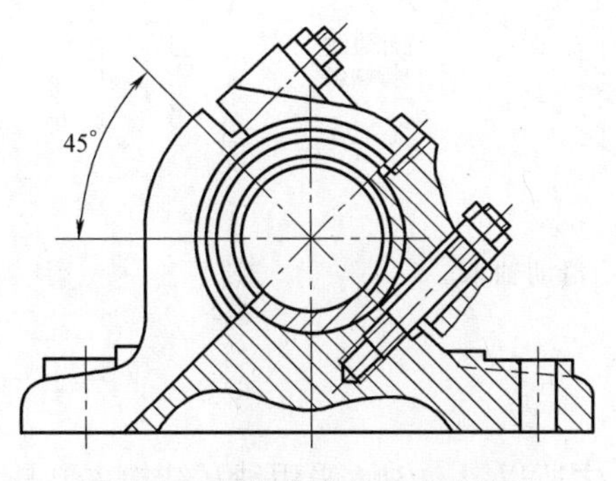

图 11-9　斜剖分式径向滑动轴承

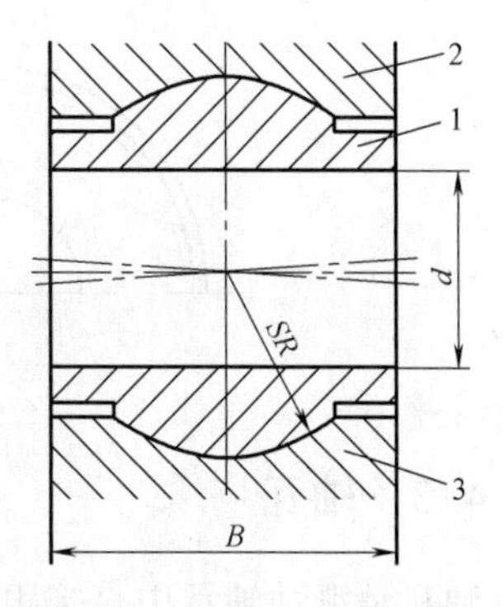

图 11-10　自动调心式滑动轴承

1—轴瓦　2—轴承盖　3—轴承座

11.4.2 推力滑动轴承的结构

推力轴承的结构形式如图 11-11 所示，由轴承座和推力轴颈组成，用来承受轴向载荷。常用的推力轴承的结构形式有单止推环式、多止推环式、空心止推环式。由于实心式压力分布非常不均匀，靠近中心部位压力极高，不利于润滑，因此通常不用实心式。空心轴径压力分布相对均匀；多环轴径推力轴承可以承受较大的载荷，还能承受双向载荷。

还有可倾瓦推力滑动轴承，如图 11-12 所示。可倾瓦支持轴承通常由 3~5 个或更多个能在支点上自由倾斜的弧形瓦块组成，所以又叫活支多瓦形支持轴承，也叫摆动轴瓦式轴承。由于其瓦块能随着转速、载荷及轴承温度的不同而自由摆动，在轴颈周围形成多油楔。且各个油膜压力总是指向中心，具有较高的稳定性。

另外，可倾瓦支持轴承还具有支承柔性大、吸收振动能量好、承载能力大、耗功小和适应正反方向转动等特点。但可倾瓦结构复杂，安装、检修较为困难，成本较高。

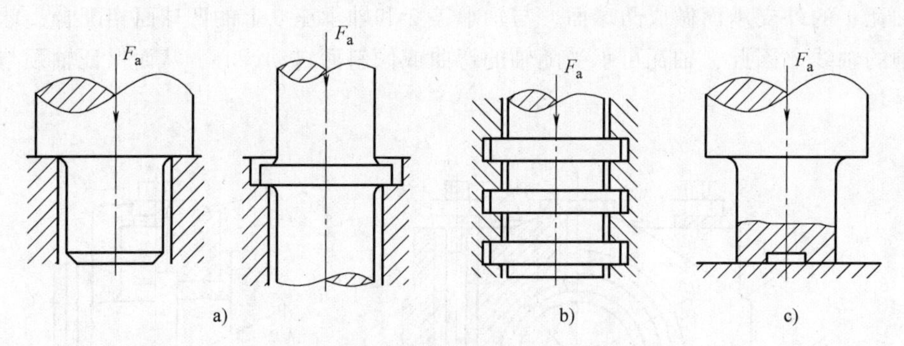

图 11-11 推力轴承的类型和结构

a）单止推环式 b）多止推环式 c）空心止推环式

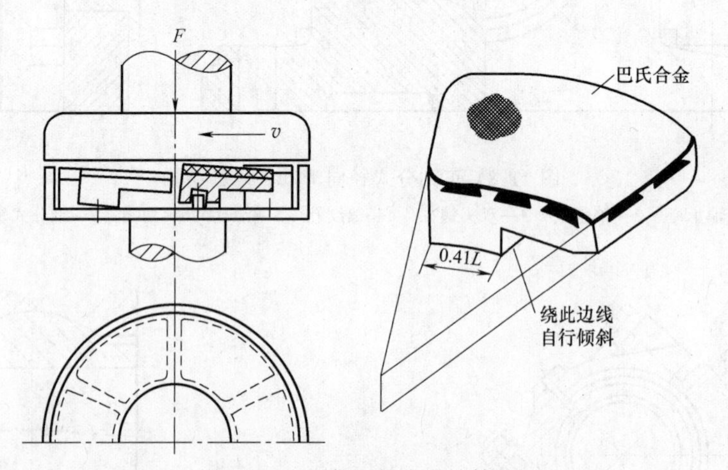

图 11-12 可倾瓦推力滑动轴承

11.4.3 轴瓦

轴瓦是滑动轴承中直接跟轴颈相接触的部分，之所以滑动轴承采用轴瓦结构主要是为了节约贵重的轴承材料和便于维修。按构造轴瓦分为整体式和剖分式两种；按材料又分为单材料和多材料轴瓦。

1. 整体式轴瓦

整体式轴瓦一般称为轴套，外形如图 11-13d 所示，分为整体轴套和卷制轴套。图 11-13a~c 所示为卷制轴套的结构图。整体式轴瓦结构简单，但是必须从轴端安装和拆卸，操作不方便，可修复性差。

2. 剖分式轴瓦

剖分式也称对开式轴瓦如图 11-14 所示，轴瓦分成上、下两半轴瓦，上轴瓦不承受载荷，下轴瓦承受载荷。可从轴的中部进行安装和拆卸，操作方便，可修复性好。

上轴瓦上开有油沟或油孔，润滑油由油沟进入后，经油沟可把润滑油均匀分布到整个轴瓦表面。

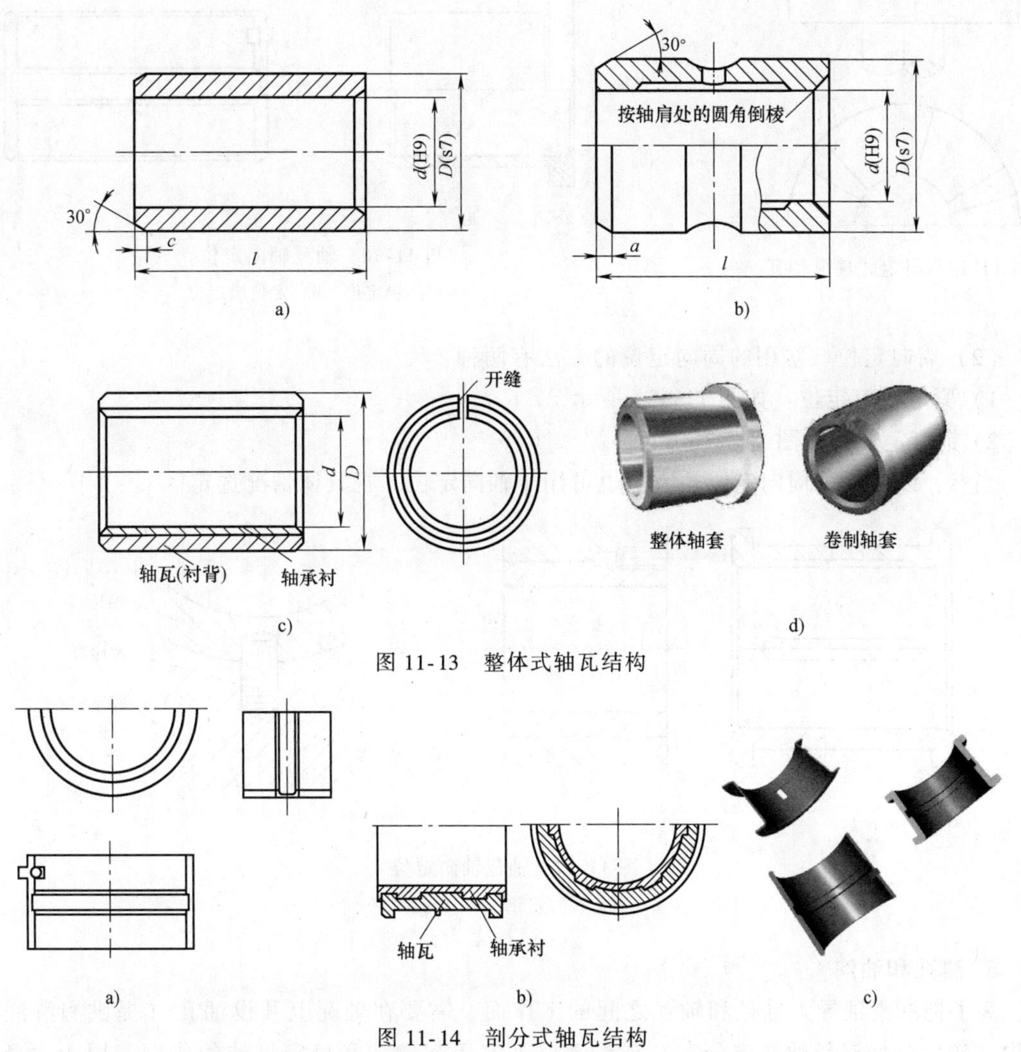

图 11-13　整体式轴瓦结构

图 11-14　剖分式轴瓦结构

a）剖分式薄壁轧制轴瓦结构　b）剖分式厚壁轴瓦结构　c）剖分式轴瓦外形

3. 推力滑动轴承的轴瓦结构

推力轴承的轴瓦分为固定式整体轴瓦、固定式扇形轴瓦（见图 11-15）和可倾式扇形轴瓦（见图 11-12）。

4. 轴瓦的定位

为了防止轴瓦沿轴向和周向移动，必须使轴瓦定位。

（1）轴向定位　轴向定位的方法有两种：

1）凸缘定位：轴瓦一端或两端做凸缘，如图 11-16a 所示。

2）定位唇定位：也称凸耳定位，如图 11-16b 所示。

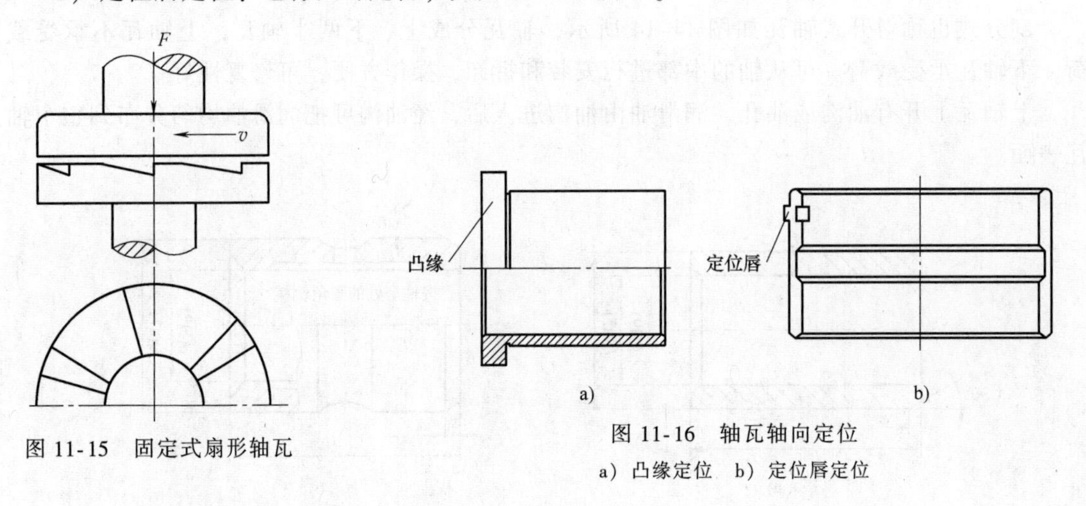

图 11-15　固定式扇形轴瓦

图 11-16　轴瓦轴向定位

a）凸缘定位　b）定位唇定位

（2）周向定位　常用的周向定位的方法有两种：

1）紧定螺钉定位：如图 11-17a 所示。

2）销钉定位：如图 11-17b 所示。

当然，以上两种周向定位的方法也可用于轴向定位，视具体情况选定。

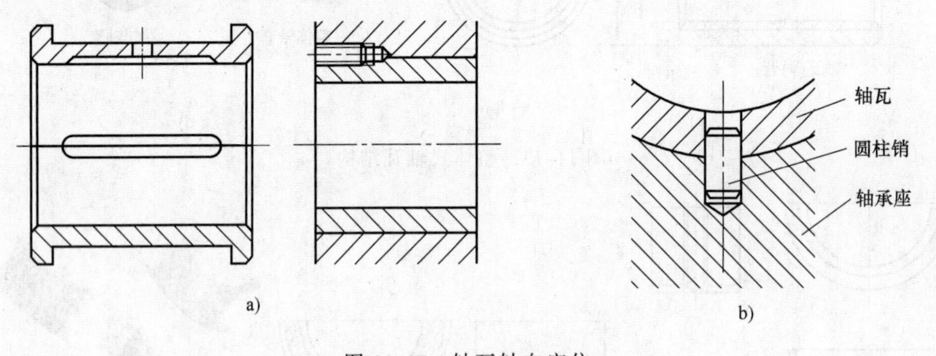

图 11-17　轴瓦轴向定位

a）紧定螺钉定位　b）销钉定位

5. 油孔和油沟

为了把润滑油导入轴径和轴瓦之间的工作面，需要在轴瓦上开设油孔（提供润滑油）、油沟（作用是使润滑油均匀分布）或油室，油室还起储油和稳定供油的作用，用于大型轴承。常见油沟的形状如图 11-18 所示。

开设油沟、油孔原则是：

1）对于整体式径向轴承，轴向油槽开在油膜压力最小（油膜最厚）处，以保证润滑油从此处输入轴承，形成润滑油膜。

2）对于剖分轴瓦，如果开设轴向油槽，则应开在非承载区，通常轴向油槽开在剖分面处（剖分面与载荷作用线成 90°），而且油槽轴向不能开通，以免油从油槽端部流失，降低油膜的承载能力。

3）对于水平安装的轴承，周向油槽开半周，不要延伸到承载区；全周油槽应开在靠近轴承端部处。

4）对于混合润滑轴承，油沟应尽量延伸到最大压力区附近。

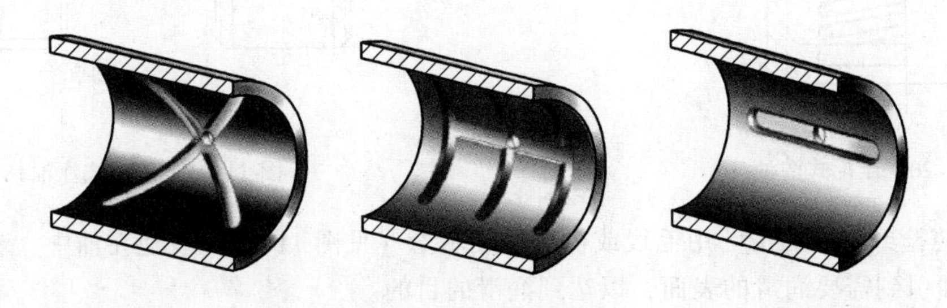

图 11-18 常见油沟的形状

几种合理设计油沟的实例如图 11-19 所示。

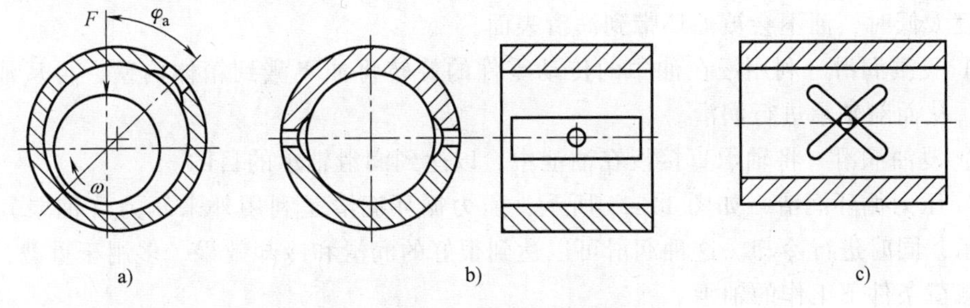

图 11-19 合理设计油沟的实例

a）单轴向油沟开在非承载区（最大油膜厚度处） b）双轴向油沟开在非承载区（轴承剖分面上）
c）双斜向油沟（用于混合润滑轴承）

11.4.4 滑动轴承的润滑装置

滑动轴承的润滑方式可分为油润滑和脂润滑，润滑方式的选择是根据工作情况（工作载荷以及转速）等进行选择。

1. 油润滑

润滑油的供油可以分为连续供油和间歇供油。图 11-20 所示为压配式注油杯，图 11-21 所示为旋套式注油杯。两者均为间歇供油装置。对于重要的轴承应该采用连续供油润滑。连续供油可分为以下几种方式：

（1）滴油润滑图 11-22 中的针阀式注油杯可以用于连续注油，也可以用于间歇式注油。如果手柄放倒，针阀受到弹簧的压力，向下堵住底部油孔，停止供油；如果手柄立直，针阀被向上提起，放开底部油孔，连续供油。当然，这种操作间歇进行，也可以实现间歇供油。

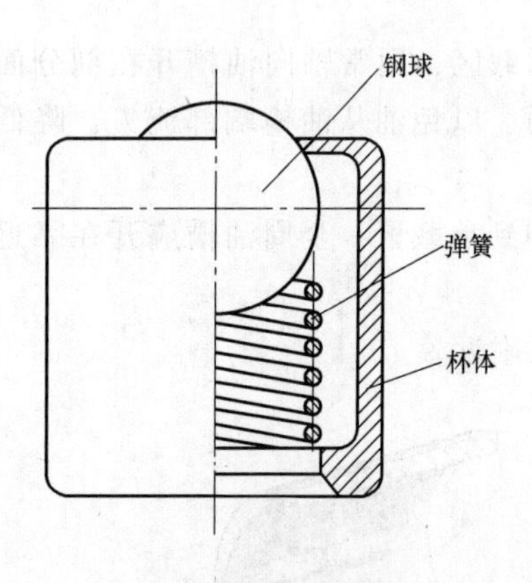

图 11-20　压配式注油杯

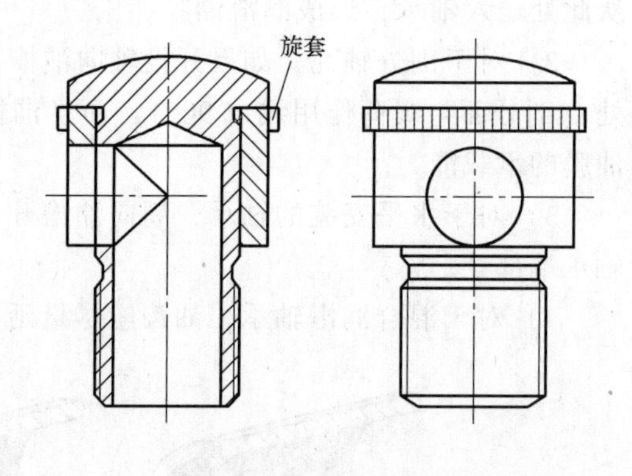

图 11-21　旋套式注油杯

（2）芯捻或线纱润滑　用毛线或棉线做成芯捻（见图 11-23）浸泡在油中，利用毛细管的作用把油引到需要润滑的表面，以达到润滑的目的。

（3）油环润滑　如图 11-24 所示，利用套在轴颈上的轴环与轴颈的摩擦带动浸在油池的轴环旋转，从而把油带到润滑表面上，以达到润滑的目的。这种方式只能用于水平安装且连续旋转的轴颈，适用速度范围为 $60\mathrm{r/min}<n<2000\mathrm{r/min}$，速度太高时，油会被从油环上甩掉；速度太低时，油不会被油环带到润滑表面。

（4）飞溅润滑　利用浸在油中的传动零件的旋转将油飞溅到箱体内壁，再从油沟流进轴承室，从而对轴承进行润滑。

（5）浸油润滑　将轴承直接浸在油池中，以达到润滑轴承的目的。

（6）压力循环润滑　如图 11-25 所示，压力循环润滑是利用外来压力（油泵）供油来润滑轴承，同时进行冷却。这种润滑可以达到很好的润滑和冷却效果。多用于重载、振动以及交变载荷条件下工作的轴承。

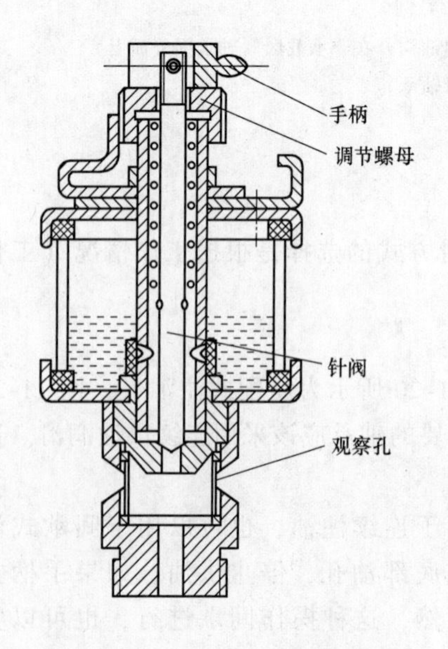

图 11-22　滴油润滑针阀式注油杯

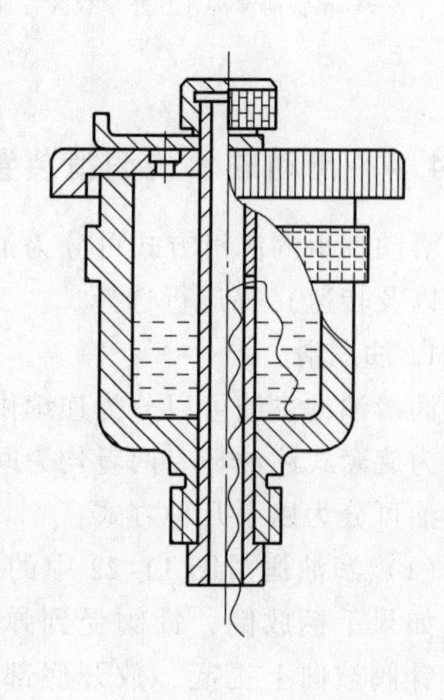

图 11-23　芯捻润滑油杯

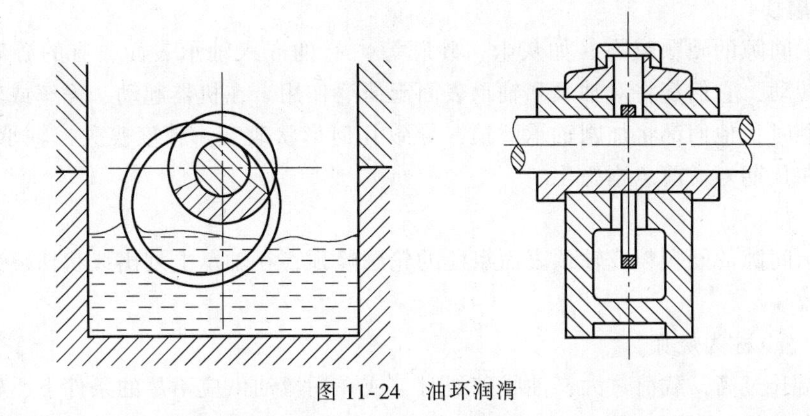

图 11-24　油环润滑

2. 脂润滑

脂润滑一般是用旋盖式油脂杯或黄油枪间歇供油脂。油杯如图 11-26 所示，将润滑脂装在油杯中，通过旋转带有螺纹的油杯顶盖把润滑脂压送到轴承孔内。脂润滑的第二种润滑方式是用油枪把脂压送到轴承孔内进行润滑。

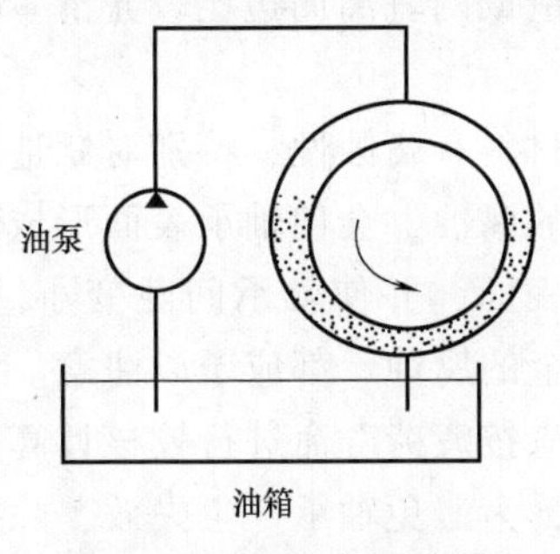

图 11-25　压力循环润滑

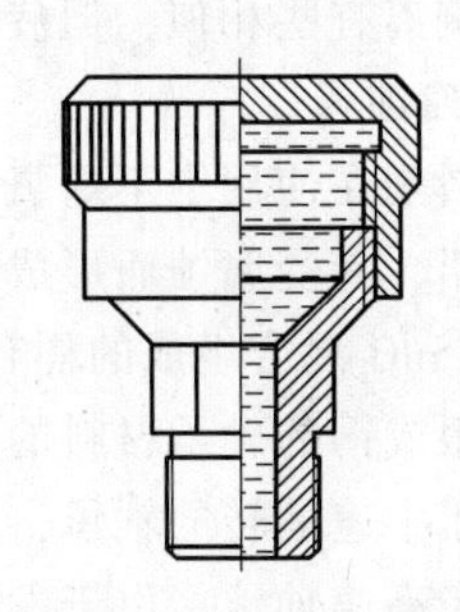

图 11-26　旋盖式油脂杯

11.5　滑动轴承的材料选择及分析

轴瓦和轴承衬的材料统称为轴承材料。轴瓦是安装于轴承座内、直接支承轴颈的零件。为了增加耐磨性和减摩性，在轴瓦的内表面浇注价格较高的耐磨性和减摩性材料，称为轴承衬。轴承材料通常是指轴瓦和轴承衬的材料，为了正确地选择材料，首先必须了解滑动轴承的失效形式。

11.5.1　滑动轴承的失效形式

滑动轴承是在滑动摩擦下工作的轴承，滑动轴承工作时，轴瓦与转轴之间要求有一层很薄的油膜起润滑作用。如果润滑不良，轴瓦与转轴之间就存在直接的摩擦，摩擦会产生很高的温度，导致轴瓦或轴承衬烧坏。轴瓦还可能由于负荷过大、温度过高、润滑油存在杂质或黏度异常等因素造成烧瓦，烧瓦后滑动轴承就失效了。

滑动轴承的失效形式通常由多种原因引起，失效的形式有很多种，有时几种失效形式并存，相互影响。滑动轴承常见的失效形式归纳为下述几种。

1. 磨粒磨损

进入轴承间隙的硬颗粒物（如灰尘、砂砾等）有的嵌入轴承表面，有的游离于间隙中并随轴一起转动，它们都将对轴颈和轴承表面起研磨作用。在机器起动、停车或轴颈与轴承发生边缘接触时，他们都将加剧轴承磨损，导致几何形状改变、精度丧失，轴承间隙加大，使轴承性能在预期寿命前急剧恶化。

2. 刮伤

进入轴承间隙的硬颗粒或轴颈表面粗糙的轮廓峰顶，在轴承上划出线状伤痕，导致轴承因刮伤而失效。

3. 胶合（也称为烧瓦）

当轴承温升过高，载荷过大，油膜破裂时，或在润滑油供应不足的条件下，轴颈和轴承的相对运动表面材料发生黏附和迁移，从而造成轴承损坏，有时甚至可能导致相对运动的中止。

4. 疲劳剥落

在载荷反复作用下，轴承表面出现与滑动方向垂直的疲劳裂纹，当裂纹向轴承衬与衬背结合面扩展后，造成轴承衬材料的剥落。它与轴承衬和衬背因结合不良或结合力不足造成轴承衬的剥离有些相似，但疲劳剥落周边不规则，结合不良造成的剥离周边比较光滑。

5. 腐蚀

润滑剂在使用中不断氧化，所生成的酸性物质对轴承材料有腐蚀性，特别对制造铜铝合金中的铅，易受腐蚀而形成点状剥落。氧对锡基巴氏合金的腐蚀，会使轴承表面形成一层由 SnO_2 和 SnO 混合组成的黑色硬质覆盖层，它能擦伤轴颈表面，并使轴承间隙变小。此外，硫对含银或铜的轴承材料的腐蚀，润滑油中水分对铜铅合金的腐蚀，都应予以注意。

对于中速运转的轴承，其主要失效形式是疲劳点蚀，应按疲劳寿命进行校核计算。

对于高速轴承，由于发热大，常产生过度磨损和烧伤，为避免轴承产生失效，除保证轴承具有足够的疲劳寿命之外，还应限制其转速不超过极限值。对于不转动或转速极低的轴承，其主要的失效形式是产生过大的塑性变形，应进行静强度的校核计算。以上列举了常见的几种失效形式，由于工作条件不同，滑动轴承还可出现气蚀、流体侵蚀、电侵蚀和微动磨损等损伤。从美国、英国和日本三家汽车厂统计的汽车用滑动轴承故障原因的平均比率来看，因不干净或由异物进入而导致的失效比率较大。

11.5.2 对滑动轴承材料的要求

根据滑动轴承的工作特点，与其他机械零部件不同，滑动轴承（指轴瓦和轴承衬）对材料的要求比较严格，通常应满足以下条件：

1）具有足够的抗压强度、抗疲劳能力和抗冲击能力。

2）具有良好的减摩性，减摩性是材料具有减小摩擦阻力的性质。

3）具有良好的耐磨性，耐磨性是指材料具有抵抗磨损的性质，抗粘着磨损和磨粒磨损性能较好。

4）具有良好的跑合性，跑合性就是材料消除表面不平度而使轴瓦表面和轴颈表面相互吻合的性质，使轴颈与轴瓦表面间相互尽快吻合。

5）良好的可塑性，具有适应因轴的弯曲和其他几何误差而使轴与轴承滑动表面初始配合不良的能力。

6）具有嵌藏性，即轴承材料具有容纳金属碎屑和灰尘的能力。

7）良好的加工工艺性、导热性、抗腐蚀性能及经济性等。

这些要求有时是相互矛盾的，在选择材料时应以解决主要矛盾为主。

至今尚无一种轴承材料能够完全满足这些项目的要求，而且各项目又大多彼此矛盾。例如，金属材料越软，则顺应性和嵌入性越好，但强度也越低，所以软金属材料只能作轴承衬用；硬度高的材料强度也高，但顺应性和嵌入性差，用这种材料制成的轴瓦要求轴与轴承的对中误差小。滑动轴承材料应根据载荷、速度、温度、润滑条件和寿命等因素进行选择。常用的滑动轴承材料有巴氏合金、铜基和铝基合金、耐磨铸铁、塑料、橡胶、木材和碳-石墨等。为了充分利用各种金属的各自特点和节省贵重金属，通常把轴瓦制成复合结构。即在强度较大材料制成的轴瓦内表面附上一层耐磨性、减摩性、顺应性、嵌入性、磨合性等比较好的轴承衬。

11.5.3　滑动轴承常用材料及分析

常用的轴瓦和轴承衬材料分为金属材料、粉末冶金及非金属材料三种。

1. 金属材料

金属材料主要指轴承合金、铜基轴承合金等。

（1）轴承合金　轴承合金也称巴氏合金，巴氏合金分为锡基和铅基两种，均属软质低熔点材料，具有优良的抗咬合性、减摩性、可嵌入性和跑合性。然而其承载能力、耐热和耐疲劳性能较差。巴氏合金强度低，只能作软钢、铸铁或青铜轴承的轴承衬用。巴氏合金滑动轴承大多采用双金属制成，轴承背部采用硬度高、弹性好的钢带，钢带内表面浇铸一层 0.1~0.3mm 的巴氏合金内衬，并制成半瓦，可以直接安放于直径尺寸配套的轴承座中，安装使用便利。

锡基巴氏合金的成分是以锡、锑、铜为主要成分的低熔点合金，又称白合金、轴承合金。合金的基体是锡中熔有铜和锑的固溶体软组织，其中分布有锡铜锑化合物构成的硬颗粒。软组织具有良好的摩擦相容性、顺应性和嵌入性，硬颗粒具备一定的支承载荷的能力。锡基巴氏合金价格较高，主要用于高速重载的重要轴承和大型轴承。

铅基巴氏合金是以铅、锑、铜为主要成分的轴承合金，铅基巴氏合金的性能不如锡基合金，但价廉，应用较广，适用于中速、中载且载荷比较稳定的轴承。加入微量元素（如铬、铍等）制造高强度巴氏合金，是新的发展方向。

（2）铜基轴承合金　铜基轴承合金有锡青铜、铅青铜和铝青铜三种。锡青铜减摩性和耐磨性最好，铅青铜抗黏附能力强，铝青铜强度及硬度较高。锡青铜适用于重载、中速场合，铅青铜适用于高速、重载场合，铝青铜适用于低速、重载场合。

（3）铸铁和耐磨铸铁　由于铸铁比较脆，只适用于低速、轻载场合的不重要轴承。

2. 粉末冶金

粉末冶金是金属粉末加石墨，经高压成型，再经高温烧制而成的、含有孔隙的轴承材料，孔隙占总体积的 15%~35%，可预先浸满油，工作时自行润滑，所以又称含油轴承、自润滑轴承。自润滑性和耐蚀性极好，并能耐 400℃高温，但强度差，需压装在钢套中使用。这种轴承可在不易润滑、不允许油脏污、温度较高或有腐蚀性的环境中使用。

3. 非金属材料

非金属材料多用作在水、酸、碱等金属容易腐蚀的场合下工作的轴承材料。

(1) 塑料　常用的塑料有酚醛树脂、尼龙、聚四氟乙烯和聚甲醛等。塑料轴承自润滑性能好、摩擦因数小、抗疲劳性能好、吸振能力强、耐蚀性和嵌入性好、能用水或乳化液润滑，并可节约有色金属。但塑料强度比金属低，耐热性差，导热率低，遇油或水有膨胀现象，设计时须取较大的轴承间隙。在塑料中加入某些填料如石墨、二硫化钼、玻璃纤维等可降低摩擦因数和提高耐磨性；加入铜粉可提高导热率和强度。塑料轴承已在冶金、化工、纺织、食品、仪表和造船等工业中使用。

(2) 橡胶　橡胶的嵌入性和耐蚀性极好。橡胶轴承可用混有颗粒杂质的水作润滑剂，富有弹性，有消振作用，运转平稳，但导热性差，工作温度应低于70℃，否则容易老化。天然橡胶不耐油，需要油润滑的橡胶轴承应采用耐油橡胶。

(3) 木材　木材有自润滑性，成本低，耐蚀性好。木材制作的轴承可用于要求清洁卫生的食品机械、粮食加工机械等。其工作温度不得高于65℃。铁梨木、枫木和橡木等硬质木材都适于制作木轴承。

第 12 章　联轴器设计概述及材料选择分析

联轴器是机械传动中广泛应用的重要部件。它们主要用来连接两轴使之一起转动并传递运动和动力。用联轴器连接的两根轴，只有在机器停车后，经过拆卸才能使它们分离。联轴器除要从结构上采取各种措施传递所需的转矩外，还应具有补偿两轴线的相对位移或偏差、减振与缓冲以及保护机器等性能。

12.1　常用联轴器简介

12.1.1　联轴器的分类

联轴器的种类很多，根据是否带有弹性元件，可以将联轴器分为刚性联轴器和弹性联轴器两大类。联轴器所连接的两轴，由于制造及安装误差、承载后的变形以及温度变化的影响等，往往不能保证严格的对中，而是存在着某种程度的相对位移与偏斜。

弹性联轴器因有弹性元件故可缓冲减振，并可在一定范围内补偿两轴间的偏斜；刚性联轴器又根据其结构特点分为固定式与可移式两类。刚性可移式联轴器对两轴的偏移量具有一定的补偿能力；固定式联轴器要求被连接的两轴中心线严格对中。联轴器的一般分类如图 12-1 所示。

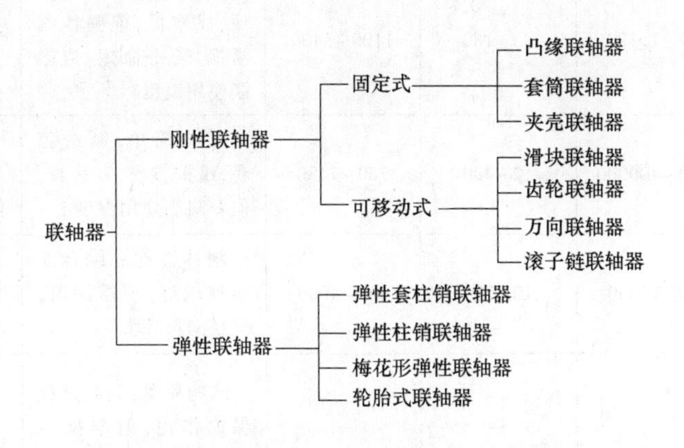

图 12-1　联轴器的分类

12.1.2　联轴器的应用

联轴器大部分已标准化、规格化，被广泛应用在机械设备中。正确选用联轴器，对保证正常运转、改善机械工作状态、延长设备使用寿命等都有较大影响。设计时主要是根据机器的工作特点及要求，结合联轴器的性能选定合适的类型，常用联轴器的特点与应用见表 12-1。

表 12-1　常用几种联轴器的特点与应用

类别	联轴器类型	许用转矩 [T]/N·m	轴径范围 /mm	最大转速 /(r/min)	特　点	使用条件
刚性联轴器	凸缘联轴器	400~16000	40~160	1450~3500	结构简单，使用方便，成本低，能传递较大转矩，对中精度可靠	适用于转速低、载荷平稳、两轴的同轴度好、对中性好的连接
	套筒联轴器	4.5~10000	10~100	200~250	结构简单，径向尺寸小，同轴度高，但拆装不便	用于两轴直径较小、工作平稳的连接，广泛用于机床
	夹壳联轴器	85~9000	30~110	380~900	结构简单，拆装方便，但平衡困难，缺乏缓冲和吸振能力	用于低速、无冲击载荷的条件
无弹性元件挠性联轴器	齿轮联轴器	$710\sim10^6$	18~560	300~3780	承载能力大，工作可靠，但制作成本高	可在高速重载条件下工作，常用于起动频繁、正反转变化的场合
	十字滑块式联轴器	120~20000	15~150	100~250	径向尺寸小，寿命较长，但制造复杂，需要润滑	用于两轴相对偏移量较大、低速转动、工作较平稳的场合
	NZ挠性爪型联轴器	25~600	15~65	3800~10000	结构简单，外形尺寸小，惯性力小	用于小功率、高转速、无急剧冲击的连接
	万向联轴器	25~1280	10~40	—	结构紧凑、维护方便、但制造较复杂有速度波动，将引起附加动载荷	适用于两轴夹角大或两轴平行但连接距离较大的场合
非金属弹性元件挠性联轴器	弹性套柱销联轴器	67~15380	25~180	1100~5400	弹性较好，拆装方便，成本低，但弹性圈易损坏，寿命短，应限制使用温度	用于连接载荷平稳，需正、反转或起动频繁的中小转矩的传动轴
	弹性柱销联轴器	100~400000	12~400	760~7430	结构简单，制造容易，维护方便，寿命长，但要限制使用温度	用于正、反转变化多，起动频繁的高、低速传动
	轮胎联轴器	10~16000	10~230	600~4000	缓冲性能和综合性能都较好，不需润滑，但径向尺寸大	用于潮湿、多尘、冲击大、正反转次数多及起动频繁的场合
安全联轴器	剪切销安全联轴器	—	—	—	结构简单，能起过载保护作用，但准确性不够	用于不要求精确控制转矩的一般保护装置

12.2　常用联轴器的选择计算与材料分析

12.2.1　联轴器的类型选择原则

联轴器是连接两轴、使之共同旋转并传递运动和转矩的部件，因此要求联轴器工作可靠、装拆方便、尺寸小、重量轻以及维护简单等。联轴器的类型选择主要考虑所需传递轴转速的高低、载荷的大小、被连接两部件的安装精度、回转的平稳性、价格等，参考各类联轴器的特性，具体选择时可考虑以下几点：

1）转矩大选择刚性联轴器、无弹性元件或有金属弹性元件的挠性联轴器；转矩有冲击振动时选择有弹性元件的挠性联轴器。

2）转速高选择非金属弹性元件的挠性联轴器。

3）对中性好选择刚性联轴器，需补偿时选挠性联轴器。

4）考虑装拆方便，选可直接径向移动的联轴器。

5）若在高温下工作，不可选有非金属元件的联轴器。

6）同等条件下，尽量选择价格低、维护简单的联轴器。

12.2.2　联轴器的计算方法简介

选好类型后进行计算。

1. 计算最大转矩

由于机器起动时的动载荷和运转中可能出现过载，所以应当按轴可能传递的最大转矩作为计算转矩 T_c。考虑机器起动时的惯性力及过载等因素的影响，联轴器的计算转矩可按下式计算：

$$T_c = KK_wK_zK_tT \leqslant T_n$$

式中　T——名义转矩（N·m）；

K——工作情况系数，见表 12-2；

K_w——动力机系数，见表 12-3；

K_z——起动系数，见表 12-3；

K_t——温度系数，见表 12-3；

T_n——公称转矩（N·m），由选择的具体联轴器型号标准中查取。

2. 选取型号和结构尺寸

根据计算转矩、轴直径、转速及所选的联轴器类型等，从有关手册中选取联轴器的具体型号和结构尺寸。

3. 校核最大转速

选出联轴器的具体型号后，要校核最大转速：被连接轴的转速 n 不应超过所选联轴器允许的最高转速 n_{max}，即

$$n \leqslant n_{max}$$

式中　n——被连接轴的转速（r/min）；

n_{max}——所选联轴器允许的最高转速（r/min）。

4. 协调轴孔直径

协调轴孔直径与联轴器孔径选择联轴器，多数情况下，每一型号联轴器适用的轴的直径均有一个范围，标准中或者给出轴直径的最小值和最大值，或者给出适用直径的尺寸系列，被连接两轴的直径应当在此范围内。一般情况下被连接两轴的直径可以相同，也可不同；两个轴端的形状也可能相同或不同。例如主动轴轴端为圆柱形，而连接的从动轴的轴端可能是圆锥形等。

表 12-2 联轴器工作情况系数 K（JB/T 7511—1994）

载荷性质	工作机类型	K
均匀载荷	转向机构、加煤机风筛、装罐机械	1.0
	鼓风机、风扇、泵（离心式）	1.0
	鼓风机、风扇（轴流式）、泵（回转式）	1.5
	压缩机（离心式、轴流式）	1.25~1.50
	液体搅拌设备、酿造、蒸馏设备、均匀加载运输机	1.0~1.25
	不均匀加载运输机、提升机（自动式、重力卸料式）	1.25~1.5
	给料机（板式、带式、圆盘式、螺旋式）	1.25
	废水处理设备	1.25
	纺织机械	1.25~1.50
	造纸设备（漂白、校平、卷取、清洗机）	1.0~1.50
	传动装置（主、辅传动）	1.25~1.50
	食品机械（瓶、罐装机、谷类脱粒机）	1.0~1.25
	印刷机械	1.50

载荷性质	工作机类型	K
中等冲击载荷	通风机（冷却塔式、引风机）	2.00
	泵（单~多缸）	1.75~2.25
	往复式压缩机	2.00
	搅拌机（筒形、混凝土）	1.50~1.75
	运输机（板式、螺旋式、往复式）	1.50~2.50
	提升机（离心式、料斗式、普通货车用）	1.50~2.00
	造纸设备	1.50~2.25
	食品机械（切割、搅面、绞肉）	1.75~2.00
	木材加工机械	1.50~2.00
	工具机（刨床、弯曲机、冲压床、攻螺纹机）	1.50~2.50
	石油机械（石蜡过滤机、油井泵、旋转窑）	1.75~2.00
	轧制设备（剪切、绕线、拉拔机、成形、压延等）	1.50~2.25
	旋转式粉碎机	2.00~2.25
	橡胶机械	2.00~2.50
	起重机、卷扬机	1.50~2.00
	挖泥机及附属设备	1.50~2.25
	黏土加工设备	1.75~2.00
	洗衣服、锤式粉碎机	2.00
	旋转式筛石机	1.50
重、特重冲击载荷	碎矿（石）机	2.75
	摆动运输机、往复式给料机	2.50
	可逆输送辊道	2.50
	初轧、中厚板轧机、剪切机、冲压机、机架辊	>2.75

注：表中 K 值的范围，根据同类机械中载荷性质的差异而定。

表 12-3 系数 K_w、K_z、K_t（JB/T 7511—1994）

动力机系数 K_w				
动力机	电动机、汽轮机	内燃机		
		四缸及以上	双缸	单缸
K_w	1.0	1.2	1.4	1.6
起动系数 K_z				
起动次数 z/h	≤120	>120~240	>240	
K_z	1.0	1.3	由制造厂定	
温度系数 K_t				
环境温度/℃	天然橡胶（NR）	聚氨基甲酸乙酯弹性体（PUR）	丁腈橡胶（NBR）	
−20~30	1.0	1.0	1.0	
>30~40	1.1	1.2	1.0	
>40~60	1.4	1.5	1.0	
>60~80	1.8	不允许	1.2	

5. 考虑规定部件相应的安装精度

根据所选联轴器允许轴的相对位移偏差，考虑规定部件相应的安装精度。通常标准中只给出单项位移偏差的允许值。如果有多项位移偏差存在，则必须根据联轴器的尺寸大小计算出相互影响的关系，以此作为规定部件安装精度的依据。

6. 进行必要的校核

一般情况不必对联轴器进行校核，必要的情况下应对联轴器主要传动零件进行强度校核。使用非金属弹性元件联轴器时，还应注意联轴器所在部位的工作温度不要超过该弹性元件材料允许的最高温度。

12.3　典型联轴器计算实例及材料分析

12.3.1　弹性套柱销联轴器

某混砂机中电动机与减速器之间用联轴器连接，已知电动机型号为 Y160L-4，额定功率 $P=15\text{kW}$，满载转速 $n=1460\text{r/min}$，电动机伸出轴直径 $d_1=42\text{mm}$，减速器输入轴直径 $d_2=40\text{mm}$。试：

1. 选择联轴器的类型、型号。
2. 校核该联轴器的强度。
3. 对该联轴器的材料进行分析。

解：

1. 选择联轴器类型

根据工作用途为混砂机，属于一般机械传动；考虑到电动机与减速器两轴对中性无严格要求，为了便于安装，因此采用弹性联轴器。又考虑到该传动装置精度要求不高，因此采用造价比较低的、结构比较简单的非金属弹性联轴器，例如弹性套柱销联轴器、（尼龙）柱销联轴器、梅花联轴器等。因轴的转速较高、转矩不太大、起动频繁，故本题选用弹性套柱销联轴器，也可选用其他形式的弹性联轴器。

2. 校核该联轴器的强度

（1）确定计算转矩 T_c　查表 12-3，动力机为电动机，则 $K_w=1$；假定联轴器结合次数为 200 次，则 $K_z=1.3$；混砂机一般在露天下工作，环境温度按夏季室外温度，30～40℃；弹性套材料为橡胶，所以 $K_t=1.1$。查表 12-2，混砂机转矩变化中等，工作机按搅拌机性质选取，则 $K=1.7$，故

$$T_c=KK_wK_zK_tT=1.7\times1\times1.3\times1.1\times9550\text{N}\cdot\text{m}\times\frac{15}{1460}=238.5\text{N}\cdot\text{m}$$

（2）选择联轴器型号　查表 12-4，LT 弹性套柱销联轴器基本参数和尺寸：选联轴器型号为 LT6（半联轴器材料为钢），该联轴器公称转矩 $T_n=250\text{N}\cdot\text{m}>T_c=238.5\text{N}\cdot\text{m}$；许用转速 $[n]=3800\text{r/min}>n=1460\text{r/min}$，故选择合适。

根据电动机的类型为市场上常用的 Y 系列电动机，由 Y 系列三相异步电动机技术数据可查出电动机伸出轴的尺寸：轴径 $d_1=42\text{mm}$，轴长 $L=110\text{mm}$。因此取联轴器轴孔直径 $d_1=42\text{mm}$，轴孔长 $L=112\text{mm}$（一般半联轴器长比轴长出 2mm，是考虑到两半联轴器连接后，不至于使两轴顶住而留一间隙）。考虑到电动机的轴长为 $L=110\text{mm}$，因此半联轴器用 Y 形轴孔（J 形孔为短圆柱形孔，Z 形孔适用于轴带锥度的情况）。而另一端工作机，联轴器可用 Y 形轴孔、J 形孔或 Z 形孔，其中 Y 形轴孔和 J 形孔加工容易，J 形孔较短，结构紧凑，

一般适用于轴端带挡圈的情况。Z形孔轴孔对中性好，但加工较困难。

表 12-4　LT 弹性套柱销联轴器基本参数和尺寸（GB/T 4323—2017）

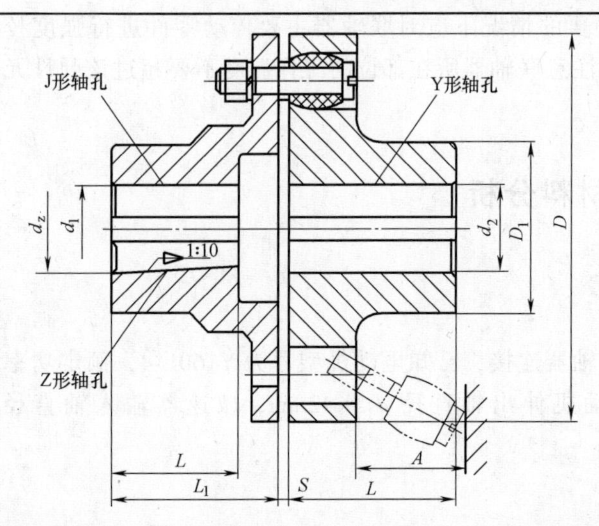

标记示例：

例 1　LT6 联轴器 40×112　GB/T 4323—2017

主动端 $d_1=40$mm，Y 形轴孔 $L=112$mm　A 型键槽

从动端 $d_2=40$mm，Y 形轴孔 $L=112$mm　A 型键槽

例 2　LT3 联轴器 $\frac{\text{ZC }16\times30}{\text{JB }18\times30}$ GB/T 4323—2017

主动端 $d_2=16$mm，Z 形轴孔 $L_1=30$mm　C 型键槽

从动端 $d_2=18$mm，J 形轴孔 $L_1=30$mm　B 型键槽

型号	公称转矩 T_n/N·m	许用转速 $[n]$/(r/min)	轴孔直径 d_1、d_2、d_z/mm	轴孔长度/mm Y 形 L	J、Z 形 L_1	J、Z 形 L	D/mm	D_1/mm	S/mm	A/mm	转动惯量/kg·m²	质量/kg
LT1	16	8800	10,11	22	25	22	71	22	3	18	0.0004	0.7
			12,14	27	32	27						
LT2	25	7600	12,14	27	32	27	80	30	3	18	0.001	1.0
			16,18,19	30	42	30						
LT3	63	6300	16,18,19	30	42	30	95	35	4	35	0.002	2.2
			20,22	38	52	38						
LT4	100	5700	20,22,24	38	52	38	106	42	4	35	0.004	3.2
			25,28	44	62	44						
LT5	224	4600	25,28	44	62	44	130	56	5	45	0.011	5.5
			30,32,35	60	82	60						
LT6	355	3800	32,35,38	60	82	60	160	71	5	45	0.026	9.6
			40,42	84	112	84						
LT7	560	3600	40,42,45,48	84	112	84	190	80	5	45	0.06	15.7
LT8	1120	3000	40,42,45,48,50,55	84	112	84	224	95	6	65	0.13	24.0
			60,63,65	107	142	107						
LT9	1600	2850	50,55	84	112	84	250	110	6	65	0.20	31.0
			60,63,65,70	107	142	107						
LT10	3150	2300	63,65,70,75	107	142	107	315	150	8	80	0.64	60.2
			80,85,90,95	132	172	132						
LT11	6300	1800	80,85,90,95	132	172	132	400	190	10	100	2.06	114
			100,110	167	212	167						
LT12	12500	1450	100,110,120,125	167	212	167	475	220	12	130	5.00	212
			130	202	252	202						
LT13	22400	1150	120,125	167	212	167	600	280	14	180	16.0	416
			130,140,150	202	252	202						
			160,170	242	302	242						

注：1. 转动惯量和质量是按 Y 形最大轴孔长度、最小轴孔直径计算的数值。

2. 轴孔形式组合为：Y/Y、J/Y、Z/Y。

本题减速器轴端的半联轴器初步选用 J 形轴孔，查表 12-4，LT 弹性套柱销联轴器：轴孔直径 $d_2=40\text{mm}$（可以取 40mm 或 42mm，本题考虑结构尽量紧凑，因此取 40mm），轴孔长 $L_1=84\text{mm}$，因此联轴器的标记为

$$\text{LT6 联轴器}\frac{42\times112}{\text{J}40\times84}\text{GB/T 4323—2017}$$

（3）校核联轴器的强度　弹性套柱销联轴器的较弱零件是柱销和弹性套，需要校核柱销弯曲强度及弹性套的抗挤压强度。

1）柱销弯曲强度校核。强度条件为

$$\sigma_{\text{b}}\approx\frac{10T_{\text{c}}l}{0.8zD_1d^3}\leqslant[\sigma_{\text{b}}]$$

式中，按强度计算的柱销中心分布圆直径 D_1 最小值的经验公式为

$$D_1=(15\sim16.5)\sqrt[3]{T_{\text{c}}}=92.85\sim102.13$$

不同厂家，此值不同，本例取 $D_1=100\text{mm}$。

柱销数按下式计算：

$$z=2.8D_1/d_5=2.8\times100/26=10.76$$

取整为偶数，则 $z=10$。

查表 12-5，弹性套、挡圈、柱销的主要尺寸（弹性套、挡圈的尺寸如图 12-3 所示）：柱销全长 $l_2=72\text{mm}$（此处近似取柱销长 $l\approx l_2=72\text{mm}$），柱销材料为 45 钢，$[\sigma_{\text{b}}]=80\sim90\text{MPa}$。

将数据代入上式计算柱销弯曲强度，得

$$\sigma_{\text{b}}\approx\frac{10\times238.5\times10^3\times72}{0.8\times10\times100\times14^3}\text{MPa}=78.23\text{MPa}<[\sigma_{\text{b}}]=80\sim90\text{MPa}$$

因此柱销弯曲强度足够。

2）弹性套的挤压强度。弹性套的挤压强度条件为

$$\sigma_{\text{p}}=\frac{4T_{\text{c}}}{0.8zD_1dl_1}\leqslant[\sigma_{\text{p}}]$$

式中　$[\sigma_{\text{p}}]$——弹性套的许用挤压应力，对于橡胶，取 $[\sigma_{\text{p}}]=(1.8\sim2.0)\text{MPa}$。

将数据代入得

$$\sigma_{\text{p}}=\frac{2\times283.5\times10^3}{0.8\times10\times100\times14\times28}=1.81\text{MPa}<[\sigma_{\text{p}}]=(1.8\sim2.0)\text{MPa}$$

从以上可以看出，选此型号的联轴器是合适的。

注：如果选用了标准联轴器，一般情况下可不必对易损件进行校核。

3. 该联轴器的材料选择及分析

弹性套柱销联轴器属于应用较早的典型弹性联轴器，其组成如图 12-2 所示：主要由左半联轴器、右半联轴器、柱销和弹性套组成。其工作原理是利用一端套有弹性套的柱销，装在两半联轴器凸缘缘孔以实现两半联轴器的连接。弹性套柱销联轴器曾经是我国应用最广泛的联轴器，早在 20 世纪 50 年代末期即已制订为机械部标准，是我国第一个部标准联轴器。

（1）两个半联轴器　弹性套柱销联轴器的左半联轴器和右半联轴器（即一个是主动、一个是从动）主要作用是：支承及连接装键部分的轴，使其不易变形，因此联轴器的材料要有一定的刚度；轴的转矩通过键的侧面传给主动半联轴器毂的侧面，则主动半联轴器转

动，转矩又通过柱销传给从动半联轴器，然后又通过从动半联轴器的毂孔侧面传给键的侧面，键的侧面又将转矩传给轴槽侧面，因此从动轴也转动了。作为联轴器的毂孔受到挤压应力和剪切应力作用，因此联轴器的材料要有一定抗压强度及抗剪强度；同时，由于半联轴器需要加工外圆、内孔及轮毂槽，因此必须选择具有良好的加工性能的材料。综合考虑，两个半联轴器应该选择强度较高、刚度较大且加工性能好的材料，优质碳素钢中的中碳钢性能好，能满足强度、刚度及加工性要求，价格适中，目前被广泛采用作联轴器材料，例如 45 钢、30 钢、35 钢等，也有用灰铸铁，例如 HT200 等。

表 12-5　弹性套、挡圈、柱销的主要尺寸　（单位：mm）

型号		弹性套			挡圈			柱销	
		d_5	d_6	l_1	d_1	s	d_8	l_2	M
LT1		16	8	10	12	3	8.2	40	M6
LT2									
LT3		19	10	15	15	4	10.4	55	M6
LT4									
LT5	LTZ5	26	14	28	20	5	14.5	72	M12
LT6	LTZ6								
LT7	LTZ7								
LT8	LTZ8	35	18	36	25	6	18.6	88	M16
LT9	LTZ9								
LT10	LTZ10	45	24	44	32	8	24.8	110	M20
LT11	LTZ11	58	30	56	40	10	30.8	140	M21
LT12	LTZ12	71	38	72	50	12	39	170	M30
LT13	LTZ13	85	45	88	60	14	46	210	M36

（2）柱销　柱销是将两个半联轴器连接起来并传递转矩，因此受较大的扭剪应力，因此应选择抗剪强度高的材料；为了防止柱销的变形，应选择刚度较高的材料。优质碳素钢中的中碳钢性能好，能满足强度、刚度及加工性要求，价格适中，目前被广泛采用作柱销材料为 45 钢。

（3）弹性套　弹性套是套在柱销上的弹性体，如图 12-2 所示，是利用一端套有弹性套的柱销装在两半联轴器凸缘缘孔以实现两半联轴器的连接，传递转矩。弹性套起到补偿位移、缓冲吸振作用。

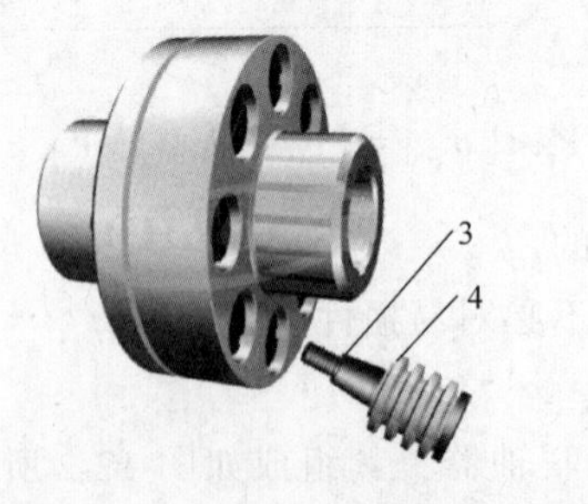

图 12-2　弹性套柱销联轴器

1—左半联轴器　2—右半联轴器　3—柱销　4—弹性套

弹性体材质的好坏对联轴器传递扭矩及联轴器的使用寿命有很大的影响。一般弹性体的材质分为两种：聚氨酯及橡胶，应用较为广泛的材质是聚氨酯，因为聚氨酯强度相对较高，比较耐高温（-20~70℃），且成本低，外观颜色是纯黄色的。而橡胶材质主要是应用于转速较低温度也较低（-20~50℃）的情况下。

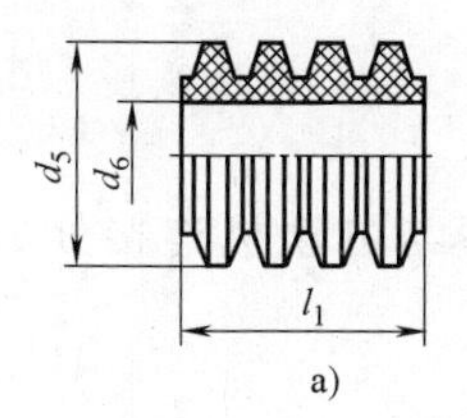

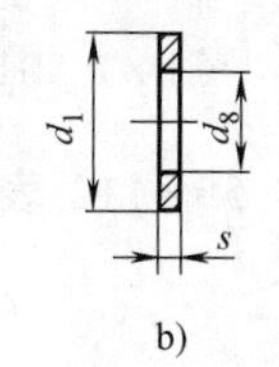

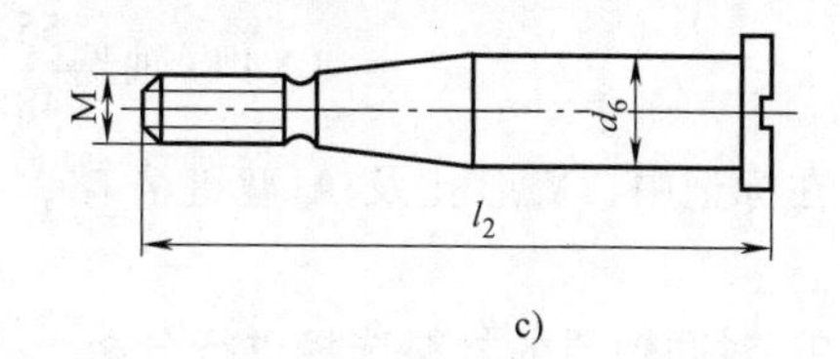

图 12-3　弹性套柱销联轴器主要附件

a）弹性套　b）挡圈　c）柱销

总之，弹性套柱销联轴器的特点是结构简单，安装方便，更换容易，尺寸小，重量轻。由于弹性套工作时受到挤压发生的变形量不大，且弹性套与销孔的配合间隙不宜过大，因此弹性柱销联轴器的缓冲和减振性不高，补偿两轴之间的相对位移量较小。

12.3.2　弹性柱销联轴器

某电动机型号为 $Y200L_2$—6，额定功率 $P=22kW$，转速 $n=970r/min$，伸出轴轴颈为 $\phi55mm$。减速器的减速比 i=26.3，总效率 0.94。由强度计算得：减速器的输入轴径为 48 mm，输出轴径为 95mm。工作机为链式运输机，载荷为中等冲击，与减速器连接的轴径为 100mm。试：

1. 选择减速器输入端的联轴器类型，并标出型号。

2. 对该联轴器的材料选择进行分析。

解：

1. 选择减速器输入端联轴器

（1）联轴器类型选择　从电动机功率来看，属于中等载荷。又因为工作机为链式运输机，载荷为中等冲击，因此轴将有一定的弯曲变形，因此应该选用弹性联轴器以补偿轴的弯曲变形并缓冲吸振。本例选用价格低廉的弹性柱销联轴器（GB/T 5014—2017）。弹性柱销联轴器结构简单、合理，维修方便、两面对称可互换，寿命长，允许较大的轴向窜动，具有缓冲、减振、耐磨等性能。适合在不控制噪声的环境的场合使用。许用补偿量径向 0.15~0.25mm、角向 0.5°。

（2）确定减速器输入轴计算转矩 T_{c1}　查表 12-3，动力机为电动机，则 $K_w=1$；假定联轴器结合次数为 200 次/h，则 $K_z=1.3$；减速器在室内工作，室温为 20~30℃，材料为尼龙（聚氨酯），所以 $K_t=1$；查表 12-2，减速器载荷均匀，工作机性质为传动装置，则 $K=1.25\sim1.5$，本例取 $K=1.3$，则

$$T_{c1}=KK_wK_zK_tT=1.3\times1\times1.3\times1.0\times9550\text{N}\cdot\text{m}\times\frac{20.8}{970}=346\text{N}\cdot\text{m}$$

（3）选择联轴器具体型号尺寸　根据计算得到的 T_c，由表 12-6 弹性柱销联轴器（GB/T 5014—2017）可查得，应选用 LX2 弹性柱销联轴器，该联轴器公称转矩为 560N·m，但联轴器孔径最大到 35mm，而电动机外伸轴的直径为 $\phi55mm$，说明该型号的联轴器不可用。考虑电动机轴径为 55mm，因此改选 LX4 弹性柱销联轴器，公称转矩为 2500N·m，孔径 d 有 40、42、45、48、50、55、56、60、63（单位为 mm）九种规格，即决定选用 LX4 型；减

速器输入端轴孔暂选用 Y 形孔（考虑用 Y 形孔时键较长，挤压强度容易满足），根据已知条件，$d=48\text{mm}$，联轴器的标记为

$$\text{LX4 联轴器}\frac{55\times112}{48\times112}\quad \text{GB/T 5014—2017}$$

在标记中，Y 形孔及 A 型键省略，尺寸 55×112 表示联轴器与电动机连接处的轮毂孔径。

2. 对联轴器的材料选择进行分析

弹性柱销联轴器是利用若干非金属弹性材料制成的柱销，置于两半联轴器凸缘孔中，通过柱销实现两半联轴器连接，结构见表 12-6 中的图所示。弹性柱销联轴器与 12.3.1 节实例中的弹性套柱销联轴器的主要区别是弹性元件将弹性套用尼龙柱销来替代。

弹性元件尼龙柱销常用的材料为尼龙 6、尼龙 66，尼龙 6 为聚己内酰胺，而尼龙 66 为聚己二酸己二胺，尼龙 66 比尼龙 6 要硬 12%。尼龙比起橡胶材料的弹性套具有以下特点：

1）更高的韧性。

2）更高的拉伸及弯曲强度。

3）更好的耐磨性、耐油性、抗振性。

4）吸水性小。

5）尺寸稳定性好。

因此用 MC 尼龙柱销代替弹性圆柱销，性能更好，寿命更长，结构更简单，更换更方便。但是弹性套如为橡胶材料，基本没有噪声；而尼龙制作的弹性柱销却有一定的噪声。

弹性柱销联轴器的两个半联轴器以及挡板、圈垫等金属材料与 12.3.1 节实例中的弹性套柱销联轴器选材分析完全相同，即 45 钢、ZG270—500。

由于弹性元件采用了 MC 尼龙材料，因此与同尺寸的弹性圆柱销联轴器相比，传递力矩能力更大，结构更简单，制造更容易，装拆更换弹性元件也更方便。

弹性元件（尼龙柱销）有微量补偿两轴线偏移能力；工作时受剪切，与无弹性元件的挠性联轴器例如齿轮联轴器相比，工作可靠性较差，因此与弹性套柱销联轴器相似，仅适用于要求很低的中速传动轴系，不适用于工作可靠性要求较高的工况。

螺栓采用性能等级 8.8 级；制动轮采用 ZG310—570。

表 12-6　弹性柱销联轴器（GB/T 5014—2017）　　（单位：mm）

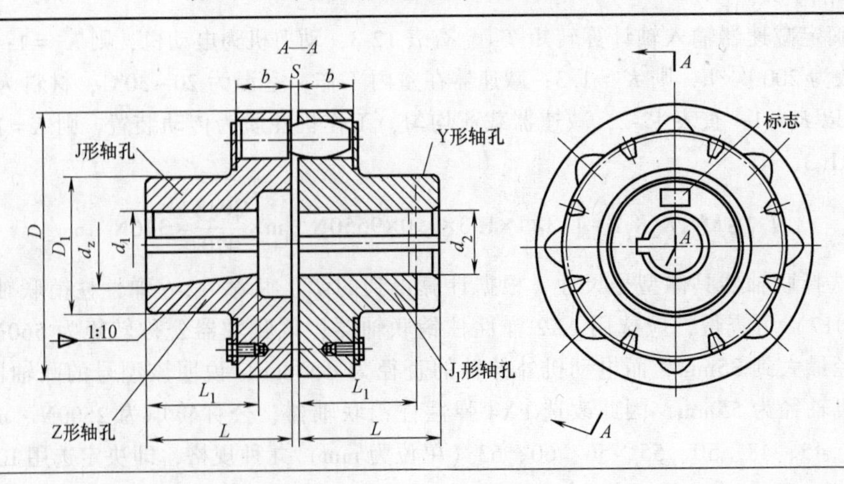

（续）

<table>
<tr><th rowspan="3">型号</th><th rowspan="3">公称转矩 T_n/N·m</th><th rowspan="3">许用转速[n]/(r/min)</th><th rowspan="3">轴孔直径 d_1、d_2、d_z</th><th colspan="3">轴孔长度</th><th rowspan="3">D</th><th rowspan="3">D_1</th><th rowspan="3">b</th><th rowspan="3">S</th><th rowspan="3">转动惯量 J/(kg·m^2)</th><th rowspan="3">质量 m/kg</th></tr>
<tr><th>Y 形</th><th colspan="2">J、J_1、Z 形</th></tr>
<tr><th>L</th><th>L_1</th><th>L</th></tr>
<tr><td rowspan="8">LX1</td><td rowspan="8">250</td><td rowspan="8">8500</td><td>12</td><td rowspan="2">32</td><td rowspan="2">27</td><td rowspan="2">—</td><td rowspan="8">90</td><td rowspan="8">40</td><td rowspan="8">20</td><td rowspan="8">2. 5</td><td rowspan="8">0. 002</td><td rowspan="8">2</td></tr>
<tr><td>14</td></tr>
<tr><td>16</td><td rowspan="3">42</td><td rowspan="3">30</td><td rowspan="3">42</td></tr>
<tr><td>18</td></tr>
<tr><td>19</td></tr>
<tr><td>20</td><td rowspan="3">52</td><td rowspan="3">38</td><td rowspan="3">52</td></tr>
<tr><td>22</td></tr>
<tr><td>24</td></tr>
<tr><td rowspan="8">LX2</td><td rowspan="8">560</td><td rowspan="8">6300</td><td>20</td><td rowspan="3">52</td><td rowspan="3">38</td><td rowspan="3">52</td><td rowspan="8">120</td><td rowspan="8">55</td><td rowspan="8">28</td><td rowspan="8">2. 5</td><td rowspan="8">0. 009</td><td rowspan="8">5</td></tr>
<tr><td>22</td></tr>
<tr><td>24</td></tr>
<tr><td>25</td><td rowspan="2">62</td><td rowspan="2">44</td><td rowspan="2">62</td></tr>
<tr><td>28</td></tr>
<tr><td>30</td><td rowspan="3">82</td><td rowspan="3">60</td><td rowspan="3">82</td></tr>
<tr><td>32</td></tr>
<tr><td>35</td></tr>
<tr><td rowspan="8">LX3</td><td rowspan="8">1250</td><td rowspan="8">4750</td><td>30</td><td rowspan="4">82</td><td rowspan="4">60</td><td rowspan="4">82</td><td rowspan="8">160</td><td rowspan="8">75</td><td rowspan="8">36</td><td rowspan="8">2. 5</td><td rowspan="8">0. 026</td><td rowspan="8">8</td></tr>
<tr><td>32</td></tr>
<tr><td>35</td></tr>
<tr><td>38</td></tr>
<tr><td>40</td><td rowspan="4">112</td><td rowspan="4">84</td><td rowspan="4">112</td></tr>
<tr><td>42</td></tr>
<tr><td>45</td></tr>
<tr><td>48</td></tr>
<tr><td rowspan="9">LX4</td><td rowspan="9">2500</td><td rowspan="9">3850</td><td>40</td><td rowspan="7">112</td><td rowspan="7">84</td><td rowspan="7">112</td><td rowspan="9">195</td><td rowspan="9">100</td><td rowspan="9">45</td><td rowspan="9">3</td><td rowspan="9">0. 109</td><td rowspan="9">22</td></tr>
<tr><td>42</td></tr>
<tr><td>45</td></tr>
<tr><td>48</td></tr>
<tr><td>50</td></tr>
<tr><td>55</td></tr>
<tr><td>56</td></tr>
<tr><td>60</td><td rowspan="2">142</td><td rowspan="2">107</td><td rowspan="2">142</td></tr>
<tr><td>63</td></tr>
<tr><td rowspan="9">LX5</td><td rowspan="9">3150</td><td rowspan="9">3450</td><td>50</td><td rowspan="3">112</td><td rowspan="3">84</td><td rowspan="3">112</td><td rowspan="9">220</td><td rowspan="9">120</td><td rowspan="9">45</td><td rowspan="9">3</td><td rowspan="9">0. 191</td><td rowspan="9">30</td></tr>
<tr><td>55</td></tr>
<tr><td>56</td></tr>
<tr><td>60</td><td rowspan="6">142</td><td rowspan="6">107</td><td rowspan="6">142</td></tr>
<tr><td>63</td></tr>
<tr><td>65</td></tr>
<tr><td>70</td></tr>
<tr><td>71</td></tr>
<tr><td>75</td></tr>
<tr><td rowspan="2">LX6</td><td rowspan="2">6300</td><td rowspan="2">2720</td><td>60</td><td rowspan="2">142</td><td rowspan="2">107</td><td rowspan="2">142</td><td rowspan="2">280</td><td rowspan="2">140</td><td rowspan="2">56</td><td rowspan="2">4</td><td rowspan="2">0. 543</td><td rowspan="2">53</td></tr>
<tr><td>63</td></tr>
</table>

注：1. Y——长圆柱形轴孔。2. J——有沉孔的短圆柱形轴孔。3. J_1——无沉孔的短圆柱形轴孔。4. Z——有沉孔的锥形轴孔。

12.3.3 鼓形齿式联轴器

已知条件完全同12.3.2节的实例（此处略），减速器输入轴计算转矩T_{c1}不变。试：

1. 选择减速器低速轴输出端的联轴器类型，并标出型号。

2. 校核减速器低速轴输出端的联轴器的强度。

3. 对所选择的联轴器类型进行选材分析。

解：

1. 选择减速器输出端的联轴器类型

由12.3.2节的实例计算可得减速器输入轴的计算转矩T_{c1}为

$$T_{c1}=KK_wK_zK_tT=1.3\times1\times1.3\times1.0\times9550\text{N}\cdot\text{m}\times\frac{20.8}{970}=346\text{N}\cdot\text{m}$$

（1）计算减速器输出轴的转矩T_{c2}

$$T_{c2}=i\eta T_{c1}=26.3\times0.94\times346\text{N}\cdot\text{m}=8553.8\text{N}\cdot\text{m}$$

（2）选择联轴器具体型号及尺寸　因为低速轴载荷大，属于重载，且又有冲击，因此选用挠性联轴器中的齿式联轴器。由于直齿式联轴器的补偿两轴向的相对偏移能力不如鼓形齿式联轴器，所以选用鼓形齿式联轴器。又因为鼓形齿式联轴器TGL型（表12-7）的公称转矩较小，都小于T_{c2}，达不到使用要求，因此不能选用。考虑鼓形齿式联轴器GICL（Z）和GⅡCL（Z）型联轴器相比，在公称转矩相同时，在两轴线许用角位移为1.5°时，前者允许较大的径向位移量，更适合用在环境恶劣的场合，如矿山机械等中型机械，本例工作机为链式输送机，暂决定选用GⅡCL8型联轴器。查表12-8，其公称转矩为10000N·m，满足使用要求。主、从动端均选用Y形轴孔，轴孔直径为95mm，长度为172mm，B型键槽。

则联轴器的标记为

GⅡCL8联轴器 YB 95×172 JB/T 8854.2—2001

2. 校核低速轴输出端联轴器的强度

工作齿面的压强计算：

$$p=\frac{1.8T_c}{bd^2}\leqslant[p]$$

式中　d——齿轮的分度圆直径，$d=D_2+5\text{mm}=155\text{mm}+5\text{mm}=160\text{mm}$（注，此尺寸是按齿的模数为2.5的估计值，准确尺寸请与联轴器厂家联系）；

b——轴套上外齿的宽度，$b=(0.15\sim0.2)d=24\sim32\text{mm}$，此处取为30mm；

$[p]$——齿面的许用压强，对直线齿$[p]=8\sim12\text{MPa}$，对鼓形齿$[p]=15\sim30\text{MPa}$，材质好，齿面硬度高，圆周速度低，取大值，本题取30MPa。

将以上数字代入上式：

$$p=\frac{1.8T_{c2}}{bd^2}=\frac{1.8\times8553.8\times10^3}{30\times160^2}\text{MPa}=20.05\text{MPa}<[p]=30\text{MPa}$$

因为此联轴器的工作转速不高，因此不必验算齿面的滑动速度。

3. 对该联轴器的材料进行分析

鼓形齿式联轴器属于金属挠性联轴器，本例选用的是GⅡCL型鼓形齿式联轴器，基本组成如图12-4所示。齿式联轴器是由齿数相同的内齿圈和带外齿的凸缘半联轴器等零件组成。外齿分为直齿和鼓形齿两种齿形，鼓形齿联轴器可允许较大的角位移（相对于直齿联轴器），可改善齿的接触条件，提高传递转矩的能力，延长使用寿命。

表 12-7　TGL 鼓形齿式联轴器（摘自 JB/T 5514—2007）　　　（单位：mm）

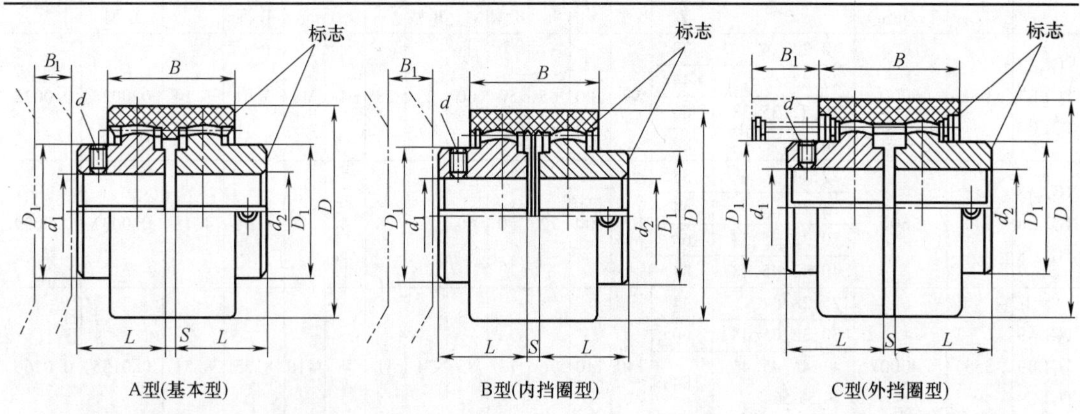

A型(基本型)　　B型(内挡圈型)　　C型(外挡圈型)

标记示例：TGLA4 鼓形齿式联轴器

主动端：J_1 型轴孔，A 型键槽，$d_1=20$mm，$L=38$mm

从动端：J_1 型轴孔，A 型键槽，$d_2=28$mm，$L=44$mm

TGLA4 联轴器 $\dfrac{J_1\ 20\times38}{J_1\ 28\times44}$ JB/T 5514—2007

型号	公称转矩 T_n N·m	许用转速 $[n]$/(r/min)	轴孔直径 d_1,d_2	轴孔长度 J_1 型 L	D A型 B型	D C型	D_1	B A型 B型	B C型	B_1 A型 B型	B_1 C型	S	d	质量/kg A型 B型	质量/kg C型	转动惯量/kg·m² A型 B型	转动惯量/kg·m² C型
TGLA1 TGLB1	10	10000	6,7	16	40	—	25	38	—	17	—	4	—	0.200	—	0.00003	—
			8,9	20									M5				
			10,11	22													
			12,14	27													
TGLA2 TGLB2	16	9000	8,9	20	48	—	32	38	—	17	—	4	M5	0.278	—	0.00006	—
			10,11	22													
			12,14	27													
			16,18,19	30													
TGLA3 TGLB3 TGLC3	31.5	8500	10,11	22	56	58	36	42	52	19	—	4	M5	0.482	0.533	0.00012	0.00015
			12,14	27							24						
			16,18,19	30													
			20,22,24	38													
TGLA4 TGLB4 TGLC4	45	8000	12,14	27	66	70	45	46	—	21	26	4	M8	0.815	0.869	0.00033	0.0004
			16,18,19	30					56								
			20,22,24	38													
			25,28	44													
TGLA5 TGLB5 TGLC5	63	7500	14	27	75	85	50	48	—	22	27	4	M8	1.39	1.52	0.00072	0.00088
			16,18,19	30					58								
			20,22,24	38													
			25,28	44													
			30,32	60													
TGLA6 TGLB6 TGLC6	80	6700	16,18,19	30	82	90	58	48	58	22	27	4	M8	2.02	2.15	0.0012	0.0015
			20,22,24	38													
			25,28	44													
			30,32,35,38	60													

（续）

型号	公称转矩 T_n N·m	许用转速 $[n]$/(r/min)	轴孔直径 d_1,d_2	轴孔长度 J_1型 L	D A型 B型	D C型	D_1	B A型 B型	B C型	B_1 A型 B型	B_1 C型	S	d	质量/kg A型 B型	质量/kg C型	转动惯量/kg·m² A型 B型	转动惯量/kg·m² C型
TGLA7 TGLB7 TGLC7	100	6000	20,22,24	38	92	100	65	50	60	23	28	4	M8	3.01	3.14	0.0024	0.0027
			25,28	44													
			30,32,35,38	60													
			40,42	84													
TGLA8 TGLB8 TGLC8	140	5600	22,24	38	100	100	72	50	60	23	28	4	M8	4.06	4.18	0.0037	0.0039
			25,28	44													
			30,32,35,38	60													
			40,42,45,48	84													
TGLA9 TGLB9 TGLC9	355	4000	25,28	44	140	140	96	72	85	34	41	4	M10	8.25	8.51	0.0155	0.0166
			30,32,35,38	60													
			40,42,45,48,50,55,56	84													
			60,63,65,70	107													
TGLA10 TGLB10 TGLC10	710	3150	30,32,35,38	60	175	175	128	95	95	45	45	6	M10	16.92	17.10	0.0520	0.0535
			40,42,45,48,50,55,56	84													
			60,63,65,70,71,75	107													
			80,85	132													
TGLA11 TGLB11 TGLC11	1250	3000	40,42,45,48,50,55,56	84	210	210	165	102	102	48	48	8	M10	34.26	34.56	0.1624	0.165
			60,63,65,70,71,75	107													
			80,85,90,95	132													
			100,110	167													
TGLA12 TGLB12 TGLC12	2500	2120	50,55,56	84	270	270	192	135	135	63	63	10	M16	66.42	66.86	0.4674	0.4731
			60,63,65,70,71,75	107													
			80,85,90,95	132													
			100,110,120,125	167													

注：1. 瞬时过载转矩不得大于联轴器公称转矩的2倍。

2. 重量和转动惯量是各型号中最大值的近似计算值。

3. B_1 是保证原动机或工作机安装所必需的最小尺寸。

4. 推荐 TGL10~TGL12 采用 B 型。

5. 联轴器许用相对位移：轴向 $\Delta X=\pm1$mm，角向 $\Delta\alpha$（每半联轴器）$=1°$，径向 ΔY：TGL1~2$\Delta Y=0.3$，TGL3~8$\Delta Y=0.4$，TGL9~12ΔY 分别为0.6、0.7、0.8、1.1。

6. 尼龙内齿圈的使用寿命不低于2年，工作环境温度为-20~80℃。

鼓形齿式联轴器具有径向、轴向和角向等轴线偏差补偿能力，具有结构紧凑、回转半径小、承载能力大、传动效率高、噪声低及维修周期长等优点，特别适用于低速重载工况，如冶金、矿山、起重运输等行业，也适用于石油、化工、通用机械等各类机械的轴系传动。鼓形齿式联轴器在工作时，两轴产生相对角位移，内外齿的齿面周期性做轴向相对滑动，必然形成齿面磨损和功率消耗，因此，齿式联轴器需在有良好和密封的状态下工作。

表 12-8　GⅡCL 型、GⅡCLZ 型鼓形齿式联轴器的基本参数和主要尺寸（根据 JB/T 8854.2—2001）　（单位：mm）

型号	公称转矩 T_n/N·m	许用转速 [n]/(r/min)	轴孔 L 直径 d_1、d_2	轴孔长度 L		D	D_1	D_2	D_3	C	H	A①	B②	e	GⅡCL			GⅡCLZ			许用径向位移 ΔY
				Y 型	J_1 型										转动惯量/kg·m²	润滑脂用量/mL	质量/kg	转动惯量/kg·m²	润滑脂用量/mL	质量/kg	
GⅡCL1/GⅡCLZ1	400	4000	16、18、19	42	—	109	71	50	71	8	2	36②/18	76②/38	38	0.014	51	5.1	0.016	31	3.5	1.0
			20、22、24	52	38										0.014		3	0.015		3.3	
			25、28	62	44										0.014		3.1	0.016		3.5	
			30、32、35、38*	82	60										0.015		3.6	0.020		4.1	
			40*、42*、45*、48*、50*	112	84										—		—	0.028		5.7	
GⅡCL2/GⅡCLZ2	710	4000	20、22、24	52	38	120	83	60	83	8	2	42/21	88/44	42	0.023	70	4.9	0.027	42	5.3	1.0
			25、28	62	44										0.022		4.5	0.025		4.8	
			30、32、35、38	82	60										0.024		5.1	0.028		5.7	
			40、42、45、48*、50*、55*、56*	112	84										0.027		6.2	0.032		7.2	
			60*	142	107										—		—	0.040		9.2	
GⅡCL3/GⅡCLZ3	1120	4000	22、24	52	38	133	95	75	95	8	2	44/22	90/45	42	0.042	68	7.5	0.036	42	3.8	1.1
			25、28	62	44										0.040		7	0.044		7.8	
			30、32、35、38	82	60										0.040		6.9	0.044		7.6	
			40、42、45、48、50、55、56*	112	84										0.045		8.6	0.053		9.8	
			60*、63*、65*、70*	142	107										—		—	0.067		12.5	
GⅡCL4/GⅡCLZ4	1800	4000	38	82	60	149	116	90	116	8	2	49/24.5	98/49	42	0.080	87	10.1	0.085	53	10.5	1.2
			40、42、45、48、50、55、56	112	84										0.089		12.2	0.102		13.5	
			60、63、65、70*、71*、75*	142	107										0.098		14.5	0.156		16.5	
			80*	172	132										—		—	0.195		19.4	
GⅡCL5/GⅡCLZ5	3150	4000	40、42、45、48、50、55、56	112	84	167	134	105	134	10	2.5	55/27.5	108/54	42	0.151	125	16.4	0.176	77	18.1	1.4
			60、63、65、70、71、75	142	107										0.173		19.6	0.207		23.1	
			80*、85*、90*	172	132										—		—	0.250		28.5	
GⅡCL6/GⅡCLZ6	5000	4000	45、48、50、55、56	112	84	187	153	125	153	10	2.5	56/28	110/55	42	0.265	148	22.1	0.300	91	23.9	1.4
			60、63、65、70、71、75	142	107										0.300		26.5	0.356		29.3	
			80、85、90、95*	172	132										0.337		31.2	0.417		35.4	
			100*	212	167										—		—	0.426		36.2	
GⅡCL7/GⅡCLZ7	7100	3750	50、55、56	112	84	204	170	140	170	10	2.5	60/30	118/59	42	0.405	175	27.6	0.458	108	29.6	1.5
			60、63、65、70、71、75	142	107										0.460		33.1	0.534		36.3	
			80、85、90、95	172	132										0.519		39.2	0.628		43.8	
			100、110*	212	167										0.602		47.5	0.76		54.3	

（续）

型号	公称转矩 T_n/N·m	许用转速 $[n]$/(r/min)	轴孔 L 直径 d_1、d_2	轴孔长度 L Y型	轴孔长度 L J_1 型	D	D_1	D_2	D_3	C	H	A①	B②	e	G Ⅱ CL 转动惯量/kg·m²	G Ⅱ CL 润滑脂用量/mL	G Ⅱ CL 质量/kg	G Ⅱ CLZ 转动惯量/kg·m²	G Ⅱ CLZ 润滑脂用量/mL	G Ⅱ CLZ 质量/kg	许用径向位移 ΔY
G Ⅱ CL8 / G Ⅱ CLZ8	10000	3300	55、56	112	84	230	186	155	186	12	3	67/33.5	142/71	47	0.668	268	35.5	0.734	161	37.8	1.7
			60、63、65、70、71、75	142	107										0.750		42.3	0.86		46.1	
			80、85、90、95	172	132										0.839		49.7	1.00		54.9	
			100、110、120*、125*	212	167										0.964		60.2	1.19		67.4	
G Ⅱ CL9 / G Ⅱ CLZ9	16000	3000	60、63、65、70、71、75	142	107	260	212	180	212	12	3	69/34.5	146/37	47	1.264	310	55.6	1.43	184	60	1.8
			80、85、90、95	172	132										1.425		65.6	1.66		71.8	
			100、110、120、125	212	167										1.652		79.6	2.00		88	
			130、140*、150*	252	202										1.878		95.8	2.3		104.4	
G Ⅱ CL10 / G Ⅱ CLZ10	22400	2650	65、70、71、75	142	107	292	239	200	239	14	3.5	78/39	164/82	47	2.05	472	72	2.32	276	76.1	2.0
			80、85、90、95	172	132										2.30		84.4	2.69		91.1	
			100、110、120、125	212	167										2.64		101	3.21		111.5	
			130、140、150	252	202										2.98		119	3.74		133.5	
G Ⅱ CL11 / G Ⅱ CLZ11	35500	2350	70①、71①、75①	142	107	325	276	235	250	14	3.5	81/40.5	170/85	47	5.81	550	97	—	322	—	2.1
			80①、85①、90①、95①	172	132										4.94		114	—		—	
			100①、110①、120①、125①	212	167										4.94		138	4.90		—	
			130、140、150	252	202										5.60		161	5.64		162	
			160、170	302	242										6.35		189	6.5		193	
G Ⅱ CL12 / G Ⅱ CLZ12	50000	2100	75①	142	107	362	313	270	286	16	4	80/44.5	190/95	49	6.49	695	128	—	404	—	2.3
			80①、85①、90①、95①	172	132										7.31		150	—		—	
			100①、110①、120①、125①	212	167										8.45		205	—		—	
			130、140、150	252	202										9.6		213	9.56		213	
			160、170	302	242										10.91		248	11.05		268	
			190、200	352	282										12.2		285	12.37		290	
G Ⅱ CL13 / G Ⅱ CLZ13	71000	1850	150	252	202	412	350	300	322	18	4.5	98/49	208/104	49	15.70	1019	269	15.72	585	272	2.6
			160、170、180	302	242										17.70		315	18.14		320	
			190、200、220	352	282										19.70		360	25.36		370	

注：1. 转动惯量与质量按 J_1 型轴伸计算并包括轴伸在内。
2. 轴孔直径栏中标注“*”号的轴孔尺寸，只适用 G Ⅱ CLZ 型的 d_2 选用。
3. 轴孔长度推荐选用 J_1 型轴伸系列。带有制动轮或接中间套等其他结构与尺寸见生产厂样本。
4. 生产厂：宁波市东钱湖区、宁波伟隆传动机械有限公司。浙江乐清，柳市镇乐清联轴器厂。
① 仅适用 G Ⅱ CL 型。
② 上面一行数字为 G Ⅱ CL 型，下面一行数字为 G Ⅱ CLZ 型的值。

（1）内齿圈与外齿轴套的材料　鼓形齿的主要失效形式是胶合、疲劳点蚀、磨损和齿面塑性变形，因此要求关键零件——内齿圈与外齿轴套的材料应该强度高而又耐磨。满足强度高的材料应该是合金钢，又考虑加工性能及热处理性能较好，标准鼓形齿式联轴器的内齿圈与外齿轴套，均推荐采用42CrMo。对于型号GⅠCL4、GⅡCL5以下的联轴器，尺寸较小，推荐采用型材42 CrMo，但要进行粗车后调质处理，以增强材料整体强度性能；而对于GⅡCL18以下（外径726mm）的内齿圈及外齿轴套，宜采用锻造材料形式，并且经过正火处理，消除锻造内应力；而对于大于GⅡCL18的联轴器，鉴于联轴器材料利用率问题，即使采用铸钢形式，也要严格控制材料的化学成分与铸造缺陷（气孔、砂眼等），并且跟进相应的回火材料，以消除铸造内应力。

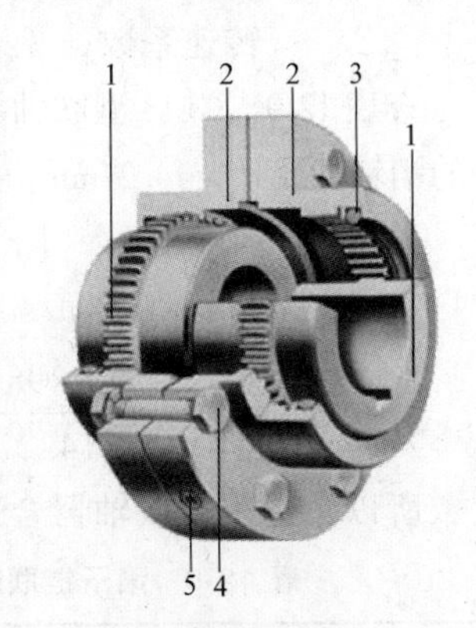

图 12-4　齿式联轴器的结构（GⅡCL 型）

1—外齿套　2—内齿圈　3—密封圈　4—铰制孔螺栓　5—加油孔

为了降低联轴器的造价，一些联轴器厂家的材料选择参差不齐。比如，好多联轴器厂家鼓形齿式联轴器的内齿圈及外齿轴套材料选择是采用45钢、40Cr或42CrMo，那就要更加严格地控制材料加工的形式，不宜采用铸钢形式，并且进行调质等处理方法，以提高材料的整体强度性能。

（2）半联轴器材料　本例选用的GⅡCL8型联轴器的半联轴器可以采用45钢、30钢、35钢等，也有用灰铸铁，例如HT200等，选材分析原因同实例一，此处不再重复。

12.3.4　滚子链联轴器

如果12.3.2节的实例中的已知条件不变，减速器与工作机之间采用滚子链联轴器连接，试计算：

1. 选滚子链联轴器的型号。
2. 对该滚子链联轴器进行强度验算。
3. 对该联轴器的选材进行分析。

解：

1. 选联轴器型号

根据计算转矩 $T_{c2}=8553.8\text{N}\cdot\text{m}\times1.5/1.3=9869.8\text{N}\cdot\text{m}$（注：计算滚子链联轴器的计算转矩时，因考虑到链条的冲击性，工况系数应该由表12-2查，工作机载荷为中等冲击，$K=1.5$，对工况系数 $K=1.3$ 加以修正），输出轴轴径 d 为100mm，减速器低速轴转速 $n=970\text{r/min}/26.3=36.9\text{r/min}$。查表12-9滚子链联轴器的基本参数和主要尺寸，可以选用GL13型联轴器，联轴器型号为：联轴器GL13 Y100 GB/T 6069—2017。

该联轴器公称转矩 $T_n=10000\text{N}\cdot\text{m}$，选用Y形轴孔，直径在100～125mm，长度212mm，许用转速为200r/min，能满足要求。

2. 验算联轴器承载能力

链条联轴器的薄弱环节是链条，在传递转矩时可能发生链条销轴被切断。双排滚子链销轴抗剪切强度条件式为

$$\tau=\frac{8T_c}{\pi d_z^2 D_1 z}\leqslant[\tau]$$

式中 d_z——链条销轴直径（mm）；

D_1——轮分度圆直径（mm），$D_1=p/\sin(180°/z)$；

z——链轮齿数；

p——链条节距（mm）；

$[\tau]$——链条许用切应力（MPa），$[\tau]=(160\sim180)K_n$；K_n 是考虑惯性离心力影响的转速系数，见表 12-10。

查表 12-9，GL13 型联轴器的链条为 32A，$p=50.8$mm，$z=18$，查滚子链的主要参数，32A 链条的销轴直径 $d_z=14.27$mm。查表 12-10 链条联轴器的转速系数，转速小于 50r/min，$K_n=1.15$。

$$[\tau]=(160\sim180)\text{MPa}\times1.15=184\sim207\text{MPa}$$

$$D_1=p/\sin(180°/z)=50.8\text{mm}/\sin(180°/18)=292.5\text{mm}$$

$$\tau=\frac{8\times9869.8\times10^3}{\pi\times14.27^2\times292.5\times18}\text{MPa}=23.5\text{MPa}\ll[\tau]=184\sim207\text{MPa}$$

所以，选用此联轴器合适。

表 12-9 滚子链联轴器的基本参数和主要尺寸（摘自 GB/T 6069—2017）

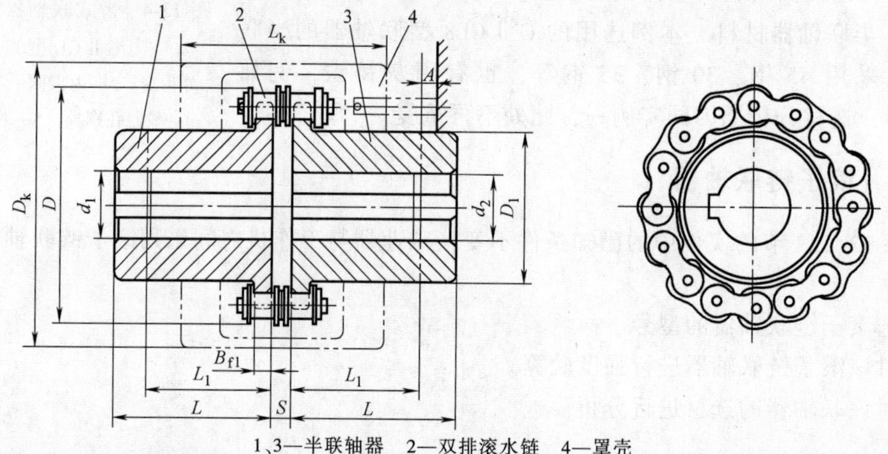

1、3—半联轴器 2—双排滚水链 4—罩壳

标记示例：GL7 型滚子链联轴器

主动端：J_1 型轴孔，B 型键槽，$d_1=45$，$L=84$

从动端：J_1 型轴孔，B_1 型键槽，$d_2=50$，$L_1=84$

GL7 联轴器 $\frac{J_1\ B45\times84}{J_1\ B_1 50\times84}$ GB/T 6069—2017

型号	公称转矩 T_n/(N·m)	许用转速[n]/(r/min) 不装罩壳	许用转速[n]/(r/min) 安装罩壳	轴孔直径 d_1、d_2/mm	轴孔长度 L/mm	链条节距 p/mm	齿数 z	D (mm)	B_{f1} (mm)	S (mm)	D_k max (mm)	L_k max (mm)	总质量 m/kg	转动惯量 I/kg·m²
GL1	40	1400	4500	16	42	9.525	14	51.06	5.3	4.9	70	70	0.40	0.00010
				18	42									
				19	42									
				20	52									
GL2	63	1250	4500	19	42	9.525	16	57.08	5.3	4.9	75	75	0.701	0.00020
				20	52									
				22	52									
				24	52									

（续）

型号	公称转矩 T_n/(N·m)	许用转速[n]/(r/min)		轴孔直径 d_1、d_2/mm	轴孔长度 L/mm	链条节距 p/mm	齿数 z	D	B_{f1}	S	D_k max	L_k max	总质量 m/kg	转动惯量 I/kg·m^2
		不装罩壳	安装罩壳					mm						
GL3	100	1000	4000	20	52	12.7	14	68.88	7.2	6.7	85	80	1.1	0.00038
				22	52									
				24	52									
				25	62									
GL4	160	1000	4000	24	52	12.7	16	76.91	7.2	6.7	95	88	1.8	0.00086
				25	62									
				28	62									
				30	82									
				32	82									
GL5	250	800	3150	28	62	15.875	16	94.46	8.9	9.2	112	100	3.2	0.0025
				30	82									
				32	82									
				35	82									
				38	82									
				40	112									
GL6	400	630	2500	32	82	15.875	20	116.57	8.9	9.2	140	105	5.0	0.0058
				35	82									
				38	82									
				40	112									
				42	112									
				45	112									
				48	112									
				50	112									
GL7	630	630	2500	40	112	19.05	18	127.78	11.9	10.9	150	122	7.4	0.012
				42	112									
				45	112									
				48	112									
				50	112									
				55	112									
				60	112									
GL8	1000	500	2240	45	112	25.40	16	154.33	15.0	14.3	180	135	11.1	0.025
				48	112									
				50	112									
				55	112									
				60	142									
				60	142									
				65	142									
				70	142									
GL9	1600	400	2000	50	112	25.40	20	186.50	15.0	14.3	215	145	20.0	0.061
				55	112									
				60	142									
				65	142									
				70	142									
				75	142									
				80	172									

（续）

型号	公称转矩 T_n/（N·m）	许用转速[n]/（r/min）		轴孔直径 d_1、d_2/mm	轴孔长度 L/mm	链条节距 p/mm	齿数 z	D	B_{f1}	S	D_k max	L_k max	总质量 m/kg	转动惯量 I/kg·m²
		不装罩壳	安装罩壳					mm						
GL10	2500	315	1600	60	142	31.75	18	213.02	18.0	17.8	245	165	26.1	0.079
				65	142									
				70	142									
				75	142									
				80	172									
				85	172									
				90	172									
GL11	4000	250	1500	75	142	38.1	16	231.49	24.0	21.5	270	195	39.2	0.188
				80	172									
				85	172									
				90	172									
				95	172									
				100	212									
GL12	6300	250	1250	85	172	44.45	16	270.08	24.0	24.9	310	205	59.4	0.380
				90	172									
				95	172									
				100	212									
				110	212									
				120	212									
GL13	10000	200	1120	100	212	50.80	18	340.80	30.0	28.6	380	230	86.5	0.869
				110	212									
				120	212									
				125	212									
				130	252									
				140	252									
GL14	16000	200	1000	120	212	50.8	22	405.22	30.0	28.6	450	250	150.8	2.06
				125	212									
				130	252									
				140	252									
				150	252									
				160	302									
GL15	25000	200	900	140	252	63.5	20	466.25	36.0	35.6	510	285	234.4	4.37
				150	252									
				160	302									
				170	302									
				180	302									
				190	352									

表 12-10　链条联轴器的转速系数

转速 n/(r/min)	<50	50	100	1000	1500	2000	3000
K_n	1.15	1.0	0.69	0.23	0.22	0.20	0.16

3. 对联轴器的选材进行分析

滚子链联轴器是利用公用的链条，同时与两个齿数相同的并列链轮啮合传递转矩，如图 12-5 所示。不同结构型式的滚子链联轴器主要区别是采用不同的链条，常见的有双排滚子链联轴器、单排滚子链联轴器、齿形链联轴器等。

滚子链联轴器具有结构简单、装拆方便、拆卸时不用移动被连接的两轴、尺寸紧凑、对安装精度要求不高、工作可靠、寿命较长、适用各种工作环境、维修方便、成本较低等优点，滚子链联轴器应在良好的润滑并有防护罩的条件下工作。适用于各种机械连接两同轴线的传动轴，通常用于起动频繁的高低速传动。工作温度为-40～+120℃；传递公称扭矩为40～25000N·m。

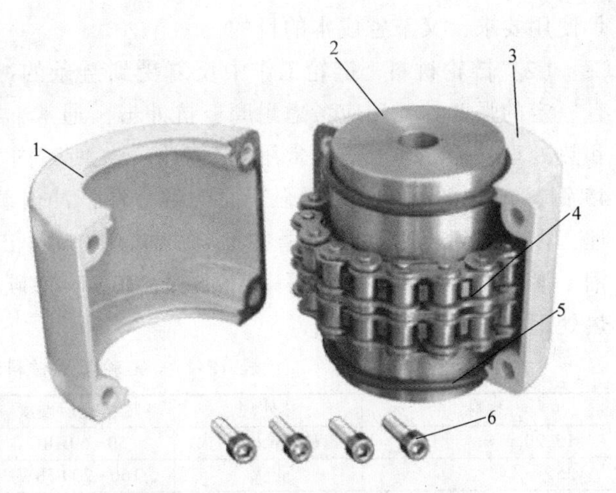

图 12-5　滚子链联轴器结构示意图

1—左半联轴器罩壳　2—上半联轴器　3—右半联轴器罩壳
4—双排套筒滚子链　5—下半联轴器　6—内六角螺钉

（1）滚子链材料　滚子链是滚子链联轴器的关键零件，决定联轴器的承载能力。链传动的主要失效形式是链的疲劳破坏、链的冲击破坏、销轴与套筒胶合（高速重载）磨损、销轴与套筒的磨损以及链条的静力拉断（低速重载）。因此针对各种失效形式，选择链材料时，必须考虑要有一定的抗拉强度及韧性、很好的耐磨性以及抗锈蚀性等。由于小链轮轮齿的啮合次数比大链轮多，所受的冲击也较大，故小链轮应采用较好的材料制造。

国家标准中规定了 A 级（用于重载、高速和重要场合）以及 B 级（一般传动）滚子链的主要参数及极限拉伸载荷，因此根据链用途的不同所选材料也应不同。目前国内常用的链材料举例如下：

1）内外链板：内外链板在工作时主要受拉、受冲击，因此选材时首先考虑应该有一定的抗拉强度；同时链板需要冲压成形，因此需要材料具有良好的加工性能。内外链板常用中碳合金钢40Cr、40Mn、45 Mn、42 CrMo、35 CrMo 等材料，调质处理，使其有一定的强度及韧性，防止疲劳断裂及冲击破坏。

2）销轴：销轴在工作时主要受套筒对它的摩擦磨损，同时还受较大的冲击载荷，因此选材时考虑用低碳合金钢，表面硬化处理，常用的材料有 20CrMnTi、20CrMoTi 等，经过渗碳淬火等表面热处理，以达到表面硬（耐磨损）、芯部韧（抗冲击）的效果。

3）套筒：套筒在销轴与滚子之间，工作时与销轴以及滚子产生摩擦，同时也受冲击载荷。因此选材时考虑用低碳合金钢，表面硬化处理，常用的材料有 20CrMoTi、20CrMnMo 等材料，经过渗碳淬火等表面热处理，以达到表面硬、芯部韧的目的，以提高抗磨能力和抗冲击能力的效果。

4）滚子：滚子在工作时与套筒之间有相对运动，滚子与套筒不断地接触摩擦，因此磨损是主要失效形式；同时还在进入和脱出链轮的齿时，受到冲击载荷。因此选材时考虑材料应该有一定的抗磨损能力和抗冲击能力。目前滚子材料通常用低碳钢或低碳合金钢，表面硬化处理。常用的材料有：轻载时可用 10 钢、15 钢，重载时就得用低碳合金钢例如 15Cr、20Cr 等。材料需经过渗碳淬火等表面热处理，以达到表面硬、芯部韧的目的，以提高抗磨能力和抗冲击能力的效果。

当然，目前一般根据需求方的具体工况与生产厂家协商进行选择滚子链材料，达到既满足使用要求，又节省成本的目的。

（2）链轮材料　链轮工作中反复受到链条的冲击载荷、磨损，因此链轮的材料选择除有一定的强度外，还应考虑耐磨、抗冲击。通常，根据不同的工况和要求，采用不同的材料和热处理方法。一般应用常用45钢调质（使其内部组织均匀、晶粒细密）；重要应用常用45钢、40Cr齿面淬火以增强表面的耐磨性；冲击载荷通常用低碳或低碳合金钢表面硬化处理，以便得到表面硬（抗磨损）、芯部韧（抗冲击）的效果。一般应用可采用15钢、20钢，渗碳淬火；重要应用可采用15Cr、20Cr，渗碳淬火或碳氮共渗（氢化）。链轮常用材料热处理及应用见表12-11。

表12-11　链轮常用材料热处理及应用

材料	热处理	热处理后硬度	应用范围
15、20	渗碳、淬火、回火	50~60HRC	$z \leqslant 25$，有冲击载荷的主、从动链轮
35	正火	160~200HBW	在正常工作条件下，齿数较多（$z \leqslant 25$）的链轮
40、50、ZG310-570	淬火、回火	40~50HRC	无剧烈振动及冲击的链轮
15Cr、20Cr	渗碳、淬火、回火	50~60HRC	有动载荷及传递较大功率的重要链轮（$z \leqslant 25$）
35SiMn、40Cr、35CrMo	淬火、回火	40~50HRC	使用优质链条，重要的链轮
Q235、Q275	焊接后退火	14HBW	中等速度、传递中等功率的较大链轮
普通灰铸铁（不低于HT150）	淬火、回火	260~280HBW	$z_2>50$ 的从动链轮
夹布胶木	—	—	功率小于6kW、速度较高、要求传动平稳和噪声小的链轮

12.3.5　梅花形弹性联轴器

假设12.3.2节实例的已知条件不变，高速轴选用梅花形弹性联轴器，试计算：

1. 选梅花形弹性联轴器的型号。

2. 对该联轴器的选材进行分析。

解：

1. 选梅花形弹性联轴器的型号

查表12-11梅花型弹性联轴器，选用LM型。由12.3.2节可知，减速器输入轴转矩为346N·m，考虑LM125型联轴器传递的许用转矩为450N·m，轴孔直径也能满足 $d=48$mm 和电动机轴的直径 $d=55$mm 的要求，轴孔长度为84mm，即选择LM125联轴器 $\frac{55\times112}{\mathrm{J}48\times84}$ GB/T 5272—2017。

2. 对该联轴器的选材进行分析

梅花形联轴器与弹性套柱销联轴器、弹性柱销联轴器都属于非金属弹性元件挠性联轴器，只不过是弹性元件不同。梅花形联轴器将一个整体的梅花形弹性元件装在两个形状相同的半联轴器的凸爪之间，以实现两半联轴器的连接，如图12-9所示。通过非金属弹性元件的弹性变形补偿两轴相对偏移，实现减振缓冲。

梅花形弹性联轴器的弹性元件近似梅花状，因此称梅花形联轴器。该联轴器具有补偿两轴相对偏移、减振、缓冲的性能，和尺寸小、结构简单、不用润滑、承载能力较高、维护方便等优点，但是更换弹性元件需要轴向移动，因此仅适用于连接同轴线、起动频繁、正反转变化、中速、中等转矩等的传动轴系，以及要求工作可靠性高的工作部件。不适用于低速重载及轴向尺寸受限、更换弹性元件后两轴对中困难的部位。

（1）弹性元件的材料　梅花形弹性联轴器的关键零件是弹性元件，是决定联轴器的弹性补偿性能及寿命的关键，联轴器的寿命也就是弹性体的寿命。目前广泛使用的弹性体为聚氨酯（UR）。梅花弹性体有四瓣、六瓣、八瓣和十瓣，固定方式有顶丝、夹紧、键槽固定等形式。聚氨酯具有高耐磨性、高回弹性、耐油耐水及优异的疲劳强度和抗冲击性等优越性能，提高了梅花形弹性联轴器的使用性能，工作温度为-35+80℃，传递的公称扭矩的范围为 16N · M~25000N · M。

（2）联轴器材料　如图 12-6 所示的梅花形弹性联轴器，左半联轴器和右半联轴器类似两个金属爪盘，两个半联轴器应该选择强度较高、刚度较大且加工性能好的材料，优质碳素钢中的中碳钢性能好，能满足强度、刚度及加工性要求，价格适中。GB/T 5272—2017 规定；半联轴器采用 ZG270—500、QT400，法兰连接件采用 ZG270—500；法兰半联轴器为 ZG270—500；制动轮为 ZG310—570；制动盘为 45 钢、QT500。其中铸钢正火处理，硬度 197~229HBW。ZG310—570 的制动轮和 45 钢的制动盘的工作面应进行表面淬火，硬度为 40~50HRC。

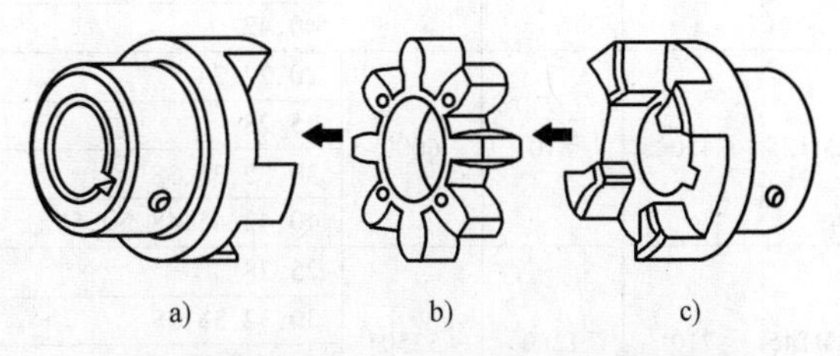

图 12-6　梅花形弹性联轴器结构示意图
a）左半联轴器　b）梅花弹性元件　c）右半联轴器

表 12-12　LM 梅花形弹性联轴器（摘自 GB/T 5272—2017）

型号	公称转矩 T_n/N · m	最大转矩 T_{max}/N · m	许用转速 [n]/(r/min)	轴孔直径 d_1、d_2、d_z/mm	轴孔长度/mm Y 型 L	J、Z 型 L_1	J、Z 型 L	D_1/mm	D_2/mm	H/mm	转动惯量/kg · m²	质量/kg
LM50	28	59	15000	10,11	22	—	—	50	42	16	0.0002	1.00
				12,14	27	—	—					
				16,18,19	30	—	—					
				20,22,24	38	—	—					
LM70	112	200	11000	12,14	27	—	—	70	55	23	0.0011	2.50
				16,18,19	30	—	—					
				20,22,24	38	—	—					
				25,28	44	—	—					
				30,32,35,38	60	—	—					
LM85	160	288	9000	16,18,19	30	—	—	85	60	24	0.0022	3.42
				20,22,24	38	—	—					
				25,28	44	—	—					
				30,32,35,38	60	—	—					

（续）

型号	公称转矩 T_n/N·m	最大转矩 T_{max}/N·m	许用转速 $[n]$/(r/min)	轴孔直径 d_1、d_2、d_z/mm	轴孔长度/mm Y型 L	J、Z型 L_1	J、Z型 L	D_1/mm	D_2/mm	H/mm	转动惯量/kg·m²	质量/kg
LM105	355	640	7250	18,19	30	—	—	105	65	27	0.0051	5.15
				20,22,24	38	—	—					
				25,28	44	—	—					
				30,32,35,38	60	—	—					
				40,42	84	—	—					
LM125	450	810	6000	20,22,24	38	52	38	125	85	33	0.014	10.1
				25,28	44	62	44					
				30,32,35,38*	60	82	60					
				40,42,45,48,50,55	84	—	—					
LM145	710	1280	5250	25,28	44	62	44	145	95	39	0.025	13.1
				30,32,35,38	60	82	60					
				40,42,45*,48*,50*,55*	84	112	84					
				60,63,65	107	—	—					
LM170	1250	2250	4500	30,32,35,38	60	82	60	170	120	41	0.055	21.2
				40,42,45,48,50,55	84	112	84					
				60,63,65,70,75	107	—	—					
				80,85	132	—	—					
LM200	2000	3600	3750	35,38	60	82	60	200	135	48	0.119	33.0
				40,42,45,48,50,55	84	112	84					
				60,63,65,70*,75*	107	142	107					
				80,85,90,95	132	—	—					
LM230	3150	5670	3250	40,42,45,48,50,55	84	112	84	230	150	50	0.217	45.5
				60,63,65,70,75	107	142	107					
				80,85,90,95	132	—	—					
LM260	5000	9000	3000	45,48,50,55	84	112	84	260	180	60	0.458	75.2
				60,63,65,70,75	107	142	107					
				80,85,90*,95*	132	172	132					
				100,110,120,125	167	—	—					
LM300	7100	12780	2500	60,63,65,70,75	107	142	107	300	200	67	0.804	99.2
				80,85,90,95	132	172	132					
				100,110,120,125	167	—	—					
				130,140	202	—	—					
LM360	12500	22500	2150	60,63,65,70,75	107	142	107	360	225	73	1.73	148.1
				80,85,90,95	132	172	132					
				100,110,120*,125*	167	212	167					
				130,140,150	202	—	—					
LM400	14000	25200	1900	80,85,90,95	132	172	132	400	250	73	2.84	197.5
				100,110,120,125	167	212	167					
				130,140,150	202	—	—					
				160	242	—	—					

注：1. * 无J、Z型轴孔型式。

2. 转动惯量和质量是按Y形最大轴孔长度、最小轴孔直径计算的数值。

第13章 离 合 器

13.1 离合器简介

13.1.1 离合器的分类及应用

离合器的类型很多，按其工作原理大致可分为嵌合式、摩擦式和电磁式三类；按实现接合和分离的控制方法分为操纵离合器和自动离合器；按操纵方式可分为机械离合器、电磁离合器、液压离合器和气动离合器等。

离合器分类及应用见表13-1。

表13-1 离合器分类及应用

类型		变型或附属型	自动或可控	是否可逆	典型应用
机械式	刚性	牙嵌	可控	是	农业机械、机床等
		齿型	可控	是或否	通用机械传动
		转键	可控	是	曲轴压力机
		滑键	可控	是	一般机械
		拉键	可控	是	小转矩机械传动
	摩擦	干式单片	可控	是	拖拉机、汽车
		湿式单片			
		干式多片	可控	是	汽车、工程机械、机床
		湿式多片			
		锥式	可控	是	机械传动
		涨圈	可控	是	机械传动
		扭簧	可控	是	机械传动
	离心	自由闸块式	自动	否	离心机、压缩机、搅拌机
		弹簧闸块式	自动	否	低起动转矩传动
		钢球式	自动	是或否	特殊传动
	超越	滚柱式	自动	否	升降机、汽车
		棘轮式	自动	否	农机、自行车等
		楔块式	自动	否	飞轮驱动、飞机
		螺旋弹簧式	自动	否	高转矩传动
		同步切换式	自动	否	发电机组等
电磁	磁块		自动	是或否	专用传动
	磁滞	湿式粉末	自动	是或否	专用传动
	涡流	干式粉末	自动或可控	是	小功率仪表、伺服传动
			自动或可控	是	电铲、拔丝、冲压、石油
液体摩擦	气胎	鼓式	自动	是	
		缘式	自动	是	船舶
		盘式	自动	是	
	液压	盘式	自动	是	船舶、工业机械
流体	液力	变矩器	自动	否	液力变速箱
		耦合器	自动	是	挖掘机、矿山机械

13.1.2 离合器的选择

选择离合器时应考虑的因素有载荷大小和性质、转速、工作温度、接合平稳、分离迅速又彻底、操作方便、外廓尺寸小、使用寿命长、维修容易等。

离合器的品种和型式、结构多种多样，因此，必须在充分了解各种离合器的型式、结构及工作特性的基础上，考虑工作条件和其他因素，选择合适的品种、型式和结构；再经过必要的计算以选择适当的规格。必要时还需进行温升、磨损、扭转振动等验算。

目前已有不少标准离合器产品，应优先选用由专业工厂生产的标准离合器，这样既可减轻设计工作量，且易获得维修所需的备件。

一般根据离合器的工作条件和工作机的要求来选择离合器的接合元件和操纵方式，根据环境条件来选择离合器的结构型式。

对于低速离合或静止离合，且非频繁的离合，可采用啮合式接合元件；需要在高速下离合、频繁离合、在较大转速差下离合、经过较长时间完成的接合，以及要利用离合器为传动轴系缓冲减振的场所，则应采用摩擦式接合元件。

对于离合频率很低、传递转矩不大的离合，可选用手动机械操纵；对于传递转矩很大的离合，可采用气压操纵或液压操纵；对于传递中小转矩，但要求离合迅速、离合频率高、需远距离操纵或纳入程序控制的离合，则应采用电磁操纵；要求防止逆转或能软起动以及具有安全保护功能的离合器，可采用自控离合器。对于要求不污染环境、能防尘、防腐蚀的离合器，则应采用外壳封闭结构。

对离合器性能选择的基本要求归纳如下：

1）在机器传动过程中离合器要工作可靠，接合、分离迅速而平稳，操纵灵活、省力、准确，调节和维护方便。

2）对摩擦式离合器还要求其耐磨性，有良好的吸热能力和通风散热效果，保证离合器的使用寿命。

3）避免传动系产生扭转共振，具有吸振、缓冲的能力。

4）作用在从动盘上的压力和摩擦材料的摩擦因数在使用过程中变化要尽可能小，保证有稳定的工作性能。

5）应有足够的强度和良好的动平衡。

6）结构简单、外形尺寸小、重量轻、紧凑、效率高。

7）操纵方便、省力，制造容易，维修、调整方便等。

大多数离合器已标准化，设计时用类比法，参考有关手册对其进行设计选型即可。

13.2 常用离合器的计算方法

13.2.1 一般性的选择计算

选择离合器时，首先根据机器的工作特点和使用条件，结合各种离合器的性能特点，根据被连接的两轴的直径、计算转矩和转速，选择适当的型号。

在载荷平稳、离合频率不高的情况下，可按 $T_c \leqslant [T]$ 或 T_n 选择离合器的型号（规格）。T_c 按结合方式的不同，有不同的计算方法。

对于啮合式结合元件的离合器：

$$T_c = KT$$

对于摩擦式接合元件的离合器：

$$T_c = KK_zK_vT$$

式中 T_c——离合器的计算转矩（N·m）；

T——离合器的名义（理论）转矩（N·m），一般按工作机的负载转矩确定，也可按动力机的额定转矩确定；

K——离合器的工况系数，见表 13-2；

K_z——离合器每小时接合次数系数，见表 13-3；

K_v——离合器摩擦副相对滑动速度系数，见表 13-4。

表 13-2 离合器工况系数 K

工作机类型		K	工作机类型	K
金属切削机床		1.3~1.5	挖掘机械	1.2~2.5
曲轴式压力机		1.1~1.3	钻探机械	2~4
汽车、车辆		1.2~3	活塞泵（多缸）、通风机（中等）、压力机	1.3
拖拉机		1.5~3		
起重运输机械	在最大载荷下接合	1.35~1.5	活塞泵（单缸）、大型通风机、压缩机、木材加工机床	1.7
	在空载下接合	1.25~1.35		
轻纺机械		1.2~2	冶金、矿山机械	1.8~3.2
农业机械		2~3.5	船舶	1.3~2.5

表 13-3 离合器每小时接合次数系数 K_z

离合器每小时接合次数 z	≤100	120	180	240	300	≥350
K_z	1	1.04	1.20	1.40	1.66	2

表 13-4 离合器摩擦副相对滑动速度系数 K_v

摩擦副平均相对滑动速度 v_m/(m/s)	1	1.5	2	2.5	3	4	5	6	8	10	13	15
K_v	0.74	0.84	0.93	1	1.07	1.16	1.25	1.33	1.47	1.59	1.70	1.82

13.2.2 摩擦式离合器温升计算

由于摩擦式离合器在接合过程中因摩擦发热而导致温升，故应验算其温升，计算方法为

$$\Delta t = \frac{A}{mc} \leqslant [\Delta t]$$

式中 $[\Delta t]$——许用温升（℃），对于拖拉机用摩擦离合器，取 $[\Delta t]=3\sim5$℃，对于履带式车辆用离合器，取 $[\Delta t]=15\sim20$℃，对于机床用离合器，取 $[\Delta t]=150$℃，对于离心离合器，取 $[\Delta t]=70\sim75$℃；

m——吸热体的质量（kg），金属对金属的摩擦副，取全部热量按摩擦副吸收；金属对非金属摩擦副，取全部热量被摩擦副非金属部分吸收；

c——比热容（J/kg·℃）；

A——摩擦离合器一次结合的滑动摩擦功，计算公式为

$$A=\frac{\pi^2 J_1 J_2 (n_1-n_2)^2}{1800[J_1(1-T_2/T_c)+J_2(1-T_1/T_c)]}$$

n_1——接合开始时离合器主动端的转速（r/min）；

n_2——接合开始时离合器从动端的转速（r/min）；

J_1、J_2——离合器主从动部分（包括所连接的转动部件和负载）的转动惯量（$kg \cdot m^2$）；

T_1——动力机的输出转矩（N·m）；

T_2——工作机的负载转矩（N·m）。

为防止摩擦副产生胶合现象，在高转速差状态下接合时，还须验算表征瞬间发热量的 pv 值，即

$$pv \leqslant [pv]$$

式中 p——摩擦副表面表观压强（MPa）；

v——摩擦副最大相对线速度（m/s）；

$[pv]$——许用 pv 值（MPa·m/s）；对于干式石棉基摩擦材料取 $[pv]=2 \sim 2.5$MPa·m/s，对于湿式粉末冶金材料取 $[pv]=30 \sim 60$MPa·m/s。

13.2.3 摩擦离合器磨损验算

对于载荷大、接合频繁的摩擦离合器，为了防止摩擦元件的磨损速率过大，其磨损系数应符合下式：

$$W=\frac{Az}{a} \leqslant [W]$$

式中 W——磨损系数（MPa·m/min）；

z——总接合次数；

a——总摩擦面积（mm^2）；

$[W]$——许用磨损系数（MPa·m/min），对于普通石棉基摩擦材料，圆盘摩擦片，取 $[W]=0.5 \sim 0.8$MPa·m/min；对于普通石棉基摩擦材料，圆锥式、闸块式、履带式摩擦副，$[W]=0.7 \sim 0.9$MPa·m/min；对于Z64石棉摩擦材料，圆盘式摩擦副，取 $[W]=2.5$MPa·m/min。

13.3 典型离合器计算实例及材料分析

13.3.1 油式多盘摩擦离合器

已知某普通车床电动机额定功率 $P_{电}=6$kW，额定转速 $n_{电}=960$r/min，电动机经V带减速传动到摩擦离合器主动轴，其轴径 $d=40$mm，减速比 $i=1.43$，每小时接合120次。油式多盘摩擦离合器结构及摩擦片尺寸如图13-1、图13-2所示。试设计：

1. 该车床床头箱中机械操纵的油式多盘摩擦离合器。
2. 对选定的离合器的结构及选材进行分析。

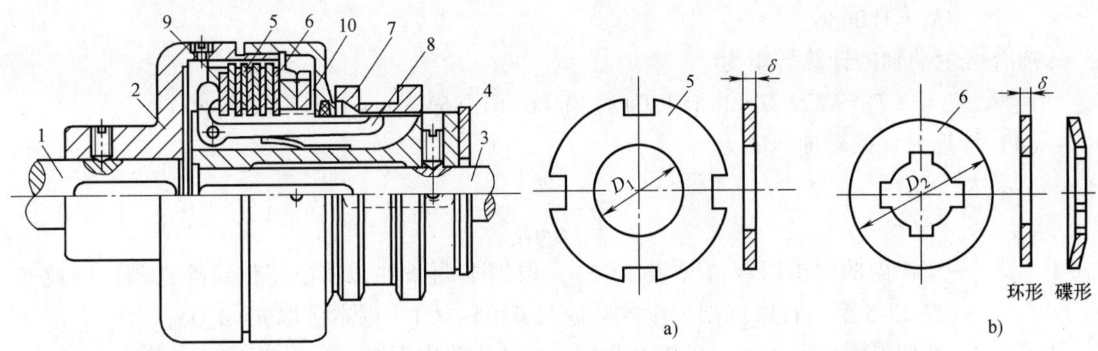

图 13-1 油式多盘摩擦离合器

1—主动轴 2—外壳 3—压板 4—外摩擦片 5—内摩擦片 6—螺母 7—滑环 8—杠杆 9—套筒 10—从动轴

图 13-2 摩擦片

a) 外摩擦片 b) 内摩擦片

$D_1=(1.5\sim2)d$ d—轴径

$D_2=(1.5\sim2)D_1$ $\delta=1.2\sim2\text{mm}$(淬火钢)

解:

1. 设计机械操纵的油式多盘摩擦离合器

(1) 选定离合器的有关尺寸 参考图 13-2 中的计算式可求出摩擦盘的内径、外径和厚度,即

摩擦盘内径:$D_1=(1.5\sim2)d=(1.5\sim2)\times40\text{mm}=60\sim80\text{mm}$,取 $D_1=60\text{mm}$。

摩擦盘外径:$D_2=(1.5\sim2)D_1=(1.5\sim2)\times60\text{mm}=90\sim120\text{mm}$,取 $D_2=110\text{mm}$。

摩擦盘厚度:在油中工作,按淬火钢,应为 $\delta=1.2\sim2\text{mm}$,本例取 $\delta=1.8\text{mm}$。

(2) 计算相对滑动速度 离合器主动轴的转速为

$$n=\frac{n_{电动机}}{i}=\frac{960\text{r/min}}{1.43}\approx672\text{r/min}$$

对滑动速度为 $v_m=\dfrac{\pi(D_2+D_1)n}{2\times60\times1000}=\dfrac{3.14\times(110+60)\times672}{2\times60\times1000}\text{m/s}=2.99\text{m/s}$

(3) 计算主动轴转速及转矩

1) 离合器主动轴传递的功率。取 V 带传动效率 $\eta=0.96$,则离合器主动轴传递的功率为

$$P=P_{电}\cdot\eta=6\times0.96\text{kW}=5.76\text{kW}$$

2) 离合器主动轴传递的名义转矩

$$T=9550\frac{P}{n}=9550\times\frac{5.76}{672}\text{N}\cdot\text{m}=81.86\text{N}\cdot\text{m}$$

3) 离合器主动轴计算转矩

$$T_c=KK_zK_vT$$

式中 K——离合器的工况系数,见表 13-2;工作机为金属切削机床应为 1.3~1.5,本例取 $K=1.5$;

K_z——离合器每小时接合次数系数,见表 13-3;按题目给出每小时接合次数为 120,因此取 $K_z=1.04$;

K_v——离合器摩擦副相对滑动速度系数,见表 13-4;本例根据前面计算可知,$v_m=2.99\text{m/s}$,查表 13-4,在相对滑动速度 2.5m/s 和 3m/s 之间用线性插值,求得

$K_v = 1.0686$。

离合器主动轴的计算转矩为

$$T_c = KK_zK_vT = 1.5\times1.04\times1.0686\times81.86\text{N}\cdot\text{m} = 136.5\text{N}\cdot\text{m}$$

（4）计算允许的轴向压紧力

$$Q = \frac{T_c}{\mu m R_e}$$

式中 μ——摩擦副的摩擦因数（见表13-5），根据本题条件，油中工作、淬火钢，因此查表13-5第一行摩擦副为湿式，应为0.05~0.1，则本例取$\mu=0.06$；

m——摩擦副数，$m=z-1$；z是摩擦片数，摩擦片数应为5~16，本例取16，则$m=16-1=15$。选定摩擦盘材料为淬火钢—淬火钢（在油中工作）；

R_e——摩擦副当量摩擦半径（mm），$R_e=(R_1+R_2)/2$，R_1、R_2是摩擦面的内外半径。

将以上数据代入公式，求出允许的轴向压紧力为

$$Q = \frac{T_c}{\mu m R_e} = \frac{136.5\times1000}{0.06\times15\times(110+60)/4}\text{N} = 3568.6\text{N}$$

（5）计算平均压强　计算平均压强的计算公式为

$$p = \frac{4Q}{2\pi(R_2-R_1)R_e} \leqslant [p]$$

式中 p——圆盘摩擦片工作表面平均压强（MPa）；

$[p]$——圆盘摩擦片工作表面许用平均压强（MPa），见表13-5。

$$p = \frac{4Q}{\pi(D_2^2-D_1^2)} \leqslant [p]$$

查表13-5第一行摩擦副为湿式，故$[p]=0.6\sim1.0\text{MPa}$，取$[p]=0.6\text{MPa}$，代入上式得

$$p = \frac{4Q}{\pi(D_2^2-D_1^2)} = \frac{4\times3568.6}{3.14\times(110^2-60^2)}\text{MPa} = 0.535\text{MPa} < [p] = 0.6\text{MPa}$$

表13-5　摩擦副材料及其摩擦因数、许用压强和许用温度

摩擦副		摩擦因数μ		许用压强$[p]$/MPa		许用温度/℃	
摩擦材料	对偶材料	干式	湿式	干式	湿式	干式	湿式
淬火钢	淬火钢	0.15~0.2	0.05~0.1	0.2~0.4	0.6~1.0	<260	<120
铸铁	铸铁	0.15~0.25	0.06~0.12	0.2~0.4	0.6~1.0	<300	
铸铁	钢	0.15~0.2	0.05~0.1	0.2~0.4	0.6~1.0	<260	
青铜	青铜、铸铁、钢	0.15~0.2	0.06~0.12	0.2~0.4	0.6~1.0	<150	
铜基粉末冶金	铸铁、钢	0.25~0.35	0.08~0.1	1.0~2.0	1.5~2.5	<560	
铁基粉末冶金	铸铁、钢	0.3~0.4	0.1~0.12	1.5~2.5	2.0~3.0	<680	
石棉基摩擦材料	铸铁、钢	0.25~0.35	0.08~0.12	2.0~3.0	0.4~0.6	<260	
夹布胶木	铸铁、钢	—	0.1~0.12	—	0.4~0.6	<150	
皮革	铸铁、钢	0.3~0.4	0.12~0.15	0.07~0.15	0.15~0.28	<110	
软木	铸铁、钢	0.3~0.5	0.15~0.25	0.05~0.10	0.01~0.15	<110	

注：1. 摩擦片数少时$[p]$值取上限，片数多时取下限。

2. 当摩擦片平均圆周速度>2.5m/s或每小时接合次数超过100次时，$[p]$值相应适当降低。

3. 对于某些石棉基摩擦材料，干式可用到$[p]=1.5\text{MPa}$。

(6) 计算摩擦片数目

$$z \geqslant \frac{3T_c}{2\pi\mu[p](R_2^3-R_1^3)K_m}$$

式中 K_m——摩擦副数系数，见表 13-6；摩擦副数系数是考虑每小时接合次数和摩擦副数目多少对离合器传递转矩能力影响的系数，取决于摩擦副数 m。本题由上面所得 $m=15$，将表 13-6 按线性插值并延伸，得 $K_m=0.64$。

代入公式得摩擦片数为

$$z \geqslant \frac{3T_c}{2\pi\mu[p](R_2^3-R_1^3)K_m} = \frac{3\times136.5\times1000}{2\times3.14\times0.06\times0.6\left[\left(\frac{110}{2}\right)^3-\left(\frac{60}{2}\right)^3\right]\times0.64} \geqslant 20.3$$

取 $z=21$，与初设值不相同，需重新计算。

(7) 查取摩擦副数系数 K_m 改变摩擦副材料为铜基粉末冶金和钢，查表 13-5：$\mu=0.08$，$[p]=1.5\sim2.5\text{MPa}$，设摩擦片数 $z=6$，则摩擦副数 $m=5$，查表 13-6，$K_m=0.94$。

(8) 重新计算摩擦片数

$$z \geqslant \frac{3T_c}{2\pi\mu[p](R_2^3-R_1^3)K_m} = \frac{3\times136.5\times1000}{2\times3.14\times0.08\times1.5\times\left[\left(\frac{110}{2}\right)^3-\left(\frac{60}{2}\right)^3\right]\times0.94} \geqslant 5.5$$

取 $z=6$，与初设相同。

(9) 验算平均压强 首先计算摩擦面的压紧力

$$Q=\frac{T_c}{\mu m R_e}=\frac{136.5\times1000}{0.08\times5\times(110+60)/4}\text{N}=8029.4\text{N}$$

计算平均压强

$$p=\frac{4Q}{\pi(D_2^2-D_1^2)}=\frac{4\times8029.4}{3.14\times(110^2-60^2)}\text{MPa} = 1.2\text{MPa}<[p]=1.5\sim2.5\text{MPa}$$

因此该离合器安全。

该离合器的主动摩擦片数为

$$\frac{z}{2}=\frac{6}{2}=3$$

从动摩擦片数为

$$\frac{z}{2}+1=\frac{6}{2}+1=4$$

表 13-6 摩擦副数系数 K_m

摩擦副数 m	3	4	5	6	7	8	9	10	11
K_m	1	0.97	0.94	0.91	0.88	0.85	0.82	0.79	0.76

2. 离合器结构及选材分析

(1) 多盘摩擦离合器工作原理及结构　本例选择的车床床头箱用油式多盘摩擦离合器是典型的多盘式摩擦离合器，摩擦离合器的工作原理是靠两半离合器接合面间的摩擦力传递运动和动力，按结构型式不同，可分为圆盘式、圆锥式、块式和带式等类型，最常用的是圆盘摩擦离合器。圆盘摩擦离合器分为单盘式和多盘式两种，单片式摩擦离合器结构简单，但径向尺寸较大，只能传递不大的转矩。多盘式摩擦离合器由于摩擦面增多，传递转矩的能力提高，径向尺寸相对减小，故工程上应用广泛，但结构较为复杂。

多盘式摩擦离合器常用于传递转矩较大、经常在运转中离合或频繁起动、重载的场合。广泛应用于各种机床、汽车、拖拉机中。

如图 13-1 所示，多盘式摩擦离合器有两组摩擦片，主动轴 1 与外壳 2 相连接，外壳内装有一组外摩擦片 4，形状如图 13-2 所示，其外缘有凸齿插入外壳上的内齿槽内，与外壳一起转动，其内孔不与任何零件接触。从动轴 10 与套筒 9 相连接，套筒上装有一组内摩擦片 5。其外缘不与任何零件接触，随从动轴一起转动。滑环 7 由操纵机构控制，当滑环向左移动时，使杠杆 8 绕支点顺时针转动，通过压板 3 将两组摩擦片压紧，实现接合；滑环 7 向右移动，则实现离合器分离。摩擦片间的压力由螺母 6 调节。若摩擦片为图 13-2 所示碟形，则分离时能自动弹开。

摩擦离合器有干式和湿式之分，湿式摩擦离合器的摩擦件浸在油中工作，常为多盘式，比干式磨损小，散热好，温升低，寿命长，所能传递的扭矩大，本例选择的车床床头箱用多盘摩擦离合器就属于湿式。

摩擦离合器与牙嵌式离合器相比，主要具有如下特点：

1) 对任何不同转速的两轴都可以在运转时接合或分离。

2) 接合时冲击和振动较小。

3) 过载时摩擦面间自动打滑，可防止其他零件损坏。

4) 调节摩擦面间压力，可改变从动轴加速时间和传递的转矩。

5) 接合与分离时，摩擦面间产生相对滑动，消耗一定能量，造成磨损和发热。

6) 结构较复杂，体积较大。

(2) 多盘摩擦离合器选材分析

1) 摩擦片材料。摩擦片是摩擦离合器的关键元件，其工作表面材料的物理性质和力学性能直接影响离合器的工作性能。

离合器摩擦片对材料的要求是：

① 摩擦因数大而且稳定。

② 强度高，能承受冲击，高速时不易破裂和剥落。

③ 耐磨性与抗胶合性良好。

④ 耐高温、耐高压性能好。

⑤ 耐腐蚀和导热性能好，热变形小。

⑥ 长期静置时应不致粘连。

⑦ 还要求使用寿命长，容易加工。

⑧ 价格低廉等。

常用的摩擦面材料有淬火钢、粉末冶金材料及压制石棉基材料等。粉末冶金材料的表面许用温度、许用压力、高温下摩擦因数和寿命都较高。铜基粉末冶金材料主要用于湿式摩擦面，铁基粉末冶金材料摩擦因数和许用压力都比铜基高，但耐磨性较低，多用于干式摩擦面。石棉基材料用石棉加黏结剂和填料模压而成，固结在钢或铁底板上，许用工作温度较低。纸基材料用石棉、植物纤维或两者的混合物相互交织，再加填料后由树脂等黏结而成。这种材料具有多孔性，摩擦性能好，动、静摩擦因数相近，而且成本较低。

本例多盘摩擦离合器摩擦片采用了淬火钢对淬火钢材料，考虑用于车床床头箱的机械操纵，载荷大且有冲击。淬火钢对淬火钢材料通常采用低碳及低碳合金钢（如 15、25、0Cr13 等），进行渗碳淬火回火处理；也可以 65Mn 或 45 钢淬火回火。具体采用何种材料应根据具体工作条件，在满足使用要求的条件下尽量降低成本。

2）离合器其他零件材料。本例多盘摩擦离合器除摩擦片外的其他零件，例如压板、外板、杠杆、滑环、外壳等，属于一般常用零件，要求一定的强度、刚度、加工工艺性等，采用中碳钢或中碳合金钢即可满足。例如 45、40Cr 等，当然，在满足性能要求的情况下，还可选择其他材料以及经济性等方面的问题，综合考虑选择不同的材料。

13.3.2　牙嵌式离合器

已知某汽车变速箱中的轴径 $d=25\text{mm}$，传递转矩 $T=30\text{N}\cdot\text{m}$，要求设计连接主、从动轴的离合器。试求：

1. 选择离合器的类型及型号。
2. 校核该离合器的强度。
3. 对该离合器的结构及选材进行分析。

解：

1. 选择离合器的类型及型号

因为是汽车变速箱，Ⅰ轴及Ⅱ轴应该在同一个变速箱中，因此要求两个轴的对中性好，故本例选用牙嵌式离合器。

求计算扭矩：

$$T_c=KT$$

式中　K——离合器的工况系数，见表 13-2；本例取 $K=1.5$。

代入上式求出计算扭矩为

$$T_c=1.5\times30\text{N}\cdot\text{m}=45\text{N}\cdot\text{m}$$

选定离合器为常用的梯形牙型，查表 13-7 矩形牙、梯形牙嵌离合器尺寸，许用转矩为 120 N·m、轴径为 25mm、长度为 38mm 的牙嵌离合器（单向）符合要求。

2. 离合器的强度校核

(1) 齿根弯曲强度计算

$$\sigma_b=\frac{6hT_c}{D_m l_m^2 b z_c}\leqslant[\sigma_b]$$

式中　D_m——牙齿分布圆平均直径（mm）；$D_m=(D+D_1)/2$，D、D_1 是牙齿的外端和内端处直径（mm）；

b——牙宽（mm），$b=(D-D_1)/2$；

h——牙的高度（mm）；$h=(0.5\sim1)b$，本例取 $h=0.5b$；

l_m——齿根的平均厚度（mm）；对梯形牙，可按下式计算：$l_m=D_m\sin(\varphi_2/2)+2(h-h_2)tan\alpha$，$\alpha$ 是牙面倾斜角，对梯形牙 $\alpha=2°\sim8°$，本例取 $\alpha=5°$；φ_2 是牙的中心角，对梯形牙，$\varphi_2=360/2z$，h_2 是中径处的牙高，$h_2=2/5h$；

z_c——计算齿数，$z_c=(0.33\sim0.5)z$，此处取 $z_c=0.4z$，z 是一个牙嵌盘的实际齿数；

$[\sigma_b]$——许用弯曲应力（MPa），静止结合时，$[\sigma_b]=\sigma_s/1.5$，相对圆周速度 $v=0.7\sim1.5$ 时结合，$[\sigma_b]=\sigma_s/(3\sim4)$；

σ_s——材料的屈服极限（MPa）。

查表 13-7 矩形牙、梯形牙嵌离合器尺寸，$D=50\text{mm}$，$D_1=35\text{mm}$，$z=5$。

本例选用的是梯形牙，计算式中的各个参数分别为

$$D_m=(D+D_1)/2=(50+35)\text{mm}/2=42.5\text{mm}$$

$$b=(D-D_1)/2=(50-35)\text{mm}/2=7.5\text{mm}$$

$$h=0.5b=0.5\times7.5\text{mm}=3.75\text{mm}$$

$$h_2=2/5h=2\text{mm}/5\times3.75=1.5\text{mm}$$

$$\varphi_2=360°/2z=360°/2\times5=36°$$

$$l_m=D_m\sin(\phi_2/2)+2(h-h_2)\tan\alpha=42.5\text{mm}\sin18°+2\text{mm}(3.75-1.5)\tan5°=13.5\text{mm}$$

$$z_c=0.4z=0.4\times5=2$$

$[\sigma_b]=\sigma_s/1.5$，本例按嵌合元件的材料为 45 钢调质，取 $\sigma_s=360\text{MPa}$，则 $[\sigma_b]=\sigma_s/1.5=360\text{MPa}/15=240\text{MPa}$。

代入数据，求出齿根弯曲应力，并校核弯曲强度：

$$\sigma_b=\frac{6hT_c}{D_m l_m^2 bz_c}=\frac{6\times3.75\times45\times10^3}{42.5\times13.5^2\times7.5\times2}\text{MPa}=8.7\text{MPa}\leqslant[\sigma_b]=240\text{MPa}$$

所以牙的弯曲强度足够。

（2）验算梯形牙工作面挤压强度：

$$\sigma_p=\frac{2T_c}{AD_m z_c}\leqslant[\sigma_p]$$

式中　A——每个齿的承压面积，对于梯形齿（参考表 13-7）$A=bh$；

$[\sigma_p]$——许用挤压应力（MPa）；静止接合时，$[\sigma_p]=90\sim120\text{MPa}$，当 $v=0.7\sim0.8\text{m/s}$ 时，$[\sigma_p]=50\sim70\text{MPa}$，当 $v=0.8\sim1.5\text{m/s}$ 时，$[\sigma_p]=35\sim45\text{MPa}$。

因为本例选用的是梯形齿，按静止接合，则许用挤压应力为 $[p]=90\sim120\text{MPa}$；

将以上数据代入梯形牙工作面挤压强度公式，有

$$\sigma_p=\frac{2T_c}{AD_m z_c}=\frac{2T_c}{bhD_m Z_c}=\frac{2\times45\times10^3}{7.5\times3.75\times42.5\times2}\text{MPa}=37.6\text{MPa}<[\sigma_p]=90\sim120\text{MPa}$$

所以，齿的挤压强度也足够。

从以上两项强度计算可以看出，此离合器安全。

3. 对该离合器的结构及选材进行分析

（1）牙嵌式离合器工作原理及结构　牙嵌式离合器由两个端面上有牙的半离合器组成，典型结构如图 13-3 所示，半离合器 1 固定在主动轴上，半联轴器 2 可以沿导向平键 3 在从动轴上移动。另一个半离合器用导向键或花键与从动轴连接，并通过操纵机构（操纵杆，本图中未画出）移动滑环 4，使其做轴向移动，实现两半离合器的牙相互嵌合或分

离，从而起到离合作用。为了便于两轴更好地对中，在半离合器 1 中装有对中环 5，从动轴可在对中环中滑动。离合器的操纵可以通过手动杠杆、液压、气动或电磁的吸力等方式进行。

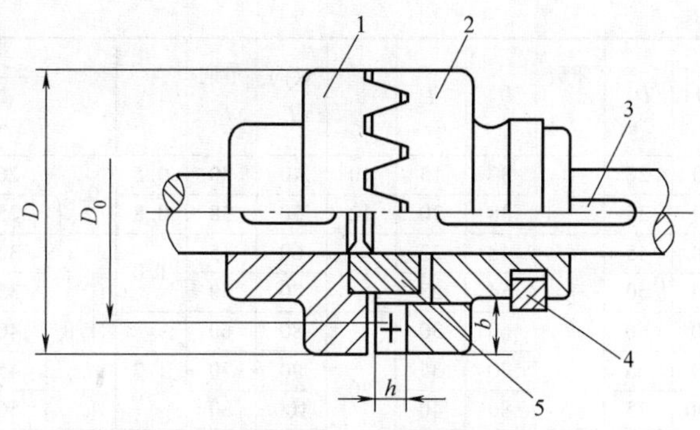

图 13-3　牙嵌离合器

1—半离合器　2—半联轴器　3—导向平键

4—移动滑环　5—对中环

D—外径　D_0—牙的平均直径　h—牙高度　b—牙宽度

离合器牙的形状有三角形、梯形、锯齿形。三角形牙传递中、小转矩，牙数 15~60。梯形、锯齿形牙可传递较大的转矩，牙数 3~15。梯形牙可以补偿磨损后的牙侧间隙。锯齿牙只能单向工作，反转时由于有较大的轴向分力，会迫使离合器自行分离。各牙应精确等分，以使载荷均布。

牙嵌离合器可以借助电磁线圈的吸力来操纵，称为电磁牙嵌离合器。电磁牙嵌离合器通常采用嵌入方便的三角形细牙。它依据信息而动作，所以便于遥控和程序控制。

牙嵌离合器的承载能力主要取决于牙根处的弯曲强度。对于操作频繁的离合器，尚需验算牙面的压强，从而控制磨损失效。

牙嵌离合器结构简单，外廓尺寸小，能传递较大的转矩，接合后主从动轴无相对滑动，传动比不变，故应用较多。但接合时有冲击，只宜在两轴不回转或转速差很小时才进行接合（对矩形牙转速差≤10r/min，对其余牙形≤300r/min），否则牙齿可能会因此受到撞击而折断，主要用于低速机械的传动轴系。

（2）牙嵌式离合器材料选择及分析　牙嵌离合器的工作特点决定其材料应具有很高的强度、一定的抗冲击能力、良好的耐磨性和刚度等。为了保证强度高，必须用合金钢，并经过热处理。

选择牙嵌离合器的材料应根据使用要求而定，当载荷大、有冲击时，常用低碳合金钢经表面硬化处理达到表面硬（抗磨损、抗胶合）、芯部韧（抗冲击、抗断齿）的目的，常用的材料有 20Cr、20MnB 等，经渗碳淬火处理后使牙面硬度达到 56~62HRC，但是相对造价也较高。当冲击载荷较小时，通常用中碳合金钢，例如 40Cr、45MnB，经表面淬火等处理后硬度达到 48~52HRC。

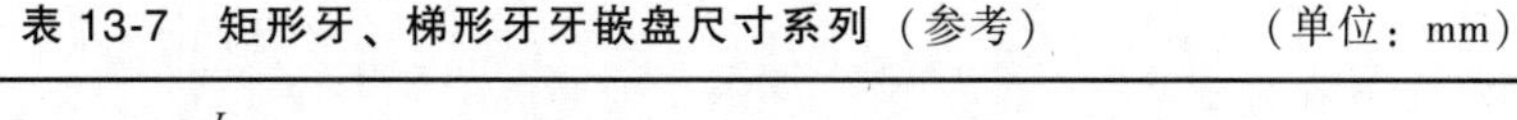

表 13-7　矩形牙、梯形牙牙嵌盘尺寸系列（参考）　　（单位：mm）

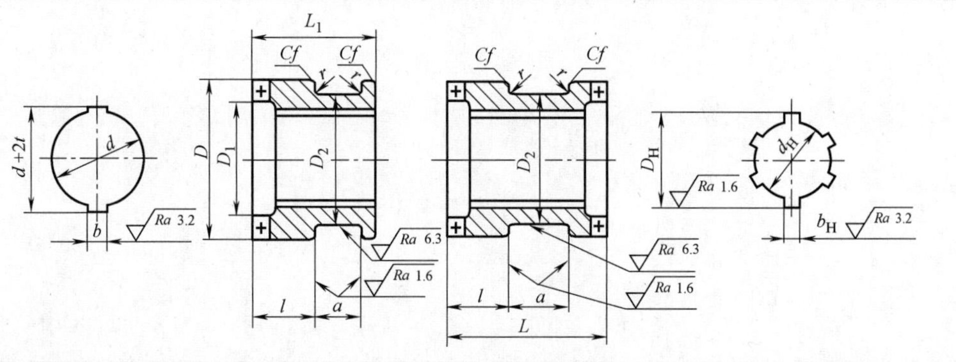

（续）

D	D_1	牙数 z	D_2	l	a	双向 L	单向 L_1	r	f	双键孔			N	花键孔			许用转矩 T_p/N·m
										d (H7)	b (H9)	t (H12)		d (H7)	D (H10)	B (H9)	
40	28	5	30	15	10	40	30	0.5	0.5	20	6	2.3	6	18	22	5	77.1
50	35		38	20	12	50	38	0.8		25	8	3.2		21	25	5	120
60	45	7	48	22	16	60	45	1.0	1.0	32	10	3.3		28	34	7	246
70	50		54	28		70	50			35			8	32	38	6	375
80	60		60	30	20	80	60	1.2		40	12			36	42	7	437
90	65		70	35		90	70			45	14	3.8		42	48	8	605
100	75		80	40		100	80			50	16	3.8		46	54	9	644
120	90	9	100	50		120	100	1.5	1.5	60	18	4.4		56	65	10	1700
140	100		115	55	25	140	110			70	20	4.9		62	72	12	2580
160	120	11	135	65		160	120			80	22	5.4	10	72	82	12	3630
180	130		150	75		180	130			90	25			82	92	12	5020
200	150		160	85		200	140			100	28	6.4					5670

注：1. 表中许用转矩是按低速运转时接合，按牙工作面压强条件算得出的值，对于静止接合，许用转矩值可乘以 1.75 倍。

2. 牙嵌盘材料为 45 钢，硬度为 48~52HRC；材料为 20Cr，硬度为 58~62HRC。

第14章 制 动 器

14.1 制动器的分类特点及应用

制动器的种类很多，主要是按工作原理进行分类，还有其他几种常用的分类方法，分别简述如下：

按工作原理分类，制动器按原理可以分为摩擦式和非摩擦式两大类：

（1）摩擦式制动器　靠制动件与运动件之间的摩擦力实现制动。

（2）非摩擦式制动器　制动器的结构型式主要有磁粉制动器（利用磁粉磁化所产生的剪切力来制动）、磁涡流制动器（通过调节励磁电流来调节制动力矩的大小）以及水涡流制动器等。

按工作状态分类，制动器可分为常闭式和常开式。常闭式制动器靠弹簧或重力的作用经常处于紧刹状态，机构工作时，可利用人力或松闸器使制动器松闸。常开式制动器经常处于松闸状态，只有施加外力时才能使其紧闸。

按制动件的结构分类，可分为外抱块式制动器、内张蹄式制动器、带式制动器和盘式制动器。

按制动操纵能源分类，可分为人力制动系统、动力制动系统、伺服制动系统。

按操纵方式分类，制动器可分为手动、自动、混合式。

制动器主要由制动架、摩擦元件和松闸器三部分组成，很多制动器还装有间隙的自动调整装置。

按结构特征，常用制动器的分类如下：

- 摩擦式制动器（常开、常闭）
  - 外抱块式制动器——长行程块式制动器、短行程块式制动器
  - 内胀蹄式制动器——双蹄制动器、多蹄制动器
  - 带式制动器——简单带式制动器、差动带式制动器、综合带式制动器
  - 盘式制动器
    - 钳盘——固定钳式制动器、浮动钳式制动器
    - 全盘——单盘制动器、多盘制动器、载荷自制盘式制动器
    - 锥盘——锥盘式制动器、载荷自制锥盘制动器
- 非摩擦式制动器
  - 磁粉式制动器（半摩擦式）
  - 磁涡流式制动器
  - 水涡流式制动器

随着制动科学技术的发展，制动器的应用越来越广泛，制动系统已成为集机械、电、液、材料、计算机技术于一体的现代化装置。

常用制动器的特点及应用见表14-1。

表 14-1　常用制动器的特点及应用

制动器名称	特　点	应用范围
外抱瓦块制动器(简称瓦块制动器,也称块式制动器)	构造简单、可靠,制造与安装方便,双瓦块无轴向力,维修方便,价格便宜。有冲击和振动。广泛用于各种机械中	各种起重运输机械,石油机械,矿山机械,挖掘机械。冶金机械及设备,建筑机械,船舶机械等
内张蹄式制动器(简称蹄式制动器)	结构紧凑,构造复杂,制动不够平稳,散热性差;制动鼓的热膨胀影响制动性能。价格贵,维修不方便,逐渐被盘式制动器所代替。曾广泛用于各种车辆的行走轮上	各种车辆多用,如汽车、拖拉机、叉车等,各种无轨运行式起重机的行走机构上,如筑路机械,飞机等
带式制动器	结构简单、紧凑,包角大,因而制动力矩大。制动轮轴受有较大的弯曲力,制动带的比压力分布不均匀等	各种卷扬机、机床、汽车起重机的起升机构以及要求紧凑的机构上采用。装在低速轴或卷筒上的安全制动器
单盘制动器(有干式和湿式之分)	制动平稳。湿式散热性较好,受轴向力	电动葫芦及各种车辆
多盘制动器(有干式和湿式之分)	制动平稳,制动力矩大。干式散热性差,湿式散热性好,受轴向力	电动葫芦、机床、汽车、飞机、坦克以及工程机械等大型设备
钳盘式制动器	制动平稳、可靠,动作灵敏,散热性好,无瓦块制动器的热衰退现象,制动力矩大,可调范围大,耐频繁制动,转动惯量小,防尘、防水能力强。摩擦材料所受比压力大,受轴向力(可减至最小),横向尺寸大。价格贵,有的制动器需要液体(气体)泵站及管路等复杂设备	各种起重运输机械,矿山机械,石油机械,冶金机械及其设备,装卸机械,施工机械,建筑机械,叉车、汽车、坦克等车辆,印刷机械,造纸机械,机械式压力机,机床,拔丝机械等
制动臂(楔块式)盘式制动器	同上,但不需要液体(气体)泵站等复杂设备。制动架结构大,铰轴多,机械效率稍低	中等容量的各种起重运输机械、冶金机械及其设备、石油机械、建筑机械等

14.2　制动器的选择计算及设计实例

一些应用广泛的制动器已标准化、系列化，选用制动器应根据使用要求与工作条件，优先在标准制动器中选择。

14.2.1　制动器类型选择参考原则

1）要考虑工作机械的工作性质和条件、制动器的应用场合、配套主机的性能和条件。通常要求制动器尺寸紧凑、制动力矩大、散热性能好，则应选用点盘式制动器；只要求尺寸紧凑、制动力矩大，不考虑散热或散热要求不高时，就可以选用多盘制动器、块式制动器或带式制动器；起重机的起升和变幅机构、矿山机械的提升机、卷扬机都必须选用常闭式制动器，以保证安全可靠；起重机的行走和回转机构以及车辆等，则多采用常开式制动器。

2）充分重视制动器的重要性，制动力矩必须有足够的储备，即保证足够的安全系数。对于安全性有较高要求的机构需装设双重制动器，例如运送熔化金属的起升机构，规定必须装设两个制动器，其中每一个都能安全地支持吊物，不致坠落；对于起重制动器，则应考虑散热问题，应有足够的散热面积将重物位移产生的热量散去，在选用设计计算时，必须进行热平衡验算，以免过热损坏或失效。

3）考虑安装条件，如制动器安装有足够的空间，可选用块式制动器或臂式盘形制动器；安装空间有限制，则应选用内蹄式、带式制动器。

4）配套主机的使用环境、工作和保养条件。例如，主机上有液压站，则选用带液压的制动器；固定不移动和要求不渗漏液体的设备、就近又有气源时，则选用气动制动器；主机希望干净并有直流电源，则选用直流短程电磁铁制动器；要求制动平稳、无噪声，则选用液压制动器或磁粉制动器。

14.2.2　制动器的设计与计算方法

1. 制动器的设计参考

设计制动器时要考虑以下几方面问题：

1）当选用电动式制动器时，根据通电持续率，选用不同的最大制动转矩值。

$$\text{通电持续率 } JC=\frac{\text{电磁闭合时间}}{\text{电磁闭合时间}+\text{间断时间}}\times 100\%$$

2）刹车带（石棉钢丝带）与钢和铸铁的摩擦因数通常取 0.35。

3）制动时间或制动距离不可太短，即制动转矩不可过大，以满足工作要求为宜。制动时间太短将产生冲击载荷，使机器零件损坏。

4）制动器通常安装在传动系统的高速轴上，因为在传动系统功率近似相等的情况下，高速轴的速度高必然转矩小，此时所需要的制动力矩小，制动器的体积小、重量轻，但安全可靠性相对较差。如安装在低速轴上，则比较安全可靠，但转动惯量大，所需的制动力矩大，制动器的体积和重量相对也大。如果是安全制动器，则通常安装在低速轴上。

2. 制动转矩的计算

选用标准制动器，应该以计算制动转矩 T_c 为依据，参照标准制动器的额定制动转矩 T_e，选出标准型号后，应该按照工作机的要求对制动力矩、制动时间、发热情况等进行必要的验算。

额定制动力矩 T_e 是表征制动器工作能力的主要参数，制动力矩是选择制动器型号的主要依据，所需制动力矩根据不同机械设备的具体情况确定。选择制动器时，为了使制动安全可靠，根据机器的运转情况计算制动轴上的负载力矩 T_t，并将所需制动力矩适当加大，即考虑一定的安全系数，求出计算制动力矩 T_c，参照标准制动器的额定制动力矩 T_e，使 $T_c \leqslant T_e$。

根据制动对象的运动情况不同，计算制动力矩可按水平移动制动和垂直移动制动两种基本类型计算。

（1）平移制动　被制动件只有惯性质量，如车辆的制动，计算制动力矩 T_c 为

$$T_c=T_t-T_f$$

式中　T_t——负载力矩，此处为换算到制动轴上的传动系统惯性力矩（N·m）；

T_f——换算到制动轴上的总摩擦阻力矩（N·m）；

（2）垂直制动　提升设备的制动应保证重物能可靠提升，被制动的有惯性质量和垂直负载，垂直负载是主要的，由于有较大的安全系数，所以惯性载荷忽略不计。计算制动力矩为

$$T_c=S_p\times T_t$$

式中　T_c——计算制动力矩（N·m）；

T_t——换算到制动轴上的负载转矩（N·m），$T_t=\frac{T_1}{i}\eta$，其中 T_1 为垂直负载对其轴的转矩（N·m），i 为制动轴到负载轴的传动比，η 为从制动轴到负载轴的机械效率。

S_p——保证重物可靠悬吊的制动安全系数，见表 14-2，由于有较大的安全系数，所以惯性载荷忽略不计。

表 14-2　制动安全系数 S_p 的推荐值

设备类型		S_p	备注	设备类型		S_p	备注
矿井提升机		3	JC 值≈15%②	起重机械的提升机构	机动的重级工作制	2.0	JC 值≈15%②
起重机械的提升机构	手动、机动的轻级工作制	1.5	JC 值≈25%		机动的特重级工作制	2.5	JC 值≈25%
	机动的中级工作制	1.75	JC 值≈40%		双制动中级一台制动器①	1.25	JC 值≈40%
			JC 值≈60%				JC 值≈60%

① 同时配备两台制动器。

② 工作率：在 10min 内，机构的工作时间与整个工作周期之比。

3. 制动器校核计算

计算制动力矩 T_c 应小于制动器的额定制动转矩 T_e，即

$$T_c \leqslant T_e$$

式中　T_e——制动器的额定制动转矩，见制动器产品样本或查《机械设计手册》。

4. 制动器温度计算

（1）影响制动器温度升高因素

1）负载（压力）的大小。

2）摩擦速度（鼓轮速度）的快慢。

3）连续使用时间的长短（连续使用次数越频繁，温度越高）。

4）安装调整及刹车力的平衡。

5）散热面积的大小，衔接部位的大小。

（2）制动器散热能力计算　对于下降的制动或在较高的温度环境下频繁工作的制动器，需要进行发热验算。主要是计算摩擦面在制动过程中的温度是否超过许用值。摩擦面温度过高时，摩擦因数会降低，不能保持稳定的制动力矩，并加速摩擦元件的磨损。因此制动作用所产生的热能必须经过刹车零件吸收并散发到空气中，为了避免刹车零件因温度过高而失效，所以制动器的能力设计必须以其散热能力为依据。

对于高温频繁工作的制动器的热平衡计算：

$$Q \leqslant Q_1 + Q_2 + Q_3$$

式中　Q——制动器工作一小时所产生的热量（kJ/h）；

Q_1——每小时辐射散热量（kJ/h）；

Q_2——每小时自然对流散热量（J/h）；

Q_3——每小时强迫对流散热量（kJ/h）；

Q_1、Q_2、Q_3 具体计算可以参见制动器设计手册或机械设计手册。

发热验算是设计制动器的一个重要环节，目的是保证制动器的制动轮和摩擦衬垫的工作温度不超过允许值。摩擦面温度过高时，摩擦因数将会减小，制动能力降低，制动衬垫磨损加快。

5. 其他计算

选好制动器后，还要对主要承受载荷零件进行强度验算、易磨损件的耐磨性验算以及杠杆等易弯曲变形零件的刚度计算等，这些计算可以根据零件的具体受载情况，利用相应的力学公式进行计算，此处略。

对于停止式制动器和其他发热不大的制动器，可以只校核压强 p 和 pv 值（v 为制动轮的圆周速度）是否超过许用值（见表 14-3）。

表 14-3　摩擦副计算用数据推荐值

摩擦材料	对摩材料	[p]MPa 和[pv][N·m/cm²·s]												摩擦因数 μ		许用温度 t /℃
		块式制动器				带式制动器				盘式制动器						
		停止式		滑摩式①		停止式		滑摩式①		干式		湿式				
		[p]	[pv]	[p]	[pv]	[p]	[pv]	[p]	[pv]	[p]	[pv]	[p]	[pv]	干式	湿式	
铸铁	钢	2	500	1.5	250	1.5	250	1.0	150	0.2~0.3	—	0.6~0.8	—	0.17~0.2	0.06~0.08	260
钢	钢或铸铁	2	—	1.5	—	1.5	—	1.0	—	0.2~0.3	—	0.6~0.8	—	0.15~0.18	0.06~0.08	260
青铜	钢								—	0.2~0.3	—	0.6~0.8	—	0.15~0.2	0.06~0.11	150
石棉树脂②	钢	0.6	500	0.3	250	0.6	250	0.3	250	0.2~0.3	140	0.6~0.8	—	0.35~0.4	0.10~0.12	250
石棉橡胶	铜	—	500	—	250	0.6	250	0.3	250	—	140	—	—	0.4~0.43	0.12~0.16	250
石棉钢丝	钢	—	500	—	250	0.6	250	0.3	250	—	140	—	—	0.33~0.35	—	—
石棉浸油	钢	0.6	500	0.3	250	0.6	250	0.3	250	0.2~0.3	140	0.6~0.8	—	0.3~0.35	0.08~0.12	250
石棉塑料	钢	0.6	500	0.4	250	0.6	250	0.4	250	0.4~0.6	140	1.0~1.2	—	0.35~0.45	0.15~0.20	
木材	铸铁															

① 此处为通称，垂直制动时可称下降式。

② 即石棉树脂刹车带。

一般用途的制动器的设计计算流程归纳为图 14-1 所示的框图。

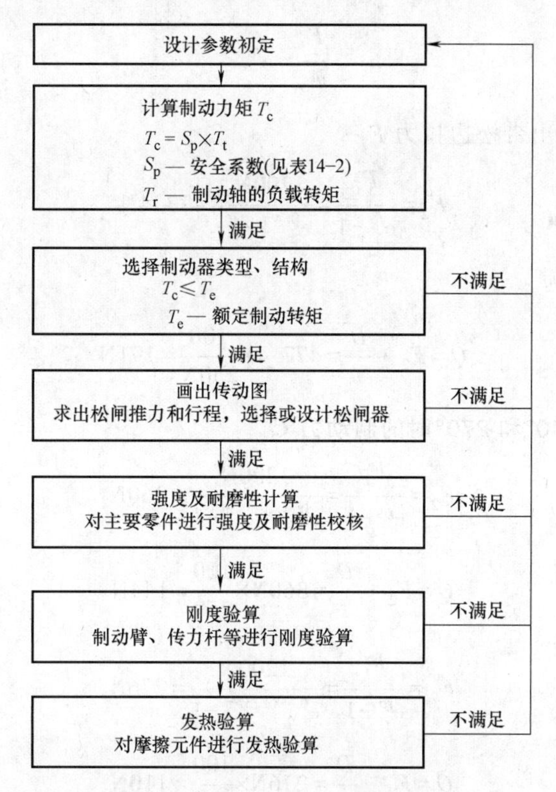

图 14-1　制动器的设计计算流程框图

14.2.3　制动器的设计计算实例

图 14-2 所示为一带式制动器，已知制动轮直径 $D=100$mm，制动轮转矩 $T=60$N·m，制动杠杆长 $l=250$mm，制动带与制动轮之间的摩擦因数 $f=0.4$。试求：

1. 制动力 Q。

2. 分别计算当包角为 $\alpha=210°$、240°、270°时所要求的制动力 Q。

3. 当制动轮的转矩 T 方向改变时，制动力 Q 又应为多少（取 $\alpha=180°$）？

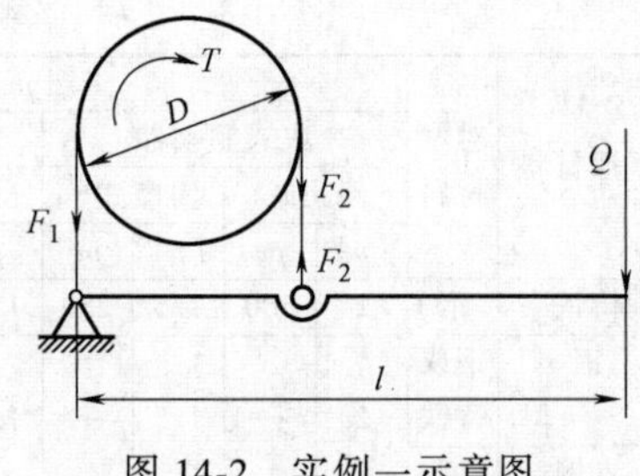

图 14-2 实例一示意图

解：带式制动器和带传动工作原理相同，但工作方式不同，前者用于制动，后者用于传动。

1. 求制动力 Q

制动轮的圆周力为

$$F_t=\frac{T}{D/2}=\frac{2\times60\times1000}{100}\text{N}=1200\text{N}$$

由力的平衡可知

$$F_t=F_1-F_2$$

又由欧拉公式知

$$\frac{F_1}{F_2}=e^{f\alpha}$$

以上两式联立可求出带松边拉力 F_2

$$F_2=\frac{F_t}{e^{f\alpha}-1}=\frac{1200\text{N}}{e^{0.4\pi}-1}=477.4\text{N}$$

上式 $\alpha=\pi$ 制动力为

$$Q=F_2\cdot\frac{D}{l}=477.4\times\frac{100}{250\text{N}}=191\text{N}$$

2. 求 $\alpha=210°$、240°和 270°时的制动力 Q

当 $\alpha=210°$时
$$F_2=\frac{F_t}{e^{f\alpha}-1}=\frac{1200\text{N}}{e^{0.4\times1.17\pi}-1}=360\text{N}$$

$$Q=F_2\cdot\frac{D}{l}=360\text{N}\times\frac{100}{250}=144\text{N}$$

当 $\alpha=240°$时
$$F_2=\frac{F_t}{e^{f\alpha}-1}=\frac{1200\text{N}}{e^{0.4\times1.35\pi}-1}=276\text{N}$$

$$Q=F_2\cdot\frac{D}{l}=276\text{N}\times\frac{100}{250}=110\text{N}$$

当 $\alpha=270°$时
$$F_2=\frac{F_t}{e^{f\alpha}-1}=\frac{1200\text{N}}{e^{0.4\times1.5\pi}-1}=215\text{N}$$

$$Q=F_2\cdot\frac{D}{l}=215\text{N}\times\frac{100}{250}=86\text{N}$$

从上面的计算结果看，增大包角可增大带和带轮之间的摩擦力，可有效地减小制动力。

3. 求制动轮的转矩 T 改变方向时的制动力 Q

由力的平衡关系可得

$$\begin{cases} F_t = F_2 - F_1 \\ \dfrac{F_2}{F_1} = e^{f\alpha} \end{cases}$$

同样可以解出带端拉力 F_2（紧边）：

$$F_2 = \frac{F_t \cdot e^{f\alpha}}{e^{f\alpha}-1} = \frac{1200\text{N}\times e^{0.4\pi}}{e^{0.4\pi}-1} = 1677\text{N}$$

$$Q = F_2 \cdot \frac{D}{l} = 1677\text{N}\times\frac{100}{250} = 671\text{N}$$

转矩 T 方向改变之后，制动力要增大为原有制动力的 $e^{f\alpha}$ 倍，所以原设计不宜用于双向制动。

14.3　摩擦制动器的材料选择及分析

带式制动器是最常用的一种摩擦制动器，以带式制动器为例进行选材分析。

14.3.1　带式摩擦制动器的分类

带式制动器是最常用的一种摩擦制动器，利用围绕在鼓周围的制动带收缩而产生制动效果的一种制动器。用于中小载荷的起重运输机械、车辆、一般机械及人力操纵的机械中，例如可在汽车自动变速器、船舶、海洋用锚绞机、绞车及矿山绞车、建筑绞车等设备上使用。

带式制动器的优点是：有良好的抱合性能；占用变速器较小的空间；当制动带贴紧旋转时，会产生一个使制动鼓停止旋转的所谓自增力作用的楔紧作用。

普通带式制动器按制动带与杠杆的连接形式可划分为三种结构型式，即简单式、差动式和综合式，分别简述如下。

1. 简单式带式制动器

图 14-3 所示是简单式带式制动器的结构简图，制动带的一端固定在杠杆支点 A 上，另一端与杠杆上的点 B 连接。制动带在重锤的重力作用下会径向收缩，从而箍紧在制动鼓上，制动带就会与制动鼓表面摩擦，由于制动带不能旋转，所以制动鼓就会因为摩擦力矩的作用而减速甚至固定不动，处于紧闸状态。当电路接通时，电磁铁的磁力提起杠杆，则制动带与制动鼓相互分离，即为松闸。这种形式的制动鼓按图中转向旋转时产生的制动力矩较大，反向旋转制动力矩较小，用于单向制动。在实际中，不一定用重锤和电磁铁作为制动器的促动装置，也可能使用液压缸等装置。

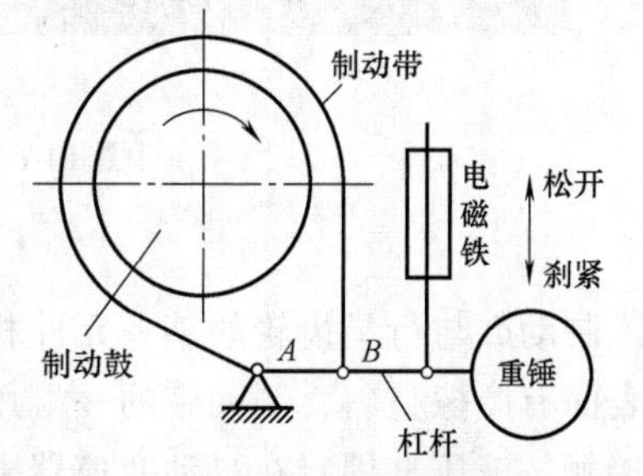

图 14-3　简单式带式制动器的结构简图

2. 差动式带式制动器

图 14-4 所示是差动式带式制动器的结构简图，制动带的两端分别与杠杆的 B 和 C 点相连，在制动力

P 的作用下杠杆绕 A 点转动，B 点拉紧而 C 点放松。由于 AB 大于 AC，即拉紧量大于放松量，因而整个制动带仍然是被拉紧的，制动带就会径向收缩，箍紧在制动鼓上，对制动鼓起到制动作用。反之，就会处于松闸状态。它与简单带式一样，宜用于单向制动，但所需制动外力比简单带式小而制动行程大，故常用于手或脚操纵的单向制动。

3. 综合式带式制动器

图 14-5 所示是综合式带式制动器的结构简图，在制动力 P 的作用下，B 点和 C 点同时拉紧，且 AB 等于 AC，因而制动带被拉紧，就会径向收缩，箍紧在制动鼓上，对制动鼓起到制动作用。制动鼓正转或反转时，该制动器产生的制动力矩相同。它可用于正、反向旋转和要求有相同制动力矩的场合。

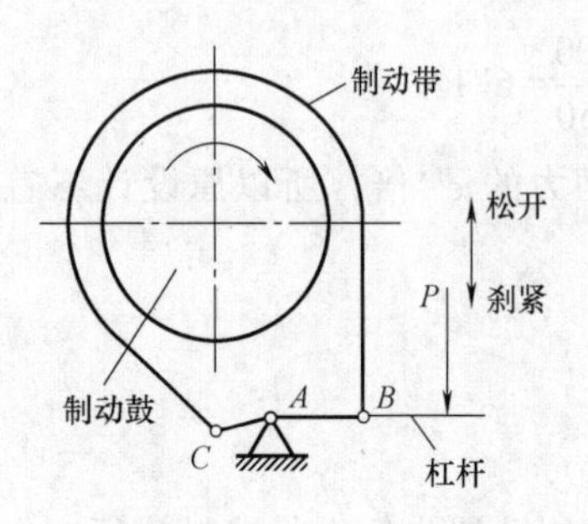

图 14-4　差动式带式制动器的结构简图

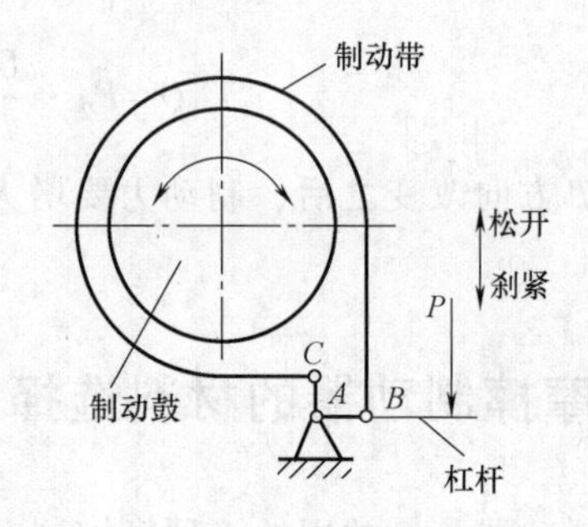

图 14-5　综合式带式制动器的结构简图

14.3.2　带式摩擦制动器的结构和工作情况分析

1. 结构组成

以行星齿轮变速器的带式制动器为例进行分析，该带式制动器主要由制动鼓、制动带、液压缸及活塞等组成，图 14-6a 所示是带式制动器实物图，其内部结构如图 14-6b 所示。

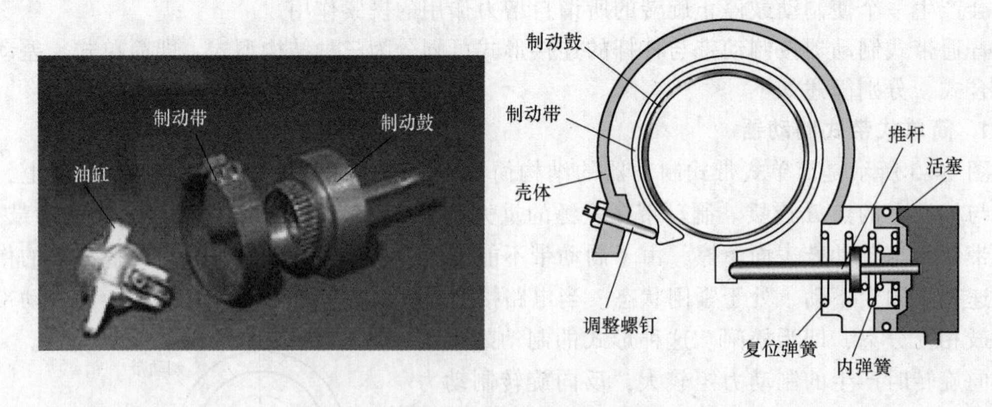

图 14-6　行星齿轮变速器的带式制动器

a）实物图　b）结构图

制动鼓与行星齿轮的某一元件相连接，制动带围在转鼓的外圆上，它的外表面是钢带，内表面有摩擦材料，制动带的一端用锁销固定在自动变速器壳体上，另一端与液压缸的推杆相接触。液压缸固定在自动变速器壳体上，其内部有活塞。

2. 工作情况分析

制动带的内表面敷摩擦材料，它包绕在转鼓的外圆表面，制动带的一端固定在变速器壳体上，另一端则与制动液压缸中的活塞相连。当制动油进入制动液压缸后，压缩活塞回位弹簧推动活塞，进而使制动带的活动端移动，箍紧制动鼓。由于制动鼓与行星齿轮机构中的某一部件构成一体，所以箍紧制动鼓即意味着夹持固定了该部件，使其无法转动。制动油压力解除后，回位弹簧使活塞在制动液压缸中复位，并拉回制动带活动端，从而松开制动鼓，解除制动。

在制动时，允许制动带与制动鼓之间有轻微的滑摩，以便被制动的行星齿轮机构部件不至于突然止动，因为非常突然的止动将产生冲击，对制动器造成一定的损害；制动带与制动鼓之间太多的滑动，也会引起制动带磨损或烧蚀失效。制动带的打滑程度一般随其内表面所衬敷的摩擦材料磨损及制动带与制动鼓之间的间隙增大而增大，这就意味着制动带需不时地予以调整。事实上，大多数早期的汽车自动变速器必须定期地进行此项调整工作，但随着制动带设计的改进，大多数 20 世纪 90 年代生产的自动变速器已不需要定期地调整带式制动器的制动带了。

在新型汽车自动变速器中，制动作用的解除通常是由复位弹簧及油液压力共同完成的，即伴随活塞一侧制动油压的切断和泄放，另一侧额外地提供一个制动解除油压，以此来协助复位弹簧尽快地解除制动。当活塞完全复位后，该制动解除油压仍将继续作用，以确保制动带处于完全放松的状态。

14.3.3　制动带的材料组成及分析

1. 制动带的组成

制动带是带式制动器的关键部件，按变形能力，可分为刚性制动带和挠性制动带。刚性制动带比挠性制动带厚，具有较大的强度和热容性，其缺点是不能产生与制动鼓相适应的变形。挠性制动带在工作时可与制动鼓完全贴合，而且价格低。

制动带是由卷绕的钢带底板及在钢带底板上粘接的摩擦材料制成的，如图 14-7 所示。钢带的厚度约为 0.76～2.64mm，厚的钢带能产生大的夹紧力，用于发动机功率大的汽车自动变速器。薄的钢带能施加的夹紧力小，但因其柔性好，自增力作用强，所以能产生较大的制动力。

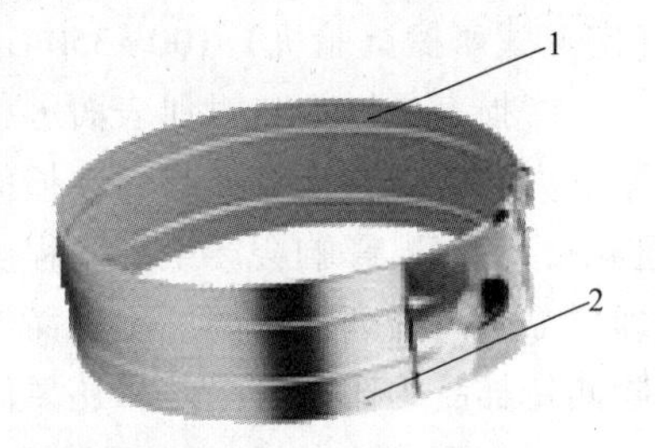

图 14-7　制动带的组成
1—摩擦材料　2—钢带底板

2. 对摩擦材料的要求

粘接在钢带内表面上的摩擦材料的摩擦性能对制动器十分重要，它最主要的功能是通过摩擦来吸收动能，使机械设备与各种机动车辆能够安全可靠地工作。所以摩擦材料是一种应用广泛又十分关键的材料。对摩擦材料的要求主要有以下几方面：

（1）适宜而稳定的摩擦因数　摩擦因数是评价任何一种摩擦材料的一个最重要的性能指标，关系着摩擦片执行传动和制动功能的好坏。它不是一个常数，而是受温度、压力、摩擦速度或表面状态及周围介质因素等影响而发生变化的一个数。理想的摩擦因数应具有理想的冷摩擦因数和可以控制的温度衰退。由于摩擦产生热量，增高了工作温度，导致了摩擦材料的摩擦因数发生变化。

温度是影响摩擦因数的重要因素。摩擦材料在摩擦过程中，由于温度的迅速升高，一般温度达200℃以上，摩擦因数开始下降。当温度达到树脂和橡胶分解温度范围后，产生摩擦因数的骤然降低，这种现象称为“热衰退”。严重的“热衰退”会导致制动效能变差和恶化。在实际应用中会降低摩擦力，从而降低制动作用，这很危险也是必须要避免的。在摩擦材料中加入高温摩擦调节剂填料，是减少和克服“热衰退”的有效手段。经过“热衰退”的摩擦片，当温度逐渐降低时摩擦因数会逐渐恢复至原来的正常情况，但也有时会出现摩擦因数恢复得高于原来正常的摩擦因数而恢复过头，对这种摩擦因数恢复过头我们称之为“过恢复”。

摩擦因数通常随温度增加而降低，因此当车辆行驶速度加快时，要防止制动效能的下降因素。我国汽车制动器衬片台架试验标准中就有制动力矩、速度稳定性等相关标准和要求，例如QC/T 239货车、客车制动器性能要求、QC/T 582轿车制动器性能要求等。

摩擦材料表面沾水时，摩擦因数也会下降，当表面的水膜消除恢复至干燥状态后，摩擦因数就会恢复正常，称之为“涉水恢复性”。

摩擦材料表面沾有油污时，摩擦因数显著下降，但应保持一定的摩擦力，使其仍有一定的制动效能。

（2）良好的耐磨性　摩擦材料的耐磨性是其使用寿命的反映，也是衡量摩擦材料耐用程度的重要技术经济指标。耐磨性越好，表示它的使用寿命越长。但是摩擦材料在工作过程中的磨损，主要是由摩擦接触表面产生的剪切力造成的。工作温度是影响磨损量的重要因素。当材料表面温度达到有机粘接剂的热分解温度范围时，有机粘接剂如橡胶、树脂产生分解、碳化和失重现象。随温度升高，这种现象加剧，粘接作用下降，磨损量急剧增大，称之为“热磨损”。

选用合适的减磨填料和耐热性好的树脂、橡胶，能有效地减少材料的工作磨损，特别是热磨损，可延长其使用寿命。

摩擦材料的耐磨性指标有多种表示方法，GB 5763汽车用制动器衬片中规定了磨损指标（定速式摩擦试验机）100~350℃温度范围的每档温度（50℃为一档）时磨损率。

磨损率是样品与对偶表面进行相对滑动过程中做单位摩擦功时体积磨损量，可由测定其摩擦力的滑动距离及样品因磨损的厚度减少而计算出来。但由于被测样品在摩擦性能测试过程中，受高温影响会产生不同程度的热膨胀，掩盖了样品的厚度磨损，有时甚至出现负值，即样品经高温磨损后的厚度反而增加。这就不能真实正确反映出实际磨损。故有的生产厂家除测定样品的体积磨损外，还要测定样品的重量磨损率。

（3）具有良好的机械强度和物理性能　摩擦材料制品在装配使用之前，需进行钻孔、铆装装配等机械加工，才能制成刹车片总成。在摩擦工作过程中，摩擦材料除了要承受很高温度，还要承受较大的压力与剪切力。因此要求摩擦材料必须具有足够的机械强度，以保证在加工或使用过程中不出现破损与碎裂。如铆接刹车片要求有一定的抗冲击强度、铆接应力、抗压强度等。粘接刹车片要求盘式片要具有足够的常温粘接强度与高温（300℃）粘接强度，以保证摩擦材料与钢背粘接牢固，可经受盘式片在制动过程中的高剪切力，而不产生相互脱离，造成制动失效的严重后果。离合器片要求具有足够的抗冲击强度、静弯曲强度、最大应变值以及旋转破坏强度，以保证离合器片在运输、铆装加工过程中不致损坏，也为了保障离合器片在高速旋转的工作条件下不发生破裂。

(4) 制动噪声低　为了环保，要求制动器噪声低，防止对城市环境造成噪声污染。尤其对于车辆的制动器更要求低噪声，因为噪声关系到车辆行驶的舒适性，而且对于轿车和城市公交车来说，制动噪声是一项重要的性能要求。就轿车盘式片而言，摩擦性能良好的无噪声或低噪声刹车片成为首选产品。随着汽车工业的发展，人们对制动噪声越来越重视，有关部门已经提出了标准规定。一般汽车制动时产生的噪声不应超过85dB。

引起制动噪声的因素很多，刹车片只是制动总成的一个零件，制动时刹车片与刹车盘(鼓) 在高速与高压相对运动下的强烈摩擦作用，彼此产生振动，从而放大产生不同程度的噪声。

就摩擦材料而言，长期使用经验告诉我们，造成制动噪声的因素大致有：

1) 摩擦材料的摩擦因数越高，越易产生噪声，达到0.45~0.5或更高时，极易产生噪声。

2) 制品材质硬度高易产生噪声。

3) 高硬度填料用量多时易产生噪声。

4) 刹车片经高温制动作用后，工作表面形成光亮而硬的碳化膜，又称釉质层。在制动摩擦时会产生高频振动及相应的噪声。

当然，盘也会产生振动，例如盘的硬度公差、盘的热变形、盘的生锈等。为了减小摩擦制动器的噪声，可采取以下措施：

1) 制动钳应加润滑脂，隔离振动频率。

2) 为了减小盘的变形，应保证盘的制造公差以及使硬度均布等。

由此可知，适当控制摩擦因数，使其不要过高；降低制品的硬度，减少硬质填料的用量；避免工作表面形成碳化层，使用减振垫或涂胶膜以降低振动频率，均有利于降低噪声。

(5) 对偶面磨损较小　摩擦材料制品的制动功能都要通过与对偶件即摩擦盘（鼓）在摩擦中实现，在此摩擦过程中，这一对摩擦偶件相互都会产生磨损，这是正常现象。但是作为消耗性材料的摩擦材料制品，除自身应该尽量小的磨损外，对偶件的磨损也要小，也就是应该使对偶件的使用寿命相对的较长。这才充分显示出具有良好的摩擦性能。同时在摩擦过程中不应将对偶件即摩擦盘或制动鼓的表面磨成较重的擦伤、划痕、沟槽等过度磨损情况。

当然，对摩擦材料还有一些要求，例如不易燃烧；良好的耐油、水和热腐蚀能力；在较高的负荷作用下，不论冷态或热态时均具有良好的抗黏着性；不会与配对件发生粘接和涂抹现象；良好的阻尼性，保证在工作频率范围内不出现共振以及良好的制造工艺，成本较低等。

3. 摩擦材料组成及分析

摩擦材料属于高分子三元复合材料，它包括三部分：

(1) 有机粘接剂　摩擦材料所用的有机粘接剂为酚醛类树脂和合成橡胶，而以酚醛类树脂为主。它们的特点和作用是当处于一定加热温度下时先呈软化而后进入黏流态，产生流动并均匀分布在材料中形成材料的基体，最后通过树脂固化作用和橡胶硫化作用，把纤维和填料粘接在一起，形成质地致密的有相当强度及能满足摩擦材料使用性能要求的摩擦片制品。

对于摩擦材料而言，树脂和橡胶的耐热性是非常重要的性能指标。因为车辆和机械在进行制动时，摩擦片处于200~450℃左右的高温工况。此温度范围内，纤维和填料的主要部分为无机类型，不会发生热分解。而对于树脂和橡胶等有机类来说，又进入热分解区域。摩擦材料的各项性能指标此时多会发生不利的变化（摩擦因数、磨损、机械强度降低等），特别是摩擦材料在检测和使用过程中发生的三热（热衰退、热膨胀、热龟裂）现象，其根源都是由于树脂和橡胶等有机类的热分解而致。因此选择树脂与橡胶对摩擦材料的性能具有非常重要的作用。选用不同的粘接剂就会得到不同的摩擦性能和结构性能。目前使用酚醛树脂及其改性树脂，如把腰果壳油改性、丁腈粉改性、橡胶改性及其他改性酚醛树脂作为摩擦材料的粘接剂。

对树脂的质量要求是：

1）耐热性好，有较好的热分解温度和较低的热失重。

2）粉状树脂细度要高，一般为100~200目，最好在200目以上，有利于混料分散的均匀性，可降低树脂在配方中的用量。

3）游离粉质量分数低，以1%~3%为宜。

4）适宜的固化速度（40~60s，150℃）和流动距离（120℃，40~80mm）。

（2）纤维增强材料　纤维增强材料构成摩擦材料的基材，它赋予摩擦制品足够的机械强度，使其能承受摩擦片在生产过程中的磨削和铆接加工的负荷力以及使用过程中由于制动和传动而产生的冲击力、剪切力、压力。

我国有关标准及汽车制造厂根据摩擦片的实际使用工况条件，对摩擦片提出了相应的机械强度要求。如冲击强度、抗弯强度、抗压强度、剪切强度等。为了满足这些强的性能要求，需要选用合适的纤维品种增加、满足强度性能。

摩擦材料对其使用的纤维组分要求：

1）增强效果好。

2）耐热性好。在摩擦工作温度下不会发生熔断、碳化与热分解现象。

3）具有基本的摩擦因数。

4）硬度不宜过高，以免产生制动噪声和损伤制动盘或鼓。

5）工艺可操作性好。

（3）填料　摩擦材料组分中的填料，主要由摩擦性能调节剂和配合剂组成。使用填料的目的主要有以下几个方面：

1）调节和改善制品的摩擦性能、物理性能与机械强度。

2）控制制品热膨胀系数、导热性、收缩率，增加产品尺寸的稳定性。

3）改善制品的制动噪声。

4）提高制品的制造工艺性能与加工性能。

5）改善制品外观质量及密度。

6）降低生产成本。

在摩擦材料的配方设计时，选用填料必须要了解填料的性能以及在摩擦材料的各种特性中所起到的作用。正确使用填料决定摩擦材料的性能，在制造工艺上也是非常重要的。

根据摩擦性能调节剂在摩擦材料中的作用，可将其分为“增摩填料”与“减摩填料”两类。摩擦材料本身属于摩阻材料，为能执行制动和传动功能要求具有较高的摩擦因数，因此增摩填料是摩擦性能调节剂的主要成分，不同填料的增摩作用是不同的。

增摩填料的莫氏硬度通常为3~9，硬度高的增摩效果明显。莫氏硬度5.5以上的填料属硬质填料，但要控制其用量、粒度（如氧化铝、锆英石等）。

减摩填料一般为低硬度物质，低于莫氏硬度 2 的矿物。如石墨、二硫化钼、滑石粉、云母等。它既能降低摩擦因数又能减少对偶材料的磨损，从而提高摩擦材料的使用寿命。

摩擦材料是在热与较高压力的环境中工作的一种特殊材料，因此就要求所用的填料成分必须有良好的耐热性，即热稳定性，包括热物理效应和热化学效应等。

填料的堆砌密度对摩擦材料的性能影响很大。摩擦材料的不同的性能要求，对填料的堆砌密度的要求也是不同的。

14.3.4　常用制动器摩擦材料简介

制动器的摩擦材料可分为非金属材料与金属材料两大类。非金属材料主要为石棉基材料，金属材料主要为粉末冶金材料。

1. 石棉基摩擦材料

石棉基摩擦材料一般采用编织或模压法制成。由于石棉在不添加其他材料时所制成的摩擦材料不但强度低，而且与配对件工作时摩擦因数会发生变化，耐磨性也很低。因此，目前的石棉基摩擦材料添加了几种至十几种其他成分，这样可确保稳定的摩擦因数（至少是停止工作一些时间后又能恢复）和良好的耐磨性等。由于天然石棉基的性能很不稳定，要生产出性能稳定的石棉基摩擦材料往往是很困难的，另外使用过程中因磨损所产生的石棉尘灰吸入人体后会严重影响人体健康，当前正致力于用其他材料取代之。

石棉摩擦材料的分类和用途：

1）石棉纤维摩擦材料又称为石棉绒质摩擦材料，可制作各种刹车片、离合器片、火车合成闸瓦、石棉绒质橡胶带等。

2）石棉线质摩擦材料可制作缠绕型离合器片、短切石棉线段摩擦材料等。

3）石棉布质摩擦材料可制造层压类钻机闸瓦、刹车带、离合器面片等。

4）石棉编织摩擦材料可制造油浸或树脂浸刹车带、石油钻机闸瓦等。

常用石棉制品摩擦材料的技术性能见表 14-4。

表 14-4　常用石棉制品摩擦材料的技术性能

材料牌号/Hz	布氏硬度	摩擦因数		磨损率(mm/30min)		冲击韧度	吸水率(%)	吸油率(%)	适用范围
	N/cm²	A①	B②	A	B	N·m/cm²			
100	80±20	0.42	0.35	0.05	0.16	≥196	≤0.3	≤0.5	轻、中型机械及车辆制动
274	350±50	0.45	0.40	0.04	0.07	≥39.2	≤0.5	≤0.5	各种机械的油压制动及传动
307	250±50	0.45	0.45	0.04	0.07	≥39.2	≤0.5	≤0.5	各种中、重型车辆或机械气压制动
507	380±50	0.5	0.45③	0.04	0.09	≥49	≤0.4	≤0.4	高速高负载车辆及机械制动或传动
513	100±20	0.48	0.47③	0.03	0.09	≥78.4	≤0.4	≤0.4	高速、高负载的中、高级轿车或机械制动
710	200±20	0.10④（动摩）		0.03					油浸摩擦片
511	100±20	0.15④（静摩）		0.01					纸质油浸摩擦片

① 工作温度 120±5℃。
② 工作温度 250±5℃。
③ 工作温度 300℃。
④ 工作温度 110℃，动摩擦因数为 0.14。

2. 粉末冶金摩擦材料

为了提高制动器摩擦材料的耐磨性，特别是摩擦热很大时的耐磨性，采用粉末冶金材料，其主要成分仍为金属，导热性好且强度高，所以比石棉基摩擦材料能承受更大的负载。

粉末冶金摩擦材料主要为铁基和铜基，其中应用最多的是铁基与石墨组成的。材料中添加石墨和铅，可以提高它与配对件的磨合性和抗黏着能力。这类材料的摩擦特性随着石墨含量的增加而改善，但耐磨性却在下降，摩擦学特性主要表现在形成摩擦化学反应层。

铜基粉末冶金摩擦材料中含有锡、锌、铅、铁等金属成分以及二氧化硅、二硫化钼、石墨、金属硫化物等非金属成分。这类材料的耐磨性比铁基石墨材料组成的粉末冶金摩擦材料高得多。由于摩擦制动器的磨损主要为疲劳磨损，而抵抗疲劳磨损最有效的方法是在其摩擦表面制作一层有较高压应力的冷作硬化层。铜钼粉末冶金摩擦材料的硬度在磨合后有进一步提高，因此可以认为这种摩擦材料是在磨合期“补”上了冷作硬化这一工序。摩擦冷作层的耐磨性是否提高，还取决于冷作硬化层与其基体材料间的结合强度。若结合强度不高，冷作硬化层在摩擦的过程中就会产生脱层破坏，加剧摩擦表面的磨损强度。由于铜基粉末冶金摩擦材料的塑性依然比较大，因此冷作硬化层与基体材料的结合强度很高，摩擦材料的耐磨性也就得以提高。

对于负载极高的制动器，可采用的摩擦材料宜为金属陶瓷。它也是一种粉末冶金材料，通常是在铜基中添加了碳化钨、碳化硅、碳化硼、碳化铁、氮化硅、氧化铝和氧化镁等陶瓷成分。金属陶瓷的优点在于耐磨性高且有突出的耐热性，工作温度可达1000℃以上。

总之，以金属为基体的摩擦材料的优点是：不含石棉，绿色环保；摩擦因数高，力学强度好，热衰退小；磨耗低，使用周期长；不含钢棉及高硬度摩擦剂，硬度低，不易损伤闸盘。因此，粉末冶金摩擦材料广泛应用到各种机械的制动，例如提升机、火车、载重汽车、重型工程机械等。

粉末冶金材料的缺点是强度低、韧性差，需要与钢背件结合在一起使用。摩擦制动器摩擦材料的技术数据见表14-5。

表14-5　摩擦制动器摩擦材料的技术数据

摩擦材料	硬度	摩擦因数（配对件为铸铁）	许用温度/℃		工作压力/MPa
			长期	短期	
石棉编织带	增加↓	0.45	125	260	7~70
石棉基模压制品					
柔性		0.4	175	350	7~70
半柔性		0.35	200	400	7~70
刚性		0.35	225	500	7~70
粉末冶金材料		0.30	300	600	35~350
金属陶瓷		0.32	400	800	75~105

第 15 章　弹簧设计概述及材料选择分析

15.1　弹簧概述

15.1.1　弹簧的功能

弹簧是一种弹性元件，多数机械设备均离不开弹簧。弹簧利用本身的弹性，在受载后产生较大变形，当外载卸除后，变形消失弹簧恢复原状。弹簧在产生变形后恢复原状时，能够把机械功或动能转变为变形能，或把变形能转变为机械功或动能。利用弹簧这种特性可以满足一些特殊机械的要求。

弹簧主要有以下几种功能：

1）控制机械的运动，例如内燃机中的阀门弹簧、制动器、离合器上的弹簧等。

2）吸收振动及冲击能量，例如车辆的缓冲弹簧、联轴器中的弹簧等。

3）测力，如弹簧秤、测力器中的弹簧等。

4）储蓄能量，例如钟表中的弹簧等。

15.1.2　弹簧的类型、特点及应用

弹簧的种类繁多，在工程上有多种分类方法：

（1）按承受的载荷　按承受的载荷的类型性质，弹簧可分为拉压弹簧、扭转弹簧、弯曲弹簧等。

（2）按结构形状　按结构形状，弹簧可分为圆柱螺旋弹簧、非圆柱螺旋弹簧、板簧、碟形弹簧、环形弹簧、片弹簧、扭杆弹簧、平面涡卷弹簧、恒力弹簧等。

（3）按材料　按材料弹簧可分为金属弹簧、非金属的空气弹簧、橡胶弹簧等。

（4）按弹簧所受的应力类型　按弹簧所受的应力类型，弹簧可分为螺旋扭转弹簧、平面涡卷弹簧、碟形弹簧、板弹簧、螺旋拉压弹簧、扭杆弹簧、环形弹簧等。

常用弹簧的类型、特点及应用见表 15-1。

表 15-1　常用弹簧的类型、特点及应用

名称	简　图	特　性　线	特点和应用
圆柱螺旋弹簧	圆截面压缩弹簧 F	F O f	特性线成线性，结构简单，制造方便，应用广泛

（续）

名称	简　图	特 性 线	特点和应用
圆柱螺旋弹簧	矩形截面压缩弹簧 F	F O f	在所占空间相同时，矩形截面弹簧比圆形截面的弹簧吸收的能量多，刚度更接近常量
	拉伸弹簧 F F	F O f	结构简单，制造方便，应用广泛
	扭转弹簧 T	T O ϕ	主要用于各种机构的压紧和储能
板弹簧	单板弹簧 F	F O f	具有良好的缓冲和减振性能，多用于汽车、拖拉机和铁路车辆的旋架装置
	多板弹簧 F	F O f	
蝶形弹簧	F	F O f	结构简单，减振和缓冲能力强，采用不同的组合可以得到不同的特性线，多用于中型车辆的缓冲和减振装置、车辆牵引钩和压力安全阀等
环形弹簧		F O f	阻尼作用大，有很高的减振能力，用于空间受限制的重型机械的缓冲和减振，如锻锤、机车牵引装置

（续）

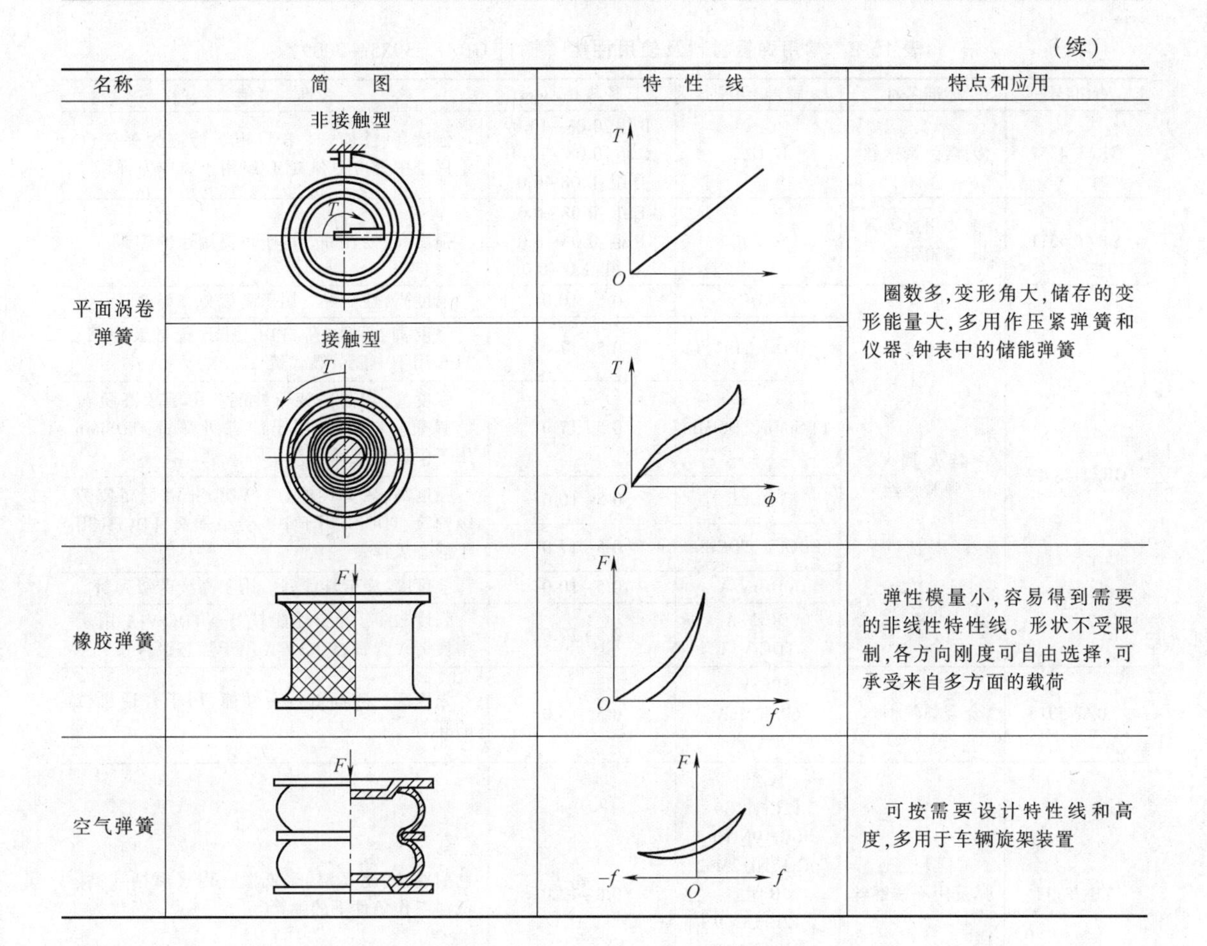

名称	简　图	特 性 线	特点和应用
平面涡卷弹簧	非接触型		圈数多，变形角大，储存的变形能量大，多用作压紧弹簧和仪器、钟表中的储能弹簧
	接触型		
橡胶弹簧			弹性模量小，容易得到需要的非线性特性线。形状不受限制，各方向刚度可自由选择，可承受来自多方面的载荷
空气弹簧			可按需要设计特性线和高度，多用于车辆旋架装置

15.2　常用弹簧材料及性能

15.2.1　常用弹簧材料

弹簧多数在变应力下工作，它的性能和使用寿命很大程度上取决于材料，弹簧要求材料具有较高的弹性极限、强度极限、疲劳极限和足够的冲击韧度。对热成形的弹簧还要求材料有良好的淬透性、低的过热敏感性和不易脱碳等性能。

常用的弹簧材料有金属材料和非金属材料两大类。常用的金属材料有碳素钢、合金钢、铜合金等。弹簧材料尤其是金属材料中的弹簧钢对弹簧的技术性能及其质量特性至关重要。

用铜合金制成的弹簧具有优良的导电性、非磁性、导热性以及良好的耐蚀性和耐磨性，冷拔（轧）强化后有较高的强度，冲击时不产生火花等特点。用作弹簧的铜合金主要有硅青铜、铝青铜、锡青铜、铍青铜和黄铜等。

常用弹簧材料及使用性能见表 15-2。根据弹簧生产的特点，弹簧钢材按成形方法通常可分为热成形和冷成形两大类。热成形弹簧钢材的直径或高度一般为 8~12mm，主要有热轧弹簧圆钢、方钢及扁钢、梯形弹簧钢，冷拉合金弹簧圆钢等，用作较大型的弹簧。冷成形弹簧钢材有弹簧钢丝、弹簧钢带和弹簧钢板，这类弹簧均应进行热处理。

表 15-2　常用弹簧材料及使用性能（摘自 GB/T 23935—2009）

标准号	标准名称	牌号/组别	直径规格/mm	性　能
GB/T 4357	碳素弹簧钢丝	B、C、D	B 组:0.08~13.0 C 组:0.08~13.0 D 组:0.08~6.0	强度高、性能好。B 组用于低应力弹簧、C 组用于中等应力弹簧、D 组用于高应力弹簧
YB/T 5311	重要用途碳素弹簧钢丝	E、F、G	E 组:0.08~6.0 F 组:0.08~6.0 G 组:1.0~6.0	强度高，韧性好。用于重要用途的弹簧
GB/T 18983	淬火-回火弹簧钢丝	VDC	0.5~10.0	强度高，性能好。用于高疲劳级弹簧
		FDC、TDC	0.5~17.0	强度高，性能好。FDC 用于静态级弹簧；TDC 用于中疲劳级弹簧
		FDSiMn、TDSiMn	0.5~17.0	强度高，较高的疲劳性能。用于较高负荷的弹簧。FDSiMn 用于静态级弹簧；TDSiMn 用于中疲劳级弹簧
		VDCrSi	0.5~10.0	强度高，疲劳性能好。VDCrSi 用于高疲劳级弹簧；TDCrSi 用于中疲劳级弹簧；FDCrSi 用于静态级弹簧
		FDCrSi、TDCrSi	0.5~17.0	
		VDCrV-A	0.5~10.0	强度高，疲劳性能好。用于高疲劳级弹簧
		FDCrV-A、TDCrV-A	0.5~17.0	强度较高，疲劳性能较好。TDCrV-A 用于中疲劳级弹簧；FDCrV-A 用于静态级弹簧
YB/T 5318	合金弹簧钢丝	50CrVA 60Si2MnA 55CrSi	0.5~14.0	强度高。较高的疲劳性能，用于普通机械的弹簧
YB(T)11	弹簧用不锈钢丝	A 组： 12Cr18Ni9 0Cr19Ni10 0Cr17Ni12Mo2 B 组： 12Cr18Ni9 0Cr18Ni10 C 组： 0Cr17Ni8Al	0.8~12.0	耐腐蚀、耐高温、耐低温。用于腐蚀或高、低温工作条件下的弹簧
GB/T 21652	铜及铜合金线材	QSi3-1 QSn4-3 QSn6.5-0.1 QSn6.5-0.4 QSn7-0.2	0.1~6.0	有较高的耐腐蚀和防磁性能。用于机械或仪表等用弹性元件
YS/T 571	铍青铜线	QBe2	0.03~6.0	强度、硬度、疲劳强度和耐磨性均高，耐腐蚀，防磁，导电性好，撞击时无火花，用作电表游丝
GB/T 1222	弹簧钢	60Si2Mn 60Si2MnA	12.0~80.0	较高的疲劳强度，较高的疲劳性，广泛用于各种机械用弹簧
		50CrVA 60CrMnA 60CrMnBA		强度高，耐高温，用于承受较重负荷的弹簧
		55CrSiA 60Si2CrA 60Si2CrVA		高的疲劳性能，耐高温，用于较高工作温度下的弹簧

15.2.2　常用弹簧的分类及性能

根据弹簧的重要程度和载荷性质，弹簧可分为三类：

(1) Ⅰ类弹簧　受变负荷次数 1×10^6 以上的弹簧。

（2）Ⅱ类弹簧　受变负荷次数在 $1\times10^{3}\sim1\times10^{6}$ 内及受冲击载荷。

（3）Ⅲ类弹簧　受静负荷及受负荷次数在 1×10^{3} 以下的负荷等。

弹簧材料的切变模量、弹性模量和推荐使用温度见表 15-3；碳素弹簧钢丝和重要用途碳素弹簧钢丝抗拉强度见表 15-4；淬火-回火弹簧钢丝的分类、代号及直径范围见表 15-5；淬火-回火弹簧钢丝力学性能见表 15-6；淬火-回火弹簧钢丝代号与常用钢牌号的对应关系见表 15-7；不锈弹簧钢丝的抗拉强度见表 15-8；铍青铜线力学性能见表 15-9；铜及铜合金线材力学性能见表 15-10。

表 15-3　弹簧材料的切变模量 *G*、弹性模量 *E* 和推荐使用的温度范围（摘自 GB/T 23935—2009）

标准号	标准名称	牌号/组别	切变模量 *G*/MPa	弹性模量 *E*/MPa	推荐使用温度范围/℃
GB/T 4357—1989	碳素弹簧钢丝	B、C、D	78.5×10^{3}	206×10^{3}	-40~150
YB/T 5311—2006	重要用途碳素弹簧钢丝	E、F、G			
GB/T 18983—2003	淬火-回火弹簧钢丝	VDC			-40~150
		FDC、TDC			
		FDSiMn TDSiMn			-40~250
		VDCrSi			-40~250
		FDCrSi、TDCrSi			-40~250
		VDCrV-A			-40~210
		FDCrV-A、TDCrV-A			-40~210
YB/T 5318	合金弹簧钢丝	50CrVA			-40~210
		60Si2MnA			-40~250
		55CrSi			-40~250
YB(T)11	弹簧用不锈钢丝	A 组： 1Cr18Ni9 0Cr19Ni10 0Cr17Ni12Mo2	70×10^{3}	185×10^{3}	-200~290
		B 组： 1Cr18Ni9 0Cr18Ni10 C 组： 0Cr17Ni8Al	73×10^{3}	195×10^{3}	
GB/T 21652	铜及铜合金线材	QSi3-1	40.2×10^{3}	93.1×10^{3}	-40~120
		QSn4-3 QSn6.5-0.1 QSn6.5-0.4 QSn7-0.2	39.2×10^{3}		-250~120
YS/T 571	铍青铜线	QBe2	42.1×10^{3}	129.4×10^{3}	-200~120
GB/T 1222	弹簧钢	50CrVA	78.5×10^{3}	206×10^{3}	-40~210
		60Si2Mn 60Si2MnA 60CrMnA 60CrMnBA 55CrSiA 60Si2CrA 60Si2CrVA			-40~250

注：当弹簧工作环境温度超出常温时，应适当调整许用应力。

表 15-4 碳素弹簧钢丝和重要用途碳素弹簧钢丝抗拉强度（摘自 GB/T 23935—2009）

直径/mm	R_m/MPa						直径/mm	R_m/MPa					
	GB/T 4357 碳素弹簧钢丝			YB/T 511 重要用途 碳素弹簧钢丝				GB/T 4357 碳素弹簧钢丝			YB/T 511 重要用途 碳素弹簧钢丝		
	B级	C级	D级	E组	F组	G组		B级	C级	D级	E组	F组	G组
0.08	2400	2740	2840	2330	2710		1.20	1620	1910	2250	1920	2270	1820
0.09	2350	2690	2840	2320	2700		1.40	1620	1860	2150	1870	2200	1780
0.10	2300	2650	2790	2310	2690		1.60	1570	1810	2110	1830	2160	1750
0.12	2250	2600	2740	2300	2680		1.80	1520	1760	2010	1800	2060	1700
0.14.	2200	2550	2740	2290	2670		2.00	1470	1710	1910	1760	1970	1670
0.16	2150	2500	2690	2280	2660		2.20	1420	1660	1810	1720	1870	1620
0.18	2150	2450	2690	2270	2650		2.50	1420	1660	1760	1680	1770	1620
0.20	2150	2400	2690	2260	2640		2.80	1370	1620	1710	1630	1720	1570
0.22	2110	2350	2690	2240	2620		3.00	1370	1570	1710	1610	1690	1570
0.25	2060	2300	2640	2220	2600		3.20	1320	1570	1660	1560	1670	1570
0.28	2010	2300	2640	2220	2600		3.50	1320	1570	1660	1520	1620	1470
0.30	2010	2300	2640	2210	2600		4.00	1320	1520	1620	1480	1570	1470
0.32	1960	2250	2600	2210	2590		4.50	1320	1520	1620	1410	1500	1470
0.35	1960	2250	2600	2210	2590		5.00	1320	1470	1570	1380	1480	1420
0.40	1910	2250	2600	2200	2580		5.50	1270	1470	1570	1330	1440	1400
0.45	1860	2200	2550	2190	2570		6.00	1220	1420	1520	1320	1420	1350
0.50	1860	2200	2550	2180	2560		6.30	1220	1420	—			
0.55	1810	2150	2500	2170	2550		7.00	1170	1370	—			
0.60	1760	2110	2450	2160	2540		8.00	1170	1370	—			
0.63	1760	2110	2450	2140	2520		9.00	1130	1320	—			
0.70	1710	2060	2450	2120	2500		10.00	1130	1320	—			
0.80	1710	2010	2400	2110	2490		11.00	1080	1270	—			
0.90	1710	2010	2350	2060	2390		12.00	1080	1270	—			
1.00	1660	1960	2300	2020	2350	1850	13.00	1030	1220	—			

注：表列抗拉强度 R_m 为材料标准的下限值。

表 15-5 淬火-回火弹簧钢丝的分类、代号及直径范围（GB/T 18983—2017）

分类		静态级	中疲劳级①	高疲劳级
抗拉强度	低强度	FDC	TDC	VDC
	中强度	FDCrV、FDSiMn	TDSiMn	VDCrV
	高强度	FDSiCr	TDSiCr-A	VDSiCr
	超高强度	—	TDSiCr-B、TDSiCr-C	VDSiCrV
直径范围		0.50~18.00mm	0.50~18.00mm①	0.50~10.00mm

注：1. 静态级钢丝适用于一般用途弹簧，以 FD 表示。

2. 中疲劳级钢丝用于一般强度离合器弹簧、悬架弹簧等，以 TD 表示。

3. 高疲劳级钢丝适用于剧烈运动的场合，例如用于阀门弹簧，以 VD 表示。

① TDSiCr-B 和 TDSiCr-C 直径范围为 8.0mm~18.0mm。

表 15-6 淬火-回火高疲劳级钢丝力学性能（摘自 GB/T 18983—2017）

直径范围/mm	抗拉强度 R_m/MPa				断面收缩率 Z(%)
	VDC	VDCrV-A	VDSiCr	VDSiCrV	≥
0.50~0.80	1700~2000	1750~1950	2080~2230	2230~2380	—
>0.80~1.00	1700~1950	1730~1930	2080~2230	2230~2380	—
>1.00~1.30	1700~1900	1700~1900	2080~2230	2230~2380	45
>1.30~1.40	1700~1850	1680~1860	2080~2230	2210~2360	45

（续）

直径范围/mm	抗拉强度 R_m/MPa				断面收缩率 Z(%)
	VDC	VDCrV-A	VDSiCr	VDSiCrV	≥
>1.40~1.60	1670~1820	1660~1860	2050~2180	2210~2360	45
>1.60~2.00	1650~1800	1640~1800	2010~2110	2160~2310	45
>2.00~2.50	1630~1780	1620~1770	1960~2060	2100~2250	45
>2.50~2.70	1610~1760	1610~1760	1940~2040	2060~2210	45
>2.70~3.00	1590~1740	1600~1750	1930~2030	2060~2210	45
>3.00~3.20	1570~1720	1580~1730	1920~2020	2060~2210	45
>3.20~3.50	1550~1700	1560~1710	1910~2010	2010~2160	45
>3.50~4.00	1530~1680	1540~1690	1890~1990	2010~2160	45
>4.00~4.20	1510~1660	1520~1670	1860~1960	1960~2110	45
>4.20~4.50	1510~1660	1520~1670	1860~1960	1960~2110	45
>4.50~4.70	1490~1640	1500~1650	1830~1930	1960~2110	45
>4.70~5.00	1490~1640	1500~1650	1830~1930	1960~2110	45
>5.00~5.60	1470~1620	1480~1630	1800~1900	1910~2060	40
>5.60~6.00	1450~1600	1470~1620	1790~1890	1910~2060	40
>6.00~6.50	1420~1570	1440~1590	1760~1860	1910~2060	40
>6.50~7.00	1400~1550	1420~1570	1740~1840	1860~2010	40
>7.00~8.00	1370~1520	1410~1560	1710~1810	1860~2010	40
>8.00~9.00	1350~1500	1390~1540	1690~1790	1810~1960	35
>9.00~10.00	1340~1490	1370~1520	1670~1770	1810~1960	35

表 15-7　淬火-回火弹簧钢丝代号与常用钢牌号的对应关系（GB/T 18983—2017）

钢丝代号	常用代表性牌号	钢丝代号	常用代表性牌号
FDC、TDC、VDC	65、70、65Mn	FDSiCr、TDSiCr-A、TDSiCr-B、TDSiCr-C、VDSiCr	55SiCr
FDCrV、TDCrV、VDCrV	50CrV		
FDSiMn、TDSiMn	60Si2Mn	VDSiCrV	65Si2CrV

表 15-8　不锈弹簧钢丝的抗拉强度（GB/T 24588—2009）　（单位：MPa）

公称直径 d/mm	A组	B组	C组		D组
	12Cr18Ni9 06Cr19Ni9 06Cr17Ni12Mo2 10Cr18Ni9Ti 12Cr18Mn9Ni5N	12Cr18Ni9 06Cr18Ni9N 12Cr18Mn9Ni5N	07Cr17Ni7Al①		12Cr17Mn8Ni3Cu3N
			冷拉 不小于	时效	
0.20	1700~2050	2050~2400	1970	2270~2610	1750~2050
0.22	1700~2050	2050~2400	1950	2250~2580	1750~2050
0.25	1700~2050	2050~2400	1950	2250~2580	1750~2050
0.28	1650~1950	1950~2300	1950	2250~2580	1720~2000
0.30	1650~1950	1950~2300	1950	2250~2580	1720~2000
0.32	1650~1950	1950~2300	1920	2220~2550	1680~1950
0.35	1650~1950	1950~2300	1920	2220~2550	1680~1950
0.40	1650~1950	1950~2300	1920	2220~2550	1680~1950
0.45	1600~1900	1900~2200	1900	2200~2530	1680~1950
0.50	1600~1900	1900~2200	1900	2200~2530	1650~1900
0.55	1600~1900	1900~2200	1850	2150~2470	1650~1900
0.60	1600~1900	1900~2200	1850	2150~2470	1650~1900
0.63	1550~1850	1850~2150	1850	2150~2470	1650~1900
0.70	1550~1850	1850~2150	1820	2120~2440	1650~1900
0.80	1550~1850	1850~2150	1820	2120~2440	1620~1870

（续）

公称直径 d/mm	A组	B组	C组		D组
	12Cr18Ni9 06Cr19Ni9 06Cr17Ni12Mo2 10Cr18Ni9Ti 12Cr18Mn9Ni5N	12Cr18Ni9 06Cr18Ni9N 12Cr18Mn9Ni5N	07Cr17Ni7Al①		12Cr17Mn8Ni3Cu3N
			冷拉不小于	时效	
0.90	1550~1850	1850~2150	1800	2100~2410	1620~1870
1.0	1550~1850	1850~2150	1800	2100~2400	1620~1870
1.1	1450~1750	1750~2050	1750	2050~2350	1620~1870
1.2	1450~1750	1750~2050	1750	2050~2350	1580~1830
1.4	1450~1750	1750~2050	1700	2000~2300	1580~1830
1.5	1400~1650	1650~1900	1700	2000~2300	1550~1800
1.6	1400~1650	1650~1900	1650	1950~2240	1550~1800
1.8	1400~1650	1650~1900	1500	1900~2180	1550~1800
2.0	1400~1650	1650~1900	1600	1900~2180	1550~1800
2.2	1320~1570	1550~1800	1550	1850~2140	1550~1800
2.5	1320~1570	1550~1800	1550	1850~2140	1510~1760
2.8	1230~1480	1450~1700	1500	1790~2060	1510~1760
3.0	1230~1480	1450~1700	1500	1790~2060	1510~1760
3.2	1230~1480	1450~1700	1450	1740~2000	1480~1730
3.5	1230~1480	1450~1700	1450	1740~2000	1480~1730
4.0	1230~1480	1450~1700	1400	1680~1930	1480~1730
4.5	1100~1350	1350~1600	1350	1620~1870	1400~1650
5.0	1100~1350	1350~1600	1350	1620~1870	1330~1580
5.5	1100~1350	1350~1600	1300	1550~1800	1330~1580
6.0	1100~1350	1350~1600	1300	1550~1800	1230~1480
6.3	1020~1270	1270~1520	1250	1500~1750	—
7.0	1020~1270	1270~1520	1250	1500~1750	—
8.0	1020~1270	1270~1520	1200	1450~1700	—
9.0	1000~1250	1150~1400	1150	1400~1650	—
10.0	980~1200	1000~1250	1150	1400×1650	—
11.0	—	1000~1250	—	—	—
12.0	—	1000~1250	—	—	—

① 钢丝试样时效处理推荐工艺制度为：400℃~500℃，保温 0.5h~1.5h，空冷。

表 15-9 铍青铜线力学性能（YS/T 571—2009）

材料状态	R_m/MPa	
	时效处理前的拉力试验	时效处理后的拉力试验
软	345~568	>1029
1/2 硬	579~784	>1176
硬	>598	>1274

表 15-10 铜及铜合金线材力学性能（GB/T 21652—2017）

牌号	状态	直径(或对边距)/mm	抗拉强度 R_m/MPa	断后伸长率(%)	
				A100mm	A
QSn5-0.2 QSn4-0.3 QSn6.5-0.1 QSn6.5-0.4 QSn7-0.2 QSi3-1	H02	0.1~1.0	540~740	—	—
		>1.0~2.0	520~720	—	—
		>2.0~4.0	500~700	≥4	—
		>4.0~6.0	480~680	≥8	—
		>6.0~8.5	460~660	≥10	—

（续）

牌号	状态	直径（或对边距）/mm	抗拉强度 R_m /MPa	断后伸长率(%)	
				A100mm	A
QSn5-0.2 QSn4-0.3 QSn6.5-0.1 QSn6.5-0.4 QSn7-0.2 QSi3-1	H03	0.1~1.0	750~950	—	—
		>1.0~2.0	730~920	—	—
		>2.0~4.0	710~900	—	—
		>4.0~6.0	690~880	—	—
		>6.0~8.5	640~860	—	—
	H04	0.1~1.0	880~1130	—	—
		>1.0~2.0	860~1060	—	—
		>2.0~4.0	830~1030	—	—
		>4.0~6.0	780~980	—	—
		>6.0~8.5	690~950	—	—
QSn8-0.3	O60	0.1~8.5	365~470	≥30	—
	H01	0.1~8.5	510~625	≥8	—
	H02	0.1~8.5	655~795	—	—
	H03	0.1~8.5	780~930	—	—
	H04	0.1~8.5	860~1035	—	—
QSi3-1	O60	>8.5~13.0	≥350	≥45	—
		>13.0~18.0		—	≥50
	H01	>8.5~13.0	380~580	≥22	—
		>13.0~18.0		—	≥26
QSn15-1-1	O60	0.5~1.0	≥365	≥28	—
		>1.0~2.0	≥360	≥32	—
		>2.0~4.0	≥350	≥35	—
		>4.0~6.0	≥345	≥36	—
	H01	0.5~1.0	630~780	≥25	—
		>1.0~2.0	600~750	≥30	—
		>2.0~4.0	580~730	≥32	—
		>4.0~6.0	550~700	≥35	—

15.3　圆柱压缩螺旋弹簧的设计计算

15.3.1　圆柱螺旋弹簧的参数及许用应力

本节内容是根据 GB/T 23935—2009 弹簧计算方法整理而得，适用于圆截面材料圆柱螺旋压缩弹簧、拉伸弹簧和扭转弹簧（以下简称弹簧），不适用于非圆截面材料弹簧、特殊材料和特殊性能的弹簧。

15.3.1.1　参数名称及代号

弹簧规定的术语和符号见表 15-11。

表 15-11　规定的术语和符号（摘自 GB/T 23935—2009）

参数名称	代号	单位	参数名称	代号	单位
材料直径	d	mm	总圈数	n_1	圈
弹簧内径	D_1	mm	支承圈数	n_2	圈
弹簧外径	D_2	mm	有效圈数	n	圈
弹簧中径	D	mm	自由高度（自由长度）	H_o	mm

（续）

参数名称	代号	单位	参数名称	代号	单位
工作高度(工作长度)	$H_{1,2,\cdots n}$	mm	开口尺寸	h_2	mm
压并高度	H_b	mm	材料弹性模量	E	MPa
节距	t	mm	弯曲应力	σ	MPa
负荷	$F_{1,2,\cdots n}$	N	扭转弹簧扭臂长度	l_1、l_2	mm
稳定性临界负荷	F_e	N	试验弯曲应力	σ_a	MPa
变形量	f	mm	许用弯曲应力	$[\sigma]$	MPa
刚度	F'	N/mm	扭矩	$T_{1,2,\cdots n}$	N · mm
旋绕比	C	—	弹簧的扭转角度	$\varphi_{1,2,\cdots n}$	rad 或(°)
曲度系数	K	—	扭转刚度	T'	N · mm/rad 或 N · mm/(°)
高径比	b	—			
稳定系数	C_B	—	弯曲应力曲度系数	K_b	—
螺旋角	α	(°)	材料单位体积的质量(密度)	ρ	kg/mm³
中径变化量	ΔD	mm	弹簧质量	m	kg
余隙	δ_1	mm	循环特征	γ	—
材料切变模量	G	MPa	循环次数	N	次
工作切应力	$\tau_{1,2,\cdots n}$	MPa	强迫振动频率	f_f	Hz
试验切应力	τ_a	MPa	自振频率	f_z	Hz
脉动疲劳极限应力	τ_{u0}	MPa	抗拉强度	R_m	MPa
许用切应力	$[\tau]$	MPa	变形能	U	N · mm
初切应力	t_o	MPa	安全系数	S	—
初拉力	F_0	N	最小安全系数	S_{min}	—
钩长尺寸	h_1	mm			

15.3.1.2 弹簧的载荷类型

1. 静负荷

1）恒定不变的负荷。

2）负荷有变化，但循环次数 $N<10^4$ 次。

2. 动负荷

负荷有变化，循环次数 $N\geqslant10^4$ 次。

根据循环次数动负荷分为：

1）有限疲劳寿命：冷卷弹簧负荷循环次数 $N\geqslant10^4\sim10^6$ 次；热卷弹簧负荷循环 $N\geqslant10^4\sim10^5$ 次。

2）无限疲劳寿命：冷卷弹簧负荷循环次数 $N>10^7$ 次；热卷弹簧负荷循环次数 $N\geqslant2\times10^6$ 次。

当冷卷弹簧负荷循环次数介于 10^6 和 10^7 次之间时、热卷弹簧负荷循环次数介于 10^5 和 2×10^6 次之间时，可根据使用情况参照有限或无限寿命疲劳寿命设计。

3. 许用应力选取的原则

1）静负荷作用下的弹簧，除了考虑强度条件外，对应力松弛有要求的，应适当降低许用应力。

2）动负荷作用下的弹簧，除了考虑循环次数外，还应考虑应力（变化）幅度，这时按照循环特征公式（15-1）计算，在图 15-1 查取。当循环特征值大时，即应力（变化）幅度小，许用应力取大值；当循环特征值小时，即应力（变化）幅度大，许用应力取小值。

$$\gamma=\frac{\tau_{\min}}{\tau_{\max}}=\frac{F_{\min}}{F_{\max}}\text{或}\ \gamma=\frac{\sigma_{\min}}{\sigma_{\max}}=\frac{T_{\min}}{T_{\max}}=\frac{\varphi_{\min}}{\varphi_{\max}} \tag{15-1}$$

3）对于重要用途的弹簧，其损坏对整个机械有重大影响，以及在较高或较低温度下工作的弹簧，许用应力应适当降低。

4）经有效喷丸处理的弹簧，可提高疲劳强度或疲劳寿命。

5）对压缩弹簧，经有效强压处理，可提高疲劳寿命，对改善弹簧的性能有明显效果。

6）动负荷作用下的弹簧，影响疲劳强度的因素很多，难以精确估计，对于重要用途的弹簧，设计完成后，应进行试验验证。

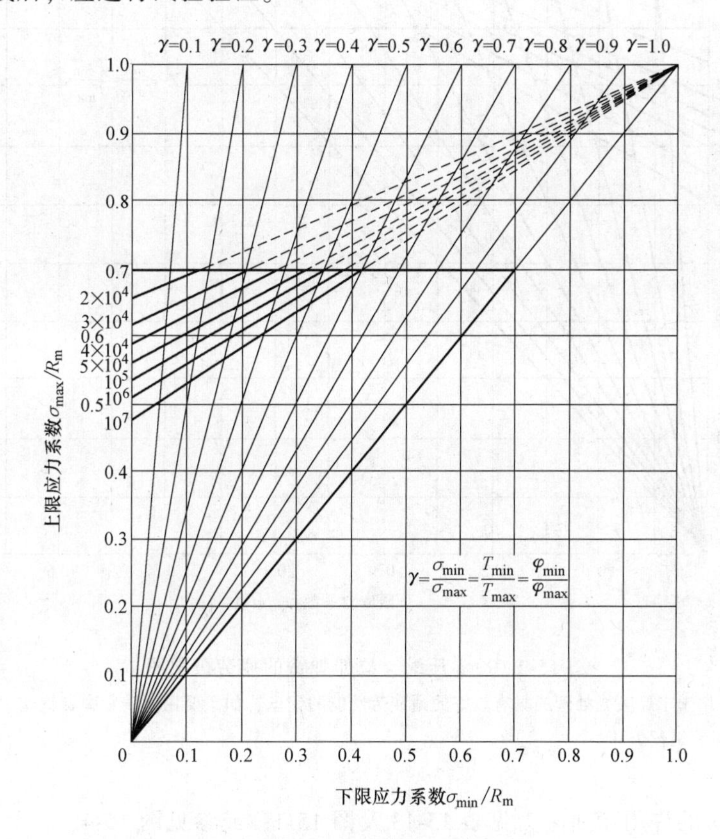

图 15-1　扭转弹簧疲劳极限图

注：适用于未经喷丸处理的具有较好的耐疲劳性能的钢丝，如重要用途碳素弹簧钢丝、高疲劳级淬火-回火弹簧钢丝。

15.3.1.3　冷卷弹簧的试验应力及许用应力

1. 冷卷压缩弹簧的试验切应力及许用切应力

1）冷卷压缩弹簧的试验切应力见表 15-12。

2）冷卷压缩弹簧的许用切应力见表 15-12 及图 15-2，或参见图 15-3。

2. 冷卷拉伸弹簧的试验切应力及许用切应力

冷卷拉伸弹簧的试验切应力及许用切应力，取表 15-12 所列值的 80%。

3. 冷卷扭转弹簧的试验弯曲应力及许用弯曲应力

1）扭转弹簧的试验弯曲应力及许用弯曲应力见表 15-13。

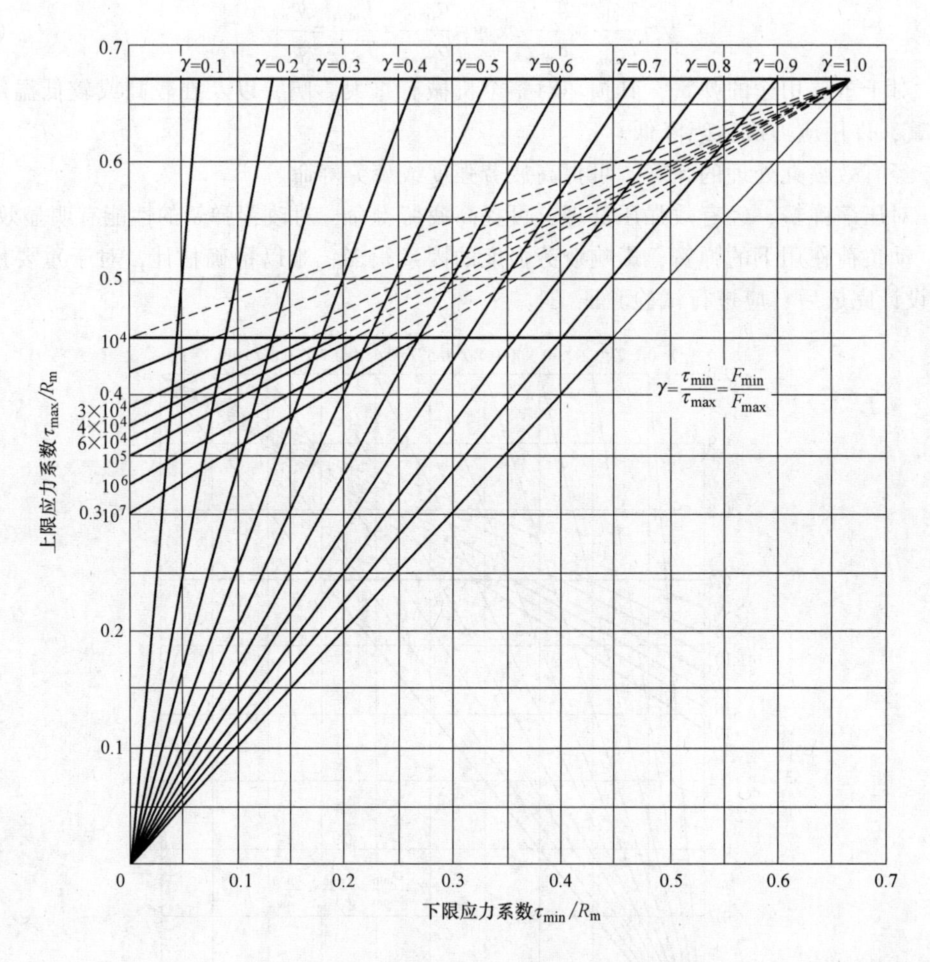

图 15-2　冷卷压缩、拉伸弹簧的疲劳极限图

注：适用于未经喷丸处理的具有较好的耐疲劳性能的钢丝，如重要用途碳素弹簧钢丝、高疲劳级淬火-回火弹簧钢丝。

2）扭转弹簧的许用弯曲应力见表 15-13 及图 15-1，或参见图 15-4。

表 15-12　冷卷压缩弹簧的试验切应力及许用切应力　　（单位：MPa）

应力类型		材料			
		油淬火-退火弹簧钢丝	碳素弹簧钢丝、重要用途碳素弹簧钢丝	弹簧用不锈钢丝	铜及铜合金线材、铍青铜线
试验切应力		$0.55R_m$	$0.50R_m$	$0.45R_m$	$0.40R_m$
静负荷许用切应力		$0.50R_m$	$0.45R_m$	$0.38R_m$	$0.36R_m$
动负荷许用切应力	有限疲劳寿命	$(0.40\sim0.50)R_m$	$(0.38\sim0.45)R_m$	$(0.34\sim0.38)R_m$	$(0.33\sim0.36)R_m$
	无限疲劳寿命	$(0.35\sim0.40)R_m$	$(0.33\sim0.38)R_m$	$(0.30\sim0.34)R_m$	$(0.30\sim0.33)R_m$

注：1. 抗拉强度 R_m 选取材料标准的下限值。

2. 材料直径 d 小于 1mm 的弹簧，试验切应力为表列值的 90%。

3. 当试验切应力大于压并切应力时，取压并切应力为试验切应力。

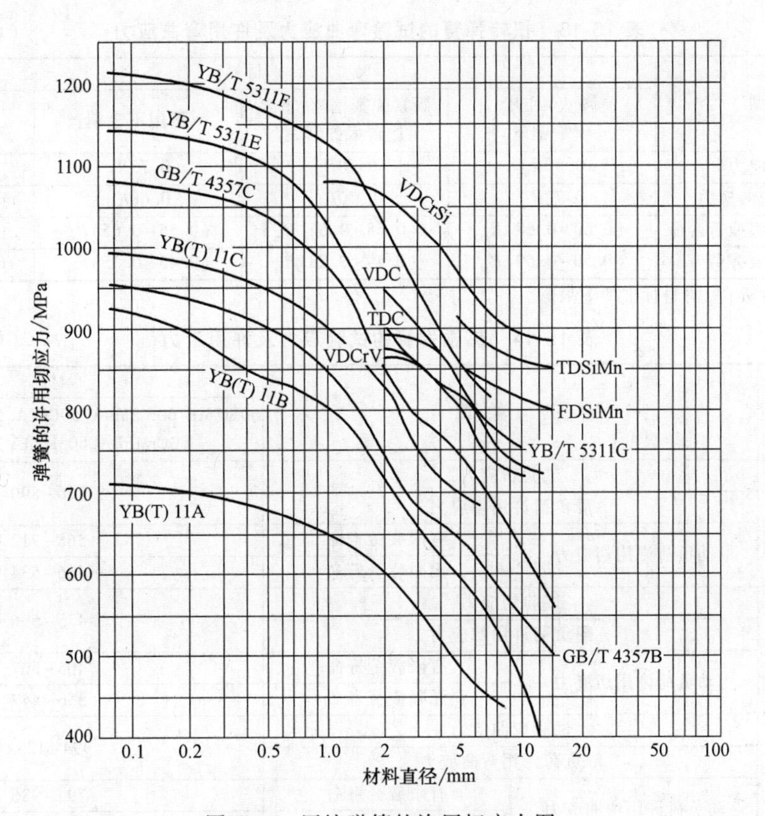

图 15-3　压缩弹簧的许用切应力图

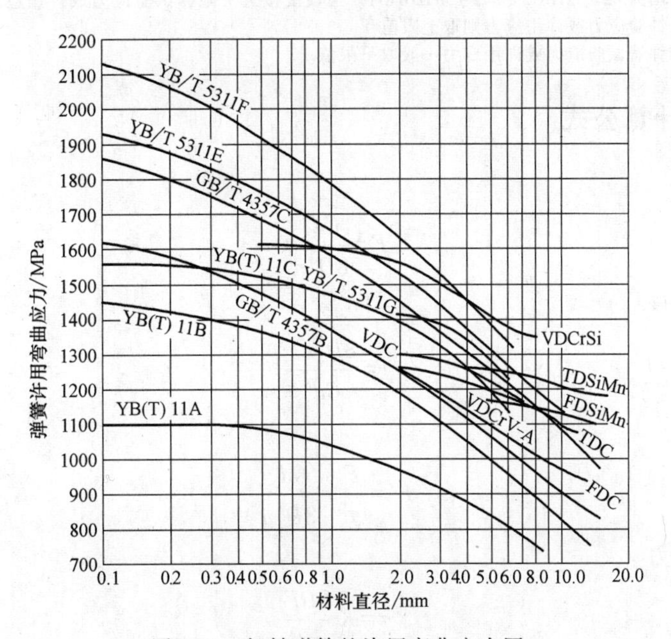

图 15-4　扭转弹簧的许用弯曲应力图

15.3.1.4　热卷弹簧的试验应力及许用应力

热卷弹簧的试验应力及许用应力见表 15-14。

表 15-13　扭转弹簧的试验弯曲应力及许用弯曲应力　　（单位：MPa）

应力类型		材料			
		淬火-回火弹簧钢丝	碳素弹簧钢丝、重要用途碳素弹簧钢丝	弹簧用不锈钢丝	铜及铜合金线材、铍青铜线
试验弯曲应力		$0.80R_m$	$0.78R_m$	$0.75R_m$	$0.75R_m$
静负荷许用弯曲应力		$0.72R_m$	$0.70R_m$	$0.68R_m$	$0.68R_m$
动负荷许用弯曲应力	有限疲劳寿命	$(0.60\sim0.68)R_m$	$(0.58\sim0.66)R_m$	$(0.55\sim0.65)R_m$	$(0.55\sim0.65)R_m$
	无限疲劳寿命	$(0.50\sim0.60)R_m$	$(0.49\sim0.58)R_m$	$(0.45\sim0.55)R_m$	$(0.45\sim0.55)R_m$

注：抗拉强度 R_m 取材料标准的下限值。

表 15-14　热卷弹簧的试验应力及许用应力　　（单位：MPa）

弹簧类型	应力类型		材料
			60Si2Mn、60Si2MnA、50CrVA、55CrSiA、60CrMnA、60CrMnBA、60Si2CrA、60Si2CrVA
压缩弹簧	试验切应力		710~890
	静负荷许用切应力		
	动负荷许用切应力	有限疲劳寿命	568~712
		无限疲劳寿命	426~534
拉伸弹簧	试验切应力		475~596
	静负荷许用切应力		
	动负荷许用切应力	有限疲劳寿命	405~507
		无限疲劳寿命	356~447
扭转弹簧	试验弯曲应力		994~1232
	静负荷许用弯曲应力		
	动负荷许用弯曲应力	有限疲劳寿命	795~986
		无限疲劳寿命	636~788

注：1. 弹簧硬度范围为 42~52HRC（392~535HBW）。当硬度接近下限，试验应力或许用应力则取下限值；当硬度接近上限，试验应力或许用应力则取上限值。
2. 拉伸、扭转弹簧试验应力或许用应力一般取下限值。

15.3.2　基本计算公式

1）弹簧载荷

$$F=\frac{Gd^4}{8D^3n}f \tag{15-2}$$

2）弹簧变形量

$$f=\frac{8D^3nF}{Gd^4} \tag{15-3}$$

3）弹簧刚度

$$F'=\frac{F}{f}=\frac{Gd^4}{8D^3n} \tag{15-4}$$

4）弹簧切应力

$$\tau=K\frac{8DF}{\pi d^3} \tag{15-5}$$

或

$$\tau=K\frac{Gdf}{\pi D^2n} \tag{15-6}$$

式中　K——曲度系数，K值按式（15-7）计算：

$$K=\frac{4C-1}{4C-4}+\frac{0.615}{C} \tag{15-7}$$

静负荷时，一般可以取 K 值为 1，当弹簧应力高时，亦考虑 K 值。

5）弹簧材料直径：

$$d\geqslant\sqrt[3]{\frac{8KDF}{\pi[\tau]}}\text{或}d\geqslant\sqrt{\frac{8KCF}{\pi[\tau]}} \tag{15-8}$$

式中　$[\tau]$——根据上述的设计情况确定的许用切应力。

6）弹簧中径

$$D=Cd \tag{15-9}$$

7）弹簧有效圈数

$$\pi=\frac{Gd^4}{8D^4F}f \tag{15-10}$$

8）变形能

$$U=\frac{1}{2}Ff \tag{15-11}$$

15.3.3　自振频率

对两端固定，一端在工作行程范围内周期性往复运动的圆柱螺旋压缩弹簧，其自振频率按式（15-12）计算：

$$f_e=\frac{3.56d}{nD^2}\sqrt{\frac{G}{\rho}} \tag{15-12}$$

15.3.4　弹簧的特性和变形

1. 弹簧特性

1）在需要保证指定高度时的负荷，弹簧的变形量应在试验负荷下变形量的 20%～80%之间，即 $0.2f_s\leqslant f_{1,2,\cdots n}\leqslant 0.8f_s$。

2）在需要保证负荷下的高度，弹簧的变形量应在试验负荷下变形量的 20%～80%之间，即 $0.2f_s\leqslant f_{1,2,\cdots n}\leqslant 0.8f_s$，但最大变形量下的负荷应不大于试验负荷。

3）在需要保证刚度时，弹簧变形量应在试验负荷下变形量的 30%～70%之间，即 f_1 和 f_2 满足 $0.3f_s\leqslant f_{1,2}\leqslant 0.7f_s$。弹簧刚度按公式（13）计算：

$$F'=\frac{F_2-F_1}{f_2-f_1}=\frac{F_2-F_1}{H_1-H_2} \tag{15-13}$$

2. 试验负荷

试验负荷 F_s 为测定弹簧特性时，弹簧允许承受的最大负荷，其值按式（15-14）计算：

$$F_s=\frac{\pi d^3}{8D}\tau_s \tag{15-14}$$

式中 τ_s 为试验切应力。

3. 压并负荷

压并负荷 F_b 为弹簧压并时的理论负荷，对应的压并变形量为 f_b。

15.3.5 弹簧的端部结构型式、参数及计算公式

1. 弹簧的端部结构型式

弹簧的端部结构型式见表 15-15。

表 15-15 弹簧的端部结构型式

类型	代号	简图	端部结构型式	类型	代号	简图	端部结构型式
冷卷压缩弹簧	YⅠ	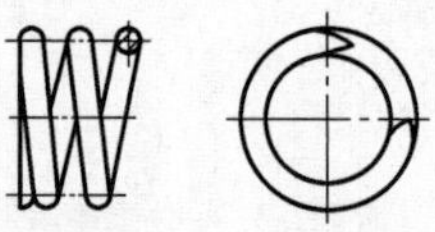	两端圈并紧磨平 $n_Z \geqslant 2$	热卷压缩弹簧	RYⅠ	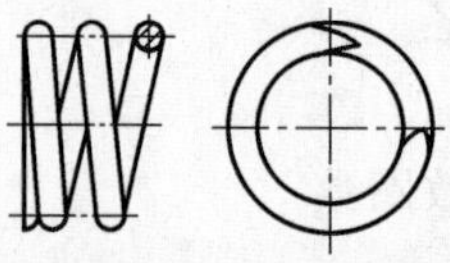	两端圈并紧磨平 $n_Z \geqslant 1.5$
	YⅡ	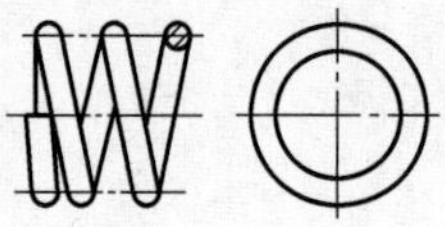	两端圈并紧不磨 $n_Z \geqslant 2$		RYⅡ	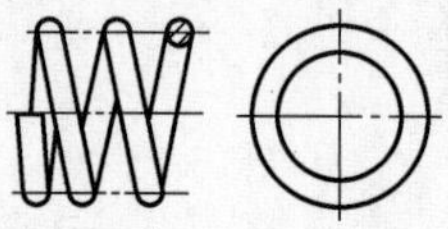	两端圈并紧不磨 $n_Z \geqslant 1.5$
	YⅢ	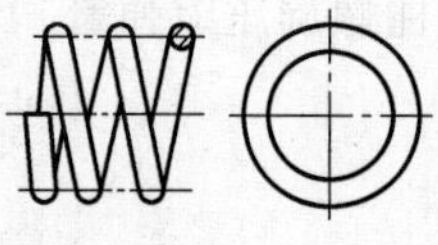	两端圈不并紧 $n_Z < 2$		RYⅢ	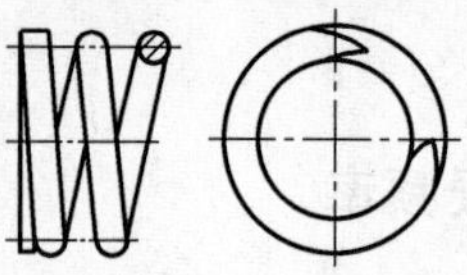	两端圈制扁、并紧磨平 $n_Z \geqslant 1.5$
					RYⅣ	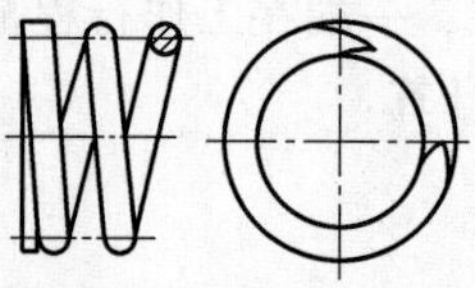	两端圈制扁、并紧不磨 $n_Z \geqslant 1.5$

2. 弹簧材料直径

弹簧材料直径 d 由公式 15-8 计算，一般应符合 GB/T 1358 系列。

3. 弹簧直径

弹簧中径：

$$D = \frac{D_1 + D_2}{2} \tag{15-15}$$

弹簧内径：

$$D_1 = D - d \tag{15-16}$$

弹簧外径：

$$D_2 = D + d \tag{15-17}$$

弹簧中径 D 一般应符合 GB/T 1358 的系列，偏差值可按 GB/T 1239.2 和 GB/T 23934—2009 选取。为了保证有足够的安装空间，应考虑弹簧受负荷后直径的增大。

1）当弹簧两端固定时，从自由高度到并紧，中径增大值按近似公式（15-18）计算：

$$\Delta D = 0.05 \frac{t^2 - d^2}{D} \tag{15-18}$$

2）当两端面与支承座可以自由回转而摩擦力较小时，中径增大值按近似公式（15-19）

计算：

$$\Delta D=0.1\frac{t^2-0.8td-0.2d^2}{D} \tag{15-19}$$

4. 弹簧旋绕比

旋绕比推荐值根据材料直径在表 15-16 中选取。

表 15-16　旋绕比的推荐值

d/mm	0.2~0.5	>0.5~1.1	>1.1~2.5	>2.5~7.0	>7.0~16	>16
C	7~14	5~12	5~10	4~9	4~8	4~16

5. 弹簧圈数

弹簧有效圈数由式 15-10 计算，一般应符合 GB/T 1358 的规定。为了避免由于负荷偏心引起过大的附加力，同时为了保证稳定的刚度，一般不少于 3 圈，最少不少于 2 圈。

支承圈 n_Z 与端圈结构型式有关，n_Z 取值见表 15-17。

总圈数

$$n_1=n+n_Z \tag{15-20}$$

其尾数应为 1/4、1/2、3/4 或整圈，推荐用 1/2 圈。

6. 弹簧自由高度

自由高度 H_0 受端部结构的影响，难以计算出精确值，其近似值按表 15-17 的公式计算，并推荐按 GB/T 1358 的规定。

表 15-17　弹簧的自由高度近似值

总圈数 n_1	自由高度 H_0	节距 t	端部结构型式
$n+1.5$	$nt+d$	$(H_0-d)/n$	两端圈磨平
$n+2$	$nt+1.5d$	$(H_0-1.5d)/n$	
$n+2.5$	$nt+2d$	$(H_0-2d)/n$	
$n+2$	$nt+3d$	$(H_0-3d)/n$	两端圈不磨
$n+2.5$	$nt+3.5d$	$(H_0-3.5d)/n$	

工作高度 $H_{1,2,\cdots n}$ 可按式（15-21）计算：

$$H_{1,2,\cdots n}=H_0-f_{1,2,\cdots n} \tag{15-21}$$

试验高度 H_s 为对应于试验负荷 F_s 下的高度，其值按式（15-22）计算：

$$H_s=H_0-f_s \tag{15-22}$$

弹簧的压并高度原则上不规定。

对端面磨削 3/4 圈的弹簧，当需要规定压并高度时，按式（15-23）计算：

$$H_b\leqslant n_1 d_{max} \tag{15-23}$$

对两端不磨的弹簧，当需要规定压并高度时，按式（15-24）计算：

$$H_b\leqslant (n_1+1.5)d_{max} \tag{15-24}$$

式中　d_{max}——材料最大直径（材料直径+极限偏差的最大值）(mm)。

7. 弹簧节距

弹簧节距 t 按式（15-25）计算：

$$t=d+\frac{F_n}{n}+\delta_1 \tag{15-25}$$

余隙 δ_1 是在最大工作负荷 F_n 作用下，有效圈相互之间应保留的间隙，一般取 $\delta_1 \geqslant 0.1d$。推荐 $0.28D \leqslant t < 0.5D$。节距 t 与自由高度 H_0 之间的近似关系式见表 15-17。

间距 δ 按式（15-26）计算：

$$\delta = t - d \tag{15-26}$$

8. 弹簧螺旋角和旋向

弹簧螺旋角 α，按式（15-27）计算：

$$\alpha = \arctan \frac{t}{\pi D} \tag{15-27}$$

推荐 $5° \leqslant \alpha < 9°$。弹簧旋向一般为右旋，在组合弹簧中各层弹簧的旋向为左右旋向相间，外层一般为右旋。

9. 弹簧展开长度

弹簧展开长度按式（15-28）计算：

$$L = \frac{\pi D n_1}{\cos\alpha} \approx \pi D n_1 \tag{15-28}$$

10. 弹簧质量

弹簧质量按式（15-29）计算：

$$m = \frac{\pi}{4} d^2 L\rho \tag{15-29}$$

15.3.6 弹簧的强度和稳定性校核

1. 疲劳强度校核

受动负荷的重要弹簧，应进行疲劳强度校核。进行校核时要考虑循环特征 $\gamma = F_{\min}/F_{\max} = \tau_{\min}/\tau_{\max}$，和循环次数 N，以及材料表面状态等影响疲劳强度的各种因素，按式（15-30）校核：

$$S = \frac{\tau_{u0} + 0.75\tau_{\min}}{\tau_{\max}} \geqslant S_{\min} \tag{15-30}$$

式中 τ_{u0}——脉动疲劳极限应力，其值见表 15-18；

S——疲劳安全系数；

$S_{\min}$——最小安全系数，$S_{\min} = 1.1 \sim 1.3$。

表 15-18 脉动疲劳极限应力 （单位：MPa）

负荷循环次数 N	10^4	10^5	10^6	10^7
脉动疲劳极限 τ_{u0}	$0.45R_m$①	$0.35R_m$	$0.32R_m$	$0.30R_m$

注：本表适用于重要用途碳素弹簧钢丝、淬火-回火弹簧钢丝、弹簧用不锈钢丝和铍青铜线。

① 弹簧用不锈钢丝和硅青铜线，此值取 $0.35R_m$。

对于重要用途碳素钢丝、高疲劳级淬火-回火弹簧钢丝等优质钢丝制作的弹簧，在不进行喷丸强化的情况下，其疲劳寿命按图 15-2 校核。

2. 稳定性校核

1）为了保证弹簧使用过程中的稳定性，弹簧高径比 $b = H_0/D$，应满足下列要求：

两端固定：$b \leqslant 5.3$；

一端固定，一端回转：$b \leqslant 3.7$；

两端回转：$b \leqslant 2.6$。

2）当 b 大于上列数值时，要进行稳定性校核。稳定性临界负荷 F_c 由式（15-31）确定：

$$F_c = C_B F' H_0 \qquad (15\text{-}31)$$

式中 C_B 为稳定系数，由图 15-5 查取。

为了保证弹簧的稳定性，最大工作负荷 F_a 应小于临界负荷 F_c 值。当不满足要求时，应重新改变参数，使其符合上述要求以保证弹簧的稳定性。如设计结构受限制，不能改变参数时，应设置导杆或导套。导杆或导套与簧圈的间隙值（直径差）见表 15-19。

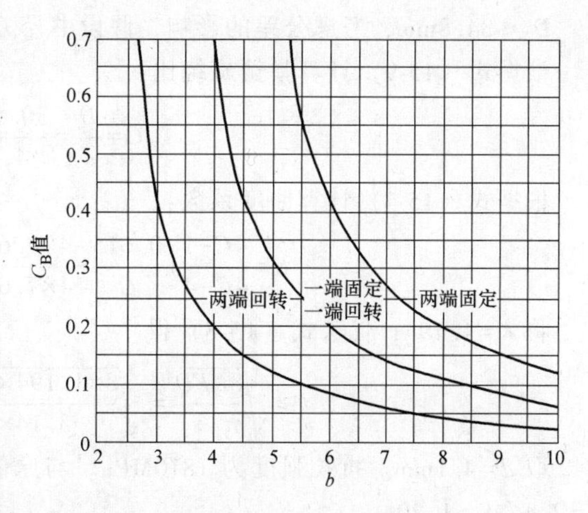

图 15-5　稳定系数 C_B

表 15-19　导杆或导套与簧圈的间隙值　（单位：mm）

D	≤5	>5~10	>10~18	>18~30	>30~50	>50~80	>80~120	>120~150
间隙	0.6	1	2	3	4	5	6	7

为了保证弹簧的稳定性，b 应大于 0.8。

3）弹簧的共振验算

必要时，受动负荷的弹簧应进行共振验算。f_e 与强迫振动频率 f_r 之比应大于 10，即 $f_e/f_r>10$。

15.4　典型压缩螺旋弹簧设计实例及弹簧工作图

15.4.1　典型压缩螺旋弹簧设计实例

设计一个阀门弹簧，要求弹簧外径 $D_2 \leqslant 34.8$mm，阀门关闭时 $H_1 = 43$mm，负荷 $F_1 = 270$N，阀门全开时 $H_2 = 32$mm，负荷 $F_2 = 540$N，最高工作频率为 25Hz，循环次数 $N>10^7$ 次，要求结构型式为 YⅠ型。

解：

1. 选择材料

根据弹簧工作条件选用适合弹簧用高疲劳级淬火-退火（VDSiCr）弹簧钢丝。根据 F_2 初步假设材料直径为 $d=4$mm。由表 15-3 查得材料切变模量 $G=78.5\times10^3$MPa。由表 15-6 查材料抗拉强度，取 $R_m=1860$MPa。

2. 选取弹簧许用切应力

根据

$$\gamma = \frac{F_1}{F_2} = \frac{270}{540} = 0.5$$

在图 15-1 中 $\gamma=0.5$ 与 10^7 线交点的纵坐标大致为 0.41，即 $[\tau]=1840\times0.41=754.4\text{MPa}$。$D_2\leqslant34.8\text{mm}$，考虑公差的影响，假设中径 $D=30.5\text{mm}$。

根据式（15-9）计算弹簧旋绕比：

$$C=\frac{D}{d}=\frac{30.5}{4}=7.6$$

根据式（15-7）计算曲度系数：

$$K=\frac{4C-1}{4C-4}+\frac{0.615}{C}=\frac{4\times7.6-1}{4\times7.6-4}+\frac{0.615}{7.6}=1.194$$

将 $K=1.194$，代入式（15-8）得

$$d\geqslant\sqrt[3]{\frac{8KFD}{\pi[\tau]}}=\sqrt[3]{\frac{8\times1.194\times540\times30.5}{3.14\times754.4}}=4.05\text{mm}$$

取 $d=4.1\text{mm}$。抗拉强度为 1810MPa。与原假设基本相符合。重新计算得 $D=30.4\text{mm}$，$C=7.4$，$K=1.20$。

3. 弹簧直径

弹簧中径：$D=30.4\text{mm}$

弹簧外径：$D_2=D+d=30.4\text{mm}+4.1\text{mm}=34.5\text{mm}$

弹簧内径：$D_1=D-d=30.4\text{mm}-4.1\text{mm}=26.3\text{mm}$

4. 弹簧所需刚度和圈数

弹簧所需刚度按式（15-13）计算：

$$F'=\frac{F_2-F_1}{H_1-H_2}=\frac{540-270}{11}\text{N/mm}=24.55\text{N/mm}$$

按式（15-10）计算有效圈数为

$$n=\frac{Gd^4}{8F'D^3}=\frac{78.5\times10^3\times4.1^4}{8\times24.55\times30.4^3}\text{圈}=4.02\text{圈}$$

取 $n=4.0$ 圈。

取支承圈 $n_z=2$ 圈，则总圈数为

$$n_1=n+n_z=4.0\text{圈}+2\text{圈}=6.0\text{圈}$$

5. 弹簧刚度、变形量和负荷校核

弹簧刚度按式（15-4）计算得

$$F'=\frac{Gd^4}{8D^3n}=\frac{78.5\times10^3\times4.1^4}{8\times30.4^3\times4.0}\text{N/mm}=24.67\text{N/mm}$$

与所需刚度 $F'=24.55\text{N/mm}$ 基本相符。

同样按式（15-4）计算阀门关闭时变形量为

$$f_1=\frac{F_1}{F'}=\frac{270}{24.67}\text{mm}=10.94\text{mm}$$

按式（15-4）计算阀门开启时变形量为

$$f_2=\frac{F_2}{F'}=\frac{540}{24.67}\text{mm}=21.89\text{mm}$$

由式（15-21）计算自由高度：

$$H_0=H_1+f_1=43\text{mm}+10.94\text{mm}=53.94\text{mm}$$

或者

$$H_0=H_2+f_2=32\text{mm}+21.89\text{mm}=53.89\text{mm}$$

取 $H_0=53.9\text{mm}$。

阀门关闭时的工作变形量为

$$f_1=H_0-H_1=53.9\text{mm}-43\text{mm}=10.9\text{mm}$$

由式（15-4）计算阀门关闭时负荷为

$$F_1=F'f_1=24.67\times10.9\text{N}=268.9\text{N}$$

阀门开启时的工作变形量为

$$f_2=H_0-H_2=53.9\text{mm}-32\text{mm}=21.9\text{mm}$$

由式（15-4）计算阀门开启时负荷为

$$F_2=F'f_2=24.67\times21.9\text{N}=540.3\text{N}$$

与要求值 $F_1=270\text{N}$ 和 $F_2=540\text{N}$ 接近，故符合要求。

6. 自由高度、压并高度和压并变形量

自由高度：$H_0=53.9\text{mm}$

压并高度：

$$H_b\leqslant n_1 d=6.0\times4.1\text{mm}\leqslant24.6\text{mm}$$

压并变形量：

$$f_b=H_0-H_b=53.9\text{mm}-24.6\text{mm}=29.3\text{mm}$$

7. 试验负荷和试验负荷下的高度和变形量

由表 15-12 计算最大试验切应力为

$$\tau_s=0.55R_m=0.55\times1810\text{MPa}=995.5\text{MPa}$$

由式（15-14）计算试验负荷为

$$F_s=\frac{\pi d^3}{8D}\tau_s=\frac{3.14\times4.1^3}{8\times30.4}\times995.5\text{N}=886.3\text{N}$$

压并时负荷为

$$F_b=F'f_b=24.67\times29.3\text{N}=722.8\text{N}$$

由 $F_s>F_b$，取 $F_s=F_b=722.8\text{N}$，$f_s=f_b=29.3\text{mm}$。

由式（15-14）计算试验切应力为

$$\tau_s=\tau_b=\frac{8F_sD}{\pi d^3}=\frac{8\times722.8\times30.4}{3.14\times4.1^3}\text{MPa}=811.9\text{MPa}$$

8. 弹簧展开长度

按式（15-28）计算得

$$L=\pi Dn_1=3.14\times30.4\times6\text{mm}=572.7\text{mm}$$

9. 弹簧质量

按式（15-29）计算得

$$m=\frac{\pi}{4}d^2L\rho=\frac{3.14}{4}\times4.1^2\times572.7\times7.85\times10^{-6}\text{kg}=0.0593\text{kg}$$

10. 特性校核

$$\frac{f_1}{f_s}=\frac{10.9}{29.3}=0.37\qquad\frac{f_2}{f_s}=\frac{21.9}{29.3}=0.75$$

满足 $0.2F_s \leqslant f_{1,2} \leqslant 0.8F_s$ 的要求。

11. 结构参数

自由高度：$H_0 = 53.9\text{mm}$

阀门关闭高度：$H_1 = 43\text{mm}$

阀门开启高度：$H_2 = 32\text{mm}$

压并（试验）高度：$H_b = H_s = 24.6\text{mm}$

节距按表 15-7 计算：

$$t = \frac{H_0 - 1.5d}{n} = \frac{53.9 - 1.5 \times 4.1}{4.0}\text{mm} = 11.94\text{mm}$$

螺旋角按式（15-27）计算：

$$\alpha = \arctan\frac{t}{\pi D} = \arctan\frac{11.94}{3.14 \times 30.4} = 7.13°$$

弹簧展开长度按式（15-28）计算：

$$L \approx \pi D n_1 = 3.14 \times 30.4 \times 6.0\text{mm} = 572.7\text{mm}$$

12. 弹簧的疲劳强度和稳定性校核

1）弹簧的疲劳强度校核

弹簧工作切应力校核按式（15-5）计算：

$$\tau_1 = K\frac{8DF_1}{\pi d^3} = 1.200 \times \frac{8 \times 30.4 \times 268.9}{3.14 \times 4.1^3}\text{MPa} = 362.6\text{MPa}$$

$$\tau_2 = K\frac{8DF_2}{\pi d^3} = 1.200 \times \frac{8 \times 30.4 \times 540.3}{3.14 \times 4.1^3}\text{MPa} = 728.6\text{MPa}$$

$$\gamma = \frac{\tau_1}{\tau_2} = \frac{362.6}{728.2} = 0.50$$

$$\frac{\tau_1}{R_m} = \frac{362.6}{1810} = 0.20 \qquad \frac{\tau_2}{R_m} = \frac{728.6}{1810} = 0.40$$

由图 15-2 可以看出点（0.20，0.40）在 $\gamma = 0.5$ 和 10^7 作用线的交点以下，表明此弹簧的疲劳寿命 $N > 10^7$ 次。

强度校核按式（15-30）计算：

$$S = \frac{\tau_{u0} + 0.75\tau_{\min}}{\tau_{\max}} = \frac{0.30 \times 1810 + 0.75 \times 362.6}{728.6} = 1.12 \geqslant S_{\min}$$

2）弹簧稳定性校核

弹簧的高径比：$b = H_0/D = 53.9/30.4 = 1.8$，满足稳定性要求。

3）共振校核

自振频率：按式（15-12）计算：

$$f_e = \frac{3.56d}{nD^2}\sqrt{\frac{G}{\rho}} = \frac{3.56 \times 4.1}{4.0 \times 30.4^2}\sqrt{\frac{78.5 \times 10^3}{7.85 \times 10^{-6}}}\text{Hz} = 394.8\text{Hz}$$

强迫振动频率：

$$f_r = 25\text{Hz}$$

因此

$$\frac{f_e}{f_r}=\frac{394.8}{25}=15.8>10$$

满足要求。

15.4.2　弹簧工作图和设计计算数据

1. 弹簧工作图

弹簧的工作图如图 15-6 所示。

2. 设计计算数据

设计实例的设计计算数据见表 15-20。

表 15-20　设计实例的设计计算数据

序号	参数名称	代号	数值	单位
1	旋绕比	C	7.4	—
2	曲度系数	K	1.200	
3	弹簧中径	D	30.4	mm
4	压并负荷	F_b	722.8	N
5	压并高度	H_b	24.6	mm
6	试验负荷下的高度	H_s	24.6	
7	抗拉强度	R_m	1810	MPa
8	压并应力	τ_b	811.9	
9	工作应力	τ_1	362.6	MPa
		τ_2	728.6	
10	试验应力	τ_s	811.9	MPa
11	刚度	F'	24.67	N/mm
12	自振频率	f_z	394.8	Hz
13	强迫振动频率	f_f	25	
14	循环次数	N	$>10^7$	次
15	展开长度	L	572.7	mm
16	质量	m	0.0593	kg

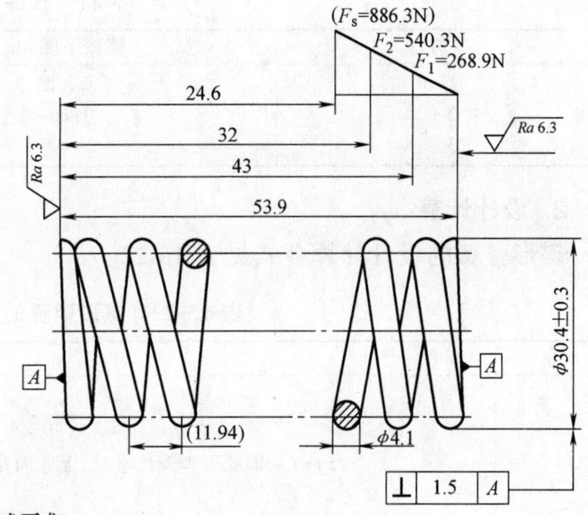

技术要求：

a) 弹簧端部结构型式：YI冷卷压缩弹簧；

b) 旋向：右旋；

c) 总圈数：n_1=6.0圈；

d) 有效圈数：n=4.0圈；

e) 强化处理：立定处理；

f) 喷丸强度：0.3A～0.45A，表面覆盖率大于90%；

g) 表面处理：清洗上防锈油；

h) 制造技术条件：其余按GB/T 1239.2二级精度。

图 15-6　弹簧工作图

15.5　其他类型弹簧设计简介

15.5.1　碟形弹簧

1. 特点及结构

碟形弹簧具有以下特点：刚度大，因此能以小变形承受大载荷，适用于轴向空间要求小的场合；具有变刚度的性质，随着变形的增加，其载荷增加却逐渐变小。因此普通碟形弹簧是机械产品中应用最广的一种，已经标准化。按其厚度分为三类，表 15-21 列出了其厚度范围及有无支承面和厚度是否减薄的规定。碟形弹簧（普通弹簧）按结构型式分为无支承面及有支承面两种，如图 15-7 所示。碟簧按其厚度分为三类，表 15-21 列出了其厚度范围。

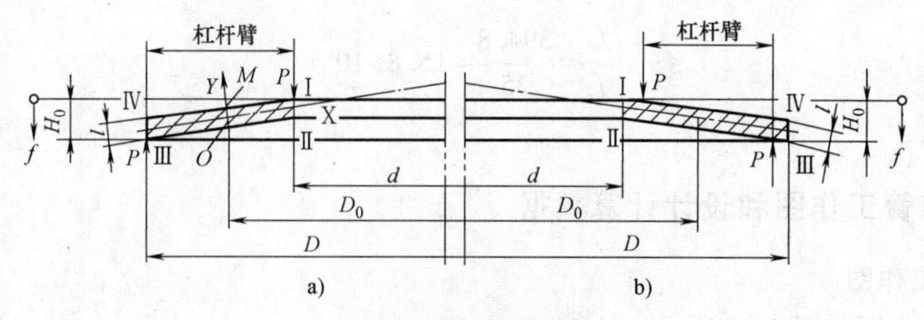

图 15-7 碟形弹簧结构

a）无支承面 b）有支承面

表 15-21 按厚度分类

类别	碟簧厚度 t/mm	支承面的剪薄厚度
1	1.25	无
2	1.25~6	无
3	>6	无

2. 设计计算

碟形弹簧的设计计算公式见表 15-22。

表 15-22 碟形弹簧的设计计算公式

项目	单位	公式及数据
碟形弹簧载荷 P	N	$P=\frac{4E}{1-\mu^2}\frac{t^4}{K_1D^2}K_4^2\frac{f}{t}\left[K_4^2\left(\frac{h_0}{t}-\frac{f}{t}\right)\left(\frac{h_0}{t}-\frac{f}{2t}\right)+1\right]$ 当 $f=h_0$，即碟形弹簧压平时，上式简化为 $P_0=\frac{4E}{1-\mu^2}\frac{t^3h_0}{K_1D^2}K_4^2$ 式中 P——单位弹簧的载荷(N) P_0——压平时碟形弹簧载荷计算值(N) t——碟形弹簧内径(mm) D——碟形弹簧外径(mm) f——单片碟形弹簧的变形量(mm) h_0——碟形弹簧压平时变形量的计算值(mm) E——弹性模量(MPa) μ——泊松比 K_1、K_4——见本表
计算应力 σ_{OM}、$\sigma_{Ⅰ}$、$\sigma_{Ⅱ}$、$\sigma_{Ⅲ}$、$\sigma_{Ⅳ}$	MPa	$\sigma_{OM}=\frac{4E}{1-u^2}\frac{t^2}{K_1D^2}K_4\frac{f}{t}\frac{3}{n}$ $\sigma_{Ⅰ}=\frac{4E}{1-u^2}\frac{t^2}{K_1D^2}K_4\frac{f}{t}\left[K_4K_2\left(\frac{h_0}{t}-\frac{f}{2t}\right)+K_3\right]$ $\sigma_{Ⅱ}=\frac{4E}{1-u^2}\frac{t^2}{K_1D^2}K_4\frac{f}{t}\left[K_4K_2\left(\frac{h_0}{t}-\frac{f}{2t}\right)-K_3\right]$ $\sigma_{Ⅲ}=-\frac{4E}{1-u^2}\frac{t^2}{K_1D^2}K_4\frac{1}{C}\frac{f}{t}\left[K_4(K_2-2K_3)\left(\frac{h_0}{t}-\frac{f}{2t}\right)-K_3\right]$ $\sigma_{Ⅳ}=-\frac{4E}{1-u^2}\frac{t^2}{K_1D^2}K_4\frac{1}{C}\frac{f}{t}\left[K_4(K_2-2K_3)\left(\frac{h_0}{t}-\frac{f}{2t}\right)+K_3\right]$ 计算应力为正值时是拉应力，负值为压应力 式中 C—外径和内径的比值，$C=\frac{D}{t}$ σ_{OM}、$\sigma_{Ⅰ}$、$\sigma_{Ⅱ}$、$\sigma_{Ⅲ}$、$\sigma_{Ⅳ}$——OM、Ⅰ、Ⅱ、Ⅲ、Ⅳ点的应力 K_1、K_2、K_3——见本表

（续）

项目	单位	公式及数据
碟形弹簧刚度 P'	N/mm	$P'=\dfrac{\mathrm{d}P}{\mathrm{d}f}=\dfrac{4E}{1-u^2}\dfrac{t^3}{K_1D^2}K_4^2\left\{K_4^2\left[\left(\dfrac{h_0}{t}\right)^2-3\dfrac{h_0}{t}\dfrac{f}{t}+\dfrac{3}{2}\left(\dfrac{f}{t}\right)^2\right]+1\right\}$
碟形弹簧变形能 U	N/mm	$U=\int_0^f F\mathrm{d}f=\dfrac{2E}{1-u^2}\dfrac{t^3}{K_1D^2}K_4^2\left(\dfrac{f}{t}\right)^2\left[K_4^2\left(\dfrac{h_0}{t}-\dfrac{f}{2t}\right)^2+1\right]$
计算系数 K_1、K_2、K_3、K_4		$K_1=\dfrac{1}{\pi}\dfrac{\left(\dfrac{C-1}{C}\right)^2}{\dfrac{C+1}{C-1}-\dfrac{2}{\ln C}}$；$K_2=\dfrac{6}{\pi}\dfrac{\dfrac{C-1}{\ln C}-1}{\ln C}$；$K_3=\dfrac{3}{\pi}\dfrac{C-1}{\ln C}$；$K_4=\sqrt{-\dfrac{C_1}{2}+\sqrt{\left(\dfrac{C_1}{2}\right)^2+C_2}}$ 式中 $C_1=\dfrac{\left(\dfrac{t'}{t}\right)^2}{\left(\dfrac{1}{4}\dfrac{H_0}{t}-\dfrac{t'}{t}+\dfrac{3}{4}\right)\left(\dfrac{5}{8}\dfrac{H_0}{t}-\dfrac{t'}{t}+\dfrac{3}{8}\right)}$；$C_2=\dfrac{C_2}{\left(\dfrac{t'}{t}\right)^3}\left[\dfrac{5}{32}\left(\dfrac{H_0}{t}-1\right)^2+1\right]$ 计算系数 K_1、K_2、K_3 的值也可根据 $C=D/d$ 查取：

$C=D/d$	1.90	1.92	1.94	1.96	1.98	2.00	2.02	2.04
K_1	0.672	0.677	0.682	0.686	0.690	0.694	0.698	0.702
K_2	1.197	1.201	1.206	1.211	1.215	1.220	1.224	1.229
K_3	1.339	1.347	1.355	1.362	1.370	1.378	1.385	1393

注：对于无支承面弹簧 $K_4=1$；对于有支撑面弹簧，K_4 按本表中 K_4 的计算公式计算。为了使上面公式能适用于有支承面的碟簧，需将厚度的计算值按下表减薄，然后以减薄后的厚度 t' 代替 t 和以 $h_0=H_0'-t'$ 代替 h_0。

系列	A	B	C
t'/t	0.94	0.94	0.96

3. 典型工作图示例

无支承面的碟形弹簧的典型工作图如图 15-8 所示；有支承面的碟形弹簧的典型工作图如图 15-9 所示。

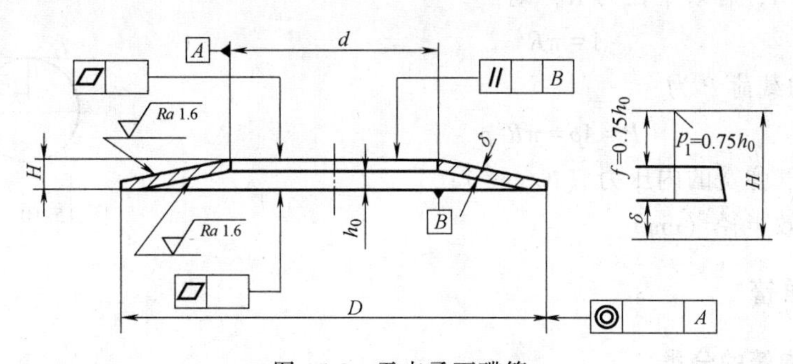

图 15-8　无支承面碟簧

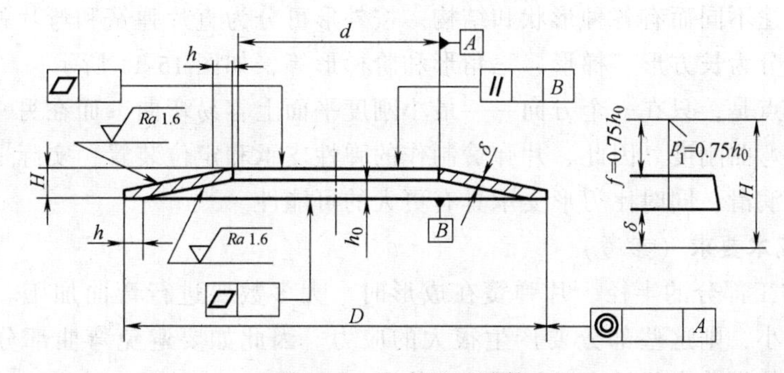

图 15-9　有支承面碟簧

15.5.2 空气弹簧

1. 特点及应用

空气弹簧是在柔性密闭容器中加入压力空气，利用空气的可压缩性实现弹性作用的一种非金属弹簧。空气弹簧具有以下特点：

1）具有非线性特性，可以根据需要将它的特性线设计成比较理想的曲线。

2）刚度随载荷而变，因而在任何载荷下其自振频率几乎保持不变，从而使弹簧装置具有几乎不变的特性。

3）能同时承受轴向的径向载荷，也能传递转矩。通过内压力的调节，还可以得到不同的承载能力。因此能适应多种载荷的需要。

4）在空气弹簧本体和附加空气室之间设一节流孔，能起到阻尼作用。

5）与钢制弹簧比较，空气弹簧的重量轻，承受剧烈的振动载荷时，空气弹簧的寿命较长。

6）吸收高频振动和隔音的性能好。

空气弹簧的缺点是所需附件较多，成本高。国外应用空气弹簧较早，在我国空气弹簧也逐渐被人们所认识。它广泛应用于航空、船舶、建筑、冶金、矿山等部门。由于它具有优良的弹性，特别适用于车辆悬挂装置。

2. 空气弹簧的刚度计算

空气弹簧的主要设计参数是有效面积 A。如图 15-10 所示，做一平面 $T-T$ 切于空气囊的表面，且垂直空气囊的轴线。因为空气囊是柔软的橡胶薄膜，根据薄膜理论的基本假设，空气囊不能传递弯矩和横向力，因此在通过空气囊切点处只能传递平面 $T-T$ 中的力，而平面 $T-T$即有效面积 A，有效半径为 R，则

$$A=\pi R^2$$

弹簧所受的载荷 P 为

$$P=Ap=\pi R^2 p$$

式中 p——空气弹簧的内压力（$\mathrm{N/cm^2}$）；

R——有效半径（cm）。

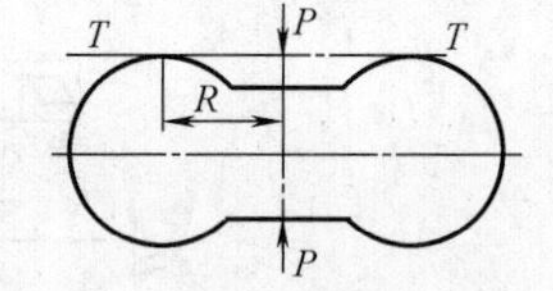

图 15-10 有效面积的定义

15.5.3 片弹簧

1. 常见片弹簧的分类

片弹簧因用途不同而有各种形状和结构。按外形可分为直片弹簧和弯片弹簧两类，按板片的形状则可以分为长方形、梯形、三角形和阶梯形等，如图 15-11 所示。

片弹簧的特点是，只在一个方向——最小刚度平面上容易弯曲，而在另一个方向上具有大的拉伸刚度及弯曲刚度。因此，片弹簧制作的弹性支承和定位装置，实际上没有摩擦和间隙，不需要经常润滑，同时比刃形支承具有更大的可能性。

2. 片弹簧技术要求（参考）

（1）弯曲加工部分的半径 片弹簧在成形时，大多数要进行弯曲加工。若弯曲部分的曲率半径相对较小，则这些部分要产生很大的应力。因此如要避免弯曲部分产生较大的应力，则设计时应使弯曲半径较小是板厚的 5 倍。

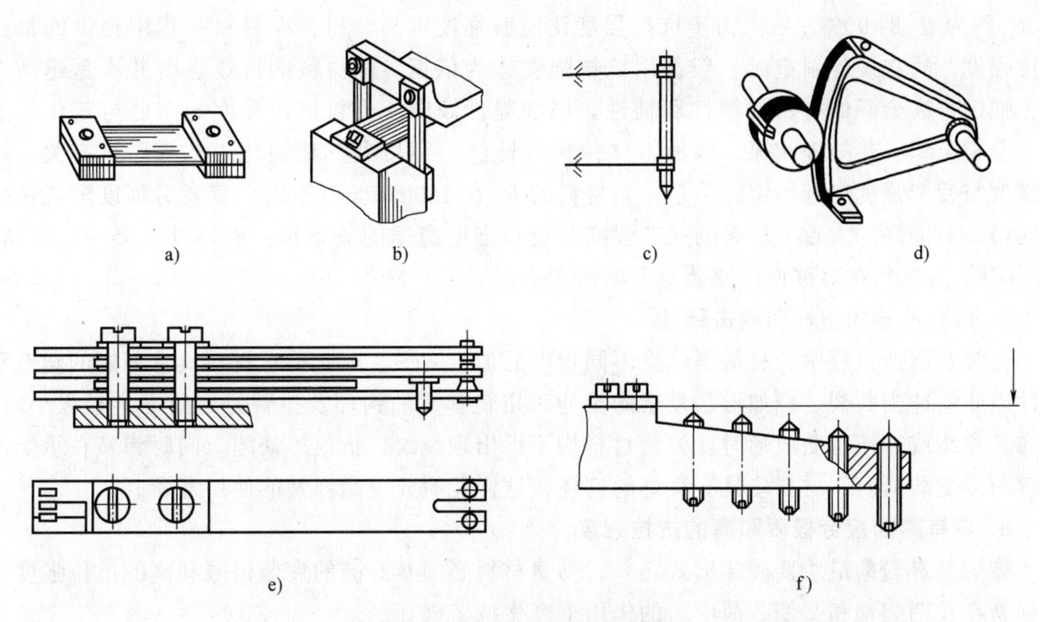

图 15-11　不同用途的片弹簧

a）弹性支承　b）弹性支承　c）弹性导向装置　d）机构的挠性连接　e）直悬臂式片弹簧　f）测量用片弹簧

（2）缺口处或孔部位的应力集中　片弹簧常会有阶梯部分以及开孔，在尺寸急剧变化的阶梯处，将产生应力集中。孔的直径越小，板宽越大，则这一应力集中系数越大。

（3）弹簧形状和尺寸公差　片弹簧多是用冲压加工，在设计时要考虑选择适宜冲压加工的形状和尺寸，同时，还要充分考虑弹簧在弯曲加工时的回弹及热处理时产生的变形等尺寸误差，不应提出过高的精度要求，以免提高成本和增加制造难度。板厚的公差按相应国家标准或行业标准规定。

15.6　常用弹簧材料选择及分析

弹簧的应用极其广泛，种类极其繁多。因此，弹簧材料的选择是很重要的。选择弹簧材料时，应考虑其用途、使用条件（载荷性质、大小及循环特性、工作持续时间、工作温度等）以及加工、热处理和经济性等因素，以便使选择结果能满足使用要求。

15.6.1　对弹簧材料的性能要求

为了保证弹簧能够可靠地工作，材料选择是非常关键的。材料选择首先应满足功能要求，其次是强度要求，最后才考虑经济性。制作弹簧的材料应满足以下性能：

1. 具有高的弹性极限和屈强比

为提高弹簧抗疲劳破坏和抗松弛的能力，弹簧材料应具有一定的屈服强度与弹性极限，尤其要有高的屈强比，通常要求屈强比 $R_{eL}/R_m \geqslant 0.90$，以保证优良的弹性性能，即吸收大量的弹性能而避免弹簧在高载荷下产生塑性变形。

在通常情况下，材料的弹性极限与屈服强度成正比，因此弹簧设计和制造者总是希望材料具有高的屈服强度，而弹簧材料的抗拉强度 R_m 和屈服强度 R_{eL} 较接近，如冷拔碳素钢丝

的 R_{eL} 约为 R_m 的 90%左右。由于抗拉强度比屈服强度容易测得，在材料交货中提供的都是抗拉强度，故在设计制造时一般都用抗拉强度作为依据。但材料的抗拉强度并不是越高越好，强度过高会降低材料的塑性和韧性，增加脆性倾向。材料抗拉强度的高低与其化学成分、金相组织、热处理状况、冷加工（拉拔或轧制）程度及其他强化工艺等因素有关。抗拉强度与疲劳强度也有一定的关系，当材料的 R_m 在 1600MPa 以下时，其疲劳强度随抗拉强度的增高而增高。大致上材料的疲劳强度与抗拉强度遵循的关系是：$R_{-1} \approx (0.35 \sim 0.55) R_m$（其中 R_{-1} 为材料在对称循环变载荷下的疲劳强度）。

2. 具有足够的塑性和冲击韧性

在弹簧制造过程中，材料需经受不同程度的加工变形，因此要求材料具有一定的塑性和韧性以防止冲击断裂。例如形状复杂的拉伸和扭转弹簧的钩环及扭臂，当曲率半径很小时，在加工卷绕或冲压弯曲成形时，弹簧材料均不得出现裂纹、折损等缺陷。同时弹簧在承受冲击载荷或变载荷时，材料应具有良好的韧性，这样能明显提高弹簧的使用寿命。

3. 具有高的疲劳极限和高的抗拉强度

疲劳是弹簧的最主要破坏形式之一，弹簧材料必须具有高的疲劳极限和高的抗拉强度以免弹簧在长期震动和交变载荷应力的作用下产生疲劳破坏。

疲劳性能除与钢的成分结构有关以外，还主要受钢的冶金质量（如非金属夹杂物）和弹簧表面质量（如脱碳）的影响。弹簧工作时表面承受的应力最大，而疲劳破坏往往是从钢丝表面开始的，对于用在重要场合的弹簧，如轿车发动机气门弹簧，一般要求疲劳寿命 2.3×10^7 次 ~ 3.0×10^7 次，中高档轿车悬架弹簧一般要求 2.0×10^6 次 ~ 5.0×10^6 次甚至更长的疲劳寿命，这就对材料的疲劳性能提出了很高的要求。影响材料疲劳性能的因素很多，如材料的化学成分、硬度、钢材的纯净程度、表面质量和金相组织等，尤为重要的是材料的表面质量。材料的表面缺陷，如裂纹、折叠、鳞皮、锈蚀、凹坑、划痕和压痕等，都易使弹簧在工作过程中造成应力集中。其应力集中的部位常常是造成疲劳破坏的疲劳源。疲劳源还易在表面脱碳的部位首先发生，因此严格控制脱碳层深度也是一个很重要的质量指标。为提高弹簧材料的表面质量，可以对材料表面进行磨光或抛光，在钢丝拉拔前采用剥皮工艺剥除一层材料表皮，这样可以将大部分表面缺陷去掉。弹簧热处理时可采用控制气氛或真空热处理，防止表面脱碳和氧化。

4. 具有严格的尺寸精度

许多弹簧对负荷精度有较高的要求，如气门弹簧的负荷偏差不得大于规定负荷的 5% ~ 6%，以采用圆钢丝的拉、压弹簧为例，如果钢丝直径偏差为 1%，负荷就会产生 4%左右的偏差。由此可见，严格的尺寸精度对保证弹簧的质量也是十分重要的。

5. 具有好的均匀性

对材料的均匀性要求是指对材料的化学成分、力学性能、尺寸偏差等各项指标要求均匀和稳定一致。如果材料各方面性能不一致，会给弹簧生产带来很大的困难，造成产品几何尺寸、硬度、负荷等参数的离散性，严重的不均匀性甚至会造成废品。

6. 具有优良的冶金质量

为了满足上述性能要求，弹簧钢必须具有优良的冶金质量，包括严格控制的化学成分、高的纯净度、低的杂质含量、低的非金属夹杂物含量，并控制其形态、粒度和分布。此外还要求钢质的均匀性和稳定性。弹簧钢还应具有良好的表面质量（包括表面脱碳）和高精度的外形和尺寸。

当然还有其他的性能要求，例如良好的热处理和塑性加工性能，特殊条件下工作的耐热性或耐蚀性要求等。

15.6.2 常用弹簧材料及分析

钢是最常用的弹簧材料，因为钢具有较高的强度极限和屈服极限，还有较高的弹性极限、疲劳极限、冲击韧性、塑性和良好的热处理工艺性。当受力较小而又要求防腐蚀、防磁等特性时，可以采用有色金属。此外，还有用非金属材料制作的弹簧，如橡胶、塑料、软木及空气等。

弹簧钢一般为较高含碳量的碳素钢和合金钢，经淬火和中温回火得到回火托氏体的最终组织，因此使钢具有高的弹性极限、屈服极限及疲劳强度。

弹簧钢按照化学成分分为两类：碳素弹簧钢及合金弹簧钢。

1. 碳素弹簧钢

钢的性质主要取决于含碳量，含碳量越高则强度极限、屈服极限和疲劳极限越高，碳素弹簧钢材质为高碳钢。碳素弹簧钢碳的质量分数一般在 0.62%~0.90%，碳素弹簧钢价格较低，是弹簧钢中用途广泛、用量最大的钢类。

碳素弹簧钢按照其锰含量又分为一般锰含量的碳素弹簧钢和较高锰含量的碳素弹簧钢两种。

(1) 一般锰含量的碳素弹簧钢 一般锰含量的碳素弹簧钢通常指 65、70、85 钢，其锰的质量分数为 0.50%~0.80%。这类弹簧钢有很高强度、硬度、屈强比，但淬透性差，当直径大于 12~15mm 时在油中不能淬透。因此只能制造小截面弹簧，多用冷成形法制造，应用于截面小于 12~15mm 的弹簧。这种钢耐热性不好，承受动载和疲劳载荷的能力低，多用于工作温度不高的小型弹簧或不太重要的较大弹簧。如汽车、拖拉机、铁道车辆及一般机械用的弹簧。

(2) 较高锰含量的碳素弹簧钢 较高锰含量的碳素弹簧钢通常指 65Mn 钢，与一般锰含量的碳素弹簧钢（例如 65 号钢）相比，因为锰的质量分数由 0.50%~0.80%提高到0.90%~1.20%，因此提高了淬透性、强化了铁素体基体和提高了回火稳定性，因此具有较高的强度、硬度和淬透性，可制造尺寸稍大的弹簧，应用于截面小于 25mm 的各种弹簧。但对过热比较敏感，有回火脆性，淬火易出裂纹。但因价格较低，因此在工程中的用量很大，制造各种小截面扁簧、圆簧、发条等，亦可制气门弹簧、弹簧环、减振器和离合器簧片、刹车簧等。

2. 合金弹簧钢

合金弹簧钢是在碳素钢的基础上，通过适当加入几种合金元素来提高钢的力学性能、淬透性和其他性能，以满足制造各种弹簧所需性能的钢。

合金弹簧钢为中、高碳成分，一般碳的质量分数为 0.5%~0.7%，以满足高弹性、高强度的性能要求。加入的合金元素主要是 Si、Mn、Cr，作用是强化铁素体、提高淬透性和耐回火性。但加入过多的 Si 会造成钢在加热时表面容易脱碳，加入过多的 Mn 容易使晶粒长大。加入少量的 V 和 Mo 可细化晶粒，从而进一步提高强度并改善韧性。此外，它们还有进一步提高淬透性和耐回火性的作用。在这些系列的基础上，有一些弹簧钢为了提高其某些方面的性能而加入了钼、钒或硼等合金元素。

合金弹簧钢根据主加合金元素种类不同可分为两大类：Si-Mn 系弹簧钢和 Cr 系弹簧钢。前者淬透性较碳素钢高，价格不很昂贵，故应用最广，主要用于截面尺寸不大于 25mm 的各类弹簧，60Si2Mn 是其典型代表；后者的淬透性较好，综合力学性能高，弹簧表面不易脱碳，但价格相对较高，一般用于截面尺寸较大的重要弹簧，50CrVA 是其典型代表。

常用的合金弹簧钢材料的性能分析及用途如下：

（1）Si-Mn 系弹簧钢　硅锰弹簧钢是应用最广泛的合金弹簧钢，其生产量约为合金弹簧钢产量的 80%。硅锰弹簧钢因为含有硅显著提高了钢的弹性极限和屈强比，提高回火稳定性，并能与锰相配合提高淬透性，它的强度、淬透性、耐回火性都比碳素弹簧钢高。

1）55Si2Mn。55Si2Mn 强度高、弹性极限好、屈强比高、热处理后韧性较好，但是焊接性差，冷变形塑性低，切削性尚好，淬透性较 65、65Mn 钢高，临界淬透直径在油中约为 25~57mm，在水中约为 44~88mm。此钢宜油淬，水淬时有形成裂纹倾向，无回火脆性倾向，且具有抗回火稳定和抗松弛稳定性；钢中夹杂物较高，轧制较困难，表面易出疵病，脱碳倾向大；适宜在淬火并中温回火状态下使用。

55Si2Mn 弹簧钢适用于制造铁道车辆、汽车、拖拉机等承受中等载荷的扁形弹簧、直径小于 25mm 的螺旋形弹簧、缓冲弹簧以及气缸安全阀门等高应力下工作的重要弹簧。

2）55Si2MnB。55Si2MnB 性能与 55Si2Mn 钢相近，但因含硼，其淬透性明显改善，在油中临界淬透直径约为 90~180mm，疲劳强度也显著提高。

55Si2MnB 弹簧钢适用于制造中、小型截面的钢板弹簧，如轻型、中型汽车的前后悬挂弹簧。

3）55SiMnVB。55SiMnVB 钢的强度、韧性、塑性及淬透性均比 60Si2MnA 钢高，油中临界淬透直径约为 50~107mm；热加工性能良好，热处理时表面脱碳倾向小，回火稳定性好。

55SiMnVB 弹簧钢适用于制造中型截面尺寸的板弹簧和螺旋形弹簧，可代替 60SiMnA 钢使用。

4）60Si2Mn、60Si2MnA。60Si2Mn 是典型的硅锰弹簧钢，60Si2Mn、60Si2MnA 与 55Si2Mn 钢相比，强度和弹性极限均稍高（其中 60Si2MnA 钢更好），淬透性也较好，在油中临界淬透值约为 37~73mm，其他性能相同；主要使用状态为淬火并中温回火下使用。此钢应用广泛，适用于制造铁道车辆、汽车、拖拉机等工业上制造承受较大载荷的扁弹簧或直径小于等于 30mm 的螺旋形弹簧，如汽车、火车车厢下部承受应力和振动用板弹簧、安全阀和止回阀上弹簧以及工作温度低于 250℃ 非腐蚀性介质中的耐热弹簧；用于承受交变载荷和高应力下工作的大型重要卷制弹簧。

（2）Cr 系弹簧钢　Cr 系弹簧钢由于加入了 Cr，因此比起 Si-Mn 系弹簧钢淬透性更好了，综合力学性能更高了，弹簧表面不易脱碳，但价格相对较高，一般用于截面尺寸较大的重要弹簧。

1）60Si2CrA。60Si2CrA 与 60Si2MnA 钢相比，塑性相近，但抗拉强度和屈服点均较高；热处理过热敏感性和脱碳倾向小，淬透性高，油中临界淬透直径约为 37~114mm，但有回火脆性倾向；一般在淬火并中温回火下使用。

60Si2CrA 弹簧钢适用于制造承受高应力及工作温度 <300℃ 条件下工作的弹簧，如调速器弹簧、汽轮机气封弹簧、高压力水泵碟形弹簧及冷凝器支承簧等。

2）60Si2CrVA。60Si2CrVA 的性能和用途与 60Si2CrA 钢相近，但弹性极限和高温力学性能更好。60Si2CrVA 弹簧钢适用于制造工作温度在 300~350℃ 条件下使用的耐热弹簧及承受冲击性应力和高载荷的重要弹簧。

3）55CrMnA、60CrMnA。55CrMnA、60CrMnA 具有较高的强度、塑性，焊接性差，但切削性尚可，淬透性比硅锰或硅铬弹簧钢好，脱碳倾向比硅锰钢低，回火脆性倾向较大，故应选择合适的回火温度和冷却速度；一般在淬火并中温回火状态下使用。

55CrMnA、60CrMnA 弹簧钢适用于制造汽车、拖拉机等工业上制造较大载荷和应力条件下工作的板弹簧和直径较大（可达 50mm）的螺旋形弹簧。

4）60CrMnMoA。60CrMnMoA 经热处理后具有和 60CrMnA 钢相同的综合力学性能，此外，还具有更好的淬透性，在油中临界淬透直径约为 100mm，且无回火脆性倾向。

60CrMnMoA 弹簧钢适用于制造车辆、拖拉机等工业上用于受重载应力较大和直径较大（可达 100mm）的螺旋形弹簧。

5）50CrVA。50CrVA 弹簧钢是一种高级优质弹簧钢，是 Cr 系合金弹簧钢的典型代表。因钒的作用，使这种钢在热处理加热时不易过热，无石墨化现象，回火稳定性好，具有高的比例极限和强度、高的疲劳强度和良好的塑性及韧性、良好的回火稳定性和很好的淬透性，直径为 30~45mm 的圆棒试样，在油中可淬透；热处理时过热和脱碳倾向小，冲击韧性也良好。但焊接性差，冷变形塑性低，热加工时具有形成白点的敏感性；主要在淬火并中温回火后使用。

50CrVA 用途很广，制造大截面、高载荷的各种重要弹簧，如汽车、机车、拖拉机的板簧、螺旋弹簧，气缸安全阀簧及一些在高应力下工作的重要弹簧及磨损严重的弹簧，工作温度低于 300℃。

（3）钨锰硼弹簧合金钢 60W4MnBA　60W4MnBA 的性能与 60CrMnA 钢基本相似，但含有钨，因此有更好的淬透性，在油中临界淬透直径约为 100~150mm。60W4MnBA 弹簧钢适用于制造大型弹簧，如推土机上的叠板弹簧、船舶上的大型螺旋弹簧和扭力弹簧。

（4）高温弹簧钢　耐高温弹簧的材质一般为 CrSi、CrV 等高温合金材料，推荐最高使用温度为 400~650℃，400℃ 以下温度也可采用不锈钢料等，根据使用要求选择适合的材质。

1）GH145。GH145 合金主要是以 γ′[Ni3(Al、Ti、Nb)] 相进行时效强化的镍基高温合金，在 980℃ 以下具有良好的耐腐蚀和抗氧化性能，800℃ 以下具有较高的强度，540℃ 以下具有较好的耐松弛性能，同时还具有良好的成形性和焊接性。该合金主要用于制造航空发动机在 800℃ 以下工作并要求强度较高的耐腐蚀的环形件、结构件和螺栓等零件、在 540℃ 以下工作的具有中等或较低应力并要求耐松弛的平面弹簧和螺旋弹簧。

该合金主要用于制造航空发动机工作温度在 650℃ 以下的耐腐蚀的平面波形弹簧、周向螺旋弹簧、螺旋压簧、弹簧卡圈和密封圈等零件。

2）GH4169。GH4169 也称沉淀强化镍基高温合金，该合金在 -253~700℃ 温度范围内具有良好的综合性能，650℃ 以下的屈服强度居变形高温合金的首位，并具有良好的抗疲劳、抗辐射、抗氧化、耐腐蚀性能，以及良好的加工性、焊接性。能够制造各种形状复杂的零部件，在宇航、核能、石油工业及挤压模具中，在上述温度范围内获得了极为广泛的应用。

3）30W4Cr2VA。30W4Cr2VA 是钨铬钒弹簧钢一种高强度的耐热弹簧钢，由于钨铬钒的作用，因此这种钢具有良好的室温和高温力学性能，有特别高的淬透性，回火稳定性甚佳，热加工性良好，适宜在调质状态下使用。

30W4Cr2VA 适用于制造温度≤500℃条件下的热弹簧，如锅炉主要安全弹簧、汽轮机上的气封弹簧片等。

弹簧钢除用于制作各类弹簧外，还可用于制造弹性零件，如弹性轴、耐冲击的工模具等。

我国常用的弹簧钢的化学成分、热处理、力学性能和主要用途列于表 15-23。

表 15-23 我国常用的弹簧钢的化学成分、热处理、力学性能

钢号	化学成分 w_B(%)						热处理		力学性能				用途
	C	Mn	Si	Cr	V	B	淬火温度 ℃	回火温度 ℃	抗拉强度 MPa ≥	屈服强度 MPa ≥	伸长率 % ≥	断面收缩率 % ≥	
65	0.62~0.70	0.50~0.80	0.17~0.37	≤0.25			840 油	500	980	785	9	35	截面小于 12~15mm 的弹簧
65Mn	0.62~0.70	0.90~1.20	0.17~0.37	≤0.25			830 油	540	980	785	8	30	截面小于 25mm 的各种弹簧
60Si2Mn	0.56~0.64	0.60~0.90	1.50~2.00	≤0.35			870 油	480	1275	1175	5	25	截面小于 25mm 的各种弹簧
50CrVA	0.46~0.54	0.50~0.80	0.17~0.37	0.80~1.10	0.10~0.20		850 油	500	1275	1130	10	40	截面小于 30mm 以下的重载弹簧及工作温度 300℃以下的各种弹簧
55SiMnVB	0.52~0.60	1.00~1.30	0.70~1.00	≤0.35	0.08~0.16		860 油	460	1375	1225	5	30	代替 60Si2Mn 制中型弹簧
60CrMnA	0.56~0.64	0.70~1.00	0.17~0.37	0.70~1.00			830~860 油	460~520	1225	1080	9	20	直径 50mm 以下的螺旋弹簧及车辆用重载板簧
60CrMnBA	0.56~0.64	0.70~1.00	0.17~0.37	0.70~1.00		0.0005~0.0040	830~860 油	460~520	1225	1080	9	20	推土机、船舶用超大型弹簧
30W4Cr2VA	0.26~0.34	≤0.40	0.17~0.37	2.00~2.50	0.50~0.80	W4.00~4.50	1050~1100 油	600	1470	1325	7	40	500℃以下工作的耐热弹簧

15.6.3 弹簧材料的选择

弹簧材料的选择应根据弹簧的功能、弹簧承受载荷的性质、循环特性、工作强度、工作温度、周围介质及重要程度以及加工、热处理和经济性等因素进行选择，可从如下几方面进行考虑：

1）在确定材料截面、形状和尺寸时，应优先选用国标中所规定的系列尺寸，尽量避免选用非标准材料。

2）中小型弹簧应选用经过强化处理的弹簧钢丝，铅浴冷拔钢丝和油淬火回火钢丝具有较高的强度和良好的表面质量，疲劳性能高于普通淬火回火钢丝，加工简单，工艺性好，质量稳定。

3）大中型弹簧对于载荷精度和应力较高的应选用冷拔或冷拔后磨光的钢材，对于载荷精度和应力较低的弹簧产品，可选用热轧钢材。

4）如无导电要求，最好不选铜合金。在酸、碱类腐蚀性介质下工作的弹簧一般选用不锈耐酸钢或镍合金等耐蚀材料。在一般工况下使用的弹簧选用普通弹簧钢，成形后以镀锌、镀镉或镀铜等方法防蚀。弹簧合金价格昂贵，如非特殊耐蚀环境应尽量避免选用。

常用主要弹簧钢的性能、特点及应用列于表 15-24；弹簧钢选用参考表见表 15-25，可供选择弹簧材料时参考。

表 15-24　常用主要弹簧钢的性能、特点及应用

种类	钢号	性能特点	产品用途
碳素弹簧钢 普通 Mn 量	65 70 85	硬度、强度、屈强比高，但淬透性差，耐热性不好，承受动载和疲劳载荷的能力低	价格低廉，多应用于工作温度不高的小型弹簧(<12mm)或不重要的较大弹簧
较高 Mn 量	65Mn	淬透性、综合力学性能优于碳钢，但对过热比较敏感	价格较低，用量很大，制造各种小截面(<15mm)的扁簧、发条、减震器与离合器簧片、刹车轴等
合金弹簧钢	Si-Mn 系 55Si2Mn 60Si2Mn 55Si2MnB 55SiMnVB	强度高、弹性好，抗回火稳定性佳，但易脱碳和石墨化。含 B 钢淬透性明显提高	主要的弹簧钢类，用途很广，可制造各种中等截面(<25mm)的重要弹簧，如汽车、拖拉机板簧、螺旋弹簧等
	Cr 系 50CrVA 60CrMnA 60CrMnBA 60CrMnMoA 60Si2CrA 60Si2CrVA	淬透性优良，回火稳定性高，脱碳与石墨化倾向低；综合力学性能佳，有一定的耐蚀性，含 V、Mo、W 等元素的弹簧具有一定的耐高温性；由于均为高级优质钢，故疲劳性能进一步改善	用于制造载荷大的重型大型尺寸(50~60mm)的重要弹簧，如发动机阀门弹簧、常规武器取弹钩弹簧、破碎机弹簧；耐热弹簧，如锅炉安全阀弹簧、喷油嘴弹簧、气缸胀圈等

表 15-25　弹簧钢选用参考表

序号	牌号	钢板弹簧	螺旋弹簧	扭杆弹簧	气门弹簧	碟形弹簧	涡卷弹簧
1	65		√				√
2	70		√				√
3	85		√				√
4	65Mn		√				√
5	55SiMnVB	√	√				√
6	60Si2Mn	√	√				√
7	60Si2MnA	√	√			√	√
8	60Si2CrA	√	√	√	√	√	√
9	60Si2CrVA	√	√	√	√	√	√
10	55SiCrA	√	√	√	√	√	√
11	55CrMnA	√	√			√	√
12	60CrMnA	√	√			√	√
13	50CrVA	√	√	√	√	√	√
14	60CrMnBA	√	√			√	√
15	30W4Cr2VA	√	√	√	√	√	√
16	28MnSiB	√					
17	42CrMo			√			
18	40CrNiMoVA			√			

参考文献

[1] 于惠力，向敬忠，张春宜，等. 机械设计 [M]. 2版. 北京：科学出版社，2013.

[2] 于惠力，张春宜，潘承怡，等. 机械设计课程设计 [M]. 2版. 北京：科学出版社，2013.

[3] 于惠力，冯新敏. 齿轮传动装置设计与实例 [M]. 北京：机械工业出版社，2015.

[4] 于惠力，冯新敏. 常见机械零件设计与实例 [M]. 北京：机械工业出版社，2015.

[5] 于惠力，冯新敏，等. 机械工程师版简明机械设计手册 [M]. 北京：机械工业出版社，2017.

[6] 于惠力，高宇博，王延福. 常用机械零部件设计与工艺性分析 [M]. 北京：机械工业出版社，2017.

[7] 于惠力，冯新敏. 连接零部件设计实例精解 [M]. 北京：机械工业出版社，2009.

[8] 于惠力，冯新敏. 传动零部件设计实例精解 [M]. 北京：机械工业出版社，2009.

[9] 于惠力，李广慧，等. 轴系零部件设计实例精解 [M]. 北京：机械工业出版社，2009.

[10] 张铁军，等. 机械工程材料 [M]. 北京：北京大学出版社，2011.

[11] 苏子林，等. 工程材料与机械制造基础 [M]. 北京：北京大学出版社，2009.

[12] 侯俊英，等. 机械工程材料及成形基础 [M]. 北京：北京大学出版社，2009.

[13] 吴树森，等. 材料成形原理 [M]. 2版. 北京：机械工业出版社，2008.

[14] 王磊，等. 材料力学性能 [M]. 沈阳：东北大学出版社，2007.

[15] 宋宝玉，王黎钦. 机械设计 [M]. 北京：高等教育出版社，2010.

[16] 成大先. 机械设计手册 [M]. 5版. 北京：化学工业出版社，2010.

[17] 阮忠唐. 联轴器、离合器设计与选用 [M]. 北京：化学工业出版社，2006.

[18] 张黎骅，等. 新编机械设计手册 [M]. 北京：人民邮电出版社，2008.

[19] 孔凌嘉. 简明机械设计手册 [M]. 北京：北京理工大学出版社，2008.

[20] 机械设计手册编委会. 机械设计手册单行本：联轴器、离合器与制动器 [M]. 北京：机械工业出版社，2007.

[21] 机械设计手册编委会. 机械设计手册单行本：滚动轴承 [M]. 北京：机械工业出版社，2007.

[22] 机械设计手册编委会. 机械设计手册单行本：滑动轴承 [M]. 北京：机械工业出版社，2007.

[23] 中国机械设计大典编委会. 中国机械设计大典：第3卷 [M]. 南昌：江西科学出版社，2002.

[24] 杨黎明，等. 机械设计简明手册 [M]. 北京：国防工业出版社，2008.

[25] 于惠力，等. 新编实用紧固件手册 [M]. 北京：机械工业出版社，2011.

[26] 邓文英，等. 金属工艺学 [M]. 6版. 北京：高等教育出版社，2017.

[27] 刘鸿文，等. 材料力学 [M]. 6版. 北京：高等教育出版社，2017.